식품저장학

김병묵 목철균 오문헌
지의상 차원섭 황성연 공저

도서출판 진 로

머 리 말

과학기술의 발달과 생활수준의 향상으로 우리의 식품에 대한 인식도 많은 변화를 가져왔다. 과거에는 식품은 인간이 생존을 유지하고 생활에 필요한 힘을 얻기 위해 섭취되어지는 것으로만 인식되었다. 그러나 현대에는 식품을 소위 식량(食糧)만으로 인식하지 않고, 식품을 통하여 인간은 삶을 영위하고 즐기며 문화와 역사를 형성한다.

따라서 식품의 영양적 가치뿐 만 아니라 기호적 가치 즉 식품의 색(color), 향(flavor), 맛(taste), 조직감(texture) 그리고 신선도(freshness)와 건전성(wholesomeness) 및 기능성(functionality) 등도 매우 중요시되고 있다. 이런 점에서 식품저장학의 내용도 개정 보완되어야 한다.

과거, 식품저장의 주된 목적은 식품이 생산된 이 후 소비되기까지 부패, 손실되는 부분을 막아 간접적인 증산효과(增産效果)를 거두자는 데 있었다. 그러나 요즈음의 경향은 식품의 부패, 손실을 막는 것은 물론 어떻게 하면 식품의 신선도를 최대한 유지시켜 기호적 가치와 건전성을 높이느냐에 집중되고 있다.

본 책은 이러한 경향을 염두에 두고 그간 출간된 책의 내용과 저자들이 수년간 대학에서 강의한 내용을 정리하여 집필하였다. 특히 식품저장성을 향상하기 위하여 식품 변질의 원인과 대책이라는 관점에서 식품 저장방법의 원리를 설명하고자 노력하였으며, 식품저장기술면에서는 공학적 접근(food engineering approach)을 추구하였고, 최신 식품저장기술에 대한 내용도 포함하였다.

그러나 아직 미비한 점이 많다. 이점에 대해서는 앞으로 더욱 보완하고자 한다.

끝으로 이 책을 출판하기 위하여 애써주신 도서출판 진로 임종철 사장님과 편집부 직원 여러분께 깊은 감사를 드린다.

저자 씀

차 례

제1편 식품저장의 기초

제 2 편 식품저장의 원리와 방법

제 1 편

식품저장의 기초

제1장

식품저장의 의의

1-1 식품의 특성과 저장

1. 식품의 의의

식품(食品 ; food material)이란 한 가지 이상의 영양소를 함유하고 있고 유해성분을 함유하고 있지 않으며 사람이 먹을 수 있고 소화 흡수가 가능한 천연물 또는 가공품을 말한다. 그 중에서 식품을 처리하여 조리, 가공한 것을 흔히 식물(食物 ; food diet)이라고 하여 구별하기도 한다.

식품은 그것을 섭취하는 식습관에 따라서 주된 칼로리원으로 섭취하는 식품을 주식이라고 하고 이때 곁들여 먹는 식품을 부식, 식사의 사이에 에너지를 보충시킬 목적으로 섭취하는 식품을 간식이라 부르고 있다. 한편 주식으로 섭취되는 식품을 일반 식품과 구별하여 식량이라 부르며, 특수영양식품이나 병상식(病床食)과 같이 건강유지와 질병의 치료를 목적으로 취급되는 식품은 식이(食餌)라 부르고 식품의 재료로서 취급되는 경우는 식재(食材)라 부른다.

이와 같이 식품의 의미는 사용되는 목적과 상황에 따라 여러 가지로 달리 불리어 질수 있다. 그러나 여기서는 일반적인 음식물을 총 망라하여 식품으로 다루기로 한다.

2. 식품의 조리와 가공

식품의 가치, 즉 영양가와 이용성, 맛이나 향, 색 등을 유지 개선할 목적으로 식품을 처리하는 것을 조리라 한다.

그러나 식품가공의 경우는 식품의 가치를 유지 향상시킴은 물론 제품화함으로써 저장성을 부여하고 운반 수송을 편리하게 하여 주며 상품으로서의 가치를 향상시키기 위하여 특수한 포장과 디자인에 이르기까지 다각적인 기술이 요구된다. 그러므로 똑같은 식품을 만든다고 하더라도 조리에서와 가공에서는 그들의 관심대상이 전혀 다르다. 예컨대 조리에서는 주로 영양이 풍부하고 맛, 향, 색 등의 식품가치가 풍부한 식품을 만드는 데에 그 목적이 있다. 그러나 가공에서는 식품의 영양가나 기타 식품 가치를 높임은 물론이고 그 외에 반드시 장기간 보존할 수 있도록 저장성을 부여한 제품으로 만들어야 하고, 일단 제품화 하는 이상 수지타산이 맞도록 가격도 고려하여야 하며, 상품으로서의 가치를 향상시키는 면에 이르기까지 다각적인 고려를 하여야 한다.

따라서 식품의 가공에 있어서 저장의 문제가 필수적인 것이 된다. 심지어는 저장성이 적은 식품을 장기간 저장하기 위한 수단으로서 가공하는 경우도 있다. 이러한 경우 보통 가공저장(加工貯藏)이라 부르기도 한다.

3. 식품저장의 목적

식품저장이란 그 품질이 장기간 변하지 않도록 유지시키는 작업을 말한다. 여기서 식품의 품질이란 성분상의 품질과 기호적인 품질 및 생리기능적 품질로 나누어 생각할 수 있다. 성분상의 품질은 식품의 1차적 기능인 식품의 영양학적 가치를 의미하고, 기호적인 품질이라고 하면 식품의 2차적 기능에 해당하는 색, 향, 맛, 조직감(texture), 신선도(freshness) 등의 기호적 가치를 의미하며, 식품의 3차적 기능에 해당하는 생리기능적 품질은 질병예방 및 치료효과를 의미한다.

그러므로 식품저장의 목적은 식품의 품질을 균형 있게 유지시키는 데에 있으며 경우에 따라서는 식품을 일정기간동안 숙성시켜 품질을 개선시키는 효과를 목적으로 하는 수도 있다.

실제로는 식품의 특성에 따라서 어떤 것은 영양적인 품질유지에 치중하는 경우도 있고, 어떤 것은 반대로 기호적인 품질의 유지에 치중하는 경우도 있다. 예컨대 채소의 경우를 보면 되도록 채소의 원형을 살려 싱싱한 상태로 저장하는 경우가 있고 또 때로는 채소의 원형이나 신선도는 생각하지 않고 상품가치를 높이고 저장기간을 늘리기 위하여 아예 김치나 다른 가공품으로 가공하여 저장하는 경우도 있다. 이와 같이 오늘날의 식품저장은 인스턴트식품이나 통조림식품과 같이 가공을 주체로 한 것과 식품을 저온이나 냉동법으로 천연 그대로 저장하는 것의 두 가지가 주류를 이루고 있다.

식품저장학에서는 흔히 식품의 원형을 잃지 않고 성분의 변화를 일으키지 않도록 일정기간 유지시키는 작업을 저장(貯藏, storage)이라 하고, 식품의 품질열화(品質劣化)를 막고, 상품가치를 유지 개선시키기 위하여 실시하는 작업을 보장(保藏, preservation)이라고 하여 구별하는 수도 있다.

일반적으로 식품저장의 경우는 대량으로 장기간 보관해야 하는 경우가 많고 장거리 수송을 요하는 경우도 있으므로 저장 중의 품질변화를 막고 식품의 부피를 줄이기 위하여 저장에 앞서 전처리(前處理)를 하는 경우가 많다. 예컨대 닭고기를 냉동저장하기 위해서는 우선 깃털을 뽑고 내장이나 기타 불필요한 부분은 제거해야 하고, 생선을 저장하는 경우에도 우선 머리 부분과 내장을 제거하고 비늘과 지느러미, 꼬리부분도 손질해야 한다.

또 가공식품은 우선 판매점의 진열장 안에 있을 기간을 예정하여 저장성을 부여한 것이지만 대량으로 생산하는 경우에는 창고에 저장하는 기간이 길어지게 되므로 그 동안에 제품의 품질에 지장이 없도록 저장할 필요가 있다. 이런 경우에는 가공식품에 대해서도 저장이라는 말을 쓸 수가 있는데, 예를 들면 버터가 산화하여 불쾌한 냄새가 나거나 절임 식품이나 청주가 변패하는 일이 있으므로 이를 방지하여야 한다.

끝으로 식품저장이라는 용어는 식품에 보존성을 부여하여 어느 기간 동안 보존이 될 수 있는 상태로 만들었다는 적극적인 의지가 내포된 용어이다. 즉, 소비자가 부엌에서 식품을 관리하며 "저장한다"고 할 때의 "저장"과는 근본적으로 그 뜻에 차이가 있다.

1-2 식품저장의 필요성

1. 식품의 특성과 저장의 필요성

식품은 풍부한 영양소를 함유하고 있다. 이 영양소는 사람의 몸에 필요한 성분인 동시에 미생물의 빈식에도 유용한 성분이다. 따라서 식품은 미생물이 쉽게 번식하여 변패되기 알맞은 상태에 있다. 일단 미생물이 식품에 번식하여 변패되면 여러 가지 유해물질이 생기게 된다. 어떤 경우는 프토마인(ptomaine)과 같이 식품의 성분 자체가 변패되어 독성물질이 생기는 수도 있고, 또 어떤 경우는 아플라톡신(aflatoxin)과 같이 미생물이 만들어 내는 독성물질도 생성될 수 있다.

식품의 저장성을 향상시키기 위해서는 다음과 같은 사항을 고려하여야 한다.

첫째로 식품을 변패되지 않도록 저장하기 위해서는 미생물의 번식을 막아야 한다. 그렇다고 식품 중의 영양소를 빼내어 버릴 수는 없는 일이기 때문에 우선 식품의 주성분이 되는 영양소와 그 영양소를 가장 좋아하는 미생물과의 관계를 고려해 대책을 세워야 한다.

둘째로 생체식품(生體食品)의 경우는 수확한 후에도 호흡 등 생명현상을 그대로 유지한다. 이와 같은 생명현상이 일어나고 있을 때에는 수많은 종류의 효소(enzyme)가 작용하여 자가소화(自家消化, autolysis), 변패(deterioration), 변색(discoloration) 등을 일으킨다. 그러므로 식품은 수확한 후에 적당한 대책을 세워 저장하여야 한다.

셋째로 식품은 여러 성분의 복합계를 이루고 있다. 식품이 일단 수확되거나 처리되고 나면 이들 성분의 복합계가 평형을 잃고 이어서 여러 가지 복잡한 부정적 반응을 일으키게 된다.

넷째로 대부분의 식품은 다량의 수분을 함유하고 있다. 이들 식품중의 수분은 각종 성분을 가용화시켜 성분 간의 반응을 촉진시키며 미생물의 생육을 촉진한다.

이상과 같이 식품은 그의 특성을 고려하여 저장하지 않으면 안되도록 되어 있다. 식품의 품질보존과 안정성을 유지하기 위해서는 저장이 꼭 필요하다.

2. 식량문제와 식품 저장

날로 팽창되어 가고 있는 세계 인구는 급기야 심각한 식량문제에 봉착하게 되었다. 통계에 의하면 1977년에는 세계 인구가 37억이었던 것이 2009년 현재 약68억에 이르렀으며, 항후에도 계속 인구는 증가할 것이고 인류는 심각한 식량부족에 직면할 것이다. 이 엄청난 세계 인구의 식량문제를 해결하기 위해서는 새로운 식량자원의 개발이 절실히 요구되며 개발된 식량의 보존과 효과적인 분배를 이룩하기 위해서는 무엇보다도 식품저장의 기술이 뒤따르지 않으면 안된다. 세계농업기구(FAO)는 2050년 까지 식량생산량을 현재의 2배로 증가시켜야만 식량문제를 해결할 수 있다고 경고하고 있다.

한편 현재 생산되고 있는 식품의 약 6~40%가 부패, 해충, 쥐 등의 피해로 인하여 손실되고 있다(표 1-1). 이는 식품저장의 효과적인 운용에 의해서 되찾을 수 있는 양이 엄청남을 뜻하며, 이러한 손실량을 줄이는 일은 결과적으로 식량의 증산을 이룩하는 일이 된다. 그러기 위해서는 식품저장기술을 활용하여 문제를 해결해 나가야 할 것이다.

〈표 1-1〉 동남아시아 국가의 쌀 수확 후 손실

국 가	손 실(%)	국 가	손 실(%)
인도네시아	6 ~ 17	스리랑카	13 ~ 40
말레이지아	17 ~ 25	태 국	8 ~ 14
필 리 핀	9 ~ 34		

3. 사회구조의 변화와 식품저장

현대사회의 특징을 정보화, 고도의 산업화, 인구의 도시집중화, 생활의 고급화, 여성의 사회 참여 등으로 규정지을 수 있다.

정보화를 토대로 한 고도의 산업화는 대량생산(mass production) 및 대량소비(mass consumption)를 바탕으로 한다. 과거에 영세 농업에 의해서 생산되던 식량자원이 이제는 기업농의 형태로 바뀌면서 단일품목의 식품이 단시일에 대량 생산되고 있으며, 축산은 물론 수산 또한 양식에 의하여 대량 생산 추세로 바뀌고 있다.

이처럼 대량 생산/소비되는 식량자원은 일정 기간 저장해야 하고 적당히 분배되어야 한다. 여기에 식품저장의 필요성이 더욱 높아지고 또 저장방법의 어려움도 비례해서 커지게 된다.

한편 인구가 도시로 집중되면서 많은 사람이 자급자족하던 시절은 지나고 슈퍼마켓이나 백화점 및 대형할인점 등에서 식품을 구하지 않으면 안되게 되었다. 또 식품 생산지에 국한되지 않고 언제 어디서나 원하는 식품을 구입할 수 있는 시대가 되었다.

또한 생활수준이 높아지면서 식생활도 고급화되어 소비자들은 맛있고 싱싱한 고급식품을 원하고 있다. 또 여성들의 사회참여도가 높아지면서 식사준비에 투입하는 시간이 줄어들고 따라서 반 조리식품이나 인스턴트 식품 또는 간단히 처리하면 금방 먹을 수 있는 형태의 식품에 대한 수요가 높아졌다.

이와 같이 현대사회에서 식품의 저장은 식품의 생산→유통→소비의 과정을 원활하게 해주는 중요한 수단이라는 것이 분명해졌으며, 따라서 식품저장은 이들 각 과정의 여러 요구를 충족하는 효과가 있어야 한다.

1-3 식품저장의 이익

식품을 저장함으로써 얻어질 수 있는 이익은 실로 막대하다. 저장은 식품 자체의 품질을 유지·향상시키고 계획적인 식품의 생산·분배를 가능하게 한다. 이에 따라 식품저장은 경제, 산업, 사회, 문화 등 여러 가지 면에서 지대한 영향을 준다.

식품저장이 경제・산업적인 면에 제공하는 이익을 간추리면 다음과 같다.

① 생산・분배를 원활하게 한다.

식품은 농업, 축산업, 수산업 등 자연에서 생산되는 것이 대부분이다. 그러므로 식품의 생산은 아무리 계획적으로 유도한다 하더라도 자연적인 요인에 의하여 항상 변동되기 마련이다. 그래서 풍작이나 풍어가 되는 경우는 이를 수용하였다가 적당한 시기에 풀어놓고 또 부족할 때는 공급량을 증가시킬 수 있는 수단이 필요하다.

식품저장은 대량생산된 식품을 일정기간 동안 변패되지 않도록 유지하는 것이기 때문에 식품의 계획 생산을 가능하게 하며 필요에 따라 식품을 합리적으로 분배하는 일을 가능하게 한다.

② 유통・적재를 용이하게 한다.

식품의 저장성을 높이기 위하여 일정한 용기에 넣어 규격화할 경우 취급하기 용이하므로 유통・적재 과정에서 대단히 유리하다. 또 건조저장의 경우에서 처럼 식품의 부피를 줄이고 가볍게 하므로 유통・적재 시 효율을 높인다.

③ 식품의 손실을 방지한다.

식품의 손실은 양적인 손실에 못지않게 질적인 손실을 염두에 두지 않으면 안된다. 식품이 변패되어 먹을 수 없게 되어 버려지는 것은 적당한 저장방법에 의하여 막을 수 있다. 또한 영양 손실과 식품의 기호성 상실에 의한 질적인 손실 등도 저장방법의 개선에 따라 충분히 막을 수 있다.

④ 가격의 안정을 기한다.

자연을 대상으로 하는 농・축・수산물의 생산은 일정한 계획에 의해서 행해졌다 하더라도 그 생산량은 항상 변동이 있다. 따라서 풍작이나 풍어에 의한 가격의 하락이나, 반대로 흉작에 의한 가격 상승은 흔히 있는 일이다. 생산물에 저장성과 수송성을 부여할 경우 생산물은 가격이 안정되고 생산자의 생산의욕 증대에도 도움이 된다.

1-4 식품저장의 역사

1. 원시시대의 식품저장

선사시대의 원시인들은 온갖 고난과 싸우면서 다른 동물들과 함께 자연생활을 영위하였다. 석기(石器)를 만들어 동물을 잡고 식물의 열매나 뿌리를 채취하였다. 그러나 이와 같은 것은 식물(食物)을 발견한 그 장소에서 잡아먹고 끝나는 생활이었기 때문에 일기 관계 등으로 식물을 채취할 수 없을 때는 배고픔을 참아야 되는 불편한 생활이었다. 이와 같은 생활환경 속에서 지내다가 우연히 불을 발견하여 나무의 열매나 고기를 불에 구워서 저장하였다가 식물획득(食物獲得)이 없는 날에 대비하게 되었다.

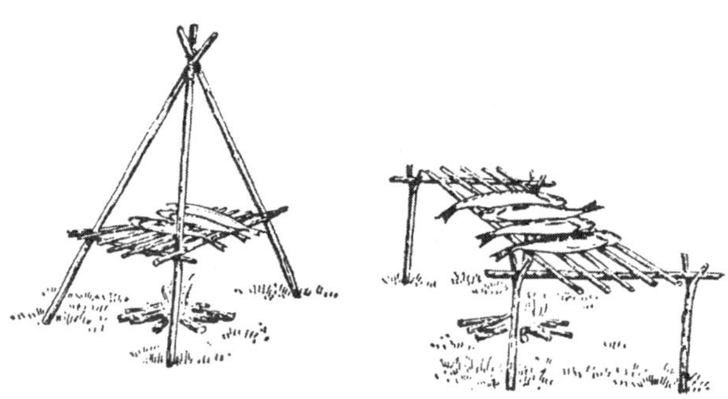

〈그림 1-1〉 남아메리카 원시인의 훈제품 제조방법

불은 약 40만 년 전 북경원시인이 발견했을 것으로 보이며 그 이후의 유적으로서 우리나라에서도 구석기시대의 짐승 뼈와 화덕자리 또는 숯이 여러 곳에서 발견되고 있다.

후기 석기시대에 들어와 원시인들은 돌도끼나 또는 뼈로 만든 도구를 이용하여 수렵을 하였고 잡은 동물의 고기는 그대로 먹기도 하고 훈제(燻製)로 하거나 햇볕에 말려서 저장하였으며 이러한 저장방법은 인류가 상당한 옛날부터 이용했으리라고 짐작된다. 그리고 또 서늘한 자연적인 땅굴이 있는 곳에서는 그것이 바로 오늘날의 냉장고와 같이 이용되었을지도 모를 일이다.

B.C 7,000년경에는 확실히 농경과 목축이 행해진 것으로 믿어진다. 그리고 이것이 더욱 안정되었던 시대라고 보이는 B.C 5,000년경의 지중해안의 유적에서는 곡물 저장용 창고가 발굴된 일도 있다.

2. 역사시대 초기에서 근대까지의 식품저장

역사시대에 들어와 관개농업에 의해서 수확이 증대되고, 한편 도시가 발달하여 생산자와 소비자 사이에 분업이 성립되면서 식재는 점차로 교역의 대상이 되었다. 식재를 농어촌으로부터 도시로 운반할 필요성이 생김에 따라 종래보다도 더 많은 보존성이 요구되었다.

이와 같이 선사시대부터 역사시대 초기까지의 식품저장법을 살펴보면 건조법, 굽는 법, 찌는 법, 연기에 의한 훈제 법, 소금에 절이는 염장법, 발효시키는 발효법, 저온저장법 등의 원형이 옛날부터 존재하였으며, 오늘날의 저장법은 그와 같은 원형을 기본으로 하여 과학적 기법을 사용하여 개발 발전시킨 것이다.

이 중에서 천일건조 · 훈연 · 소금 절임 등의 방법은 19세기 전반까지 저장 기술의 주류가 되었다.

그러나 식품저장법은 세계 각지의 기후 풍토와 관련해서 각각 그 지역별로 독자적인 발달을 해온 것으로 볼 수도 있다.

한랭한 지대에서는 식품저장이 비교적 용이하므로 북극해 연안에 사는 에스키모는 수렵한 동물의 고기를 아무렇게나 생활 주변에 방치하였다가 식용하기도 하였다. 훈제법은 스코틀랜드 어장에서 산업화에 성공한 후 주로 북구지방에서 발달하였다.

열대지방에서는 고기의 부패가 빠르다. 인도에서는 힌두교와 이슬람교가 다 같이 소 · 돼지의 도살을 금지하는 것은 물론 식용을 금하고 있다. 이와 같은 종교의 율법은 부패된 식육에서 오는 식중독이나 전염병의 위험으로부터 몸을 지키기 위한 지혜로 볼 수 있을 것이다.

아한대(亞寒帶)에 속하는 북구 여러 나라는 식량 생산이 별로 풍족하지는 못하였으나 한랭한 자연조건은 고기나 우유 등을 저장하는 데에 있어서는 극히 유리하게 작용되었다. 이 지대에서 유제품공업이 발달하게 된 이유는 원래 목초의 생산지라는 점도 있으나, 그보다도 기후가 원료유의 처리에 적합하다는 것과, 유제품의 주요 미생물인 푸른곰팡이나 젖산균의 생육온도에 적합하다는 이유가 있었기 때문이기도 하다. 북구 여러 나라의 식품섭취 구성이 고기와 우유를 중심으로 하고 있는 것도 기후와 밀접한 관계가 있는 것이라고 보아야 할 것이다.

우리나라는 주로 온대지대에 속하여 식품도 비교적 변패하기 쉬운 곳이다. 따라서 그에 맞는 각종 저장기술이 발달하여 왔다.

몇 가지 예를 들면 통일신라시대 이전에 이미 대두의 저장방법으로서 간장이나 된장이 출현하였고 3세기에서 5세기경에 염장법, 당장법이 사용되었다. 또 이 시기에 채소의 움 저장도 기록에 있으며 조선시대에 와서 젓갈이나 마른 명태 또는 육장(肉醬) 등의 출현을 볼 수 있다.

이와 같이 역사시대 초기에서 19세기 전반까지의 저장기술은 선사시대의 기술을 이어받아 각지의 기후·풍토나 유통사정 등에 지배를 받으면서 여러 갈래의 발전을 이루었다. 그리고 한편 미생물의 분포도 기후에 따라서 다르기 때문에 그 지역의 미생물에 의하여 각각 다른 발효 식품이 생겨나기도 하고, 그 지방의 주요 식량과 결합하여서 세계 각지에 각양각색의 특색 있는 식생활을 만들어냈다.

3. 19세기 이후의 식품저장

19세기 후반에 이르러서 새로이 통조림·인공건조·냉동의 세 가지 기술이 개발되었다. 이러한 사실은 지금까지 천연의 기후나 기상에 의하여 좌우되던 저장법이 인위적 방법에 의한 저장으로 발전하였음을 뜻하며, 저장법의 혁명적인 발전이라 할 수 있다. 이와 같은 발전은 인류의 식생활 향상에 크게 기여하였다.

1) 통조림의 발명

통조림은 프랑스인 Nicolas Appert에 의해서 1804년에 고안되었다. 그가 고안한 방법을 보면 식품을 물과 함께 입이 큰 병에 넣고 마개를 가볍게 막아 끓는 물에 넣어 일정한 시간이 지난 후에 꺼내어 즉시 밀봉하였다.

그의 고안은 지금 생각하면 지극히 간단한 것이었으나 당시로서는 대단한 발명이었으며 이로 인하여 그는 프랑스 정부로부터 12,000 프랑의 거금을 상으로 받았다. 그의 통조림 방법은 그 후 계속 개량되어 1810년에는 Peter Durand에 의하여 주석(錫)을 이용해 더욱 신뢰도가 높은 통조림이 만들어지게 되었으며, 1874년에는 A. K. Shriver에 의하여 살균솥이 발명되어 대량생산을 위한 공업화에 성공하였다.

2) 인공건조 기술의 진보

인공건조는 식품을 건조시키는 데 있어서 건조실을 만들고, 그 속에 열풍을 보내서 건조시키는 방식이다. 이 방법은 1600년대에 고안되었지만, 현재와 같은 건조과일, 건조채소의 기술적인 기초가 확립된 것은 1880년대이며, 1849년 미국의 gold rush 시대에 독일에서 건조채소가 수입되었다고 전해지고 있다.

인공건조의 기술은 그 후 고기 추출물(meat extract)에 대하여 시도되었고, 탈지분유의 제조를 거쳐서 분말우유 제품에까지 이르렀다.

3) 식품냉동의 발전

식품냉동법은 1875년에 독일인 Linde가 처음으로 암모니아를 사용하여 효과가 좋은 가스압축식 냉동기를 완성했을 때부터 비롯되었으며, 기계얼음은 순식간에 천연얼음을 몰아내고, 식품은 빙장에서 냉장으로 옮겨지고 다시 냉동으로까지 발전하였다.

이와 같은 저장기술의 진보로 종래와 같이 기상조건에 지배되지 않고 연중 어느 때나 대규모로 저장 가공이 가능하게 되었으므로 생산과 소비의 양면에서 크게 발전하게 되었다. 예를 들면 종래에는 일시적으로 수확된 식량 중 처리하지 못한 것은 부패 변질하여 버리게 되었지만, 지금은 저장이 용이해짐에 따라 식량자원을 효율적으로 이용할 수 있게 되었다.

또 대량생산방식이 확립됨으로써 값싼 저장식품이 시판되어 서민의 식생활을 획기적으로 향상시키는 결과를 가져왔다. 또한 바다에서 나는 어패류가 통조림으로 가공되어 산간벽지에서나 열사의 사막에서도 즐길 수 가 있게 되었다. 이러한 사실은 통조림 기술이 개발되기 이전에는 미처 상상도 하지 못했을 것이다.

4. 현대의 식품저장

19세기 후반의 저장기술은 통조림·인공건조·냉동 등 모든 분야에서 식품의 변질 방지라고 하는 점에 있어서 눈부신 발전을 이룩하였다. 그러나 이와 같은 근대기술을 가지고서도 통조림 제품의 맛은 천연의 것과는 전혀 다르고, 천연의 품질을 그대로 유지한다는 것은 아직도 거리가 멀다. 통조림이나 인공건조 모두 가공에 의한 변질을 피할 수 없었으며, 냉동도 당시의 것은 동결기술이나 해동기술이 다 같이 미숙하였기 때문에 식미(食味)의 변화가 심하였다.

20세기에 들어와서 냉동기술은 과거의 완만냉동에서 급속냉동으로 발전하였고, 해동기술도 급속한 발전을 이룩하였다. 그리고 동결건조와 가스저장의 연구가 실용화 단계에 이르러 식품저장기술은 제2의 혁명을 맞이하기에 이르렀다. 이것은 식품의 품질을 싱싱한 원상태로 유지하고자 하는 인류의 염원이 기술혁신에 의해서 실현단계에 이르렀음을 보여주었다.

1) 새로운 냉동기술의 개발

1916년 독일의 Plank가 식품을 동결할 때에 품질에 따라서는 급속동결을 하는 편이 더 좋다고 주장한 것이 시발점이 되고 있다. 1929년 대표적인 급속 동결장치인 다단접촉식 동결장치가 미국의 Clarence Birdseye에 의해서 고안되었고, 이를 시발점으로 포장동결방식이 발전하였다. 해동법에 있어서도 다양한 기술이 개발되어 냉동식품의 복원성은 현저히 향상되었고 이제 완전한 실용화단계에 접어들었다. 이로 인해 Birdseye는 동결식품의 시조라고 불리게 되었다.

2) 동결건조의 개발

동결건조는 19세기 말에 Altoman에 의해서 고안된 것으로 피건조물(被乾燥物)을 진공에 가까운 상태에서 건조하는 원리를 근거로 하여 1950년대에 들어서 개발되기 시작하였으며, 1960년대 이후에 기업화의 시대로 들어섰다. 이 건조법은 고체인 얼음을 승화시켜서 수증기로 기체화하는 방법이며, 진공 중에서 이루어지기 때문에 식품의 산화가 일어나지 않고 복원성이 좋은 식품이 될 수 있다.

3) 가스저장의 연구

1922년에는 영국의 Kidd에 의해서 가스저장에 대한 연구가 시작되었다. 이것은 과일이나 채소 등의 환경기체(環境氣體)를 탄산가스로 대체시켜 식품의 호흡작용을 억제하고 성분의 소모를 방지할 수 있다는 것이 그 원리이다.

그 후에 각국에서 다투어 연구하게 되었고, 미국에서는 1965년에 1,300만 상자의 사과에 C.A.(controlled atmosphere)저장(가스저장과 냉장을 결합시킨 것)을 실시하였다. 이 기술은 앞으로 많은 종류의 식품에 응용 가능할 것으로 예상된다. 이와 같은 기술의 발전은 식품의 원형과 성분을 유지하거나 또는 간단한 방법으로 원형과 성분을 원래의 상태로 복원시키고자 하는 식품저장의 염원에 한 걸음 더 다가서게 하였다.

4) 포장방법의 발전

예전의 식품포장은 저장의 목적보다는 오히려 운반이나 취급의 편리성을 위주로 실시하였다. 최근에는 석유화학의 발달로 플라스틱 필름(plastic film)을 식품포장 재료로 이용하게 됨으로써 종래의 포장 목적과 더불어 저장에도 큰 기여를 하기에 이르렀다.

C. F. Cross는 셀로판 필름(cellophane film)을 발명(1892년)하였고, Fawcett는 폴리에틸렌 필름(polyethylene film)을 발명(1933년)하여 식품저장의 발전에 큰 기여를 하였다.

그 외에도 여러 가지 포장 재료가 발명됨으로써 오늘날 진공포장에 이용되어 산소나 미생물로부터 식품을 보호할 수 있게 되었다. 수축포장재의 출현으로 소시지 등의 품질향상(저장성 등)에 큰 기여를 하게 되었다.

그밖에 산화방지제 또는 미생물 생육억제제 등의 화학물질을 이용하는 식품저장법도 많이 발전하였으나 식품위생상의 문제를 각별히 고려해야 한다.

5) 방사선의 이용

식품의 방사선 처리는 원자력의 평화적 이용의 한 부분으로 1953년 미국에서 대규모로 연구가 시작된 이래 여러 나라에서 많은 연구가 진행되었다. 당시에는 이 방법을 냉살균(cold-sterilization)이라고 불렀으며, 종래의 가열살균의 경우와는 달리 성분변화를 일으키지 않는 이상적인 살균법이라 하여 다수의 국가에서 그 이용이 확대되고 있다.

6) 비열가공기술(Non-thermal Technology)의 도입

2000년대 이후 신선미와 건강성, 편의성 및 위생성을 갖춘 고품질 식품에 대한 수요가 급격히 증가하고 있다. 이러한 수요에 부응하기 위해 열의 사용을 제한하고 대신에 압력, 전기장, 자기장, 초음파, 광선 등을 사용한 비열가공기술이 개발되어 일부 실용화 되고 있다. 그 중 초고압 가공기술은 수천 기압의 압력을 사용하여 온도상승 없이 미생물을 사멸하는 기술로써 주스 등 음료, 잼, 굴, 아보카도 가공품의 생산에 이용되고 있다.

고전압전기장 또한 열발생을 최소화하며 미생물을 사멸시키므로 주스, 우유, 저알코올 음료 등에 적용 가능성이 확인된 바 있다. 그 외에 광펄스, 자기장, 초음파 등도 열발생 없이 미생물을 제어할 수 있는 비열가공기술로 확인됨에 따라 다양한 제품에 응용하려는 연구가 진행되고 있다.

이상 설명한 식품저장법이 진보해온 발자취를 보면 표 1-2와 같다.

〈표 1-2〉 식품저장법의 진보

1500년 이전	조리 방법, 굽는 방법, 볶는 방법, 건조법, 염장, 당장, 동굴저장 등 모두 불, 바람, 일광, 해수, 암염(岩鹽) 등의 자연조건을 이용한 데 지나지 않는다.
1600년	초보적인 열풍건조기에 의해서 인공건조법이 채용되기 시작하였다.
1795년	프랑스에서 채소를 열풍건조 시켰다.
1804년	프랑스의 아뻬르가 통조림법을 발명하였다.
1875년	독일의 린데가 냉동기를 발명하였다.
1900년	통조림·병조림 기술의 진보를 이루었고, 각종 건조방법이 개발되었다.
1919년	독일의 프랑크가 급속동결의 이론을 제창하였다.
1922년	영국의 킷드가 가스저장의 연구를 개시하였다.
1929년	미국의 버즈아이에 의해서 급속동결장치가 발명되고 동결식품이 제조되기 시작했다.
1942년	제2차 세계대전 중 통조림·병조림·건조·냉동냉장의 가공기계기술이 한층 개량 발전하였다.
1950년	진공기술의 개발로 액상식품의 진공농축방법이 개발되고 진공건조·동결건조에 의해 우수한 복원성을 가진 건조식품의 제조가 가능하게 되었다.
1953년	미국에서 방사선 살균의 연구가 개시되었다.
1960년 이후	1950년대까지의 가공기술과 가공기계가 더욱 진보 개량됨과 동시에 식품화학의 진보에 의해서 가공식품의 품질이 향상되었다. 또 석유화학의 진보에 의해 각종 플라스틱 제품이 용기나 포장 재료로 이용되게 되었다. 전자레인지·전자냉동·초음파가공 등 전자공학을 식품가공에 응용하게 되었다.
2000년대	방사선 조사 기술이 보편화 되었으며, 초고압, 고전장펄스, 광펄스, 자기장 등이 식품의 비가열 살균기술로서 도입되고 있다.

제2장

식품변패의 원인

식품변패의 원인은 크게 생물학적 원인, 화학적 원인, 물리적 원인으로 나눌 수 있다. 생물학적 원인에 속하는 것은 해충, 쥐, 미생물, 효소 등이 있고 화학적 원인에 속하는 것은 산소, pH, 금속이온, 성분간의 반응 등이 있으며 물리적 원인에 속하는 것은 건조, 냉동, 기계적 손상 등이 있다.

2-1 식품변패의 생물학적 원인

식품이 벌레나 쥐에 의해서 입는 해는 식품 자체를 이들 생물이 식해(食害)함으로써 오는 양적 손실과 식품을 오염시키거나 포장 등을 파손시킴으로써 오는 질적 피해로 나누어 볼 수 있다. 또한 곤충의 사체나 분변 등이 식품에 들어갈 경우 건강에 영향을 미치는 일도 있다.

이들 피해에 대하여 정확한 통계는 없으나 저장중인 미맥(米麥) 등의 주곡은 전체의 10% 정도가 가해생물(미생물도 포함)에 의해서 손실되고 있는 것으로 짐작되고 있다.

1. 해충에 의한 피해

식품 창고 등에 서식하는 해충도 원래는 야외에서 생활하던 것인데 환경에 적응해서 본격적인 식품 해충이 된 것이다.

야외에 있는 가해 곤충은 농약에 의해서 구제가 가능하게 되었으나 식품 해충의 경우는 약제가 식품에 오염되는 것을 염려하기 때문에 야외에서의 구제보다 어려움이 많다.

1) 해충의 종류

- 바퀴류

세계적으로 3,500여 종 이상이 있다. 우리나라에는 9종정도가 있으며 가장 흔한 것은 독일바퀴, 일본바퀴, 미국바퀴 등이다. 바퀴벌레는 현존하는 날개달린 곤충 가운데 가장 오래된 것으로 약 3천2백만년 전부터 지구상에 생존하여 온 곤충이다. 수컷은 보통 2쌍의 날개를 가지며 암컷은 없거나 흔적만을 가진다.

바퀴는 돌출된 알주머니에 알을 넣고 다니는데 부화된 유충은 5~6차례의 탈피과정을 거쳐 성충이 되는 불완전 변태를 한다. 성충이 되는 시기는 생후 6개월에서 1년6개월 정도이며 종류에 따라 다르다.

바퀴는 어둡고 습하며 따뜻한 곳을 좋아하여 열대지방이나 아열대지방에서 흔히 볼 수 있다. 해로운 바퀴는 얼마 되지 않으나 종에 따라 상당한 해를 주며 불쾌감을 일으킨다. 온대지방의 경우 겨울철 난방이 이루어지면 바퀴는 집안에 상주 한다.

바퀴는 잡식성으로 분변, 비듬, 음식 찌꺼기, 오물 등은 물론 우리가 먹는 음식 등으로 닥치는 대로 먹는다. 또한 그 배설물은 식품과 식기 등을 오염시킨다.

바퀴에 의한 피해는 알레르기 유발, 각종 병원성 세균, 기생충, 바이러스 등을 식품에 옮기고 식품을 오염시킴으로써 각종 질병을 일으킨다.

- 나방류

나방류가 직접 인체의 건강을 해치는 일은 적으나 식해(食害)에 의한 피해는 막대하다. 식품을 직접 가해하는 것은 주로 유충이며 어떤 것은 입에서 실을 내서 식품의 입자를 연결시키는 것도 있다. 1년에 2~4회의 세대를 갖는다.

• 갑충류

갑충류 중에서 식품저장에 관계되는 것 중 우리나라에서 알려진 것을 보면 바구미, 톱날머리대장, 구룡거저리, 쌀도적붙이, 알락수수랭이, 콩바구미, 팥바구미 등이 있다. 이 중에서 바구미의 피해가 가장 크며 주로 미맥(米麥) 등 주곡에 번식하고, 가늘고 긴 주둥이로 곡립(穀粒)에 구멍을 뚫고 그 속에 산란한다.

• 진드기류

절지동물로 민물, 흙, 식물은 물론 동물의 몸 안팎에 기생한다. 동물의 코, 눈썹, 폐, 위 등 몸속 깊은 곳에서도 살 수 있다. 크기에 따라 tick과 mite로 구분되는데 tick은 1~2 cm 정도의 타원형 모양을 하고 있으며 mite는 1mm 정도로 작으며 먼지 진드기와 같은 것은 이보다 더 작아 현미경을 통하여 볼 수 있을 정도이다. 4쌍의 다리를 가지고 있다.

〈표 2-1〉 식품과 그에 관계하는 해충

식품의 종류	해 충 의 종 류
곡류(쌀, 보리, 옥수수, 조, 피, 수수, 메밀 등)	바구미, 곡식좀나방, 잔응애류, 톱날머리대장, 곡식점부채좀나방, 곡식얼룩좀나방 등
분류(미분, 밀가루, 메밀가루, 콩가루, 감자가루 등)	곡식좀나방, 쌀겨얼룩명나방, 쌀도적붙이, 톱날머리대장, 잔응애류, 잔날개바퀴, 곡식얼룩좀나방 등
두류(콩, 팥, 완두, 낙화생, 잠두 등)	콩바구미과의 벌레, 곡식점부채좀나방, 곡식얼룩좀나방 등
가공품(건면, 빵, 비스킷 등의 과자류)	쌀도적붙이, 쌀겨얼룩명나방, 곡식얼룩좀나방 등
건과채류(건포도, 건버섯 등)	톱날머리대장, 곡식좀나방 등
건어류(건어, 건오징어 등)	알락수수랭이 등
기타(창고내의 자재, 포장 자재 등)	잔응애류, 바퀴류, 거저리, 알락수수랭이, 쌀도적붙이 등

진드기의 증식 환경은 20℃ 이상의 높은 온도와 75% 이상의 상대 습도에서 잘 번식한다. 그러나 10℃ 이하가 되면 증식하지 못하고 70℃ 이상의 온도에서는 사멸한다. 식품의 수분함량이 13% 이하일 경우에는 잘

증식하지 못하므로 식품을 잘 건조하고 방습 밀폐포장 할 경우에는 진드기의 피해를 막을 수 있다.

진드기류에는 곡류, 된장, 치즈, 건조과일 또는 설탕 등에서 발견되는 가루 진드기 종류가 있는데 여기에는 긴털가루 진드기, 설탕 진드기, 보리가루 진드기, 수중다리가루 진드기 등이 해당된다. 이불, 요, 베개, 다다미, 옷, 집안먼지 등에서 발견되는 먼지 진드기는 천식 등을 일으키는 알레르기의 원인이 되기도 한다.

식품과 그에 관계하는 해충을 정리하면 표 2-1과 같다.

2) 해충이 주는 피해

• 직접적인 피해

식해(食害)에 의한 손상 : 해충이 식품을 식해하는 양식은 대체적으로 다음과 같은 3가지가 있다.

① 내부를 식해 하는 것(잠행성, 潛行性) : 해충이 곡립(穀粒) 등의 내부에 산란하고 이것이 부화하면 유충이 되어서 내부를 식해하기 때문에 겉으로는 그 피해상황을 볼 수가 없다. 바구미, 잎말이패나방, 콩바구미 등이 이와 같은 해를 끼친다.

② 외부에서 갉아먹는 것(파괴성, 破壞性) : 식품의 외부에 산란하고 부화한 유충이 이동하면서 외부에서 식해 하는 것으로서 거저리 등이 여기에 속한다.

③ 겉층을 식해 하는 것(박피성, 剝皮性) : 곡류 등의 배(胚)나 겨층(糠層)을 식해 하는 것으로 곡식좀나방류가 여기에 속한다.

이물(異物) 혼입의 우려 : 식품에는 위생상 무해한 물건이라 할지라도 이물이 혼입되는 것을 용서치 않는다. 만일 식품 중에 죽은 해충이 들어 있거나 또는 그 부스러기 하나라도 들어 있다면 상품으로서의 가치를 상실하고 때로는 업소의 사활에 관계되는 중대한 문제를 야기 시키기도 한다.

• 간접적인 식품의 손상

바구미 등이 발생하면 발열현상이 일어나 그 결과 식품의 품온(品溫)

이 높아지고 따라서 더욱 그들의 번식이 왕성해질 뿐만 아니라 곰팡이 등의 피해를 아울러 받게 되기도 한다. 또한 발열현상에 따라서 식품 내 수분의 분포가 달라진다. 해충의 종류에 따라서는 식품 중의 수소(水素)를 산화해서 물을 생성하고, 이 때문에 식품의 수분함량을 높여 해충의 번식을 더욱 왕성하게 하여 곰팡이의 피해를 초래하기도 한다.

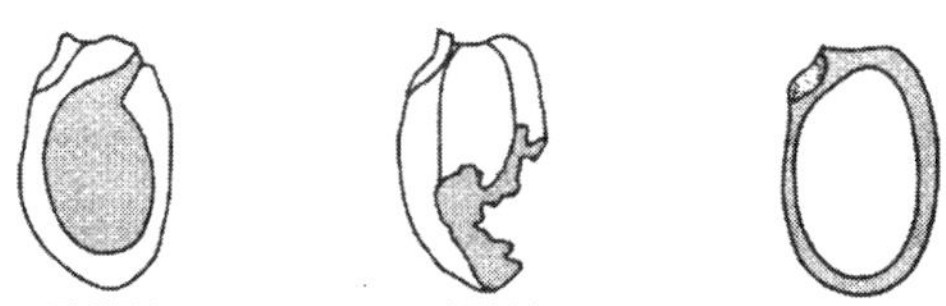

〈그림 2-1〉 해충에 의한 곡립의 식해

나방류는 직접 식품에 침입해서 식해(食害)하는 일도 많지만 번데기가 되기 위해서 이동 잠복하므로 이물 혼입의 원인이 되기도 한다. 또 포장 외부에 엷은 막을 치기도 하기 때문에 상품가치를 손상시키기도 한다.

주요 해충의 발생과 상태를 보면 표 2-2와 같다.

〈표 2-2〉 주요 해충의 발생과 생태

해 충 명	바 구 미	곡식얼룩좀나방	곡식점부채좀나방	잎말이패나방
1세대의 일수	30~50	30~60	50~80	25~40
연간발생횟수	3~4	3~4	1~2	2~5
생 활 적 온	31	28~29	28~29	25~28
산 란 방 법	미립에 천공	미립의 틈	미립의 틈	稃皮, 맥립
가 해 양 식	잠 복 성	박 피 성	박 피 성	잠 복 성
전 파 양 식	상승횡행	비상하강	비상하강	비상하강
월 동 상 태	유 충	유 충	유 충	유 충
특 성	습기를 즐김	분은 연한적색	고치를 만듬	야외의 맥류에 산란

3) 해충의 생육조건과 방제법

해충의 생육온도는 4~38℃이며 일반적으로 온도 15℃, 수분 14% 이하에서는 대체적으로 억제되는 것으로 보이나, 온도가 20℃ 이상이 되면 번식이 심해진다.

바구미의 온도에 의한 영향을 보면 표 2-3과 같다. 바구미는 15℃ 이하에서는 다음 대(代)의 성충(成蟲)이 생기지 않는다. 20~30℃에서는 발육일수가 점차 단축되고 28℃가 번식에 가장 적합한 온도임을 알 수 있다.

온도가 더 올라서 33℃가 되면 다음 대에 발생하는 유충은 약간 볼 수 있으나 3대째는 발생되지 못하고 35℃가 되면 성충이 사멸하기 시작한다. 이상으로 쌀의 저장은 쌀의 품질을 고려하여 15℃ 이하로 해야 함을 알 수 있다.

수분의 영향은 미생물처럼 예민하지는 않지만 수분이 많으면 번식이 촉진된다. 창고 같은 데에 쌓인 곡물은 해충의 좋은 생활환경이 될 수 있다. 즉 야외에서 서식하는 해충처럼 기후나 일기의 변화로 시달림을 받는 일이 없고 먹이도 풍부하며 또 좋은 창고는 온도나 습도의 변화도 심하지 않기 때문이다.

따라서 해충의 생육을 억제하기 위해서는 곡식의 수분함량을 14% 이하로 건조시켜야 한다. 식품에 해를 주는 곤충은 대개 몸집이 작아 곡립(穀粒)의 틈새에 잘 파고들 수 있고 광선도 필요치 않으며 오히려 어떤 것은 어두운 곳을 더 좋아하는 것도 있다. 이런 것은 곡식을 태양광선에 자주 쏘여 말리면 해충의 생육을 억제할 수 있다.

또 어떤 해충은 먹이도 식물성인 것은 물론 동물성인 것도 자유스럽게 섭취할 수 있고, 수분이 적은 건조상태의 식품도 용이하게 먹어치우는 능력이 있다. 이러한 해충은 화학약제를 써서 방제하지 않으면 안된다.

환경 정비용 방충제로서는 PGP 가루제(粉劑) 또는 유제(乳劑), 말라티온(malathion) 가루제가 있고, 또 γ-BHC 의 훈제(燻製)가 있다. 우리가 직접 먹는 식품에는 방충제를 살포하면 좋지 않지만, 원료품이나 포장된 식품은 일부 방충제를 사용할 수 있다.

〈표 2-3〉 바구미의 발육에 미치는 온도의 영향

온 도	번식수(마리)	발육일수(일)	비 고
10	–		다음 대 성충의 발생이 없음
12	–		
15	–		
18	210	56 (49~68)	(발육속도 100/일) = 1.7
20	320	44 (37~51)	2.2
22	430	36 (36~45)	2.8
25	557	30 (29~31)	3.3
28	871	28 (23~47)	3.5
30	530	26 (21~35)	3.6
33	46	38 (21~35)	2.6
35	–		다음 대 성충의 발생이 없음

1. 바구미 5쌍(10마리)으로 3개월간 사육했을 때의 번식수와 발육일수, 속도
2. 사료는 현미 300g이용
3. 발육일수는 발생충수가 가장 많은 날을 택함.

2. 쥐에 의한 피해

쥐가 식품 저장에 미치는 피해를 보면 식품의 식해(食害), 오염, 포장의 파손 등으로 나누어 볼 수 있는데, 이들 피해는 막대하게 크다.

우리나라의 쥐의 분포상태를 추정해 보면 주택이나 창고 등 옥내에 서식하는 것이 약 1억 마리, 야생하는 쥐가 약 2억5천만 마리, 합계 3억5천만 마리로 추산되고 있다. 이 쥐들이 소비하는 식량 또한 막대한 양으로 연간 약 67만5천 톤의 식량을 소비하는 것으로 보고 있다. 이와 같은 숫자는 쥐의 최소한의 식량(집쥐·곰쥐는 1일 10g, 등줄쥐·대륙밭쥐·비단털쥐 등의 야생 쥐는 1일 5g)으로 계산한 것이며, 이밖에도 채소·과일·나무의 어린 순에 미치는 피해와 시설물의 파괴 및 식품을 오염시킴으로써 입는 피해까지 계산에 넣으면 더욱 막대한 숫자가 될 것이다.

1) 쥐의 습성

쥐는 동물학적으로 사람에 가까운 위치에 있으며 사물에 대한 반응이나 활동방법이 곤충과는 근본적으로 다르다. 예를 들면 환경이 바뀌면 강한 경계심을 나타내고, 반면 시간이 가면 점차로 길들여지게 된다. 그러므로 쥐약을 놓을 때도 그와 같은 성질을 역이용하는 것이 좋다. 즉 쥐약으로 쥐를 잡겠다고 할 때는 처음 며칠간은 보통 먹이를 놓아서 경계심을 푼 다음 쥐약을 놓도록 한다.

쥐는 다니는 통로가 거의 일정하여 그 통로에 발자국이 나있기 때문에 그 통로를 눈으로도 알아볼 수 있다. 이런 것을 랫사인(rat sign)이라 한다. 그러므로 쥐약이나 쥐덫을 놓을 때는 그 통로를 잘 알아서 놓아야 한다.

적으로부터 몸을 지키기 위해서 본능적으로 그늘진 곳이나 구석진 곳을 통행하는 습성(우행성, 隅行性)이 있으며, 적의 활동시간을 피해서 주간보다도 야간에 주로 활동한다. 활동의 피크는 일몰 후 1~2 시간과 일출 전 1~2 시간(야행성, 夜行性)이다.

쥐의 치아는 영구히 계속 자라므로 너무 자라서 불편할 것을 예방하기 위하여 기회가 있는 대로 물건을 갉는다. 때문에 목조 건물의 기둥이나 문틀을 갉아서 많은 피해를 주고 있다. 먹이도 부드럽고 고운 가루보다는 0.5g 정도의 알맹이로서 모난 것을 더 좋아한다.

2) 방서법

• 통로의 차단

쥐가 다닐 수 있는 구멍을 막고 먹이가 될 수 있는 것을 감추어 놓는다. 창고의 출입문에는 약 60°의 경사가 지는 철판을 장치해서 쥐 막이를 한다. 쥐가 출입할 수 있는 하수구나 문에는 철망을 친다.

• 접근의 기피

쥐가 어떤 특정한 창고나 물건에 접근하는 것을 자진해서 기피하도록 하는 방법이다. 스트렙토마이신의 부산물인 사이클로헥스이미드(cycloheximide, 상품명 Actidion)는 아주 낮은 농도의 용액도 쥐가 싫어하는 것을 알게 되어 이것을 쥐의 기피제(忌避劑)로서 사용하게 되었다.

사이클로헥스이미드의 0.005% 용액을 창고에 분무하면 확실한 효과를 거둘 수 있고 식품포장물 등은 유통과정에서 입을 수 있는 피해를 방지하기 위해서 사이클로헥스이미드를 침투시킨 포장재로 포장하거나 이 약제를 침투시킨 기피 테이프를 이용해서 포장하는 방법이 있다. 이밖에 25,000~50,000 Hz의 초음파를 발생하는 장치를 해 놓으면 사람의 귀에는 들리지 않아서 지장이 없지만 쥐의 귀에는 몹시 소란스럽게 들려서 멀리 도망치게 하는 방법도 있다.

• 쥐덫

쥐덫의 원리나 모양은 여러 가지가 있으나 살서(殺鼠)의 반대되는 수단이며 잡은 쥐는 틀림없이 처리되기 때문에 약품에 의한 살서처럼 구석진 곳에서 죽어 뒹구는 일이 없다.

3) 살서법

주로 약품에 의해서 살서를 하며 살서제로서 이용되는 약품은 2가지 형으로 나뉜다. 즉 급성독에 의한 살서제와 만성독에 의한 것으로 나누는데 전자는 단 한번이라도 먹기만 하면 죽는 것이며, 후자는 수회 또는 수일간 계속 먹어야만 효과를 내는 것이다.

3. 미생물에 의한 변패

식품의 변질현상 중에는 물리적, 화학적 원인에 의한 것도 있지만 일반적으로 문제가 되는 것은 미생물 작용에 의한 변질이며 물리화학적 원인에 의하여 변질되었을 때에도 순수한 물리화학적 요인만으로서 진행되는 것은 드물고 이차적으로 미생물 작용에 의한 변화를 수반하는 경우가 많다.

이와 같이 식품의 변질에는 항상 미생물 작용이 관계하지만 이때 식품에 어떤 변화가 일어나는가는 식품의 종류와 작용하는 미생물의 종류 및 환경조건 등에 의하여 달라지며, 다음 세 가지로 나눌 수 있다.

① 식품의 변패 : 식품 중에서 대사활성이 강한 미생물이 증식하여 생

산하는 각종 효소에 의하여 식품의 주요한 성분이 대사분해 되어 식품 본래의 향미, 색택, 형태, 영양분 등이 상실될 뿐만 아니라 불쾌한 냄새와 맛을 생성하고 때에 따라서는 유독물질 같은 것을 생성하는 변화이며 대부분의 부패 세균에 의한 변질이 이 형태에 속한다.

② 외관의 변화 : 식품에 미생물이 부착하여 번식하고 따라서 직・간접적으로 식품의 외관이 손상되는 현상인데 이때에는 식품성분 분해는 그리 현저하지 않지만 식품으로서의 상품적 가치는 상실된다. 일부 사상균(곰팡이)과 효모 그리고 유산균 등 부패력이 그리 강하지 않은 미생물이 번식하였을 때에 가끔 볼 수 있는 변질의 형태이다.

③ 식중독의 발생 : 감염형과 독소형의 식중독 원인이 되는 미생물이 식품에 부착하여 증식하는 경우로서 일반적으로 식품성분의 분해 정도는 약하고 외관도 그다지 손상되는 일이 적기 때문에 가장 위험한 형태의 변질이다. 하지만 소비자 측에서는 감지하기 어려우며 식품위생적인 면에서는 경구전염병의 병원균에 의한 식품의 오염과 더불어 그 예방에 각별한 주의를 요한다.

1) 식품변패에 관여하는 미생물

식품을 변패시키는 미생물들은 지구상의 모든 곳, 즉 토양·공기·동식물체에 존재하며 식품 원료인 농・축・수산물에는 각각 그곳을 생활권으로 하는 미생물들이 독특한 마이크로플로오라(microflora)를 형성하여 살고 있다(표 2-4 참조). 이들 미생물들은 식품을 조리 가공하는 과정에서 수세, 조미(식초 첨가 등), 가열 등에 의해 대부분, 또는 전부가 제거될 수 있지만, 이 과정에서 살아남는 균은 식품을 변패시키는 작업에 주동적으로 참여하게 된다.

또 식품의 생산, 수송, 저장, 가공, 조리 등의 과정에서 외부로부터 또는 다른 미생물들이 공기・물・기구・취급자의 손・조류・곤충류 등의 매개체를 통하여 2차적으로 침입하는 일도 많다. 이들 2차 오염균들은 식품에 원래 있었던 1차 오염균과 합세하여 더욱 적극적으로 식품을 변패시키거나 또는 1차 오염균을 몰아내고 자신들이 새로운 마이크로플로

오라를 형성하여 별도의 변패를 가져오기도 한다. 예를 들면 우유의 변화에 있어서 처음에는 원래 있었던 세균에 의해서 변패가 진행되어 산이 생기고 따라서 단백질은 응고하는데 그 다음에는 2차 오염균인 곰팡이가 번식하여 단백질을 분해하고 이취(異臭)를 내게 한다.

〈표 2-4〉 주요 식품과 변패미생물

식 품	변패에 관여하는 미생물
우유 및 유제품	*Streptococcus, Lactobacillus, Microbacterium, Bacillus,* *Gram* 음성간균
쇠 고 기	*Gram* 음성간균, *Micrococcus, Cladosporium, Thamnidium*
가 금 류	*Gram* 음성간균, *Micrococcus*
소시지 · 베이컨 · 햄류	*Micrococcus, Lactobacillus, Streptococcus, Debaryomyces, Penicillium*
어 류 · 갑 각 류	*Gram* 음성간균, *Micrococcus*
조 개 류	*Gram* 음성간균, *Micrococcus*
난 류	*Pseudomonas, Cladosporium, Penicillium, Sporotvichum*
채 소	*Gram* 음성간균, *Lactobacillus, Bacillus*
과 일 · 주 스 류	*Acetobacter, Lactobacillus, Saccharomyces, Torulopsis, Botlytis, Penicillium, Rhizopus*
곡 류	*Aspergillus, Fusarium, Monilia, Penicillium, Rhizopus*
빵	*Bacillus, Aspergillus, Endomyces, Neurospora, Rhizopus*

자연계에는 세균 · 효모 · 곰팡이 등 수천 종의 미생물들이 있는데 이들의 대부분은 유기물에 부착하여 그것을 분해해서 영양소를 얻고 이때에 유리되는 에너지(예 ; 열 따위)를 그 자신의 생활에너지로 이용한다. 따라서 자연계에 있는 대부분의 미생물은 식품에도 기생이 가능하다고 볼 수 있으며, 식품은 그만큼 모든 미생물의 공격 대상이 된다.

식품의 변패에 관여하는 미생물은 세균 · 효모 · 곰팡이의 3종류로 나누어서 살펴볼 수 있다. 이 중에서 세균에 의한 변패는 식중독과도 관계되는 가장 중요한 문제이다. 세균이 번식하였을 때 그 초기에는 거의 식별이 불가능하며, 최종단계에서 이미·이취가 발생하면 비로소 세균의 작용이 있었다는 것을 짐작하게 된다.

효모가 번식하였을 때는 대개의 경우 가스의 발생을 수반하지만 악취는 나지 않는다. 잼이나 벌꿀의 저장이 잘못되었을 때 끓어오르는 일은 효모의 작용 때문이다. 또 빵이나 떡에 곰팡이가 번식하면 그것이 식품위생에 끼치는 문제는 둘째치고라도 우선 식품으로서의 가치가 저하된다. 일반적으로 효모나 곰팡이가 번식하였을 때는 세균에 비하여 더욱 쉽게 식별이 가능하다.

이와 같이 미생물에 의한 식품의 변패는 관여하는 미생물의 종류에 따라 외관이 다르기 때문에 일반적으로 세균이 작용했을 때는 "부패했다", 효모가 작용했을 때는 "발효했다", 곰팡이가 작용했을 때는 "곰팡이가 났다" 등의 표현으로 구별해서 부르기도 한다.

그런데 발효와 부패라는 용어는 인류의 이익을 기준으로 하여 불리어온 습관적인 표현에 불과하다. 즉 식품이 미생물의 작용으로 변해서 우리에게 유익한 상태로 되는 것을 발효라고 하며, 무익 또는 유해하게 변화되는 경우를 부패라고 부른다. 알코올을 산화시켜 식초를 만드는 것은 세균에 의해 되는 것이지만, 우리는 이것을 초산발효라고 부르며 또 젖산균에 의해서 우유가 젖산음료로 전환되는 것을 젖산발효라고 부른다.

또 세균이 단백질이 많은 식품에 번식해서 어떤 변화를 일으켰을 때, 보통 이것을 부패라고 부르고 있는데 청국장, 된장, 간장은 세균의 작용으로 된 것이지만, 우리에게 유익한 것이므로 이런 것을 부패물이라고 하지 않고 발효식품이라고 부르고 있다.

결국, 목표로 하는 최종 제품이 미생물에 의해서 만들어졌을 때는 발효라고 부르지만 같은 기작(機作)에 의해서 이루어지는 작용이라 하더라도 최종제품 그 자체를 변화시키는 것은 부패라고 부른다.

청주 속에서 젖산균에 의해서 젖산이 생기면 청주의 가치를 저하시키므로 이런 것은 부패라 부른다.

효모는 모든 당류를 분해해서 알코올과 탄산가스를 발생시키는데 이런 것을 발효라 부르지만, 벌꿀이나 잼이 효모에 의해서 위와 같이 된 경우를 보통 발효라 부르지 않고 부패라고 부르고 있다. 또 간장에 효모가 끼어서 품질이 저하되는 것도 우리는 발효라고 부르지는 않는다.

세균·효모·곰팡이는 그들이 식품에 관여할 때 단독으로 관여하는 일은 오히려 드물고 대개의 경우 다른 미생물들과 서로 어떤 관련을 맺고 있다. 따라서 그들의 작용은 대단히 복잡하여 간단히 설명할 수 없는 문제점들이 많다.

2) 미생물에 의한 식품변패의 분류

이상과 같이 식품의 변패에는 미생물이 관여하는 경우가 많은데 미생물이 식품을 변패시키는 형태를 크게 나누어 보면 다음과 같다.

- 통상적 변패

식품에 대사활성이 강한 미생물이 증식해서 그것들이 생산하는 여러 효소가 식품의 성분을 분해한다.

따라서 식품이 갖는 본래의 맛과 향기, 색택, 형태, 영양분 등이 손실될 뿐만 아니라, 때로는 유독물질까지도 생성되는 변화가 일어난다. 대부분의 부패세균에 의한 변패가 여기에 속한다.

- 외형적 변패

식품에 미생물이 부착 번식하여 그 때문에 직·간접적으로 식품의 외관이 손상되는 현상이다. 이런 때는 식품 성분의 분해는 심하지 않지만 상품적 가치를 잃게 된다.

떡과 같은 식품에 곰팡이가 번식하는 것은 그 한 예이다.

- 식품위생학적 변패

감염형식중독 또는 독소형식중독의 원인이 되는 세균과 곰팡이독(mycotoxin)이 원인이 되는 각종 곰팡이가 식품에 부착해서 증식하는 경우이며, 일반적으로 식품 성분의 분해는 별로 심하지 않고 때로는 외관도 별로 손상이 없지만 식중독을 일으키기 때문에 가장 위험한 변패라 할 수 있다.

주요 식중독 원인균과 증상을 보면 표 2-5와 같다.

〈표 2-5〉 주요 식중독 원인 미생물

종류	식중독 형태	미생물	
세균	독소형	*Clostridium botulinum* *Bacillus cereus*(구토형)	*Staphylococcus aureus*
	감염형	*Salmonella spp.* *Vibrio spp.* *Listeria monocytogenes*	*Yersinia enterocolitica* *Campylobacter jejuni* *Escherichia coli* O157:H7
	감염독소형	*Clostridium perfringens* *Bacillus cereus*(설사형)	
바이러스	감염형	Norovirus(Nowalk-like virus) Rotavirus	Hepatitis A

현재까지 알려진 곰팡이 독의 독소명과 원인균 등을 보면 표 2-6과 같다.

〈표 2-6〉 곰팡이독과 생산균주

독 소 명	원 인 균	공격부위	발생국가
Aflatoxin	*Aspergillus flavus* *Aspergillus puraciticus*	간발암	영국
맥각균독 (맥각 alkaloid)	*Claviceps purpurea*	소화관, 신경	프랑스
Citreoviridin	*Penicillium citreoviride*	신경	대만
Citrinin	*Penicillium citrinum*	신장	태국쌀
Islanditoxin	*Penicillium islandicum*	간	에이레쌀
Rubratoxin	*Penicillium rubrum*	간, 신장	
Gibberella 독	*Gibberella saubinetii*	신경	러시아
Fusarium 독	*Fusarium roseum* *Fusarium tricinctum*	장, 간	러시아, 독일, 미국, 일본
Maltoryzine	*Aspergillus oryzae var microsporus*	신경	일본
Patulin	*Aspergillus clavatus* *Aspergillus terreus*	신경	일본

3) 부패균이 일으키는 화학변화

부패균에 의해서 식품이 부패할 때 일어나는 화학변화는 그 식품의 성분과 관여하는 미생물의 종류에 따라서 다르고 대단히 복잡하다. 단백질이 부패균에 의해서 분해되는 과정은 다른 식품성분이 분해되는 것에 비해서 대단히 복잡하며 그 경로는 다음과 같이 정리할 수 있다.

• 탈아미노 반응

아미노산에서 아미노기가 암모니아로서 유리되고 지방산, 옥시(oxy) 지방산 등이 생긴다.

$$\underset{\text{amino acid}}{R\text{-}CH_2\text{-}CHNH_2\text{-}COOH} \longrightarrow \underset{\text{불포화지방산}}{R\text{-}CH\text{=}CH\text{-}COOH} + \underset{\text{ammonia}}{NH_3}$$

$$\underset{\text{amino acid}}{R\text{-}CHNH_2\text{-}COOH + H_2} \longrightarrow \underset{\text{포화지방산}}{R\text{-}CH_2\text{-}COOH} + \underset{\text{ammonia}}{NH_3}$$

$$\underset{\text{amino acid}}{R\text{-}CHNH_2\text{-}COOH + H_2O} \longrightarrow \underset{\text{hydroxy acid}}{R\text{-}CHOH\text{-}COOH} + \underset{\text{ammonia}}{NH_3}$$

• 탈탄산 반응

아미노산에서 CO_2 와 아민(amines)을 낸다. 여기에서 나온 아민은 유독한 것이 있으며 예를 들면 히스티딘(histidine)에서 나오는 히스타민(histamine)은 알레르기(allergy) 식중독의 원인이 되고 타이로신(tyrosine)에서 생성되는 타이라민(tyramine)은 혈압상승작용을 한다.

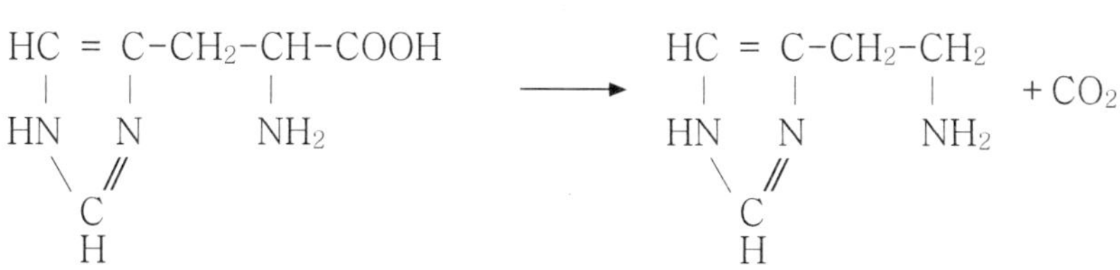

histidine histamine

$$\underset{\text{tyrosine}}{HO\text{-}C_6H_4\text{-}CH_2\text{-}CH(NH_2)\text{-}COOH} \longrightarrow \underset{\text{tyramine}}{HO\text{-}C_6H_4\text{-}CH_2\text{-}CH_2\text{-}NH_2} + CO_2$$

• 탈아미노 · 탈탄산 병행(倂行) 반응

암모니아와 CO_2 가 생기고 한편 알코올, 지방산, 탄화수소를 낸다.

$$\underset{\text{amino acid}}{R\text{-}CHNH_2\text{-}COOH} + H_2O \longrightarrow \underset{\text{alcohol}}{R\text{-}CH_2\text{-}OH} + NH_3 + CO_2$$

$$\underset{\text{amino acid}}{R\text{-}CHNH_2\text{-}COOH} + O_2 \longrightarrow \underset{\text{fatty acid}}{R\text{-}COOH} + NH_3 + CO_2$$

$$\underset{\text{amino acid}}{R\text{-}CHNH_2\text{-}COOH} + H_2 \longrightarrow \underset{\text{hydrocarbon}}{R\text{-}CH_3} + NH_3 + CO_2$$

• 기 타

함황아미노산에서는 메르캡탄(mercaptane) 또는 황화수소 등이 생긴다. 또한 TMAO(trimethyl amine oxide)가 환원되면서 TMA(trimethyl amine)가 된다.

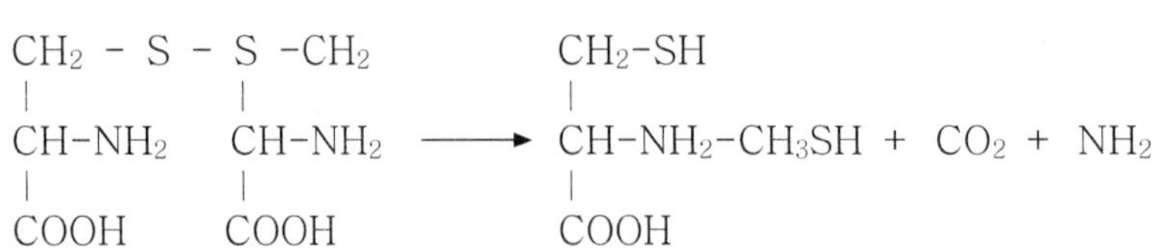

methylmercaptane(악취)

또는 $\underset{\text{황화수소(악취)}}{H_2S} + NH_3 + CH_3COOH + HCOOH$

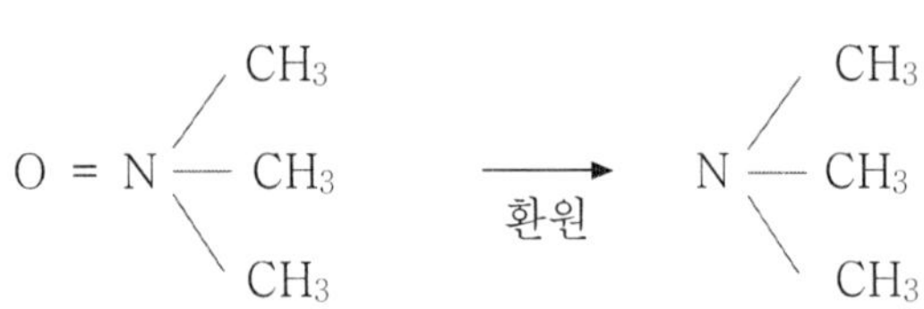

TMAO TMA

4) 미생물의 생육곡선과 발육지체기

• 미생물의 생육곡선

미생물의 생육은 영양, 온도, 수분, pH, 산소 등의 여러 조건이 알맞을 때는 대단히 빠른 속도로 증식한다. 세균의 생육속도는 분열에 의해서 생긴 세포가 자라서 다시 분열할 때까지 요하는 시간(세대 ; generation time)으로 나타낸다. 젖산균이나 대장균의 한 세대는 20분이며 효모는 약 60분이다. 이 계산대로 하면 대장균은 24시간 후에는 4.72×10^{21}의 막대한 숫자가 된다. 그러나 실제는 대사산물의 축적, 영양물질의 소비 등에 의해서 사멸하는 세균도 많아지므로 그림 2-2와 같은 곡선을 이루게 된다.

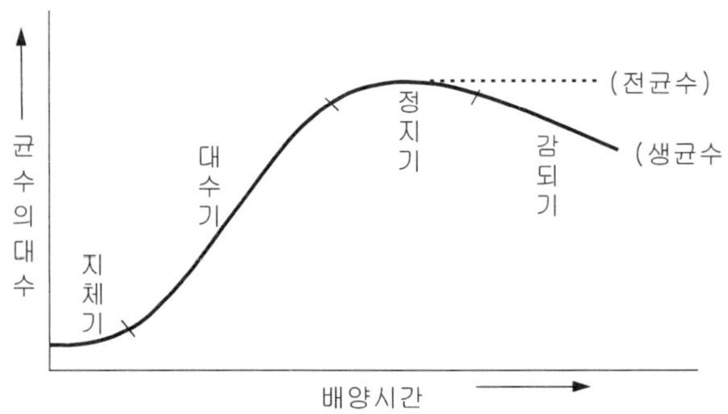

〈그림 2-2〉 미생물의 생육곡선(대장균)

처음의 수 시간은 증식할 준비를 하는 시간이며 세포분열은 거의 일어나지 않는다. 이 시기를 지체기(遲滯期; lag phase)라고 한다. 이와 같이 세균이 어떤 배지에 접종되었다고 하더라도 즉시 세포분열을 개시하는 것이 아니고 잠시 동안은 정지 상태에 있다가 서서히 증식이 진행되어 점점 빨라진다. 이어서 급속한 증식이 수 시간 계속되게 된다. 이 시기에는 균체수가 대수적으로 증식하므로 대수기(對數期; logarithmic phase) 또는 지수기(指數期; exponential phase)라 부른다.

그 후에는 증식속도가 서서히 늦어져서 사멸균수와 분열균수가 평형하게 되는 정지기(靜止期; stationary phase)를 거쳐 감퇴기(減退期; decline phase)에 접어들면 생균수는 점차 감소하게 된다.

각종 세균은 그들의 독특한 생육곡선을 가지고 있다. 즉 생육곡선에 의한 과정을 끝내는 데 있어서 젖산균은 수일이 걸리지만, 그 외의 대부분의 균은 수개월이 걸리기도 한다.

- **초기균수와 지체기**

저장의 대상이 되는 식품으로서 무균 상태인 것은 거의 찾아보기가 힘들다. 따라서 발육지체기를 얼마나 연장할 수 있겠는가 하는 것은 식품저장 기술과 직결되는 문제이다.

신선한 원료를 사용하여 깨끗하게 제조되고 그 후에도 조심스럽게 취급된 식품은 저장수명(shelf-life)이 길다. 살균처리한 식품은 다소의 부패균이 존재하고 있다 하더라도 그 수는 대단히 적기 때문에 살균하지 않는 것에 비하여 더 장기간 저장할 수 있다. 즉 식품 중의 초기 세균수는 지체기가 더디고 빠름에 관계가 있는 것이며, 초기 세균수가 반으로 줄었을 때 지체기의 연장은 2배 이상으로 알려져 있다.

또 식품의 보존온도가 세균의 생육적온에서 벗어날수록, 초기의 세균 생활력이 약하면 약할수록, 또는 식품 중에 세균의 생육에 저해가 되는 물질이 많이 존재할수록 지체기가 연장된다.

식품 보존제(preservatives)는 미생물에 대해서 독소가 되거나 또는 독소까지는 되지 않는다 하여도 미생물 생육에 지장을 주는 물질이며, 인체나 식품 자체에는 별다른 지장을 주지 않는 물질이다. 식품 보존제 등에 의해서 지체기만을 지속하게 하는 작용을 정균(靜菌)작용이라 한다.

5) 미생물의 생육조건과 식품저장

식품발효에서는 미생물의 생육조건을 인위적으로 알맞게 맞추어 주어 미생물의 생육을 촉진시킴으로써 유용한 성분을 생성시키도록 유도하는 반면 식품저장에서는 이들 미생물의 생육조건을 되도록 벗어나게 유도하여 미생물의 생육을 억제시킴으로써 식품이 변패를 일으키지 못하도록 한다. 따라서 식품저장의 요령은 미생물의 생육조건을 잘 파악하여 미생물의 생육에 불리한 조건을 형성시키는 것이라 할 수 있다. 미생물의 생육에 영향을 미치는 여러 가지 요인을 들면 다음과 같다.

• 온 도

온도는 미생물의 발육에 가장 큰 영향을 미치는 환경요인의 하나이다. 모든 미생물은 증식 가능한 온도범위가 있어 온도가 그 최고온도(上限)를 넘든가 또는 최저온도(下限)를 내려서면 증식할 수 없게 된다. 이 온도 범위 내에 최적온도가 있으며 이 최적온도에서 증식속도가 가장 빠르다.

세균을 발육 최적온도에 따라 분류하면 호열세균(thermophiles, 최적온도 45℃ 이상), 중온세균(mesophiles, 최적온도 20~45℃) 및 호냉세균(psychrophiles, 최적온도 20℃ 이하)으로 나눌 수 있다.

어체(魚體)에 부착하는 수중세균은 호냉세균에 속하는 것이 많다. 최적온도를 벗어나서 온도가 높아지는 경우와 낮아지는 경우에 미생물이 받는 영향은 상당히 크다.

온도가 최적온도에서 벗어남에 따라 증식속도는 감소되는데 그 영향은 최적온도보다 높아지는 쪽이 낮아지는 쪽보다 크고, 온도가 더욱 높아지게 되면 세균은 사멸하게 된다.

가열에 의한 세균의 사멸은 세포내 단백질의 응고 특히 대사에 필요한 효소의 불활성화에 의한다. 이 원리를 응용한 식품살균법으로는 저온살균법, 고온살균법, 순간살균법 등이 있다.

미생물은 고온에서는 비교적 용이하게 사멸하나, 저온에는 잘 견디어 온도를 저하시키는 것만으로 완전 살균하기는 거의 불가능하다. 어류의 부패에 관련이 많은 *Pseudomonas*, *Achromobacter*, *Flavobacterium* 속 등 수중세균의 대부분은 호냉세균으로서 발육온도범위는 -7.5~30℃로 넓다. 또 *Micrococcus*나 *Bacillus* 속에도 내한성(耐寒性)을 가지는 것이 있다.

이에 비하여 일반적인 부패세균이나 병원균은 저온에서는 생활력이 저하하여 0℃ 부근에서는 발육이 거의 억제된다.

0℃ 이하에서 세균이 일부 사멸하는 것은 주로 세포내 수분의 동결에 의한 수분의 분리, 빙결정에 의한 기계적 손상, 단백질의 변성 등에 의한다고 생각되고 있다. 동결에 의한 사멸효과는 가열의 경우에서와 같이 미생물의 종류, 발육과정, 동결온도, 저장기간, 배지 등의 여러 가지 조건에 따라 달라진다.

일반적으로 대수기에 있는 것은 잠복기 및 정지기에 있는 것보다 사멸하기 쉽고 아포(spores, 포자)는 그 번식체인 영양세포(vegetative cells) 보다 저항력이 강하다. 효모 및 곰팡이는 일반적으로 동결에 대하여 강하다.

저온을 이용한 식품저장법에는 냉장법과 냉동법이 있다.

• 수 분

세균의 발육과 식품의 수분함량과의 관계를 보면 50%의 수분에서는 번식체의 증식이 상당히 왕성하나, 수분이 적어짐에 따라 서서히 감소하여 40% 이하에서는 거의 억제된다. 그러나 이 한계는 모든 세균에 있어서 다 같은 것이 아니고 또 배지(식품)의 성질에 따라서도 다소 달라진다. 일반적으로 단백질을 함유하는 배지에서는 저항력이 강하다.

세균은 건조에 의하여 곧 사멸하는 것이 아니고 건조가 오랫동안 계속됨으로써 사멸하게 된다. 한편 아포는 건조에 대하여 거의 무한의 저항력을 가져, 예를 들면 탄저균의 아포는 건조 상태에서 10년 이상 경과하여도 발아하는 능력을 갖는다.

곰팡이는 일반적으로 세균에 비하여 저수분의 환경에서 잘 발육한다. 예를 들면 *Aspergillus glaucus*는 18~32%의 수분함량에서 발육하고 그것보다 수분이 많으면 오히려 잘 발육하지 않으며, *Penicillium glaucum*은 30~45%에서 발육하고 37% 부근에서 가장 잘 발육한다.

미생물의 발육과 수분과의 관계를 수분활성(water activity, Aw)을 기준으로 나타내면 다음과 같다. 미생물 중에서 가장 저수분의 환경에서 발육할 수 있는 곰팡이는 Aw 0.90 이하에서도 잘 발육하며 어떤 것은 Aw 0.70 이하에서도 발육하는 것이 있다. 효모는 대부분이 Aw 0.88~0.91까지는 발육할 수 있으며, 대부분의 세균은 Aw 0.94 이하에서는 발육할 수 없다.

이 원리를 이용한 식품저장법으로는 건조저장이나 수분활성을 낮추어 주는 물질, 예를 들면 당, sorbitol 등의 당알코올과 같은 보습제를 첨가하는 방법 등이 있다.

• 산소 및 가스류

세균에 따라서는 정상적인 발육을 하기 위해서 절대적으로 유리산소(遊離酸素)를 필요로 하는 호기성세균(aerobic bacteria)과 유리산소가 있거나 또는 없는 상태에서도 발육할 수 있는 통성혐기성세균(facultative anaerobic bacteria) 및 유리산소가 있으면 발육할 수 없는 편성혐기성세균(obligate anaerobic bacteria)이 있다. 대부분의 식품부패균은 호기성균에 속하지만, *Clostridium* 등 식중독균은 편성혐기성에 속한다.

한편 탄산가스의 영향을 보면 거의 모든 세균은 그 발육에 미량이지만 탄산가스를 필요로 한다. 그러나 그 농도가 높아지면 대개의 미생물은 번식이 저해된다. 이 저해작용은 pH의 저하에 의하는 것은 물론이고 또한 산소공급의 감소에도 원인이 있다.

이 원리를 응용한 식품저장법으로는 진공포장법, 가스저장법, C.A.저장법 등이 있다.

• 광 선

일반적으로 세균은 그 발육에 광선을 필요로 하지 않는다. 보통세균에 대해 일광이 강한 살균효과를 나타낸다는 것은 잘 알려신 사실이다. 즉 아포를 형성하지 않는 세균은 보통 태양의 산란광선(散亂光線)에서 5~6 시간, 직사광선에서는 1~2 시간의 조사로써 사멸한다.

이 태양광선의 살균효과는 자외선에 기인하는데, 파장에 따라 달라서 파장 300 nm 이하의 자외선이 가장 강하고, 장파장의 적색광선(파장 650~800 nm)은 살균력을 가지지 않는다. 같은 자외선에 있어서도 260 nm 부근의 자외선이 가장 강력한 살균력을 나타내지만 자외선 살균으로는 표면의 살균밖에 기대할 수 없다.

이 원리를 응용하여 자외선살균법, 태양살균법, 태양건조법 등이 사용된다.

• 방사선

식품을 가열하지 않고 살균하는 방법을 냉살균법(cold sterilization)이라고 하며, 방사선살균은 냉살균법의 대표적인 예이다. 방사선에는 방사성 동위원소에서 방출되는 α선(입자의 흐름), β선(전자의 흐름) 및 γ선(전자파)과 인공적으로 만들어지는 고속도의 β선(cathode ray), X선 및 자외선 등이 있다. 이들 방사선은 물질을 투과할 때 분자를 이온화시키는 작용을 가지므로 이온화방사선(ionizing radiation)이라 불리고 있다.

이들 방사선 중 식품에 이용되는 것은 주로 γ선이다. X선은 살균력도 있고 투과성도 강하나 에너지효율이 낮으며, α선과 β선은 γ선에 비하여 투과력이 약하다. 또 중성자는 방사능을 생기게 하므로 식품에는 사용할 수 없다. γ선원으로서는 Co^{60} 이나 Cs^{137}, 원자로회(原子爐灰) 등이 사용되고 있다.

• 초음파 · 고전압전기장 · 고압

초음파를 작용시키면 세균세포를 파괴시킬 수 있다. 이를테면 300 ~1,000 kHz의 초음파는 15분간에 대장균을 1 ㎖ 중 7천만개에서 2만개로 감소시킬 수 있다.

초음파에 의한 살균작용은 진동에 의한 균체, 특히 세포막의 파괴와 발열 또는 발생기의 산소에 의한 산화작용에 의한다고 한다.

세균이나 효모 부유액을 10~100 kV/cm의 펄스형 고전압전기장 하에서 처리하면 저온에서도 사멸시킬 수 있다. 이를 PEF(pulsed electric field)살균이라 부르며 우유, 주스 등 액체식품에 적용할 수 있다.

압력은 일반적으로 대다수의 세균에 큰 영향을 주지 않는다. 그러나 극도로 높은 압력, 이를테면 6,000~12,000 기압에서는 온도상승 없이 세균이 사멸되며, 이를 이용한 주스, 굴제품 등이 선진국 시장에서 상업화되었으며, 우리나라에서도 일부 즉석 밥류 등의 제품생산에 이용되고 있다. 이러한 기술은 온도상승 없이 상온에서 살균하므로 열에 의한 식품의 품질 변화를 최소화할 수 있으므로 비열살균(non-thermal sterilization) 또는 비열가공(non-thermal processing)에 활용된다.

• 삼투압, 진탕

세균을 그 세포원형질의 삼투압보다 낮은 저삼투압용액으로 갑자기 옮기면 균체가 팽창하여 극단적인 경우 원형질탈출(plasmoptysis)을 일으키고, 반대로 고삼투압용액에서는 원형질이 위축되어 원형질분리(plasmolysis)를 일으키게 된다. 이와 같이 세균세포는 배지의 삼투압에 급격한 변화가 있으면 원형질탈출이나 분리현상을 일으켜 사멸하게 된다. 이 원리를 응용한 식품저장법으로는 절임저장법이 있다.

또 균체를 강하게 진탕하면 세균의 번식력은 감퇴되고 장시간의 진탕으로 사멸하게 된다.

• pH

보통세균은 최적 pH가 중성보다 약간 알칼리성 쪽에 있으며, pH가 그것보다 낮아지든가 높아지는 데 따라서 차차 증식력은 약해진다. 일반적으로 세균은 pH5 이하 또는 pH9 이상에서는 사멸 내지는 활동을 정지하게 된다. 그러나 유산균이나 초산균 등의 일부 세균, 곰팡이 및 효모 등은 산성쪽에서도 잘 발육한다.

효모의 최적 pH는 4~6으로 알려져 있으며, 곰팡이는 pH 2~4에서도 생육한다.

이 원리를 이용한 식품저장법으로는 산(酸)발효 또는 산저장법이 있다.

4. 효소에 의한 변질

수확, 포획, 도살에 의해 생물체는 그 생명을 유지하기 위해서 가지고 있던 효소나 효소계의 조직화 기능이 상실되므로 효소 개개의 활성을 발현하게 된다. 또 세포 및 세포과립체의 붕괴 또는 조직의 붕괴는 활성발현(活性發現)을 조장한다. 저장 중에 이들 효소와 효소계가 유기조직체로부터 이탈정도가 심할수록 생물체(식품)의 저장수명은 단축되고 빠르게 변질한다.

저장식품의 효소도 일반효소에 대해 알려져 있는 것과 동일한 성질을 가지며 그 반응속도는 온도와 pH에 의존한다. 그러나 균일계에서 알려져 있는 pH와 온도에 대한 의존성을 불균일한 식품에서 기대하는 것은 곤란한 경우가 많다. 이는 기질(基質) 공급 상태 및 효소와 기질의 존재상태가 다르기 때문이다. 대개의 효소는 세포내의 어떤 과립체(顆粒體)에 편재하거나 조직과 그 부위에 따라 분포가 일정하지 않은 것으로 알려져 있다. 세포 내의 기질도 그 분포가 일정하지 않다.

저장조건으로 저온, 저습, 낮은 효소농도는 오염 미생물 번식을 억제하는 데 유효하며 효소반응의 관점에서 볼 때 다음과 같은 잇점이 있다.

저온에서 효소반응속도는 저하한다. 특히 동결상태에 있어서는 기질과 효소의 분자운동이 억제되기 때문에 이것들이 결합하여 반응의 진행에 필요한 효소-기질 복합체를 형성할 수 있는 기회가 감소된다. 그런데 효소반응은 비효소반응보다 낮은 활성화 에너지를 갖는 것이 특징이다. 따라서 비효소반응에 비하여 효소반응이 저온에서 억제되는 정도는 약하며 동결 후 융해에 의하여 효소가 활성화되기 때문에 해동 시 변질이 빨라지는 수가 있다.

저습은 효소와 기질의 회합률을 저하시키는 데 유효하다. 가수분해 효소는 물을 공통의 기질로 하기 때문에 물을 제거하면 효소반응 속도를 저하시키며 동시에 산화효소의 공통기질인 O_2 의 용해량도 제한한다.

사전에 열처리를 하지 않은 건조품, 특히 동결건조품에 있어서는 오히려 효소와 기질이 농축된 상태로 존재할 수도 있으며 효소의 활성은 유지된다. 블랜칭(blanching, 데치기)하지 않은 버섯 같은 동결건조식품은 냉수로 복원하면 즉시 갈변한다.

1) 산화환원 효소에 의한 변질

• 갈변효소에 의한 변질

생체에 있어서의 효소적 갈변반응은 페놀(phenol)류의 산화중합반응으로 기능적(functional)인 것과 외인적(外因的 ; adventive)인 것이 있으며 기능적인 갈변은 정상적인 대사과정에서 일어나는 것으로 멜라닌(melanin) 생성반응 등이 여기에 속한다. 외인적 갈변은 과일류를 수확, 저장할 때 기계적 · 생리적 손상에 의하여 세포가 파괴되어 효소와 기질이 접촉함으로써 급속도로 진전되며 식물성 식품 가공과 저장에서 문제가 된다. 과일과 채소류의 갈변반응은 외관 및 풍미(flavor)를 변질시킬 뿐만 아니라 비타민과 각종 아미노산을 분해함으로써 시장가격 및 영양가도 저하시킨다.

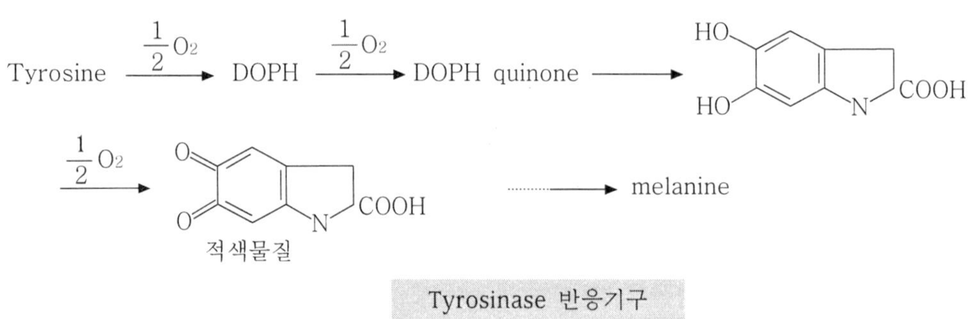

Tyrosinase 반응기구

• 지방산화효소에 의한 변질

필수지방산(linoleic acid, linolenic acid, arachidonic acid)의 산화물

과 그 분해산물은 소량으로도 식품의 풍미(flavor)를 변질시킬 뿐만 아니라 단독으로 섭취해도 유독한 것으로 알려져 있다. 필수지방산의 산화는 자동적으로도 용이하게 일어나지만 지방산화효소(lipoxidase)와 heme 화합물은 좋은 촉매가 된다.

2) 가수분해효소에 의한 변질

• 자가소화와 단백질분해효소

근육은 다른 조직과 마찬가지로 많은 효소와 효소계를 가지고 있다. 단백질분해효소가 각 조직에 존재하는 것은 오래 전부터 알려져 있으며 근육도 예외가 아니다. 소화기의 단백실 분해효소와 구별하기 위하여 조직의 단백질 분해효소는 cathepsin 이라 한다.

식육의 숙성기간중의 품질향상과 저장중의 변질은 모두 cathepsin 활성에 기인한다. 숙성기간 후의 변질은 미생물 번식과 같은 시기에 일어나기 때문에 그동안 명확하지 않았지만 무균과 혐기적 조건으로 장기 저장이 가능한 오늘날에는 효소작용에 의한 변질로 점차 인식되고 있다.

• 저장식품의 지질가수분해

저장 중에 식품에 함유된 지질이 가수분해되어 지방산이 되면 가공 공정에 있어서 감량이 일어나며 풍미가 변질될 뿐 아니라 품질의 열화현상이 일어난다. 지질의 변질현상은 가수분해적 산패(hydrolytic rancidity)와 산화적 산패(oxidative rancidity)로 대별되는데 유리지방산은 산화되기 쉬우므로 산화적 변패와 밀접한 관계가 있다.

식품의 맛과 지질 사이에는 밀접한 관계가 있는데 함유되어 있는 지질의 융점(融點)이 낮을수록 지미(旨味)가 많다. 숙성 중에는 지질이 가수분해되어 풍미 변화가 생기지만 그리 문제가 되지 않으나 장기간 저장 중에는 산가가 증가하며 풍미(flavor)가 변질된다.

건조육의 갈변, 지질의 자동산화, 단백질의 변성 등이 주로 문제가 되며 특히 생육을 건조한 것은 저장 중 lipase 작용 때문에 산가가 증가하고 식미저하의 원인이 된다. 이것을 방지하기 위하여 사전에 가열처리가 실시되고 있다.

• 풍미(flavor) 효소

향신료로 사용되는 마늘, 고추, 고추냉이 등은 puree, 페이스트, 분말의 형태로 가공 또는 저장 중 변색과 풍미의 변질이 발생하는 경우가 가끔 있다. 이들 향신료의 풍미는 원료식물 조직을 파괴하였을 때 발생한다. 예를 들어 마늘을 마쇄하면 효소 alliinase가 풍미 전구물질인 alliin을 분해하여 마늘 특유의 풍미를 가지는 allicine과 α-amino-acrylic acid를 생성한다.

alliinase의 최적 pH는 5~8이므로 마쇄물의 pH에 특별히 주의하지 않아도 좋다. 그러나 이 효소는 온도에 민감해 최적온도인 37℃ 이상이면 활성도가 현저하게 감소한다. 50℃ 이상으로 보존하면 활성을 잃게 되므로 가공 및 저장온도에 주의하여야 한다.

• pectin 질 분해

펙틴(pectin) 질은 식물의 초생세포막(初生細胞膜) 중에 많이 존재하는 α-1,4D-polypyranogalacturone 산 유도체의 총칭이며 완숙할 때까지 펙틴 총량은 변화하지 않는다. 가열하게 되면 펙틴 총량은 감소하고 펙틴산이 용해되기 때문에 과일내의 세포는 분리되기 쉽게 되어 과일은 연해진다. 펙틴분해 효소를 pectinase라고 통칭하며, polygalacturonase, pectinlyase, pectinesterase 등이 여기에 속한다.

이들 효소는 과즙과 포도주 청징화(淸澄化)에 이용된다. 오이와 오이지가 저장 중에 연화하는 원인은 polygalacturonase 작용에 의한 것이며 이것을 방지하기 위해서는 가열하거나 Ca염을 첨가하면 된다.

3) 복합효소계에 의한 변질

단일효소에 의한 변질을 볼 수 있는 식품과 특히 가공 정도가 낮은 식품은 저장 전의 여러 대사계가 활성상태로 남아있다고 생각해야 할 것이다. 이들 대사계가 존속하기 때문에 선도유지가 가능한 경우도 많지만 이 때문에 변질하는 경우도 있다.

신선식품 저장에 있어서는 각종 대사 장해가 일어나 변질로 발전하는 수가 많다. 현재까지 알려져 있는 저장중의 대사 장해는 호흡계와 해당계에 많이 있다.

4) 효소반응의 방지법

효소반응을 억제하거나 저지하려면 기질을 제거하거나 효소활성을 억제하고 또는 저해제(沮害劑)를 사용한다. 대개 효소반응의 기질이 되는 물질은 식품의 구성요소이기 때문에 제거할 수 없는 경우가 많다.

효소의 불활성화는 열변성법에 의하는 것이 보통이다. 블랜칭은 채소가공에서 중요한 처리법의 하나로서 열처리에 의해 변질원인이 되는 효소를 불활성화 시키는 것이 주목적이며, 그 외에 재료를 수축시키고 조직 내의 가스를 제거함으로써 이후의 처리가공을 용이하게 한다.

그런데 효소에 있어서는 열에 안정한 것도 있으며 phospholipase A는 100℃로 30분 가열 후에도 그 활성이 잔존하는 경우가 있다. 따라서 블랜칭을 하는 경우 과부족이 되지 않도록 가열온도와 시간을 적절히 선정해야 한다.

최근에는 고온으로 단시간 내에 살균 처리하는 방법(HTST ; high temperature short time)이 많이 이용되는데 이것은 색조와 풍미유지에 특효가 있기 때문이다. 그러나 완두콩 같은 것에서는 열에 의해 불활성화된 peroxidase가 재생하는 일이 있기 때문에 응용범위가 한정적이다.

저해제를 사용할 경우에는 저해제 자체에 의한 변질도 일어나기 때문에 선정에 주의하여야 한다. 즉 항산화제를 첨가하여도 장기저장 중에 급격한 변질이 오는 수도 있는데 이것은 공액반응(共軛反應)에 의하여 산화된 항산화제가 산화를 촉진시키기 때문이다.

길항적(吉抗的) 저해제를 사용할 때는 기질농도도 고려하여야 한다. 이것은 기질농도가 높으면 저해효과가 저하되기 때문이다. 또 산화제를 사용하여 SH기를 가지고 있는 효소를 불활성화 시키거나 환원제에 의해 효소단백질을 변성시키는 경우도 있는데 이때도 식품에 미치는 부반응을 고려하여야 한다.

5) 대사활성 저하법

과일과 채소류는 수확 후 퇴화가 시작되기 때문에 낮은 온도와 낮은 산소농도로써 이를 억제하면(CA(controlled atmosphere)저장) 저장수명이 길어진다. 그러나 최적 저장조건은 품종, 생리상태에 따라 다르며 조건 선정이 잘못되면 대사에 이상을 초래하여 변질을 유발시키는 경우가 있다.

저온장해가 그 예로서 이는 각 효소의 온도 의존성뿐만 아니라 과립체(顆粒體) 구조에도 기인한다. 산소농도가 낮으면 해당반응이 왕성해진다.

저장식품의 선도유지를 목적으로 각종 물질을 산포(散布)하게 되는데 과일, 채소류에는 식물호르몬이 흔히 이용되며 최근에 주목되고 있는 N-benzyladenine은 quinine의 일종으로서 호흡량 감소와 단백질 붕괴를 억제하는 작용을 통해 선도유지에 기여한다.

2-2 식품변패의 화학적 원인

산화, 성분간의 반응, pH, 금속이온 등 화학적 원인에 의한 식품의 변패는 생물학적 원인에 의한 것보다는 그 영향이 작다. 그러나 이들 화학적 원인이 식품의 향, 맛, 색 등의 기호성에 미치는 영향은 대단히 크다.

1. 산화에 의한 변패

산소는 여러 가지 식품성분을 산화해서 영양학적으로 부적당한 것으로 만들어 버린다. 때로는 과산화지질과 같은 유독물질을 만들어 내기도 한다. 또 산화물은 맛이나 향기에 있어서도 열화(劣化)되는 예가 많다. 그 전형적인 예는 유지의 산패취를 들 수 있다.

산화반응(oxidation)의 여러 형식 중에서 최근에 특히 주목되고 있는 것은 분자상태의 산소(O_2)가 부가하는 반응으로서 이것을 산소첨가반응(산소화반응, oxygenation)이라 하며 마찬가지로 분자상태의 수소(H_2)가 부가하는 반응을 수소첨가반응(hydrogenation)이라 부르고 환원반응(reduction)과 구별하고 있다.

1) 지방의 자동산화

지방을 공기 중에 두면 차차 산화되어 중량이 증가되고 aldehyde 나 ketone 이 생성된다. 이른바 산패(rancidity)를 일으켜 산소원자를 가교(架橋)로 하는 중합체를 형성하게 되고 그 결과 점도나 비중이 증가하게 된다. 이러한 산화를 지방의 자동산화(autoxidation)라고 한다.

불포화지방산의 자동산화에 있어서 반응개시로부터 반응 정지까지의 과정을 요약하여 다음 4단계로 나눌 수 있다.

① 반응개시(initiation)

$$-CH_2-CH=CH- \longrightarrow -\dot{C}H-CH=CH- + H\cdot$$

(지방산의 유리기)

$$(RH \longrightarrow R\cdot + H\cdot)$$

② hydroperoxide의 연쇄적인 생성(propagation)

(i) $-\underset{\cdot}{C}H-CH=CH- + O_2 \longrightarrow -CH(OO\cdot)-CH=CH-$

(peroxy radical)

$$(R\cdot + O_2 \longrightarrow ROO\cdot)$$

(ii) $-CH(OO\cdot)-CH=CH- + -CH_2-CH=CH- \longrightarrow -CH(OOH)-CH=CH- + -\underset{\cdot}{C}H-CH=CH-$

(hydroperoxide)

$$(ROO\cdot + RH \longrightarrow ROOH + R\cdot)$$

③ hydroperoxide 의 분해(hydroperoxide decomposition)

$$-CH(OOH)-CH=CH- \longrightarrow -CH(O\cdot)-CH=CH- + \cdot OH$$

(alkoxy radical)

$$(ROOH \longrightarrow RO\cdot + \cdot OH)$$

④ 반응의 정지(termination)

각 유리기가 결합하여 안정화한다.

$$R\cdot + R\cdot \longrightarrow RR$$
$$R\cdot + ROO\cdot \longrightarrow ROOR$$
$$ROO\cdot + ROO\cdot \longrightarrow ROOR + O_2$$

2) 산 패

지방이나 지방함량이 많은 식품을 저장하여 두면 공기 중의 산소, 빛, 효소 등의 작용에 의하여 불쾌한 자극성의 냄새와 떫은맛을 띠게 되는데 이와 같은 지방의 변패를 산패라고 한다.

산패한 유지는 불쾌한 자극취를 내는 데 이것은 주로 aldehyde 및 저급지방산에 의한 것이다.

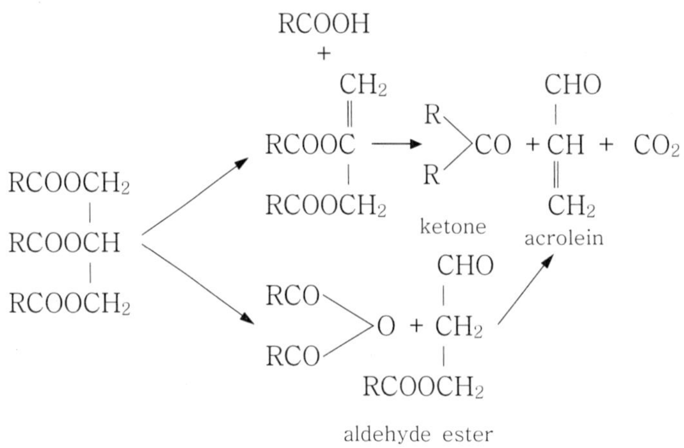

3) 기름변색

지방을 많이 함유한 어육을 공기 중에 오래 두면 육질이 직접, 간접으로 지방성분의 영향을 받아, 마치 불에 탄 것과 같이 오렌지색이나 적갈색으로 변색하는 수가 있다. 이것은 기름의 산패, 중합, 변색 등에 의해서 종합적으로 일어나는 데 이러한 기름의 종합적 변패 현상을 기름변색이라고 한다.

기름변색을 일으킨 어육을 불에 구어 보면 산패 특유의 자극취를 내고, 표면에는 진하게 착색된 기름이 스미어 나오며 먹어보면 입속에서 진득진득하고 떫은맛을 낸다. 변색에 관여하는 기름 중의 성분으로는 자동산화에 의하여 생성된 carbonyl 화합물이다.

4) 기름의 열중합

기름을 가열하면 차차 점성이 높아지고 흑변하면서 풍미가 나빠진다. 이것은 기름이 중합하기 때문이다. 중합유는 영양가가 떨어지고 유독할 때도 있다.

5) 기름의 열분해

기름을 가열하여 온도를 높이면 중합할 뿐만 아니고, 반대로 연기를 내며 분해하여 여러 가지 분해생성물을 생성하기도 한다. 예를 들면 기름을 가열할 때 발생하는 자극취는 기름이 분해하여 생성되는 acrolein 등에 의하는 것이다.

2. pH에 의한 변패

pH는 식품의 이화학적 상태를 변화시키는 데도 많은 영향을 미친다. 단백질이나 아미노산은 pH의 변화에 따라 응고하기도 하고 용해되기도 한다.

〈표 2-7〉 단백질의 등전점

단 백 질	등전점(pH)	단 백 질	등전점(pH)
pepsin	3.0	myogen	6.2~6.4
egg albumin	4.8~4.9	myosin	6.2~6.6
혈청 albumin	4.88	edestin	6.6
혈청 globulin	4.5	gliadin	6.2~6.9
우유 globulin	4.5~5.5	hemoglobin	6.8
casein	4.6~4.7	collagen	4.8~5.0

용액 중에서 단백질이나 아미노산이 응고할 수 있는 pH 점을 등전점(等電點; isoelectric point)이라 하는데, 이 점은 단백질이나 아미노산의 종류에 따라서 일정한 값을 가진다(표 2-7).

전분은 가열처리에 의해서 α화되는데 이것을 냉소에 방치하면 β화하여 식미(食味)가 저하하게 된다. 이때에 그림 2-3에서처럼 낮은 pH에서는 노화(β화) 방지 효과가 크게 나타나지만 중성에서는 현저한 속도로 노화하게 된다.

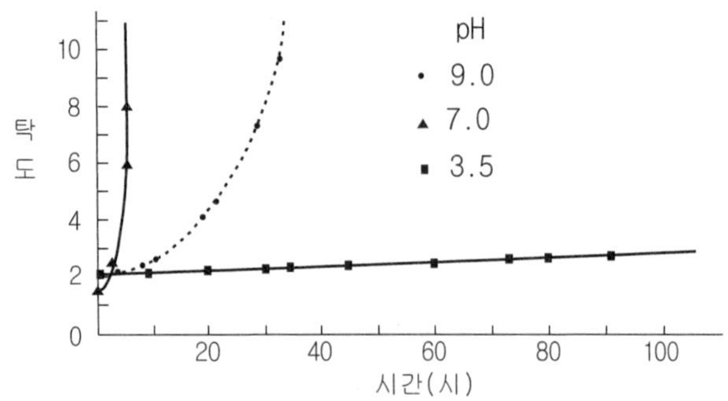

〈그림 2-3〉 감자 아밀로오스의 노화와 pH와의 관계

딸기, 포도, 가지 등의 아름다운 적색이나 자색은 안토시아닌(anthocyanin) 색소에 기인하지만 이 색소는 극히 불안정해서 식품을 가공하거나 저장 중에 퇴색 또는 갈색화되어 식품의 품질을 저하시키게 된다. 안토시아닌은 금속과의 반응, 산화 등으로 변색되는 경우도 많으나 pH에 의해서도 크게 영향을 받는다.

즉 pH가 상승하면 색이 엷어지는데 이 변화는 가역적이다.

엽록소도 저장 중에 클로로필라제에 의한 분해나 산에 의한 분해, 또는 가열처리에 의해서 클로로필(chlorophyll)이 페오피틴(phaeophytin)으로 분해되어서 녹→황→담황으로 색조가 변화하게 된다.

완두 통조림에서 엽록소가 pH에 의해서 페오피틴으로 분해되는 상태를 보면 표 2-7과 같다.

〈표 2-7〉 완두통조림의 엽록소의 안정성과 pH의 관계

저 장 일 수 (37℃ 저장)	엽록소가 페오피틴으로 분해되는 변화율(%)	
	pH 5.8	pH 8.3
0	100	30.5
50	100	29.2
145	100	71.8

3. 식품성분간의 반응에 의한 변패

식품은 그 저장방법에 따라 다소의 차이는 있다 할지라도 저장 중에 화학적 변화가 진행되며 이때의 화학적 변화는 대부분 식품의 품질을 열화(劣化)시키는 방향으로 작용하게 되므로 우리는 그 기작을 잘 이해하고 이것을 억제할 수 있는 방법을 강구해야 한다.

1) 당과 아미노화합물과의 반응

일반적으로 아미노산, 아민(amine), 단백질 등의 아미노기를 갖는 화합물은 카르보닐화합물과 화학적으로 반응을 일으킨다. 이 반응을 광의의 아미노-카르보닐반응(amino-carbonyl reaction)이라 부른다. 그런데 일반적인 식품가공, 저장에 있어서는 카르보닐화합물 중에서 특히 환원당이 문제가 된다. 따라서 대부분의 식품가공, 저장에 있어서는 환원당에 기인하는 협의의 아미노-카르보닐반응이 문제가 되고 있다. 이 반응은 당-아미노반응 또는 마이얄반응(Maillard reaction)이라 부르기도 한다.

• 마이얄반응

마이얄반응의 최초단계는 환원당과 아미노화합물의 축합반응에서부터 시작된다. 즉 일종의 질소배당체인 글루코실아민(glucosylamine)이 생성되며 그 다음에 여러 과정을 거쳐서 최종적으로 착색성 물질을 생성하게 되는데 이러한 색소를 멜라노이딘(melanoidine) 색소라 부른다.

한편 원래 환원당은 불안정한 화합물이며 가열에 의해서 분해되고 또 알칼리나 산에 의해서도 분해된다. 이 반응을 카라멜화반응(caramelization)이라 한다. 카라멜화반응에 의한 갈변과 마이얄반응에 의한 갈변이

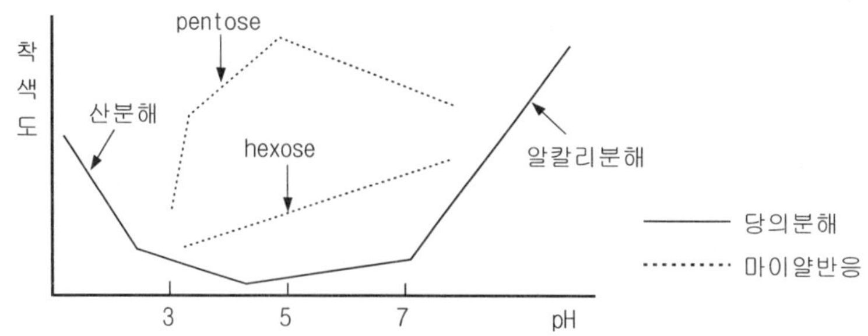

〈그림 2-4〉 당의 갈변분해와 pH의 관계

pH에 의해서 받는 영향을 그림 2-4에서 볼 수 있다.

• 가열갈변과 산화갈변

간장이나 된장을 산소와 접촉된 상태로 방치하면 심한 변색현상이 나타나는데 이런 경우를 산화적갈변(oxidative browning)이라 한다. 산화적 갈변은 특히 Fe 이온의 존재 하에서 잘 일어나는데 그 원인은 aminoreductone 의 탈수소 때문인 것으로 보인다.

마이얄반응에 있어서는 가열조건하에서 주로 아미노레닥톤이 탈수에 의해 분해해서 갈변하게 되는데 그 Q_{10} 은 3~3.5 정도로 상당히 높은 편이며 이에 비해서 산화갈변의 경우는 1.5 정도이다. 즉 산화갈변은 저온에서도 그 저지가 어려우나 가열갈변은 온도저하로 상당히 막아낼 수 있음을 알 수 있다.

• 과당에 의한 갈변

마이얄반응은 주로 알도오스의 반응이며, 케토오스인 과당의 경우는 반응양상이 다소 달라진다. 이 경우의 C 2의 케톤기와 아미노기와의 반응은 알도오스의 C 1의 카르보닐기의 반응에 비해서 둔하게 나타난다. 그런데 과당은 그 자신이 불안정하여 카라멜화반응에 의해서 분해해서 dicarbonyl 을 내고 그 이후는 포도당의 경우와 마찬가지로 아미노-카르보닐반응에 의해서 갈변한다.

따라서 식품에 있어서 일반적으로 과당의 경우가 포도당에 비해서 갈변이 더 심하게 나타난다. 그러나 건조과일의 경우처럼 수분이 적고 환원당, 아미노산, 유기산이 많을 때는 포도당의 경우가 더 심하게 갈변하게 된다.

• 스트레커 분해

이 반응은 α-디카르보닐화합물에 의한 α-아미노산의 산화적 탈탄산반응이다.

이 반응은 주로 가열에 의해서 일어나며 통조림을 열대지방에서 저장할 때도 때때로 나타나는 일이 있다. 탄산가스가 발생하게 되므로 관을 부풀게 한다. 스트레커 분해는 온도 의존성이 큰 반응이므로 저온일 때는 크게 문제되지 않는다.

• 반응의 진행과 식품의 변질

아미노-카르보닐반응은 그 진행에 따라서 색이 변화(흡광도의 증가 및 색조의 암색화)할 뿐 아니라 식품의 화학적, 물리적 성질에도 변화를 가져온다.

그 변화는 상당히 복잡하지만 중요한 것을 들면 다음과 같다.

자외선부흡수의 증가와 형광발생 : 반응의 진행에 따라서 자외선부흡수가 증가하게 되는데 furfural, pyrolaldehyde 류가 증가하기 때문으로 보인다.

형광도 거의 비례해서 나타나는데 그 정체는 잘 알려져 있지 않다.

환원력과 산도의 증가 : endiol 이나 amino reductone 등은 강한 환원물질이며 환원성의 증가는 주로 이들 물질의 증가 때문이다. 동시에 적정산도가 증가하게 되는데 레닥톤은 ascorbic acid 와 마찬가지로 산성물질이므로 갈변이 진행되면 환원력과 적정산도가 증가하고 pH가 낮아진다.

맛과 향기 : 맛은 일반적으로 고미(苦味)를 내는 경우가 많고 향기는 저장기간이 길어짐에 따라 주로 악변 쪽으로 나타나는 것이 보통이다. 카라멜취를 내는 것들도 서서히 생성되는데 주로 이취로 받아들여지고 있으며 그 주요한 것은 다음과 같다.

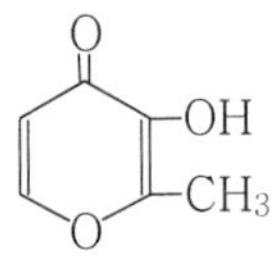

maltol

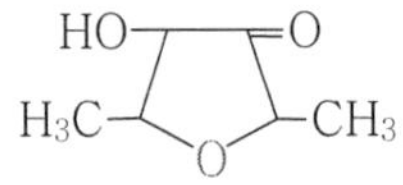

2,5-dimethyl-4-hydroxyfuranone

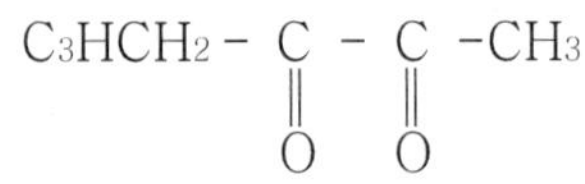

2,3-pentandion

영양가의 저하 및 독성의 발현 : 마이얄반응은 단백질이나 아미노산이 반응하기 때문에 필수아미노산 특히 lysine의 손실이 있고 영양가가 저하한다. 갈변을 일으킨 단백질은 소화성이 저하하고 용해성도 저하한다. 따라서 식품의 물성(物性)에도 영향을 미친다.

리진의 아미노기와 환원당과의 반응에 의한 생성물은 lysinoalanine으로 독성이 있다고 한다.

2) 전분과 지질과의 반응

전분에는 약간의 지질이 복합체로서 존재한다는 것이 오래전부터 알려지고 있는데 이 지질은 에테르(ether)나 사염화탄소와 같은 용제로는 유출이 되지 않으며 전분을 가수분해함으로써 유리되어 나오게 되기 때문에 결합지질(bound fat) 또는 "fat-by-hydrolysis"라 불리고 있다.

Fat-by-hydrolysis로 존재하는 지질은 지상전분(地上澱粉)에 많으며 지하전분(地下澱粉)에는 적다. 옥수수의 경우 전체 지질량은 0.84%인데 그 중의 반이 fat-by-hydrolysis로서 존재하고 있다.

묵은쌀은 햅쌀에 비해서 식미(食味)가 나쁜데 그 이유를 알아내기 위해서 전분과 fat-by-hydrolysis로서 해석하려는 시도가 있다. 아직 공인될 만한 이론의 정립은 없으나 유리지방산의 증가로 인해서 호화, 팽윤을 저해하기 때문이라는 설과 저장중 fat-by-hydrolysis가 증가하기 때문이라는 설 등이 있다.

3) 단백질과 지질과의 반응

식품에 있어서 단백질과 지질의 상호작용은 식감(食感)이 좋아지는 방향으로의 변화로서 나타나는 것이 보통인데 때로는 용해도저하, 오프플레이버(off flavor), 변색 등으로 나타날 때도 있다.

단백질과 지질은 이온결합, 수소결합, 반데르발스(van der Waals)힘, 소수결합(疏水結合)으로 이루어지고 있는 것으로 보이는데 때로는 공유결합의 경우도 있다.

이와 같이 결합된 지질은 단백질과 공존하는 속에서도 어떤 조건이 주어지면 산화를 받게 되는데 이 때 단백질의 아미노산도 변화를 받게 된다.

그 변화의 주된 것들을 보면 효소단백의 실활(失活), 중합체의 생성 또는 반대로 단백질의 펩티드사슬이 열려서 아미노산을 생성하기도 하고 이것이 다시 분해하여 영양손실을 초래하는 일도 있으며 지질의 산화에서 생긴 카르보닐화합물이 단백질의 아미노기와 작용해서 갈색 색소를 생성하기도 한다.

위와 같은 여러 작용의 원인은 지질에서 생성된 유리기(遊離基)이며 실제로 지질에 유리기가 생성되었을 때는 이것이 공존하는 단백질과 반응하게 되고 따라서 단백질에도 유리기가 생성하게 된다.

4. 금속이온에 의한 변패

금속이온이 식품 안에서 일으킬 수 있는 작용은 다음과 같이 분류될 수 있다.

1) 자동산화 촉진작용

일반적으로 코발트, 구리, 철, 망간, 니켈 등의 금속은 식품성분의 자동산화를 촉진시킨다. 이들 금속은 자동산화의 유도기간을 단축하고 산화속도를 가속시키며 금속의 양이 흔적 정도에서도 그 효과는 대단히 크게 나타난다.

비타민류도 금속의 촉매작용으로 분해된다. 구리이온은 ascorbic acid 이나 thiamine의 산화를 촉진하고 또 철 이온과 과산화수소는 riboflavin을 분해해서 영양가의 손실을 가져온다. 금속이온은 산화효소의 작용을 촉진시켜 식품의 갈변을 일으키기도 한다.

2) 무기질의 흡수저해

인체에 필요한 무기질의 흡수가 식품성분과의 반응 등에 의해서 방해되는 경우가 있다. 칼슘은 시금치속의 수산(蓚酸)에 의해서 불용화되고 그 흡수가 방해된다. 피트산(phytic acid)도 칼슘흡수를 방해한다.

칼슘의 이용에는 인의 섭취비율이 중요하며 1 : 1~2가 적당하다고 한다. 그런데 최근에 인산염이 식품첨가물로서 다량 이용되고 있는데 인산염은 칼슘섭취를 방해하므로 이들 첨가물의 과잉사용에 대해서는 다시 검토할 필요가 있을 것 같다.

3) 유해물질의 생성

식생활의 다양화와 고도화에 따라 가공식품에는 여러 가지 식품첨가물이 사용되기에 이르렀다. 그런데 이들 물질이 가공, 저장, 조리 시에 또는 소화관내에서 식품성분과 첨가물과의 반응, 또는 식품첨가물 상호간에 어떤 반응을 일으켜서 유해물질이 생성될 수 있으리라는 것도 예상된다. 그러나 여기서는 무기물과 식품성분과의 반응에 의한 식품의 열화(유해물질의 생성)에 대해서 살펴본다.

- 아질산염과 아민 · 아미드류와의 반응

제2급, 제3급 아민 및 아미드류는 산성조건하에서 N-니트로소화합물을 생성한다. 그런데 최근에 이 화합물은 강력한 발암성이 있다는 것이 확인되고 있다. 니트로소화합물의 원료에 해당하는 아질산염이나 질산염은 식품첨가물로서 대부분의 나라에서 사용이 허용되어 있고 그 사용목적으로서는 발색제로서 축육, 경육, 어란제품 등에 사용되고 발효조정제로서 치즈원유나 청주효모 등에 사용되고 있다.

또 한쪽의 원료가 되는 아민이나 아미드류는 각종 식품에 존재하는데 특히 어패류에는 dimethyl amine이 다량으로 함유되어 있어서 우려된다.

니트로소아민의 생성은 동물실험에서 확인되고 있으며 사람의 위내에서도 생성되는 것이 확실시 되고 있다. 그런데 최근의 연구에 의하면 아스코르브산은 아민 · 아미드류의 니트로소화반응을 저해한다는 사실이 확인되고 있다.

- 아질산염과 글리신과의 반응

아질산염과 glycine은 자연계에서도 쉽게 반응해서 시안이온(cyanic

ion)이 생성되고 있음이 확인되고 있다. 이런 반응이 식품 내부에서 이루어지고 있는지는 아직 확인되고 있지 않으나 깊은 관심을 가지고 검토해야 할 문제이다.

• 아질산염과 소르브산과의 반응

소르브산이나 그 염은 식품보존료로서 연제품이나 절임제품에 널리 쓰이고 있는 물질이다. 이 물질은 고농도의 아질산염과 반응해서 유독물질(突然變異性)을 생성한다는 것이 알려져 있으나 실제의 사용농도에서는 별 문제가 없다.

• 과산화수소와 아미노산과의 반응

과산화수소는 식품의 살균제로서 사용이 허용되어 있는데 그 강한 산화력에 의해서 식품 중의 비타민 등이 산화분해 될 수 있다. 식품 중의 glysine과 serine 등에 반응해서 미량이기는 하나 formaldehyde가 생성되고 있음을 확인하고 있다.

2-3 식품변패의 물리적 원인

1. 냉동에 의한 변성

식품이 냉동되면 세포간의 수분이 빙결되면서 여러 가지 변성을 일으키게 된다.

1) 식품조직의 손상

동결식품은 일반적으로 저장 중에 조직중의 미세한 빙결정의 수가 줄어들고 대신 대형의 빙결정이 생기게 된다. 이 현상을 빙결정의 성장(growth of ice crystal)이라고 한다.

빙결정이 육질 내에 생성되면 빙결팽창에 의하여 육질을 구성하고 있는 근섬유나 또는 그 배열이 기계적으로 손상을 받게 된다. 그러므로 해동을 하여도 수분은 다시 흡수되지 못하고 유출하게 되는데, 이것이 드립(drip)이다. 드립이 유출되고 난 자리는 구멍이 생겨 육조직은 다공질로 된다.

동결에 의한 육조직의 열화(劣化)는 빙결정생성에 의한 기계적인 손상에 의하는 것뿐만 아니고, 육중에 용존하고 있던 가스의 영향도 받게 된다.

2) 단백질의 변성

식품을 냉동하여 오래 저장하면 단백질이 변성하여 불용성으로 된다. 이 때 불용성으로 되는 것은 일반적으로 myosin 구의 구조단백질이고, 비 myosin 구 단백질은 비교적 쉽게 불용화하지 않는다.

냉동 중에 일어나는 단백질의 변성은 분자상호간의 응집 때문이라고 생각되며, 고기를 동결하면 결합력이 약한 수분부터 빙결정으로 석출되므로 액상부분이 농축되어 염류농도가 증가하게 되어 단백질이 염석(salting out)된다. 동결육의 저장온도가 변동되면 빙결정은 더욱 성장하게 되고, 따라서 무기성분의 농축이 조장되어 단백질 변성이 촉진된다고 한다.

단백질의 냉동변성은 완만냉동을 하는 경우 심하게 일어나며 저장온도가 낮을수록 단백질 변성은 감소된다.

냉동변성을 방지하는 방법으로서는 냉동변성의 원인이 염석에 있다고 보아 원료 육을 충분히 수세하여 무기물을 제거한 후 동결하는 방법이 있고 trehalose 등 당류를 첨가하여 냉동변성을 방지할 수 있는데 이들을 냉동변성방지제(cryoprotectants)라 한다.

2. 건조에 의한 변패

식품을 건조하면 내부의 수분은 표면으로 이동하게 되는데 이에 따라 용존되어 있던 수용성물질도 표면으로 이동하게 되고, 수분이 증발하고 나면 결정으로 석출되든가 또는 피막을 만든다. 또 표면에서는 염류농도가 점점 농후하게 되므로 colloid를 형성하고 있던 단백질이 침전하든가 변성하여 반불가역적인 피막을 형성한다. 이와 같은 현상을 표면경화(case hardening)이라고 하며 건조속도를 저하시키고 제품의 저장성을 떨어뜨린다.

건조식품의 복원성(reconstitution)에는 식품조직과 성분의 변성이 크게 영향을 미친다.

1) 단백질의 변성

식품을 건조시키면 외관, 수분량, 경도, 맛 등이 달라지고, 물에 담가 복원(rehydration)시켜도 다시 건조 전의 생육 상태로 되돌아가지 않는다. 이렇게 되는 것은 주로 단백질이 변성되었기 때문이다.

식품을 건조하면 탈수도에 비례하여 육단백질의 불용화가 진행되는데 이 때 불용성으로 되는 것은 대부분이 myosin 구단백질이다. 또 추출되는 myosin 구단백질도 점도가 떨어지므로 탈수에 의한 myosin 구단백질의 변성도 냉동의 경우와 같이 단백질과 상호간의 분자간 결합이 강화되어 응집하기 때문이라고 볼 수 있다.

2) 유지의 산패

건조과정에서의 유지의 산패는 고온건조에 있어서 문제가 되고 있다. 이때에 항산화제로 보호하면 매우 효과적이다.

유지가 산패되면 aldehyde 및 저급지방산이 생겨 불쾌한 자극취를 낸다. 기름의 자동산화에 의하여 생성된 carbonyl 화합물은 기름이 변색하는 원인물질이 될 뿐만 아니고, 육단백질이나 엑스질소화합물과 작용하여 Maillard 반응을 일으켜 변색시킨다.

3. 기계적 손상에 의한 변패

채소나 과일에서 보는 바와 같이 수확할 때 기계적 손상을 입어 껍질이 벗겨지거나 표면에 상처가 나면 미생물이 그 속으로 침입해 들어가 만연되기 때문에 부패를 일으킨다.

고구마를 예로 들어보면 고구마를 캘 때 호미나 다른 원인에 의해 표면에 기계적 손상을 입어 상처가 나면 연부균(*Rizopus nigricans*, 軟腐菌)이 침입하여 고구마가 희게 되면서 푸석푸석해진다. 한편 흑반균(黑斑

菌, *Ceratostomella fimbriata*)이 침입하면 일종의 강한 휘발성을 가진 ketone 계의 쓴맛 성분이 만들어져 독성을 일으키기도 하고 검은 색소가 형성되어 내부에 검은 얼룩점이 생기게 된다.

이러한 변패는 우선 기계적 손상을 입지 않도록 하는 것이 가장 좋으나 일단 상처가 나면 속히 상처를 아물게 해서 저장해야 한다. 상처를 아물게 하는 방법은 고구마를 30℃ 정도, 습도 90% 이상의 방에 수일간 넣어두는 것인데, 이렇게 하면 상처 부근에 새로이 전분을 품지 않은 세포가 생기고 이것이 분열해서 이른바 코르크층(cork 층)을 만들어 미생물이 침입하지 못하도록 한다. 이 방법을 큐어링(curing) 이라 하며 고구마 저장 시 널리 쓰이고 있다.

제 2 편

식품저장의 원리와 방법

식품저장의 원리와 방법은 식품을 보관할 때 품질이 변하지 않게 하는 것이다. 식품의 품질을 변하게 하는 원인은 무엇이며 원인에 영향을 주는 인자를 알아보면 그 대책을 찾을 수 있다. 그것이 식품저장의 원리이며 원인에 영향을 주는 것이 식품저장방법이다. 따라서 제2편에서는 제1장부터 제8장에 이르기까지 식품저장방법 8가지를 중심으로 설명하고자 한다.

한편 식품의 품질변화는 대별하여 물리적, 화학적, 생물학적 요인에 의하여 일어난다. 특히 식품의 변질 부패는 미생물학적 원인에 의하여 일어나는 것이 대부분이다. 표 1에 식품변질 원인과 대책 즉 방법을 나타내었다.

〈표 1〉　식품의 품질변화 원인과 그 제거 방법

원　인	세부 원인	대책 및 방법
물리적 원인	수분	건조, Aw조절, 포장
	온도	냉동, 냉장
	빛	차광, 포장
화학적 원인	공기	진공, 항산화제
	pH	완충제(산, 알칼리)
	식품성분반응	저온저장
	금속이온	사용 억제 및 제거
생물학적 원인	미생물	가열, 냉동, 보존제, 건조, Aw조절
	효소	가열, pH조절, 저온
	곤충	훈증
	소동물	약제, 기계적 방제

최근에는 식품가공・저장기술을 적용함에 있어 위생성이 확보된 안전한 식품을 생산하기 위한 방안으로 HACCP(hazard analysis critical control point, 위해요소중점관리기준) 제도를 도입하여 제조·저장・유통단계에서 위해 발생요소를 사전에 차단하고 있다.

식품안전성에 영향을 미치는 위해요소에는 식중독 미생물, 곰팡이, 기생충 등의 생물학적 위해, 중금속, 잔류농약, 항생물질, 내분비장애물질 등 화학적 위해, 그리고 금속, 유리, 돌 등 이물질 혼입에 의한 물리적 위해가 있다. HACCP('해썹'이라 발음함)은 1960년대 미국 우주개발 계획에 따라 안전한 우주식품 제조에 Phillsbury사가 처음으로 도입한 방식으로, 식품 제조·가공 공정의 모든 단계에서 위해를 끼칠 수 있는 요소를 공정별로 분석하고 각 과정에서 위해물질이 해당식품에 혼입되거나 오염되는 것을 사전에 방지하기 위하여 이를 중점적으로 관리하는 예방적 위생관리 체계이다. 즉 최종제품의 위생안전성 확보에 필수적인 관리요소를 선정하여 중점적으로 관리함으로써 식품위해 발생을 차단하는 방식이다.

제1장

저온에 의한 식품저장

식품을 저온상태에서 저장하는 방법은 아득한 옛날, 인류가 주로 산과 들에서 나무열매를 채취하고 바다와 육지에서 각종 물고기와 육류를 수렵하여 먹고 살던 원시시대부터 시작되어 왔다.

처음에는 인류가 자연적으로 뚫린 동굴이나 지하 굴에 은신하고 살면서 먹고 남은 먹이를 숨겨두곤 하였으나, 차츰 이것이 반복되는 가운데 먹이를 뜨거운 지표면에 두는 것 보다 서늘한 동굴이나 지하 굴에 두는 것이 훨씬 오래 간다는 것을 깨닫게 되었고 이것이 바로 오늘날 저온고(低溫庫)의 기초가 되었다.

인류가 오랜 세월을 거치면서 더욱 지혜가 발달하여 식품에 얼음을 재워 저장하는 소위 빙장법(氷藏法)을 발견하게 되었고, 이어서 눈이나 얼음에 염류(鹽類)를 섞어 온도를 훨씬 더 내리는 기한제(起寒劑)를 개발하게 되었다. 그러나 이처럼 오랜 역사를 가진 식품저온저장 방법이 본격적으로 산업화 된 것은 그리 오래지 않았다.

역사적 기록에 의하면 기원전 1000년 경 중국에서 천연빙(天然氷)을 저장에 이용하였고, 그리스, 로마에서 눈으로 만든 집에 얼음을 저장하여 여름에 음료냉각에 사용하였다. 1500년 경 이탈리아에서 얼음에 초석(硝石)을 가하여 온도를 낮추는 방법을 발견하여 이것이 최초의 기한제로서 과즙이나 포도주 냉각에 이용하였고, 이 방법이 프랑스에 전파되어 아이스크림 제조에 응용하였다. 1859년 프랑스의 휄레이난드 카레는 마르세이유의 맥주공장에 냉동장치를 설치하여 최초의 식품가공에 이용하였다. 1861년 미국의 Enoch Piper는 얼음과 소금으로 어류 동결방법을 고안하여 미국 특허를 취득하였다.

1877년 샤루루 테리에는 양·우육 동결품을 최초로 해상 운반하는데 성공하였다. 1900년 미국의 Clarence Birdseye는 계란, 과일 등의 동결법의 실용화에 성공하였다. 이어서 Birdseye는 1924년에 어체의 가식부를 포장하여 급속동결하는 방법을 고안하여 근대적 냉동식품을 제조하였고, 그 후 다단식 촉매 동결장치, air blast식 등의 급속 동결장치를 속속 개발하였다. 1930년 미국 General Foods사가 Birdseye의 특허를 매입하여 냉동식품 판매 회사를 설립하여 본격적인 보급에 돌입하였다. 2008년 현재 미국의 냉동식품 시장규모는 약 660만톤 정도로서 금액으로는 약 263억달러에 달하고 있다. 우리나라의 경우는 2002년 현재 약 2,600억원 정도의 시장을 형성하며 매년 30% 정도로 급성장하고 있다.

1-1 저온처리의 효과

1. 저장효과

식품을 －20℃ 이하에 저장하면 식품을 변패시키는 2대 요소인 부패세균의 발육과 자가소화효소의 작용에 적당한 온도보다 훨씬 낮은 온도의 환경에 놓이게 될 뿐만 아니라, 수분의 80% 이상이 빙결하여 자유수의 양이 극도로 감소하게 되므로 이들 작용은 사실상 정지하게 된다. 일반적으로 화학반응은 온도가 10℃떨어지면 반응속도는 1/2 정도로 떨어지므로 －20℃에 저장하면 저장 중에 식품을 열화 시키는 산화속도는 30℃일 때 보다 거의 1/30 정도로 감소하게 된다.

이러한 점이 저온에 의한 식품저장의 원리가 된다. 그러나 효소 중에는 저온에서도 상당한 작용력을 나타내는 것도 있고, 또 산화작용도 반응속도가 느려질 뿐이고 완전히 저지가 되는 것은 아니다. 더욱이 동결에 의하여 미생물은 생육을 정지하나 완전히 사멸되지는 않고, 식품의 물리적 성상이나 조직적 성상이 많이 변화하므로 저온에 의한 식품의 저장도 완전한 저장법이라고 할 수 없다.

2. 냉각저장과 동결저장

식품을 저온에 저장하면 식품조직 내에서 일어나는 각종 화학반응이나 효소반응이 억제되고 또 미생물의 생육이 저지되기 때문에 식품의 품질을 그다지 저하시키지 않고 장기간 유지 할 수 있다.

저온처리는 건조, 염장, 고온처리 등에 비해서 식품 본래의 맛을 그다지 손실하지 않는 점에서 우수한 저장수단이다. 그러나 그 반면 미생물이 생존하고, 대다수의 효소는 불활성화되지 않고 남아있기 때문에 처리를 중단하면 그것에 의한 좋지 않은 변질반응이 시작된다.

식품의 품질을 유지하기 위해 생산에서 소비에 이르기까지 전 과정을 각각의 보존에 적합한 저온으로 유지하면서 유통시키는 것을 콜드 체인(cold chain)이라 하는데, 저온이 유지될 수 있도록 관리하는 것이 중요하다.

야채, 과일과 같은 식물성 식품은 수확 후에도 생명체로서 생존을 계속하며, 품질열화의 원인이 되는 조직 내의 무질서한 효소반응을 억제할 수가 있으며 또 미생물에 의한 변질반응에 저항하는 힘을 갖고 있다. 따라서 이와 같은 식물성 식품을 안정하게 저장하는 데는 살아있는 상태를 유지하는 것이 중요하며, 그러기 위해서는 조직이 얼지 않는 범위에서 품온을 최대한 내려 호흡작용이나 거기에 따르는 증산작용을 약화시켜 소모를 방지하도록 해야 한다. 그러나 야채, 과일 중에는 저장온도를 너무 낮추면 대사장애를 일으켜서 변질, 부패하므로 빙결점보다 높은 온도로 저장해야 하는 것도 있다.

이에 반해 대다수의 동물성 식품은 바로 생명을 잃으므로 식품조직내의 무질서한 효소반응을 억제하지 못하고, 또 미생물에 저항하는 힘도 남아있지 않다. 그러나 비교적 단시간이라면 동결하지 않는 범위의 저온을 이용해서도 품질저하를 방지할 수가 있다.

이 경우는 이미 생체로서의 기능장애를 걱정하지 않아도 좋으므로 식품의 빙결점(−0.5~−2℃)에 되도록 가까운 저온으로 유지하는 것이 저장기간을 늘리는 방법이다. 이와 같이 식품을 동결하지 않는 범위의 저온에 저장하는 것을 냉각저장(冷却貯藏; cooling storage)이라 한다. 또 그 중에서 특히 -2~+2℃의 온도대에서의 저장을 빙온저장(氷溫貯藏; chilling storage)이라고 부른다.

식물성 식품이나 동물성 식품을 냉각저장의 경우보다 좀더 장기간 안정하게 저장하고 싶을 때는 품온을 빙결점 이하로 낮추어 동결상태로 저장한다. 식품의 종류에 따라 다르지만 대부분 -18℃(0°F)로 저장하면 그 식품이 처음에 갖고 있었던 품질을 약 1년간 유지 할 수 있다. 이와 같은 동결저장(凍結貯藏; frozen storage)에서는 저장온도가 냉각저장의 경우보다 낮을 뿐만 아니라 식품중의 대부분의 물이 빙결정이 되어 분리되고, 남아있는 부분의 물에는 수용성 성분이 농축되어 수분활성이 낮아지기 때문에 미생물은 더욱 더 생육하기 어려워지고 온도가 낮아 효소반응이나 화학반응의 속도도 현저하게 떨어지는 효과가 있다.

〈표 1-1〉 식품의 냉장과 냉동저장의 비교

식품종류	냉장저장		냉동저장	
	온도(℃)	기간(일)	온도(℃)	기간(개월)
우유(살균제품)	0~10	5		
쇠고기	-2~0	14	-18	6
돼지고기	-2~0	14	-18	4
닭고기	-2~0	10	-18	3
생선 어패류	3~6	2~3	-18	3
어육 가공품	10 이하	15		
두부, 묵	0~10	3		
과실류	3~6	1~2주		
채소류(배추, 상추)	7~10	2~5		

3. 저온처리에 의한 미생물 생육의 저지

식품의 품질열화현상 중에는 물리적 또는 화학적 원인에 의한 것도 적지는 않지만 일반적으로 가장 자주 문제가 되는 것은 미생물의 작용에 의한 악변이다. 만약 감염형 혹은 독소형 식중독 원인균이 증식하면 식품의 위생적 안전도는 결정적으로 손상된다. 또 부패세균과 같이 대사활성이 강한 미생물이 왕성하게 증식하면 그 효소의 분해작용에 의해 식품고유의 성분, 맛, 향, 외관, 색 등이 변하고, 또 불쾌한 맛이나 이취를 내어 식품으로서의 가치를 잃게 된다.

일반적으로 미생물이 생육할 수 있는 온도 범위는 최저 −10℃에서 최고 90℃ 사이로 알려져 있다. 따라서 식품을 −10℃ 이하로 동결 저장하면 미생물의 생육에 따르는 품질저하는 문제되지 않는다.

*Escherichia coli*는 대부분의 경우 5℃ 이하에서는 생육할 수 없다. 또 거의 모든 식중독 원인균도 최저생육한계는 10℃ 전후이며, 식품을 5℃ 이하로 유지하면 *Listeria* 등 일부 저온성세균을 제외하고는 그 생육을 확실히 저지할 수 있다.

1) 저온처리 중 미생물의 사멸

저온처리를 받아 생육이 저지되면 미생물은 서서히 사멸된다. 그 사멸속도는 미생물의 종류에 따라서, 또 동일 미생물이라도 저온처리의 조건에 따라 현저히 다르다.

우선 미생물 세포의 생존성에 미치는 냉각속도의 영향을 보면 일부의 세균(*Escherichia coli* 등의 약한 세균)은 14~16℃의 온도지역을 급속히 통과하도록 냉각하면 0℃ 이상의 온도에서 사멸할 수 있다. 이것을 콜드 쇼크(cold shock)라고 하는데, 이것은 급냉에 의한 세포막의 손상이 원인이 되어 대사이상을 야기하기 때문에 일어난다고 생각된다.

미생물을 매분 100~1000℃가 되도록 급속히 냉각해서 동결시키면 세포내에 빙결정이 형성(intracellular ice formation)되어 기계적인 파괴작용에 의해서 균은 거의 즉시 사멸한다. 여기에 대해서 매분 1~10℃ 또는 그 이하로 하는 완만한 냉각속도로 동결시키면 세포 주위의 외액에만 빙결정이 형성(extracellular ice formation)되고, 세포는 탈수되어 수축하며, 남아있는 수분에는 용질이 농축된다. 이 상태는 치명적인 것은 아니지만 그대로 장시간 두면 미생물은 세포막 장해를 일으키고, 세포단백질이 변성되어 서서히 사멸한다.

*Escherichia coli*의 생존성에 미치는 냉각속도의 영향을 그림 1-1에 나타내었다. 위에 서술한 콜드 쇼크는 비교적 한정된 균종에서만 나타나

는 현상이며 또 일반적으로 식품의 동결저장 시에 사용되는 냉각속도는 미생물에 세포내 동결을 일으킬 만큼 급속한 것은 아니다. 따라서 식품의 동결 시에 미생물은 오로지 세포외 동결을 일으켜서 일부의 세포는 죽고, 나머지는 손상을 받고서도 생명을 이어간다고 생각해야 한다.

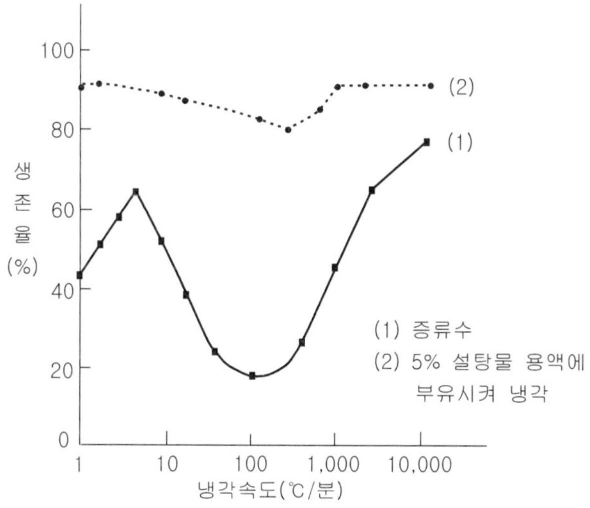

〈그림 1-1〉 *Escherichia coli*의 생존율에 미치는 냉각속도의 영향 및 설탕의 보호효과

냉각저장 또는 동결저장 중의 온도가 미생물의 생존성에 미치는 영향을 보면 그림 1-2와 같이 0℃ 이상에서는 온도가 높은 만큼 미생물은 급속히 사멸한다. 또 빙결점 이하에서도 같으며, 특히 −1∼−5℃의 범위에서는 비교적 빨리 사멸이 진행된다. 그러나 일반적으로 바람직하다고 하는 식품저장온도(냉각저장에서는 0℃ 부근, 동결저장에서는 −18℃ 이하)에서는 대부분의 미생물은 매우 장기간, 동결식품에서는 수년 정도 생존이 지속된다고 생각해야 한다.

동결상태에서 미생물 사멸의 경과는 세포 주위에 존재하는 용질에 의해서도 현저하게 영향을 받는다. 예를 들면, 소금이 공존하면 단순히 물만의 경우에 비해 더욱 급속히 균은 사멸한다. 여기에 대해서 글루타민산 등의 아미노산, 설탕을 비롯한 당분, 당알코올, 단백질 등은 동결 중 미생물의 사멸을 저지하는 작용을 발휘한다. 이와 같은 미생물에 대한 설탕의 보호효과는 그림 1-1에 나타나 있다.

동결저장을 끝내고 해동할 때의 조건도 미생물의 생존율 및 그 후의 증식에 영향을 준다. 일반적으로 급속히 융해하는 만큼 미생물이 살아남는 비율은 높아진다. 식품의 동결처리에서는 미생물은 서서히 사멸한다고 해도 살균이라고 하는 효과는 기대할 수 없다.

따라서 저온처리 전에 미생물의 오염을 최소한으로 억제하고, 가능한 경우 미리 적절한 살균처리를 하는 것이 매우 중요하다. 또 동결식품의 해동은 매우 위생적인 조건에서 행한다. 해동 이후에 미생물이 급속한 증식을 하지 못하도록 온도관리 등에 특히 주의해야 한다.

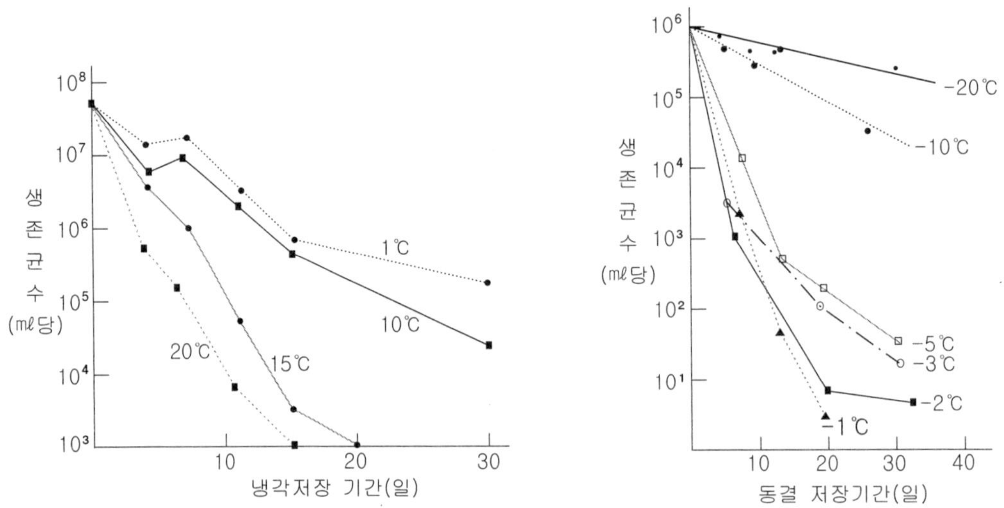

(a) *Clostridium Perfringens*, 1~20℃의 범위

(b) *Pseudomonas aeruginosa* −1~−20℃의 범위

〈그림 1-2〉 저장온도가 세균의 사멸속도에 미치는 영향

2 저온미생물의 특징과 대책

저온에 의한 식품저장에서 문제가 되는 것은 저온미생물이다.

그림 1-3의 *Pseudomonas* sp. 와 같이 0~5℃의 저온에서도 급속히 생육하는 미생물이 존재하는 것이 알려져 있는데, 이것을 저온미생물(低溫微生物 ; psychrotrophic microorganisms)이라 한다. 이것은 식품의 냉각저장에 있어서 품질관리상 항상 주의해야 할 미생물이다.

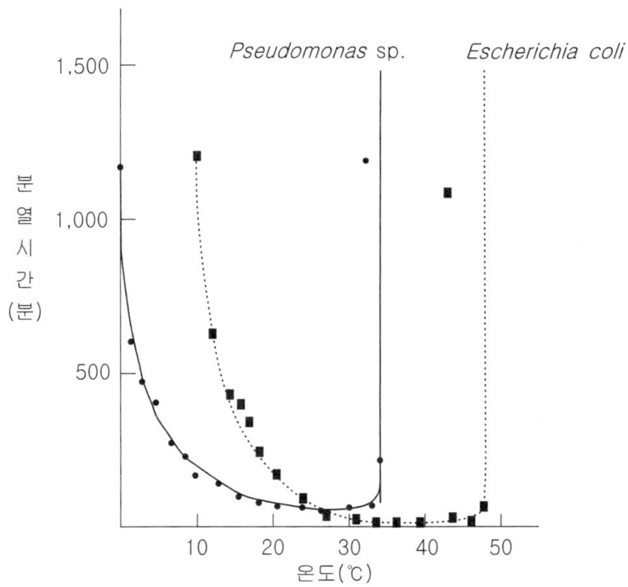

〈그림 1-3〉 중온세균 *Escherichia coli*와
저온세균 *Pseudomonas* sp.의 생육속도에 미치는 온도의 영향

저온미생물의 예를 들면 다음과 같다.

그램음성세균 : *Acinetobacter*(*Achromobacter*), *Aeromonas, Alcaligenes, Chromobacterium, Citrobacter, Cytophaga, Enterobacter, Escherichia, Flavobacterium, Klebsiella, Moraxella, Proteus, Pseudomonas, Serratia, Vibrio, Xanthomaas, Yersinia*

그램양성세균 : *Arthrobacter, Bacillus, Brevibacterium, Clostridium, Corynebacterium, Lactobacillus, Microbacterium, Micrococcus, Sarina, Streptococcus, Actinomyces, Streptomyces*

사상균, 효모 : *Botrytis, Cladosporium, Geotrichum, Monillia, Mucor, Penicillum, Phoma, Phycomyces, Pullularia, Rhizopus, Candida, Cryptococcus, Debaryomyces, Hanseniaspora, Rhodotorula, Saccharomyces, Torulopsis*

일반적으로 동물성 식품에는 저온세균, 식물성 식품에는 저온성의 사상균이나 효모에 의한 변질이 문제가 되는 수가 많고 특히 저온세균은 전체적으로 부패작용이 강하다.

*Pseudomonas*는 우유·유제 품 뿐만 아니라 식육·육제품이나 신선어패류 등에도 보편적으로 분포하는 대표적인 저온성 부패세균이다. 이밖에 어패류에서는 *Vibrio*나 *Acinetobacter*, 식육에서는 *Micrococcus*나 *Lactobacillus*의 변패작용이 자주 문제가 된다.

냉각저장의 온도조건이 저온세균의 생육속도에 어느 정도 영향을 미치는가는 균종이나 식품의 성분조성에 따라 다르지만 일예로서 탈지유와 크림에 있어 *Pseudomonas* sp.의 세대시간(世代時間)을 나타내면 20℃에서 1.7~1.9시간, 10℃에서 5.4~6.5시간, 5℃에서 12~15시간, 0℃에서 27~29시간이다. 이 생육속도의 온도계수 Q_{10}은 20~30℃의 범위에서 1.8~2.5, 10~20℃에서 3.2~3.4, 0~10℃에서 4.4~4.8이며, 저온이 될수록 온도의 변화가 생육속도에 큰 영향을 준다는 것을 알 수 있다. 따라서 냉각 저장의 온도를 되도록 낮게 하는 것이 저온세균의 대책으로 가장 효과적이다.

저온세균의 대부분은 비교적 단순한 화합물에서 복잡한 구조의 균체성분을 합성하고 매우 왕성한 생활력을 가진 식품의 생산환경에 널리 분포한다. Protease와 lipase활성이 강한 것이 많고 이들 균군(菌群)이 거의 10^7/g의 수준에 도달하면 부패취, 과일취, rancidiy, 고미(苦味) 등과 같은 flavor의 악변이 감지된다. 또 착색, 점질화, 겔(gal)화 등의 원인도 된다.

일반적으로 저온세균은 약제저항성이 강하지만 내열성은 약하고, 당초의 오염균수가 극단적으로 높지 않는 한 현행의 가열 살균조작으로 사멸한다. 유제품이나 육제품 같이 살균하고 나서 냉각저장 하는 식품에서는 살균공정 이후에 저온세균의 2차 오염이 일어나지 않도록 주의해야 한다.

1-2 식품냉동의 원리

식품을 냉동시킨다는 것은 식품의 온도를 소정의 온도까지 내리기 위하여 열을 제거시키는 것을 의미한다. 일반적으로 식품의 열을 제거하는 방법에는 다음 4가지가 있다.

① 고체의 융해잠열(融解潛熱)을 이용하는 방법 : 얼음을 식품에 접촉시키면 얼음이 녹으면서 이에 필요한 79.68 kcal/kg 정도의 융해잠열을 식품에서 빼앗아 식품을 냉동시키게 된다.

② 고체의 승화잠열(昇華潛熱)을 이용하는 방법 : 드라이아이스는 −78.5℃ 이상이 되면 승화되어 CO_2가스가 된다. 이때 137 kcal/kg 정도의 승화잠열을 요구하게 되므로 이를 이용해 식품을 냉동시킨다.

③ 액체의 증발잠열(蒸發潛熱)을 이용하는 방법 : 액체 암모니아나 액체 질소, 프레온(freon) 등의 고압액체를 팽창시키면 기체로 되면서 많은 증발잠열을 요구하게 된다. 이를 이용한 것이 오늘날 흔히 쓰이는 냉동기이며 일단 증발된 기체를 다시 압축시켜 재이용한다. 이를 냉동사이클(冷凍 cycle)이라 한다.

④ 기한제(期限劑)를 이용하는 방법 : 표 1-2에서 보는 바와 같이 얼음과 소금, 얼음과 염화칼슘 등을 혼합시키면 매우 낮은 온도를 얻을 수 있다. 이들 혼합물을 기한제 또는 한제라고 한다. 이것은 이들 혼합물이 혼합되는 동안 여기에 필요한 용해열(溶解熱)이나 융해열을 주위에서 흡수할 여유가 없어 그 열을 자기 자신으로 부터 취하지 않으면 안되기 때문에 온도강하가 일어나는 것이다.

〈표 1-2〉 기 한 제

기 한 제	혼합중량비율	온도강하 (℃)
얼음 + NaCl	2 : 1	− 20
얼음 + d−HCl	8 : 5	− 32
얼음 + $CaCl_2$	4 : 5	− 40
얼음 + K_2CO_3	3 : 4	− 45

1. 냉동사이클

저온상태를 만드는데 사용되는 냉동기는 냉매의 가스를 응축, 액화하는 방식에 따라 나누는데 압축식(compression system)과 흡수식(absorption system)으로 나눌 수 있다. 일반적으로 압축식이 널리 이용된다, 압축방식에는 piston의 왕복동식(reciprocating compression system)이 많고, 그 외 rotasco식, turbo식 등이 있다.

냉매로는 주로 암모니아와 freon이 쓰이며, 대형냉동기에는 암모니아, 소형냉동기에는 freon이 많이 사용된다. 암모니아 압축식 냉동기(ammonia compression refrigerator)의 개요를 표시하면 그림 1-4와 같다.

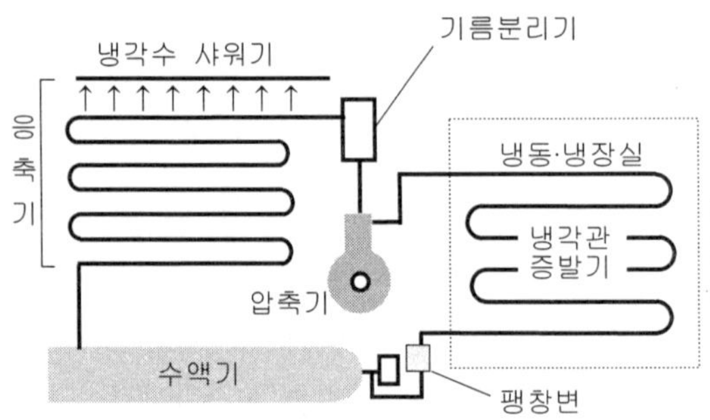

〈그림 1-4〉 암모니아 압축식 냉동기

압축기(compressor)에서는 암모니아 가스가 압축되어 고온 고압의 가스로 된다. 압력은 10기압 정도, 온도는 100℃ 정도가 된다. 이 가스 중에는 압축기의 기름이 섞여있으므로 유분리기(oil separator)에서 기름이 제거되고 가스는 응축기(condenser)에 들어가서 물 또는 공기로서 냉각된다.

냉각되어 액화된 암모니아는 수액기(liquid receiver, 액화가스용기)에 모이게 된다. 액화암모니아는 수액기로부터 팽창변(expansion valve)을 거쳐 증발기(evaporator)로 보내어지는데 여기는 압력이 낮으므로 암모니아액이 증발하여 암모니아가스로 변한다.

이때 증발잠열을 흡수하므로 증발기 주변의 온도가 내려가서 식품 등이 냉각된다. 이때 발생하는 저온의 정도는 팽창변의 조절에 의하여 가감할 수 있다. 암모니아가스는 다시 압축기에 들어가서 냉동사이클(refrigeration cycle)을 순환하게 된다.

냉동사이클 중에서 증발기의 부분을 저압측(low pressure side)이라 하고, 그 이외 부분은 고압측(high pressure side)이라 한다.

−30℃∼−40℃와 같이 극히 저온을 만들 필요가 있을 때에는 냉동기의 능률을 높이기 위하여 압축기를 1차, 2차로 나누어 2단 압축방식을 취하데 이를 부스터압축기(booster compressor)라 한다.

1) 냉매(refrigerant)

냉동사이클을 순환하면서 열을 저온부에서 고온부로 옮기는 역할을 하는 물질을 냉매라고 하는데 대표적인 것은 암모니아, freon(불화염화탄화수소냉매, R이라는 기호로 표시함)등이다.

Freon이 함유하는 원소에 따라 염화불화탄화수소(CFC ; chloro-fluorocarbon), 수화염화불화탄화수소(HCFC ; hydrochlorofluoro carbon), 수화불화탄화수소(HFC ; hydrofluorocarbon) 등으로 구분한다. Freon이 대기 중에 방출되면 염소에 의해 오존층이 파괴되므로 염소를 적게 함유한 HCFC나 함유하지 않은 HFC를 대체냉매로 사용하고자 몬트리올 의정서 등 협약이 맺어져 연차별로 대체 활동이 시행되고 있다.

한편 냉동사이클의 증발기를 냉장실이나 동결실에 장치하여 실내증기를 냉각하는 경우를 직접팽창식(direct expansion system)이라 하고, 이와는 달리 먼저 액체를 냉각하고 이 냉각액체를 순환하여 냉장실이나 냉동실을 냉각하는 방식을 간접팽창식(indirect expansion system)이라고 한다.

간접팽창식의 경우 냉각액체를 암모니아나 freon과는 구별하여 2차 냉매라고 하며, 암모니아, freon 등은 1차 냉매라고 한다. 2차 냉매로는 보통 소금, $CaCl_2$, $MgCl_2$ 등의 수용액이 사용되며 이들 수용액을 brine이라고 한다. 이 외에 알코올, propylene glycol, glycerine, 설탕, 전화당 등의 수용액도 사용된다.

식품냉동에 사용하는 주요 냉매의 특징은 표 1-3과 같다.

〈표 1-3〉 일반 사용냉매 종류와 용법

냉매명칭	화학기호	사용온도범위	냉동기 종류	용 도
암모니아	NH_3	0~-60℃	왕복식, 흡수식, 터보식	식품냉동, 기타
R-11	CCl_3F	10~0	터보식	냉방
R-12	CCl_2F_2	10~-60	왕복식, 터보식	식품냉동, 기타
R-22	$CHClF_2$	10~-60	왕복식	식품냉동, 기타
R-113	$C_2Cl_2F_3$	10~0	터보식	냉방
R-500 (공비혼합물)	CCl_2F_2(73.8) $+CH_3CHF_2$(26.2)	10~-20	왕복식	식품냉동, 냉방

2) 냉동능력의 단위

냉동기의 능력을 표시하는 데는 냉동톤(ton of refrigeration)이라는 단위를 많이 사용한다. 1냉동톤은 0℃의 물 1톤을 24시간에 0℃의 얼음으로 만드는 냉동능력을 말한다.

0℃의 물을 0℃의 얼음으로 만들기 위해서는 얼음의 융해열과 같은 열을 0℃의 물로부터 제거하여야 한다. 1 kg 얼음의 융해열은 79.68 kcal/kg이므로 1,000 kg에 대하여서는 79,680 kcal의 열량을 제거하면 된다. 즉 1시간당으로 계산하면 79,680/24=3,320 kcal/h=3.855 kW의 비율로 열을 제거하면 된다.

〈표 1-4〉 냉동에 사용하는 열량의 크기 비교

열 량 단 위	열 량
kcal	3.966 Btu
BTU	0.252 kcal
WE	1 kcal
th	1,000 kcal
fg	1 kcal

WE(Warne Einheit):1kcal, th(thermie):1,000kcal, fg(frigorie):1kcal

미국에서는 1톤을 2,000파운드(lb)로 잡고, 또 1파운드의 얼음의 융해열을 114 BTU로 잡고 있으므로 1 냉동톤은 3,024 kcal/h 또는 3.517 kW가되어 우리나라의 1 냉동톤과 같지 않다.

한편 실제 제빙에 있어서는 1 냉동톤의 능력으로 1일에 1톤의 얼음을 만들 수는 없다. 그 이유는 용수의 온도가 보통 0℃보다 높고 또 얼음의 온도도 0℃보다 낮아야 얼음이 되기 때문이다. 일반적으로 1일 1톤의 제빙을 하는 데는 1.72 냉동톤(1.92 미국 냉동톤)이 필요하다고 한다. 냉동에 사용하는 열량에 대한 크기를 비교하여 보면 표 1-4와 같다.

2. 냉동곡선

1) 동결율

식품 내 수분함량의 80% 정도가 빙결되면 관능적으로 동결상태가 된다. 동결점 이하의 온도에서 초기의 수분함량에 대하여 빙결정으로 변한 비율을 빙결율(氷結率) 또는 동결율(凍結率)이라 하며 동결점이 T_f℃인 식품의 온도가 T℃까지 내려간 경우 동결율 m의 근사 값은 다음 식에 의해 계산될 수 있다.

$$m = \left(1 - \frac{T_f}{T}\right) \times 100$$

식품이 동결점 이하의 일정 온도까지 도달하는데 걸리는 시간에는 관계없이 동결율은 같다. 식품의 동결점을 −1℃로 하고 −5℃까지 식품의 온도를 낮추었다고 하면 이 때의 동결율 m=80%가 된다. 몇 가지 식품의 각 온도에서의 동결율을 소개하면 표 1-5와 같다.

〈표 1-5〉 동결율과 얼지 않고 남아있는 결합수

식 품	함수율 (%)	동 결 율 (%)					고형물 중의 남아있는 결합수(kg/kg)
		−5℃	−10℃	−15℃	−30℃	−40℃	
소고기	74.0	73	78	82.5	88.5	85.5	0.35
대 구	80.5	77	84	89	90	90.5	0.39
난 황	50.0	80	84	88	90	−	0.40
난 백	86.5	87	91.5	93.5	94	94	0.40

2) 냉동곡선

식품을 동결하는 경우 식품 내의 임의의 한 점에서 경과에 따른 온도의 변화 상태를 냉동곡선(freezing curve)으로 나타낸다. 이점은 온도의 하강이 가장 늦은 중심점(온점; hot point)을 취하는 것이 보통이다.

일반적인 식품의 냉동곡선은 그림 1-5와 같다. 곡선 중 a~b부분은 식품의 초온에서 동결점(−1℃로 간주)까지의 품온의 하강을 나타내며, b~c부분은 식품 중 대부분의 수분이 빙결되므로(동결율=80%) 이 범위를 최대빙결정생성대(zone of maximum ice crystal formation)라고 한다. 이때 동결초기에는 동결점보다 낮은 온도까지 과냉각(supercooling)되었다가 얼음결정이 형성될 때 발생하는 결정잠열 때문에 약간의 온도 상승이 생겼다가 이후 온도가 낮아진다. 최대빙결정생성대를 통과하는 동안 냉각력의 대부분은 빙결잠열을 제거하는데 쓰인다. 식품 내 대부분의 물이 얼음으로 변하면 냉각력은 다시 품온을 하강시키는데 쓰인다. 따라서 곡선은 c~d와 같이 급경사를 이룬다.

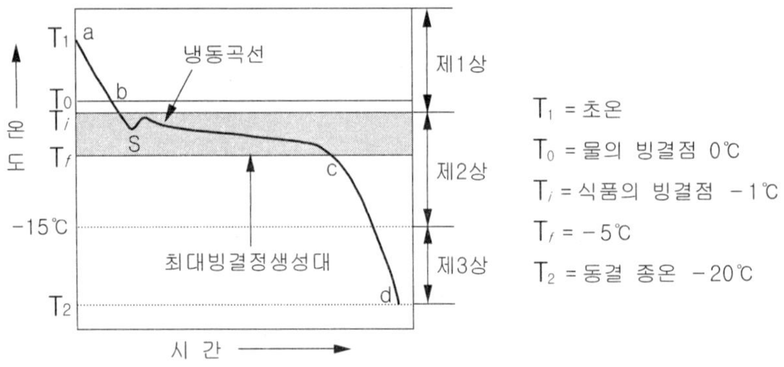

〈그림 1-5〉 냉동 곡선

냉동곡선 중 최대빙결정생성대를 통과하는 시간에 의해 냉동식품의 품질이 결정된다. 즉 이 지역은 통과하는 속도에 따라 빙결정의 형태, 크기, 분포 등이 결정된다.

냉동 시 먼저 세포의 체액 중에 빙결정의 핵이 발생하고 이것을 중심으로 빙결정이 형성된다. 동결이 급속한 경우는 빙결정핵이 성장할 여유가 없으나 완만한 경우는 조직 내 수분 또는 수증기가 이동 빙결정은 성장하게 된다. 이러한 현상은 냉장기간 동안에도 일어나며 어육중의 빙결정의 성장을 보면 표 1-6과 같다.

〈표 1-6〉 어육 중의 빙결정의 성장

냉 장 기 간(-10℃)	빙결정의 성장율	빙결정의 분포수
0.5개월	25%	대단히 많다
1개월	50%	많다
2개월	75%	적다
3개월	100%	적나

빙결정의 팽창에 의해 조직은 기계적 손상(mechanical damage)을 입게 되며, 해동 시 얼음결정은 녹아서 세포 내로 돌아가지 못하고 탈수현상을 일으켜 drip양을 증가시킨다.

3. 동결시간과 동결속도

동결 직후의 식품에 있어서는 표면 쪽이 중심부보다 온도가 낮아 같은 개체 내에서도 온도구배(temperature gradient)가 있다. 이것을 냉장실에 넣어두면 차차 온도가 고르게 되어 일정한 품온이 되는데 이때의 온도를 평균품온(average temperature, equilization temperature)이라 한다.

정상적인 동결방법에 의하여 식품의 평균 품온을 -18℃ 이하로 내려 그 품온을 유지하도록 동결냉장을 한 냉동식품을 심온동결식품(深溫凍結食品 ; deep frozen food)이라 한다.

1) 온도중심점(溫度中心點)

식품을 동결할 때에 품온의 강하가 가장 늦어지는 점을 의미하며, 온점(溫點; hot point)이라고도 한다. 즉 같은 개체 중에서 동결속도가 가장 늦은 점이다. 이 온도중심점(thermal center)을 중심온도로 생각하기 쉬우나, 식품의 성분분포가 균질하지 못하고 또 식품의 모양이 불규칙하므로 양자가 반드시 일치하지는 않는다.

2) 공칭동결시간(公稱凍結時間 ; nominal freezing time)

식품의 초온이 균일하여 0℃일 때 이것을 동결하여 온도중심점을 −15℃까지 내리는데 요하는 시간을 말한다. 단, 동결장치의 능력을 나타내기 위하여 이 공칭동결시간을 쓸 때에는 식품의 모양, 크기, 성분, 포장법 등의 명세를 반드시 표시하여야 한다.

3) 공칭동결속도(公稱凍結速度 ; nominal rate of freezing, v)

주어진 식품의 온도중심점을 통과하는 절단면 두께의 1/2(l)을 공칭동결시간(t)으로 나눈 값을 공칭동결속도(v)라고 한다.

$$v = \frac{l}{t}$$

종전에는 식품을 동결할 때 그 중심온도가 −1∼−5℃(최대빙결정생성대)를 통과하는데 요하는 시간이 35분 이내이면 식품의 품질에 주는 영향이 적다고 하여 급속동결(quick freezing), 35분 이상이면 완만동결(slow freezing)이라고 하여 왔다.

그러나 실용적인 급속동결장치를 이용하여도 식육의 경우 35분간에 −5℃로 되는 것은 표면에서 겨우 1.5cm 정도 아래지점 이다. 이것은 편면이므로 양면을 합쳐도 약 3 cm 정도의 두께에 불과하다. 그런데 실제로 동결하는 식품의 두께가 3 cm 이상이 되는 것이 많으므로 식품전체가 이와 같이 급속동결되는 일은 거의 없다고 하여도 좋다.

따라서 두께가 두꺼울수록 이러한 기준에 의한 급속동결과 완만동결의 구별은 별로 의미가 없다. 그래서 동결식품 중에 생성되는 빙결정의 크기가 70 μm 이상인 것을 완만동결, 그 이하의 것을 급속동결이라고 하자는 의견도 있다.

요사이 급속동결과 같은 뜻으로 심온동결(deep freezing)이라는 말을 많이 사용하고 있는데, 이것은 동결속도보다 오히려 동결종온(凍結終溫)을 중요시한 표현이다.

4) 급속동결과 완만동결의 특성과 식품의 품질

냉동곡선의 최대빙결정생성대를 통과하는 시간에 의해 냉동식품의 품질이 결정된다. 동결속도에 따라 얼음결정의 성장으로 해동 후 식품조직 손상과 드립의 유출로 냉동식품의 맛이 달라진다. 급속동결과 완만동결의 차이를 표 1-7에 나타내었다.

〈표 1-7〉 급속동결과 완만동결의 차이

구 분	급 속 동 결	완 만 동 결
최대빙결정생성대 통과시간	25~35분	35분 이상
빙결정	세포내 동결	세포외 동결
세포 형태	세포 원형 유지	세포 원형 파괴
동결속도	3.0 cm/h	0.1~1 cm/h
빙결정 크기	70 μm 이하	70 μm 이상
미생물 사멸	세포내 빙결로 일부 급속 사멸	빙결, 탈수 수축, 세포단백질 농축으로 서서히 사멸

4. 냉동부하의 계산

식품을 냉장, 또는 냉동함에 있어서 냉동기가 제거해야 할 열량을 냉동부하(refrigeration load) 또는 열부하(heat load)라 부른다.

식품을 냉동고에 넣고 냉동할 때는 여러 가지의 근원이 다른 열을 제거해야만 하는데 그것을 보면 ① 식품 자체가 가지고 있는 열량(이것을 현열; sensible heat이라고도 함) ② 용기가 가지는 열량(용기의 현열) ③ 식품의 동결잠열 ④ 냉동 중에 식품의 발열량(청과물과 같이 호흡하는 식품의 호흡열) ⑤ 냉동고 밖에서 유입되는 열량 ⑥ 전등, 작업원의 체온, 사람이 출입할 때의 손실열량 등이다.

1) 식품 자체의 냉각부하

보통의 물은 0℃에서 얼게 되지만 식품 중의 물은 식품의 성분과 더불어 용액의 상태로 있기 때문에 보통 0℃ 이하에서 얼게 된다. 일반적으로 0~-2℃의 범위에 있고, 식품의 빙결점이 확실하지 않을 때의 열량 계산에는 -2℃를 기준으로 한다.

• 식품의 현열제거

식품을 냉동시키기 위해서는 우선 식품의 온도를 그 식품의 동결점 까지 내려야 한다. 여기에서 제거해야 할 열량은 다음과 같다.

$$H_1 = S_l \times W \times (T_i - T_f)$$

H_1 : 식품을 빙결점까지 내릴 때 제거해야 할 열량 (kcal)

T_i : 식품의 처음온도 (℃)

T_f : 식품의 동결온도 (℃)

S_l : 식품의 동결점 이상 온도에서의 그 식품의 비열 (kcal/kg · ℃)

W : 식품의 무게 (kg)

• 식품의 비열

식품의 비열은 식품 중의 수분함량에 지배되는 숫자이며 대략 다음과 같은 공식에 의해 계산할 수 있다.

식품의 비열 (kcal/kg · ℃) = 0.008 × 수분함량% + 0.2

그리고 실제로 측정된 몇 가지 식품의 비열은 표 1-8과 같다

• 동결잠열의 제거

식품이 냉각되어 동결점에 도달하면 식품의 수분이 가지고 있는 동결잠열(latent heat of freezing)을 제거해야 하는데, 여기에서 제거해야 할 열량은 다음과 같다.

$$H_2 = H_f \times W$$

H_2 : 동결점에 있는 식품 중에 액체를 빙결점에 있는 고체 상태로 변화시키는 데에 필요한 제거열량 (kcal/kg)

H_f : 동결잠열 표 1-8과 같음 (kcal/kg)

W : 식품의 무게 (kg)

〈표 1-8〉 각종 식품의 비열 및 동결잠열

식품	비열 (kcal/kg·℃)		동결잠열 (kcal/kg)
	동결점 이상에서	동결점 이하에서	
신선어류	0.76	0.41	51
굴	0.90	0.46	63
베이컨	0.55	0.31	15
쇠고기	0.66	0.38	47
간(liver)	0.72	0.40	47
돼지고기	0.60	0.38	32
가금류(poultry)	0.80	0.41	50
사과	0.71	0.39	46
딸기	0.89	0.46	63
완두	0.80	0.42	54
당근	0.87	0.45	60
콩	0.92	0.47	64
아스파라거스	0.95	0.44	67
계란	0.76	0.40	49
우유	0.90	0.46	62
버터	0.30	0.24	9

그러므로 일단 식품이 얼게 되면 그 후에는 냉동저장 해야 할 온도까지 온도를 내려야 한다. 이때 제거해야 할 열량(현열)은 다음과 같다.

$$H_3 = S_s \times W \times (T_f - T_s)$$

H_3 : 식품의 동결점에서 저장온도까지 내리는 데에 필요한 제거열량 (kcal/kg)

W : 식품의 무게 (kg)

T_f : 식품의 동결점 (℃)

T_s : 식품의 저장온도 (℃)

S_s : 동결점 이하에 있어서의 식품의 비열(표 1-8) (kcal/kg·℃)

• 필요한 냉동온도까지 냉각할 때 제거해야 할 총 열량

식품을 냉각하여 얼게 한 후 다시 온도를 내려 필요한 냉동온도까지

내리는 데 필요한 제거해야 할 전체열량 H_{fs}는

$$H_{fs} = H_1 + H_2 + H_3$$ 가 된다.

2) 냉동고를 유지 운영하기 위한 각종의 열량부하

저장해야할 식품 자체에 관계되는 열부하 외에도 냉동고 내의 조명, 가동되는 전동기, 종업원의 체온, 출입문의 개폐에 따른 열부하와 냉동고의 외부가 내부보다 고온이라고 가정했을 때 외부로부터 냉동고 벽의 단열재(斷熱材)를 침투해서 스며드는 열 등을 고려해야 한다.

※ 비어 있는 냉동고를 원하는 저온으로 유지하기 위한 부하

비어 있는 냉동고라 할여도 저온을 일정하게 유지하기 위해서는 다소의 일이 필요하며, 그것은 다음 공식으로 추산할 수 있다.

$$H_c = \frac{k \times 24 \times A \times (T_1 - T_2)}{L}$$

H_c : 냉동고에서 24시간에 제거해야 할 열량 (kcal/24시간)
k : 단열재(insulation material)의 열전도계수(표 1-9)
A : 냉동고 외부의 표면적 (m^2)
T_1, T_2 : 각각 냉동고 외부와 내부의 온도 (℃)
L : 단열재료의 두께 (m)

〈표 1-9〉 각종 단열재의 열전도계수 (kcal/m・h・℃)

물 질	열전도계수	물 질	열전도계수
공 기	0.0216	유리섬유	0.0327
석 면 판	0.1326	백 송	0.0965
조적벽돌	0.5942	참 나 무	0.1430
시 멘 트	0.2497	적 송	0.1266
코르크판(corkboard)	0.0370	석고보드	0.4134
스티로폼(styrofoam)	0.0344	아스팔트	0.6459

이밖에 전등, 전동기, 종업원의 체온에서 오는 열량은 다음과 같은 수치를 이용하는 것이 좋다.

전 등 : 0.86 kcal/시간/와트
전동기 : 756 kcal/시간/마력
냉동고 내의 종업원 = 189 kcal/연시간

또 냉동고 내의 공기가 외기와 대체되는 양에 따라 열의 손실이 있으므로 이것도 무시할 수가 없으며, 이 수치는 냉동고의 사용빈도 등에 따라 다르며 냉동고 안팎의 온도와 습도에 따라 다르다. 보통 외부온도 27℃, 습도 60%, 내부온도 −18℃를 기준으로 할 때 교환되는 공기 1 m^3는 25.8 kcal의 열부하를 발생시킨다. 냉동고에서 1일 평균 공기 대체횟수는 표 1-10과 같다.

〈표 1-10〉 냉동고에서 1일 평균 공기 대체횟수

방의 크기 m^3	24시간의 대체횟수	방의 크기 m^3	24시간의 대체횟수
7	29	200	4.9
14	20	400	3.3
28	13.6	800	2.3
50	10.5	1,600	1.6
100	7.1	3,200	0.9

따라서 비어 있는 냉동고를 운영하는 데에 필요한 열부하 H_S는 다음과 같다.

$$H_s = H_c + H_e + H_m + H_a$$

H_c : 비어 있는 냉동고를 필요한 온도로 유지하는 데에 필요한 열량 (kcal)
H_e : 그 냉동고 내의 전기 기계를 가동할 때의 열량 (kcal)
H_m : 그 냉동고 내에서 일하는 사람의 체온에서 오는 열량 (kcal)
H_a : 냉동고 내 공기의 대체에 의해서 부가되는 열량 (kcal)

H_s는 식품에 대해서 전혀 고려함이 없는 수치이므로 실제 식품을 냉동고에 넣고 가동할 때에 제거해야 할 전열량 H_T는

$$H_T = H_{fs} + H_s$$

이 되고 이것을 냉각톤(refregeration ton ; RT)으로 환산하면

$$필요한\ 총\ 냉각톤 = \frac{H_T}{79{,}680\ \text{kcal}}$$

5. 냉동식품의 시간 · 온도 허용한도

우수한 냉동식품을 얻으려면 단순히 제조시의 예냉이나 동결온도에 주의하는 것뿐만 아니라 수송이나 저장 중의 온도에도 주의하지 않으면 안 된다. 이와 같이 냉동식품의 최종품질은 경과시간과 냉동식품의 온도에 지배된다. 이 삼자간의 관계를 수학적으로 산출한 것을 시간·온도허용한도(TTT; time-temperature tolerance)라 한다.

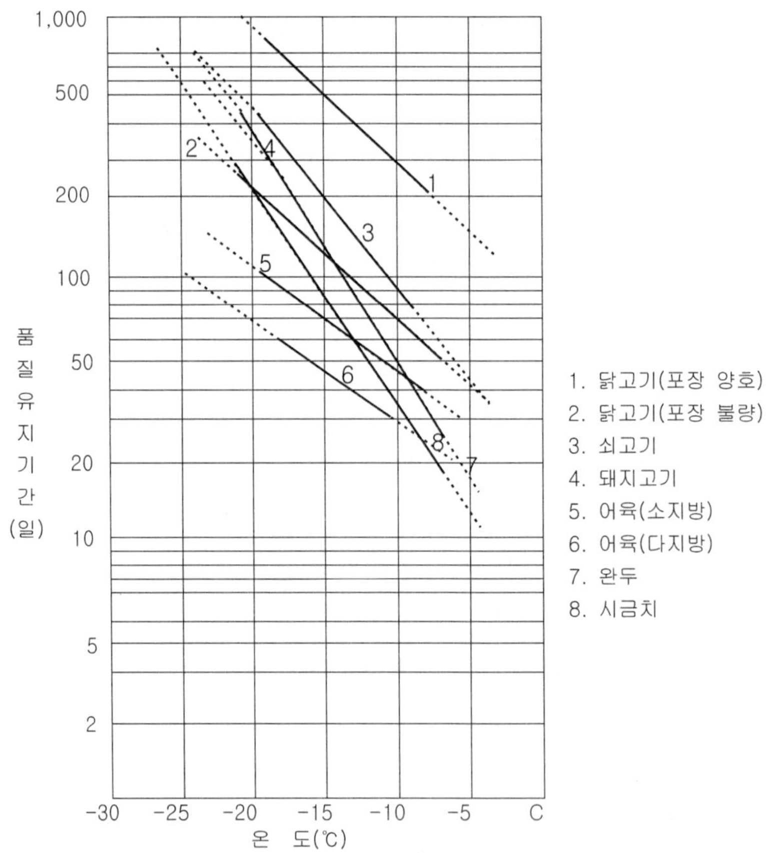

〈그림 1-6〉 냉동식품의 품질유지특성곡선

냉동식품의 품질변화와 온도-시간과의 관계를 나타낸 그림을 품질유지특성곡선(quality keeping characteristics curve)라 부르며 일부 식품의 TTT를 보면 그림 1-6과 같은 직선으로 나타난다.

예를 들면 그림 1-6에서 1은 닭고기의 지육(技肉)으로서 −20℃에 저장하면 약 1,000일간 저장이 가능하나, −5℃로 저장하면 약 150일밖에 되지 않는다. 이때 관능검사에서 처음으로 품질저하가 인식될 때의 변화량을 1로 하면, −20℃에서는 하루에 1.0/1,000 = 0.001씩, −5℃에서는 1.0/150 = 0.0067씩 품질이 낮아지며 이 값이 클수록 품질의 변화가 크게 되는 것이다. 이렇게 하여 냉동식품이 생산되어서부터 해동될 때까지 유통의 각 단계에서 온도와 시간에 대해서 이 값의 총계를 구하여 그 합계량이 1.0을 넘으면 관능검사로 품질의 저하가 인식되는 것이며 1.0 이하이면 품질이 양호하다고 보는 것이다. 한 예로 대구어육편(소지방)의 T·T·T 계산의 한 예를 보면 표 1-11과 같다.

이 경우 소비자가 구입한 대구어육편의 총 품질변화는 1.352로서 품질이 양호한 상태는 아님을 의미한다.

〈표 1-11〉 TTT의 계산 예

번호	유 통 과 정	온도 (℃)	시간 (일)	1일당 품질저하량	품질저하량 (시간(일)×1일당 품질저하량)
1	생산자의 동결저장	−30	95	0.00362	0.344
2	생산자에서 도매상으로 동결수송	−18	2	0.011	0.022
3	도매상의 동결저장	−22	60	0.0074	0.444
4	도매상에서 소매상으로 동결수송	−14	3	0.016	0.048
5	소매상의 동결저장	−20	10	0.008	0.080
6	소매상의 동결판매	−12	21	0.018	0.378
7	소매상에서 소비자에게 동결수송	−6	1	0.036	0.036
합 계			192		1.352

신선한 식품이나 가공식품이 생산자로부터 소비자에 이르는 동안 끊임없이 저온에서 취급되어 상온에서보다 좋은 품질을 유지할 수 있도록 되어 있는 유통체계를 저온유통체계(cold chain system)라 한다. 특히 냉동식품의 경우는 T·T·T의 개념에서 이것의 품질저하를 막을 필요가 있다. 그러기 위해서는 생산자에서 소비자에 이르는 과정의 냉장 수송, 판매점의 냉장이나 쇼케이스(showcase) 등을 통하여 품질유지에 필요한 동결품온을 유지하지 않으면 안된다.

1-3 식품냉동법

식품의 저온저장에는 빙장법, 냉장법, 동결저장법 등이 있다.

1. 빙장법(icing)

식품과 가루얼음(碎氷)을 섞든가, 또는 식품을 얼음물(水氷)에 담가 저장하는 방법이다.

이 방법은 극히 간편하고 또 냉각이 빠르며, 어체 표면의 건조를 막을 수 있는 잇점이 있다. 반면, 자가소화나 세균의 작용을 완전히 저지시킬 수 없으므로 수일 내지 10일 정도의 보존 밖에 할 수 없고 얼음을 사용하기 때문에 부피나 무게가 늘어나며, 얼음이 녹으면 새로운 얼음을 보충하여야 하고 얼음의 무게로 하층의 것이 압박되어 손상을 받을 수 있는 단점이 있다.

얼음은 보통 얼음 덩어리(角氷)를 2~3 cm 크기로 부수어 사용하나, pack ice, rocket ice, flake ice, scale ice, tube ice, band ice 등의 특수한 모양의 얼음을 사용하는 수가 있다.

얼음의 사용량은 어종 및 크기, 빙장기간 등에 따라 다르나 일반적으로 여름에는 1일 정도의 저장에는 어체 무게와 같은 양의 얼음을 사용하고, 2일 이내는 어체 무게의 1.5배, 3일 이내는 약 2배가 필요하다. 겨울에는 1일 이내는 어체 무게의 1/5, 2일 이내는 1/4, 3일 이내는 1/3정도를 필요로 한다.

미생물 증식을 억제하기 위하여 얼음에 항생제, 주로 CTC(chlorotetracycline)를 5 ppm 정도 넣어 사용하는 수도 있다.

소금, $MgCl_2$, $CaCl_2$ 등의 수용액을 동결시킨 얼음을 염수빙(鹽水氷, brine ice 또는 minus ice)이라고 하며, 특히 포화식염수를 동결시킨 것을 공융빙(公融氷, eutectic ice)이라 하는데 -21.2℃에서 녹으며, 기한제(freezing mixture) 대신에 0℃ 이하의 저온이 필요할 때 사용한다.

또 드라이아이스가 사용되기도 하는데 드라이아이스는 대기압 하에서 -78.5℃에서 승화하며, 이때 흡수하는 승화잠열(latent heat of sublimation)은 137 kcal/kg이다. 또 기화한 가스가 0℃ 까지 되는 데는 20 kcal/kg의 열을 흡수하므로 총 157 kcal/kg의 열을 흡수하는 셈이 된다. 따라서 얼음의 융해잠열 80 kcal에 비교하면 드라이아이스가 얼음보다 약 2배의 냉각력을 갖는다.

dry ice의 장점은 -80℃가까운 저온을 얻을 수 있는 점과, 녹으면 용액이 되지 않고 바로 기화하므로 식품을 오염시키지 않는다는 점이다. 또 기화한 CO_2 가스가 세균생육을 억제하므로 식품의 보존성을 높일 수가 있다.

수빙법(水氷法)은 맑은 물, 바닷물, 식염수 등에 가루얼음을 넣어 온도를 0℃ 내외로 내려 그 속에 어패류를 담가 냉각하는 방법이다. 수빙법은 간단하지만 식품의 종류에 따라서는 흡수가 일어나고, 변색이나 표피조직의 손상이 있으므로 상피를 가진 어체나 과피를 가진 과일, 용기포장한 식품 등에 한정적으로 이용된다.

2. 냉장법(chilling, cold storage)

식품을 빙장실 또는 이에 준하는 저온실에 넣어 저장하는 방법이다.

0℃ 내외의 온도에서 식품을 저장하는 방법으로, 어패류를 단기간 저장하는 경우 또는 청과류 등을 저장할 때에 이용되는 방법이다.

선어를 냉장할 때에는 먼저 빙장을 하여 빨리 어체 온도를 내린 후 냉장을 하는 것이 필요하다.

가공품으로는 염장품, 건제품, 연제품, 조미가공품 등을 냉장하는데 염장품의 경우는 -2~-4℃, 건제품의 경우는 2~4℃정도가 적당하며, 특히 어묵은 동결하면 제품의 탄력이 없어지고 조직이 변화하여 품질이 떨어지므로 냉장을 하는데 동결되지 않는 온도에 보존하는 것이 좋다.

냉장실의 습도는 90~100%이고 때때로 실내의 공기를 교환하여 준다. 저장기간은 신선어의 경우 길어야 10일 정도이다.

3. 동결저장법(freezing storage)

식품 중 수분의 대부분을 동결시켜 저장하는 방법이다. 식품에 이용되는 동결저장법으로는 그림 1-7과 같이 분류하며 다음과 같은 방법들이 있다.

〈그림 1-7〉 동결법의 분류

1) 공기동결법 및 반송풍 동결법

이 방법은 단열된 공기동결실내에 냉매가 흐르는 냉각관을 선반모양으로 조립하고, 냉매의 온도를 −25~−30℃로 조절 후 이 위에 식품을 얹어서 동결시킨다(그림 1-8).

이 방법은 열용량이 작고 열전달속도가 낮아 동결속도가 늦으므로 완만동결(slow freezing)에 속한다.

이러한 결점을 보완하기 위하여 공기동결실내에 송풍기를 장치하여 1.5~2 m/s 정도의 바람을 일으켜 공기를 교반하는 방법이 널리 이용되고 있다. 이 방법이 반송풍동결법이다.

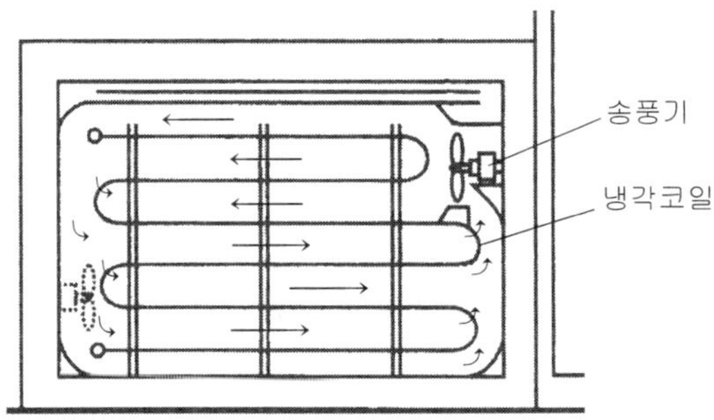

〈그림 1-8〉 반송풍동결장치에 있어서의 보조 송풍기

2) 송풍동결법(air blast freezing)

송풍동결법은 동결실이 보통 tunnel 형이며, 식품을 tray rack이나 conveyer 위에 얹어 터널 속에 넣고 식품표면에 −30~−40℃의 냉풍을 3~5 m/s속도로 불도록 하여 단시간에 동결하는 방법이다(그림 1-9).

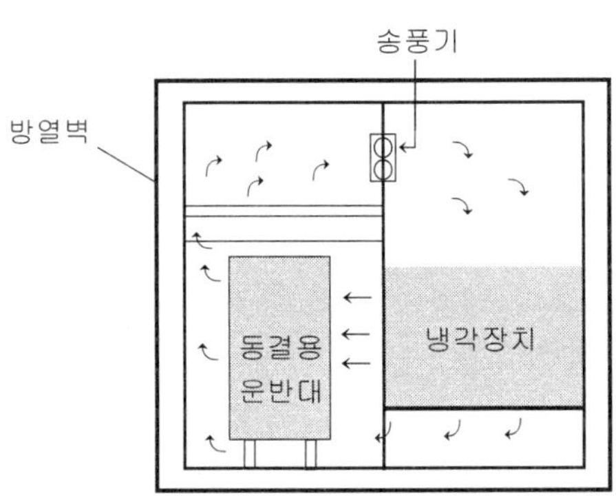

〈그림 1-9〉 송풍동결장치

동결속도는 공기의 온도가 낮을수록, 유속이 클수록 빨라진다. 어육편을 모아 무게 2.25 kg와 6.75 kg, 두께 5.6 cm의 크기로 하여 −28℃의 송풍동결장치 중에서 동결할 때 중심온도가 −15℃가 될 때 까지 소요되는 시간은 표 1-12와 같다.

이 방법은 공기 동결법보다 동결속도가 훨씬 빠르므로 급속동결(quick freezing)이라 할 수 있다. 송풍동결 조건을 보면 크기에 따라 차이가 있으나 고등어는 1.3~4.3시간, 오징어는 5.7시간이 -5℃ 까지 얼리는데 소요된다.

〈표 1-12〉 냉풍 유속과 동결시간

냉풍유속(m/s)	어육편의 크기	
	2.25 kg	6.75 kg
2.8	5.2시간	7.2시간
5.6	4.1	6.8
8.4	3.7	6.1
11.2	3.3	5.7
14.0	3.0	5.2
19.6	2.8	4.9

3) 접촉식동결법(contact freezing)

냉각한 금속관(flat tank) 사이에 식품을 넣고 상하로부터 밀착시켜 동결하는 방법이다. 금속판은 그 속에 직접 냉매를 흘리거나 냉각한 브라인(brine)과 같은 2차 냉매를 흘려서 -30~-40℃로 냉각하고, 식품과 금속판 사이에는 0.1~0.2 kg/cm^2 정도의 접촉압력이 걸리도록 가볍게 누르면서 동결한다(그림 1-10).

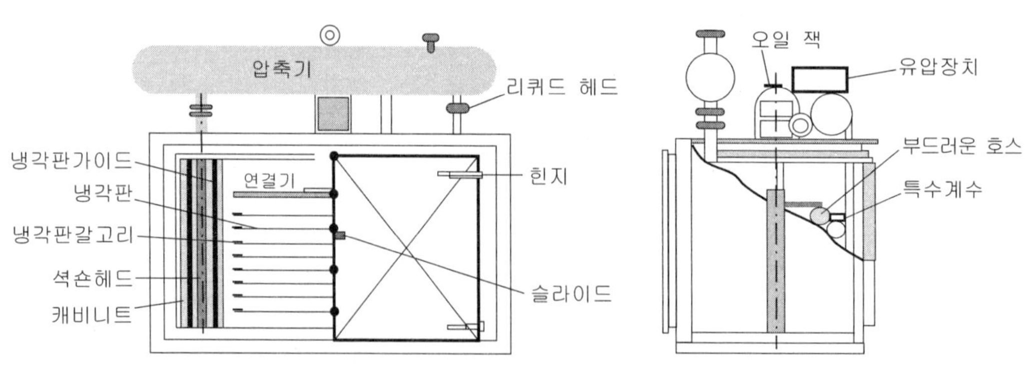

〈그림 1-10〉 접촉동결장치

이 방법으로 두께 3~4 cm의 식품은 1시간 반 정도에 급속동결되며, 제품의 모양이 같게 되고, 동결장치가 차지하는 면적이 작은 것 등이 장점이다.

4) 침지식동결법(immersion freezing)

식염수, $CaCl_2$, $MgCl_2$, CH_3OH, propylene glycol 등과 같은 brine은 공융점이 낮은 일종의 부동액이다. Brine을 －16~－95℃로 냉각하여 그 중에 식품을 침지하여 급속히 동결하는 방법이다. 이 경우 brine이 식품 내로 침입하므로 식품을 미리 포장할 필요가 있다.

5) 액체질소동결법(liquid nitrogen spray freezing)

액체질소는 －195.8℃에서 기화하는데 이러한 액체질소를 식품표면에 직접 살포하면 종전의 급속동결법의 약 10배의 동결속도를 얻을 수 있다(그림 1-11).

이러한 급속동결에 의하여 제품의 품질이 향상되는 것은 물론이고 필요에 따라 개체 한개씩을 동결하여 이용할 수 있는 이른바 IQF식품(個體凍結食品, individually quick frozen food)화가 가능하다.

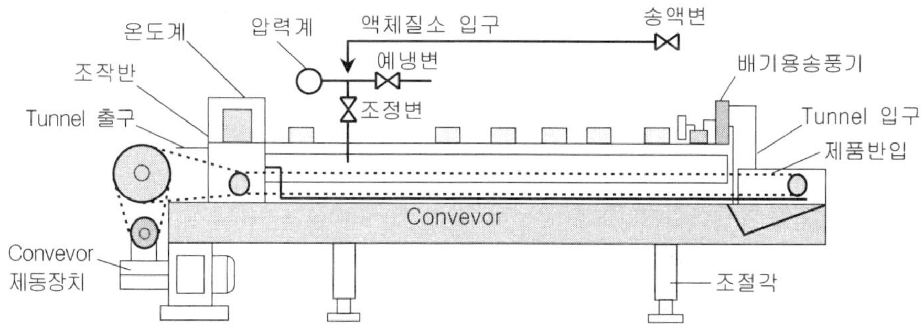

〈그림 1-11〉 액체질소 freezer

1-4 저온 저장 중에 일어나는 식품의 품질변화

식품의 저온저장 중에 발생하는 현상으로는 수분의 증발로 인한 중량 감소와 연화현상이 있고 생리작용에 의한 성분변화가 일어나 선도 저하가 일어날 수 있으며 생리변조에 의한 저온장해 그리고 얼음결정 생성에 의한 식품조직의 기계적 손상과 냉동화상, 미생물의 번식, 전분의 노화에 의한 품질변화, 단백질과 지질의 변화, 풍미변화 등이 일어난다. 따라서 저온저장이라고 하더라도 품질의 변화를 완벽하게 막을 수는 없다. 아래에 저온저장 중 일어나는 식품의 변화를 3가지로 즉 생물학적인 변화, 물리적인 변화, 화학적인 변화로 나누어서 설명하였다.

1. 생물학적인 변화

1) 선도저하

과일이나 채소 등은 냉장 중에도 성숙작용이 계속되고 있으므로 자체에 함유된 성분에 변화를 가져온다. 예를 들면 전분과 당의 비율이나 당과 산의 비율, 펙틴질의 변화, 비타민 C의 감소, 향미나 빛깔의 변화 등 여러 가지 변화를 볼 수 있다. 이와 같은 변화에 의해서 품질이 좋아지는 경우도 일부 있으나 일반적으로는 식품의 선도가 떨어지고 기호성이 나빠진다.

또 육류는 사후에 세포 내에서 자가소화작용이 진행되어 연화와 풍미의 향상이 이루어지지만 저온에서는 이 작용이 완만하게 진행된다. 그러나 이 작용도 너무 지나치면 오히려 품질이 떨어진다.

2) 저온장해

청과물 중 열대나 아열대 원산의 과일 중에는 저온상태로 두면 생리적 기능의 균형이 깨져서 병의 증상, 즉 장해를 일으키는 것이 있다.

그 증상으로는 냉장 중에 조직이 연화(軟化)하여 반점이 나타나고 내부가 변색한다. 표면에 생긴 반점부에는 곰팡이가 발생하게 되어 피해가 점점 커진다. 예를 들면 바나나는 12~13℃에서 과피가 흑변하기 시작하고, 토마토는 10℃ 이하에서 연부(軟腐)가 되며, 레몬은 과심부(果心部)가 갈변한다.

동결점과 대략 15℃ 사이의 온도영역에서 청과물의 생리변조(生理變調)에 의해서 생기는 변질을 저온장해(chilling injury)라 부른다. 저온장해를 받기 쉬운 청과물을 저온상태에 두면 미토콘드리아 막의 유연성이 떨어지고 인지질(燐脂質)이 이탈되기 쉬워져 생리장애를 일으킨다. 따라서 저온장해를 받기 쉬운 바나나, 파인애플, 호박, 토마토, 오이 등은 동결점보다 훨씬 높은 온도에서 저장하지 않으면 안된다.

3) 미생물의 번식

냉장 중 과일이나 채소는 그 생체가 점점 약해지거나 상처가 있으면 그 부분에 곰팡이가 번식한다. 육류에서는 곰팡이와 세균이 번식할 수 있으며 세균이 번식했을 때는 점액질이 생긴다. 또한 어떤 효모는 −9℃에서 성장할 수 있는 것도 있다.

이와 같이 냉장에서는 미생물의 번식을 완전히 저지시킬 수는 없으므로 장기간의 냉장은 불가능하다. 특히 저온균에 속하는 수중세균이 많이 묻어 있는 어류의 냉장은 비교적 어려운 편이다.

4) 효소의 작용

효소는 약 −73℃(−100°F)의 낮은 온도에서도 비록 그 반응속도는 매우 느리나 다소의 활력을 유지한다.

동물 효소 시스템들은 약 37℃ 부근에서 최적 반응 속도(optimum reaction rates)를 가지는 경향이 있고, 식물 효소 시스템은 그 보다 약간 낮은 온도에서 최적 반응속도를 나타낸다. 냉동은 미생물의 활동을 중단시키나 효소의 활력은 다만 낮아질 뿐이다.

효소 활력은 같은 온도라 해도 동결된 조직에서보다는 과냉각(super-cooling)된 부분에서 촉진된다. 즉, 효소의 반응 속도는 동일 온도에 있는 결정화된 얼음 속에서 보다 과냉각된 물속에서 더 크다.

따라서 식품의 동결점(약 -1.7℃)과 약 -9℃ 사이의 온도는 식품의 품질에 있어서 그 외관 뿐 아니라 영양가의 손실에 있어서도 심한 손실을 가져온다. 약 -7℃의 온도에서의 장기적인 저장은 효소의 작용으로 인하여 품질이 열악한 식품을 만든다.

2. 물리적 변화

1) 수분의 증발

냉장저장 중 식품 중의 수분이 증발하여 중량의 감소를 초래한다. 이에 따라서 과일이나 채소는 위축·연화·변색 등의 현상을 일으킨다. 증발작용이 진행될 때는 그와 동시에 산화작용도 진행되기 때문에 비타민 C의 감소가 불가피하게 된다.

2) 얼음결정의 생성과 조직의 손상

식품이 동결하기 시작하는 온도는 대략 -1~-2℃ 정도이다. 이것을 더욱 냉각하면 -5℃ 정도에서 식품중의 수분 중 약 70~80%가 얼게 되고 겉보기로는 전체가 동결상태로 된다. 온도가 -20℃에 이르면 유리수는 거의(96~99%)가 동결한다.

식품 중의 수분이 어는 상태는 냉각속도에 따라 다르며 급속동결한 것은 미세한 얼음입자가 세포내에 균일하게 분산해서 식품품질은 거의 손상이 없다. 그와 반대로 완만한 속도로 동결시킨 식품중의 얼음입자는 그림 1-12에서와 같이 세포를 눌러 찌그러트려서 해동 후의 식품 품질을 크게 열화시킨다.

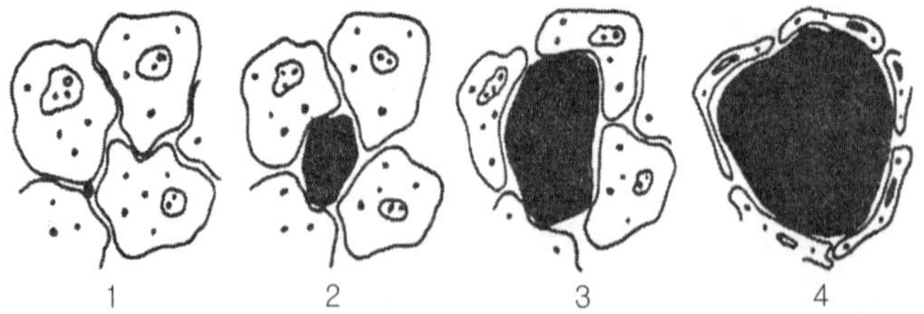

〈그림 1-12〉 세포외 얼음결정의 성장과 세포탈수의 진행상태

식품 중에 생성된 얼음결정은 결코 안정된 것이 아니며 동결저장 중에도 온도가 높으면 미세결정은 점점 크게 자라서 큰 결정이 이루어지게 되어 식품품질에 지장을 주게 된다.

수분이 동결하면 체적은 약 9% 정도 팽창(膨脹)하고 이 팽압(膨壓)에 의해서 세포나 조직이 기계적으로 손상, 파괴된다. 식품의 함수율이 많고 동결율이 높을수록 더 심하게 된다. 세포조직 중의 수용액에 녹아 있는 가스가 물이 동결될 때 분리되어 체적이 수백 배로 급팽창하는데 이때 생기는 팽압도 파괴적 작용을 나타내는 수가 있다. 아울러 얼음결정이 생성됨에 따라 식품내부의 탈수적손상(脫水的損傷)이 발생한다.

얼음결정이 세포 밖에서 커지면 세포내부의 수분이 빨려나가 식물세포에서는 원형질 분리가 일어나고 동물세포에서는 변형, 수축 등이 일어나 세포는 기능을 잃고 변질되게 된다. 또 동결된 식품의 표면이 공기와 접하고 있으면 얼음이 승화하고 점차 내부로 진행되어 다공질의 건조층이 생긴다. 이런 현상을 냉동화상(freezer burn)이라 한다.

냉동화상은 냉동식품의 색깔, 조직, 향미, 영양가를 비가역적으로 변화시킨다. 구운고기(roast beef)는 냉동화상에 의하여 담갈색으로 변한다. 냉동화상을 방지하기 위해서는 포장을 잘해서 공기와의 접촉을 막아주어야 한다.

3) 유화 상태의 파괴

수중 유적형(oil in water type) 또는 유중 수적형(water in oil type)의 에멀젼(emulsions)은 냉동에 의해서 불안정화 되며, 특히 미리 조리된 냉동식품에서 매우 중요하다.

4) 조직의 변화

각 식품 조직에 특이성을 부여하는 조성, 즉 과일, 채소의 탄수화물과 물의 gel, 식육에 있어서 단백질과 물의 gel은 동결과 냉동저장에 민감하다. 이 gel을 형성하고 있는 물은 동결 시에 얼음 결정이 되어 분리되고 이들의 gel은 그 특성을 상실하여 변성하는데 이 변성은 비가역적이며 식품의 동결점 부근의 온도에서 특히 급격하게 일어나지만 저온에서는 매우 느리게 일어난다.

일반적으로 어육단백질은 축육 단백질보다 불안정하므로 어육 저장은 보다 낮은 온도로 할 필요가 있다.

5) 노 화

조리된 식품, 또는 가공된 식품 중의 전분은 대부분 α화(호화)되어 있는 상태로 존재한다. 그러나 이것은 시간이 경과함에 따라 β화(노화)되게 되는데 저온은 이런 작용을 더욱 촉진한다.

α화된 전분이 β화되는 적온은 2~5℃이며 따라서 냉장했을 때는 심한 β화 현상을 나타낸다. 빵은 그 대표적인 것으로 냉장하면 풍미가 현저히 떨어진다.

6) 단백질의 변성

저온처리에 의한 단백질의 변성은 식품의 경도, 보수성, 결착성 등과 관련해서 매우 중요하다.

일반적으로 단백질은 저온이 될수록 안정하다고 생각하여 왔지만 pyruvate carboxylase나 mitochondria ATPase 등은 2~4℃에 두면 급속히 실활(失活)하며, 가온하면 활성을 회복한다.

이와 같이 동결점 이상의 저온에서 가역적 변성은 단백질의 고차구조의 유지에 기여하는 소수결합(疎水結合)이 0℃ 부근의 저온대에서 열역학적으로 불안정하기 때문에 일어난다고 여겨진다.

단백질을 동결 및 동결저장하면 효소활성, 용해성, 점도, 겔 형성, 기포성 등이 변화하는 예는 적지 않다. 예를 들면 젖산탈수소효소, myosin, catalase, trypsinogen 등과 어육, 콩, 난황 등의 단백질 동결변성이 잘 알려져 있다. Cold shock 또는 동결에 의해서 일어나는 세포막 장해도 그 중요한 구성요소인 지질-단백질 복합체의 변성에 기인한다. Myosin B에서 동결속도가 늦고 최종 동결온도가 낮은 만큼 변성의 정도가 커지는 것을 그림 1-13에 나타내었다.

동결에 의한 주된 변성기구로서는 빙결정의 생성에 따른 단백질 분자에서 결합수의 이탈, 농축된 무기염류에 의한 염석, 단백질 분자의 상호

접근에 의한 분자간 결합의 형성, 동결과정에서의 pH변동의 영향 등을 들 수 있다. 예를 들면 콩단백질의 동결 중에 일어나는 불용화(不溶化)는 단백질 분자간의 S-S결합의 형성에 의한다. 또 지단백(lipoprotein)의 저온내지 동결변성에서는 지방의 상전이(相轉移)가 중요한 요인이 된다.

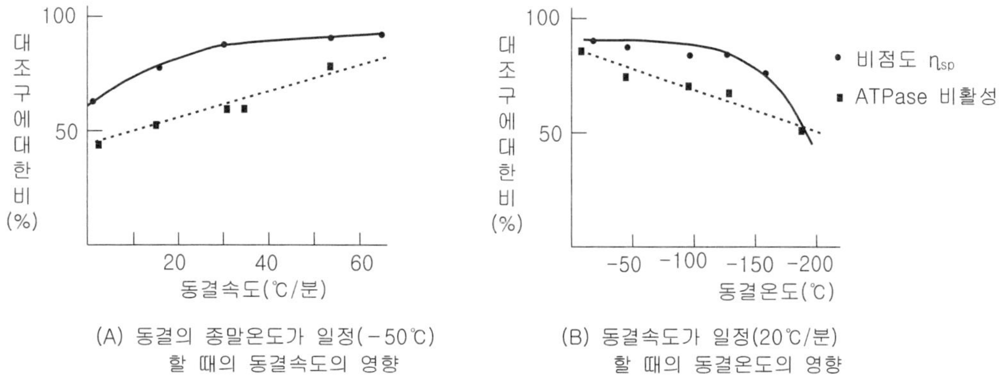

〈그림 1-13〉 각 동결조건에 의한 미오신 B의 변성

단백질의 동결변성을 방지하는 것은 식품의 가치 또는 원료품질을 유지하는데 매우 중요하다. 예를 들면 어육에서 분리한 액토미오신(actomyosin)을 모델로 해서 변성방지 효과가 있는 물질을 확인한 결과 당류, 당알코올, 아미노산 등이 유효성이 있음이 확인되었다. 이들 동결변성방지제의 효과를 그림 1-14에 나타내었다.

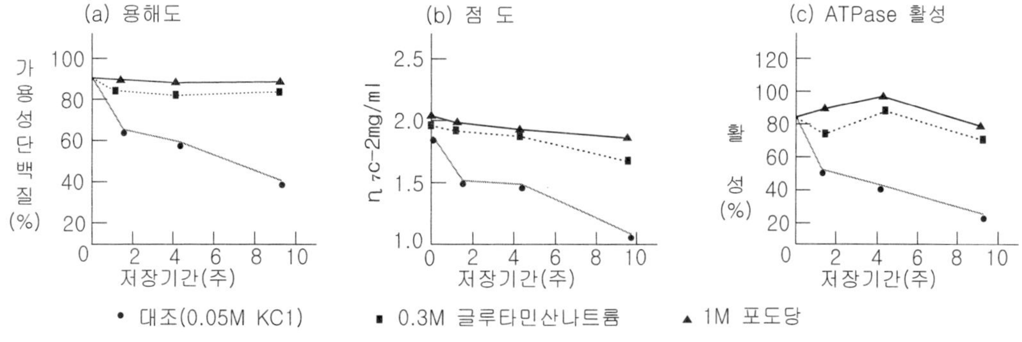

〈그림 1-14〉 -20℃에서 동결저장한 actomyosin의 변성에 미치는 글루타민산 및 포도당의 효과

3. 화학적 변화

1) 지질의 변화

식품 중의 유지는 저장 중에 가수분해, 지방산의 산화·중합 등의 복잡한 변화를 겪고 이 때문에 풍미의 저하·변색·산패 등이 일어나 식품의 기호성을 해친다.

유지의 산화에 기인한 변패(oxidative deterioration)는 유지의 함량이 큰 냉동식품에서 매우 흔하다. 지방 함량이 높은 어류의 변패는 매우 심각하다. 냉동된 어류 조직 내에 있는 지방은 냉동된 육류 조직 내에 존재하는 지방보다 더 빨리 산패되는 경향이 있다.

식물 조직은 산패에 대해서 저항이 크다. 육류에 있어서는 0°F(약 −18℃)에서 저장할 때 돼지기름은 6개월 후에는 산패될 수 있으나, 소기름은 2년 동안 저장한 후에도 좋은 품질을 유지할 수 있다. −30°F(약 −34℃)에서 냉동된 지방 조직의 산패 발생은 크게 억제된다. 산패된 지방은 신선하고 향기로운 지방보다 영양가가 낮아지며 향미가 저하되고 때로는 독성물질도 생긴다.

2) 색과 향미의 변화

식품에 함유되어 있는 색소와 향미(香味) 성분은 특수물질이나 특수물질의 혼합체이며 저온에서도 안정성이 없어 변화한다. 녹색식물의 클로로필(chlorophyll)은 가수분해되어 담갈색이나 녹갈색의 페오피틴(pheophytin)이 된다.

과일에 있어서 당액(糖液)에 절인 당과류(糖果類)의 색소와 향미는 점차 침출 된다. 카로티노이드(carotenoid), 안토시아닌(anthocyanin)과 유사한 물질은 쉽게 산화되어 퇴색하며 보통 페놀(phenol) 화합물은 산화되어 암회색이 된다.

식육의 적색 색소인 미오글로빈(myoglobin)과 유사한 물질은 산화되어 갈변하고 흰살 생선의 육색은 탄수화물-아미노 반응에 의해 황변, 갈변, 적변 한다.

향취가 강한 식품과 그렇지 않은 식품이 같은 저장실 내에 있게 되면 향취가 이동하는 현상을 볼 수 있다. 예를 들면 양파와 계란이 같이 있으면 계란은 양파의 향취를 흡수하여 향미가 좋지 않게 된다.

3) 비타민의 감소

냉동 과정 자체는 영양소를 파괴하지 않는다. 실제로 식품의 온도가 낮을수록 영양가의 유지가 더 잘 된다. 그러나 식품의 냉동 저장은 식품의 조리, 준비와 가공 과정 없이는 이루어질 수 없다. 비타민의 손실은, 예를 들면 열처리, 세척, 끝손질 또는 마쇄(grinding) 등과 같은 전처리 과정을 통해서 일어난다. 조직을 대기 중에 노출하면 산화에 의하여 비타민의 손실을 가져온다.

냉동 상태에서 저장할 때에도 비타민 C의 손실은 계속된다. 비타민 B_1은 열에 대해서 예민하며, 따라서 효소들을 불활성화하기 위해서 열처리할 때에는 그 일부가 파괴된다.

포장하지 않은 동결식품의 저장은 여러 비타민을 포함하는 많은 영양소의 산화와 파괴를 가져온다.

4. 냉동중의 식품 품질변화의 방지법

냉동 또는 냉동저장 중에 일어나는 여러 변화에 대해서는 앞에서 살펴보았듯이 이것을 방지할 수단으로는 온도조건, 공기차단, 미생물학적 처리 및 성분보호 물질 등이 있다.

1) 온 도

온도는 냉동에서 가장 중요한 요소가 되며 먼저 동결과정에서 급속동결하여 최대빙결정생성대를 15분 이내에 통과하도록 하며 저장기간 중에도 저장온도를 낮고 일정하게 유지한다.

2) 공기의 차단

냉동저장 중에 식품은 그 표면의 얼음이 승화해서 다공질이 되고(냉동화상, freezer burn) 여기에 산소가 접촉하면 변색, 유지의 산화 등 결정적 악해를 입게 되므로 빙의(glaze)를 입히거나 플라스틱 필름 등으로 포장을 한다.

빙의를 입히는 방법은 냉동식품에 물을 뿌리는 방법과 냉수에 담갔다가 꺼내는 방법 등이 있다. 저장기일이 오래되어 빙의가 승화해 버리면 재빙의(再氷衣 ; reglaze)를 한다.

빙의대신에 전분이나 CMC 등의 수용액을 이용하는 방법, 식물유를 이용하는 방법 등도 있다.

포장을 하는 경우에 그 재료는 내수성이며 수분투과가 없어야 하며 내유성이 있고 저온에서 견딜 수 있어야 한다. 통상 단기 저장의 경우는 폴리에틸렌 필름이, 장기적인 경우에는 폴리염화비닐리덴을 코팅한 폴리플로필렌이 쓰인다.

3) 세균오염도 감소

저온세균은 저온에서도 완만하기는 하나 그 작용을 계속하므로 냉동전에 식품표면의 세균을 감소시키는 것이 좋다. 어패류는 맑은 물로 세척하든가 또는 식품보존제용액으로 씻는다.

4) 첨가물의 이용

동결 중 단백질의 변성을 방지하기 위해서는 당류, 아미노산류(예 ; glutamic acid) 또는 알코올 등 동결변성방지제를 첨가한다. 식품내부의 세균작용을 막기 위해서는 보존제를 이용할 수도 있다.

1-5 냉동식품

냉동식품의 역사는 기계적 냉동이 이루어지면서 급격한 발전을 가져왔다. 최근 인스턴트식품의 많은 부분은 냉동식품이 차지하고 있다. 초기 냉동저장 연구는 주로 육류를 대상으로 하였으나 이제는 농산물 등으로 확대되어 냉동식품의 대부분을 차지하고 있다.

1. 냉동식품의 정의

유럽에서는 냉동식품의 품온에 따라 나라별로 다르게 표시하고 있다. 영국에서는 three star system으로 -18℃, -12℃, -6℃를 각각 three star, two star, one star로 나타내며 프랑스와 독일에서는 심온동결온도로 생선은 -18℃, 가축육은 -12℃로 정해져 있다.

냉동식품이 갖추어야 할 조건으로는 동결전에 전처리가공이 필요하며 급속동결이 이루어져야 하고 소비시점 이전까지 -18℃ 이하로 관리 보관되어야하고 소비자용 포장이 되어 있어야 한다.

2. 냉동식품의 분류

1) 제품에 따른 분류

- 냉동품 ; 원양어업의 냉동어, 냉동육, 냉동계란, 기타 전처리가 안된 농수축산품 냉동식품, 소재냉동식품
- 농산냉동식품 ; 감자, 딸기, 콩류 냉동식품
- 수산냉동식품 ; 어패류, 오징어류, 새우류
- 축산냉동식품 ; 육류, 식용조류
- 조리냉동식품 ; 돈가스, 크로켓, 생선가스 등 튀김류
- 구이류 ; 미트볼, 햄버거 패티, 냉동만두, 피자, 냉동면류
- 기타 ; 빵 반죽, 케이크, 과자제품 등

2) 가열 필요 유무에 따른 분류

- 소재 냉동식품 ; 가식부위만 냉동한 원료로 축산냉동식품, 수산냉동식품, 농산물냉동식품류
- 반조리 냉동식품 ; 제조공정상 가열을 안하고 먹을 때 가열하는 냉동식품으로 돈가스, 크로켓, 햄버거 패티 등
- 완전조리 냉동식품 ; 식감을 높이기 위하여 단지 가열 해동하여 먹는 냉동식품을 말한다.

1-6 냉동식품의 해동

냉동식품은 최종단계인 해동수단이 적절하지 못하였을 때 품질은 심하게 떨어진다.

해동(解凍; thawing)은 냉동식품을 가온하여 얼음을 녹게 하고 식용이나 가공할 수 있는 상태로 전환시키는 작업을 말한다. 냉동식품을 해동하는 방법을 분류해 보면 다음과 같다.

- 가온방법에 의한 분류 -

① 열전도에 의한 해동방법 … 공기중 해동, 수중 해동, 가열 해동

② 열전도에 의하지 않은 해동방법 … 유전(誘電)해동, 전기저항에 의한 해동, 마이크로파에 의한 해동

③ 조리와 해동을 겸하는 방법 … 냉동식품을 적당히 조제해서 직접 가열 조리함

- 해동속도에 의한 분류 -

① 급속해동법(quick thawing)

② 완만해동법(slow thawing)

위와 같은 해동방법 중 어느 것을 택해야 할 것인지는 ① 냉동식품의 생산 형태에 따라서 ② 소비자를 위한 해동인가 ③ 업자가 2차 가공을 하기 위한 해동인가에 따라서 결정해야 한다.

모든 해동법에 공통된 해동의 원칙적인 조건을 들면 다음과 같다.

① 내외온도의 차이에 의한 식품의 품질 변화가 적을 것. ② 텍스쳐(texture)의 변화가 적게 할 것. ③ 드립이 적게 할 것. ④ 단백질의 변성이 적게 할 것. ⑤ 해동 중에 세균의 번식이 적게 할 것. ⑥ 선도저하가 적게 할 것 등이다.

〈표 1-13〉 냉동식품과 해동방법

생산 형태	해동과 조리의 관계	예		해 동 법
소재 식품	해동해서 최종 조리를 하게 되는 것.	어	냉동식품 이외의 냉동어	업자가 해동을 함.
			참다랑어, 고등어, 꽁치, 도미, 오징어, 새우, 생굴	냉장실에서 해동함.
		육	우육, 돈육, 닭고기	
		과일	밀감	
			포도, 딸기, 메론	냉동상태에서 주스로 함(해동하면 좋지 않음).
		채소	단옥수수, 시금치, 송이버섯, 잠두	그대로 열탕에 넣어서 녹임(블랜칭 되어 있으므로)
조리 식품	해동 안 해도 좋은 것 또는 해동하면서 조리하는 것		조미 낙지, 숭어, 장어	몸이 얇으므로 일부러 해동하지 않아도 됨.
			샌드위치	상온에서 해동해야만 맛이 좋음
반조리 식품	조리하기 전에 미리 해동하면 안되는 것.		스테이크류, 지짐질류	기름에 튀기거나 가열해서 먹음(기름에 넣기 전까지는 냉동상태로 저장해야 함)

1. 해동방법과 식품의 품질

위와 같은 조건을 전부 만족하는 해동방법을 찾기는 어렵다. 즉 냉동식품의 생산 형태, 해동과 조리의 순서, 식품의 종류, 전처리의 유무 등 복잡한 요건이 개입되어 어려운 문제이기는 하나 대략 표 1-13과 같이 분류해 볼 수가 있다.

소재(素材)가 되는 식품은 채소를 제외하고는 완만해동(공기해동)을 하는 것이 통례이다. 즉 5~7℃의 온도에서 해동시키는 것이 좋다. 이렇게 함으로써 세포나 조직을 손상시키지 않고 드립이 조직 내에 재 흡수될 수 있게 하여 풍미를 유지할 수 있다.

참다랑어나 새우의 냉동품은 냉장실에서 해동하면 신선미가 유지된다. 채소류는 효소작용을 정지시키기 위해 전처리로서 불랜칭되어 있으므로 급속해동(가열해동)을 하여도 상관없다.

2. 냉동식품의 해동에 의한 손상

1) 품질의 손상

해동된 식품을 다시 냉동한다면 중요한 품질 변화가 일어날 수 있다. 쇠고기나 당근, 어류, 복숭아 등은 냉동에 의해서 그 구조에 손상을 받는다. 해동 중에 조직 내 액체의 손실이 일어날 수 있으며, 해동된 조직에서는 동결점 근처의 온도변화 양상이 달라질 수 있다. 해동된 냉동식품의 동결점의 변화는 식물이나 동물 조직을 냉동하는 동안에 일어나는 변화의 한 척도가 될 수 있다.

동물 조직은 냉동과 해동에 의한 품질손상이 과일이나 야채 등 식물 조직에 비하여 더 적은 듯하나, 과일은 대단히 민감하다. 냉동식품에서 가장 좋은 효과를 얻으려면 저장온도를 −18℃ 보다 낮은 온도에서 일정하게 유지하여야 한다. 식품은 −23℃에서 더 잘 보존되고, −34℃에서 가장 잘 보존된다. 이 보다 높은 온도에서 저장하면 식품에 상당한 변화가 생기게 된다.

만일, 냉동 농축된 오렌지 주스를 공급 과정 중에 여러 번 해동과 냉동이 반복되도록 방치한다면, 해동 된 주스를 먹을 때 냄새나 맛, 외관이 신선한 오렌지 주스와 달라진다. 반복되는 냉동과 해동은 냉동 과일, 야채, 조리식품(prepared foods), 아이스크림, 어류와 가금류 등에 있어서도 해롭다.

가금류, 동물, 어류의 경우에 죽은 후 곧바로 사후경직(rigor mortis)이 일어난다. 이 사후경직이 가라앉은 후, 육류 내의 효소 작용에 의해서 천천히 분해가 일어나게 된다. 쇠고기에 있어서는 이 작용이 유익할 수도 있으나 어류에 있어서는 해롭다.

육류는 이 자가분해 과정(autolytic process)에 의해서 품질이 좋아진다. 쇠고기의 숙성(aging)은 관리된 분해 과정을 말하며, 그 결과로 더 연한 육류를 얻게 된다. 가금류에 있어서는 사후 경직의 소실 그 자체가 더 연한 살을 가져오나, 쇠고기에 있어서와 같은 숙성은 닭고기의 품질을 개선하지는 않는다. 어류와 가금류는 급속 해동이 적당하다.

2) 드립의 발생

동결식품을 해동하면 체액(식품의 용액)이 분리해 나온다. 이런 것을 드립(drip)이라 하며 해동 중에 자연히 또는 약간 눌렀을 때 나오는 유출(流出) 드립과 해동 후에 압력(1~2 kg/cm^2)을 가했을 때에 나오는 압출(壓出) 드립이 있다.

• 드립의 발생원인

드립의 발생과 유출의 원인에 대해서는 여러 가지 설이 있는데 그것을 요약하면 ① 얼음결정이 기계적으로 작용하여 식품육질의 세포를 파괴 손상시키는 것, ② 체액의 빙결분리, ③ 단백질의 변성, ④ 해동경직에 의한 근육의 이상 강수축(强收縮) 등을 들 수 있다.

드립은 식품체액이기 때문에 식품 중의 여러 가지 성분이 녹아 있다. 따라서 드립의 양이 많아질수록 영양가·색상·향미 등을 많이 잃게 되므로 식품의 품질이 나빠진다. 따라서 드립의 발생율은 냉동식품의 품질 판정의 한 가지 척도가 되기도 한다.

드립이 발생하는 이유는 위와 같은 이유로 인하여 빙결 분리된 물이 원상태로 체내에 흡수되지 않기 때문인데, 이것이 밖으로 유출되는 이유는 조직의 파괴에 의해서 드립의 유출통로가 생기기 때문이다. 조직의 파괴가 가벼울 때 드립은 모세관의 원리로 체내에 머물게 되고 여기에 압력을 가했을 때 밖으로 나오게 된다(압출 드립).

• 냉동방법과 드립

이와 같이 드립이 생기는 직접적인 원인은 냉동 중 최대 빙결정생성대를 통과하는 시간과 관계가 깊다. 즉 완만냉동은 드립 발생의 중요한 원인이 되고 있다. 이 밖에도 동결될 때의 식품의 상태도 드립의 발생에 관계가 있다. 그 예로서 고래고기와 닭고기를 볼 수 있다.

신선한 고래고기를 급속동결(−20℃)하였다가 이를 다시 냉장 또는 해동했을 때 드립의 유출액이 30% 이상에 달하는 수도 있다. 이런 일은 극히 신선한 고래고기를 냉동했을 때 볼 수 있는 일이며, 사후경직이 있기 전에 냉동되었으므로 해동한 후에 강한 경직이 생겨서 체내에 생긴 드립을 압착해 내는 것과 같이 작용하였기 때문이다. 이를 예방하기 위해서는 해동 전에 냉동온도를 다소 올리면 된다.

또 닭고기의 경우 경직 전의 것인가, 경직 중의 것인가, 경직 후의 것인가에 따라서 드립의 양과 드립 중에 함유된 엑스분(extract substances)의 양이 달라진다. 표 1-13에서 보면 경직 중의 닭고기는 동결을 피해야 함을 알 수 있다.

해동된 냉동 어류는 육류나 가금류의 경우보다 조직액(tissue fluids)의 손실이 더 크다. 이 드립(drip)의 손실은 어류의 경우에는 완전 해동되기 전에 요리함으로써 감소시킬 수가 있다.

〈표 1-13〉 닭고기의 동결시기가 드립 및 단백질의 변화에 미치는 영향

동 결 의 시 기	침출액 중의 질소화합물 mg N/100g 고기
경직 전 (도살 후 30분)	10
경직 중 (빙수 중 4~8시간)	15
경직 후 (빙수 중 48시간)	8

제2장 가열살균에 의한 식품저장

2-1 식품가열의 원리

1. 식품가열의 열전달기구

식품가공과 저장에서 열처리공정은 가장 중요한 공정 중의 하나이다. 열처리의 주된 목적은 미생물의 사멸뿐만 아니라 식미개선 및 효소와 독성분의 파괴 등 식품의 안전성과 저장성을 부여하는 식품가공의 한 수단이 된다.

그러나 이와 같은 긍정적인 변화 이외에도 영양성분, 색소, 조직감, 향미성분 등의 파괴 또는 손실에서 오는 부정적인 품질 변화도 동시에 일어난다. 따라서 미생물, 효소, 독성분의 파괴 또는 불활성화를 최대화하고 식품의 영양적 성분과 관능적 특성의 감소 등을 최소화하기 위해서는 각 식품에 알맞은 열처리공정을 선택하여야 한다. 또한 식품의 저장 및 제조공정에는 냉각, 동결, 해동, 농축, 건조 등 열전달 조작이 관여하는 경우가 많으며 특히 생체조직을 그 원료로 하는 식품의 경우에는 열전달조작에 의한 복잡한 물리적, 화학적, 생화학적 변화가 분자 및 조직 수준에서 동시에 일어나 제품에 중대한 영향을 준다.

온도차가 있는 물체의 영역 간에는 온도가 같게 되려는 현상이 일어난다. 온도가 높은 곳이 낮은 곳보다는 열포텐셜이 높기 때문에 온도가 높은 곳에서 낮은 곳으로 열에너지가 이동한다. 이렇게 열이 이동하는 현상을 열전달이라 한다.

열전달 양식에는 대류(對流 ; convection), 전도(傳導 ; conduction), 복사(輻射 ; radiation)의 3가지가 있다. 그러나 식품에 따라 대류와 전도의 중간 형태로 구분하기가 어려운 복합형도 있다.

1) 식품의 형태와 열전달 기구

식품을 살균할 때 열이 전달되는 기구는 몇 가지가 있는데, 식품 내용물의 상태를 알면 열전달의 기구를 짐작할 수 있다. 식품 내부에서 열은 대류에 의하여 전달되는 것과 전도에 의하여 전달되는 두 가지 기구로 크게 나눌 수가 있고 또 그 중간인 것도 있다.

일반적으로 대류에 의해서 가열된 식품이 전도에 의해서 가열된 것보다도 식품으로서 우수한 특성을 나타낼 때가 많다.

열전달속도는 대류가 전도보다 빠르며 물, 맥주, 과즙, 스프 등의 액체 식품은 주로 이 대류에 의하여 열이 전달되므로 비교적 단시간 내에 중심부까지 열이 전단된다. 그러나 농도가 짙은 액체나 잼, 두부, 묵 등과 같은 반고체(半固體)식품, 국물이 없는 육류나 생선류 같은 고체 식품은 전도에 의하여 열이 전달되므로 열전달속도가 늦다. 또 액즙에 고형물이 있는 과일통조림, 채소통조림과 같은 식품 또는 전분을 함유하는 식품은 대류에 의하여 열이 전달되기는 하나 그 속도는 느리다. 열전달기구가 다른 몇몇 식품을 구분하여 설명하면 다음과 같다(그림 2-1).

① 대류에 의해서 속히 가열될 수 있는 식품 : 대부분의 과일 주스나 채소 주스는 대류에 의해서 신속히 가열될 수 있으나, 과일 넥타 등과 같이 펄프가 많은 것이나 그 밖에 겔(gel)화된 것 등은 가열이 더디다. 또 소고기 통조림과 같이 거의 액즙이 없는 것은 전혀 대류 가열은 이루어지지 않는다.

② 대류에 의하지만 가열이 더딘 식품 : 액즙과 건더기가 같이 존재하는 식품 등이며, 예를 들면 대부분의 과일 통조림, 채소 통조림, 일부의 육제품과 어육제품 등이다.

③ 단속(斷續) 커어브(curve)로 가열되는 식품 : 어떤 통조림 식품은

가열살균 중에 그 가열방법이 대류가열에서 전도가열로 바뀌는 것이 있다. 전분을 함유하는 식품이나 통조림의 가열살균 중에 식품에서 전분이 용출되는 식품이 여기에 해당되며 그 예로 스프 등이 있다.

④ 전도에 의해서 가열되는 식품 : 식품의 수분 함량은 높으나 액즙이 거의 없거나 또는 전혀 없는 고형식품의 경우이며 그 예로 잼이나 육제품 등을 들 수 있다.

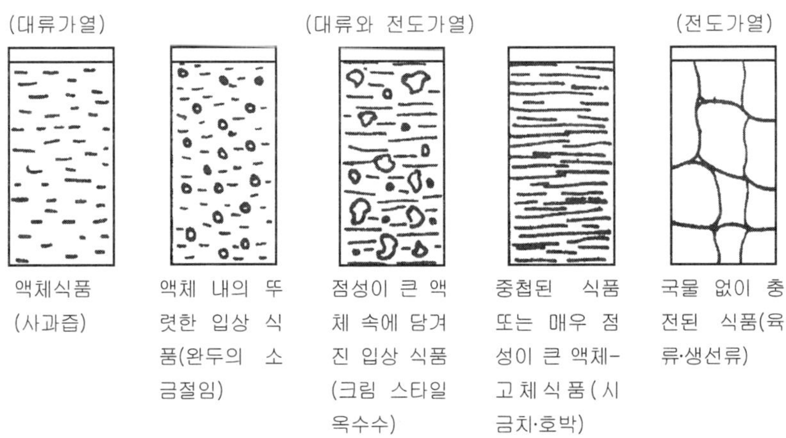

〈그림 2-1〉 식품의 열전달 양식의 분류

2) 냉점의 위치와 살균조건의 결정

포장식품에 열을 가했을 때 그 내부에는 대류나 전도열이 가장 늦게 미치는 부분이 있다. 이런 부분을 냉점(冷點 ; cold point)이라 하며 이런 부분이 가장 살균되기 어려운 부분이다.

그림 2-2에서 볼 수 있는 바와 같이 주로 대류에 의해서 가열되는 식품에서는 용기의 아래쪽 수직축 상에 그 냉점이 있으며 전도에 의해서 가열되는 것은 수직축 상 용기의 중심점 근처에 있다.

통조림의 살균에서 냉점 부분이 살균되지 않고 남아 있다면 통조림 전체가 살균되지 않은 것이나 마찬가지의 결과가 되므로 특히 주의를 요한다.

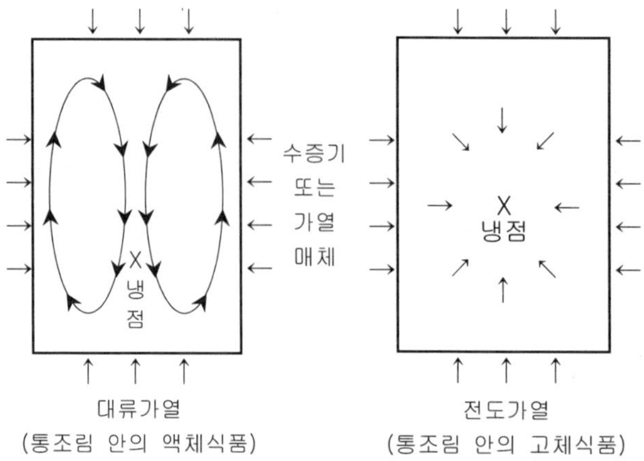

〈그림 2-2〉 통조림의 열의 전달과 냉점

따라서 살균온도는 냉점에서의 온도이며 가열하는 동안 이 온도의 변화는 그림 2-3과 같은 장치로 측정하여 그림 2-4와 같이 그래프를 얻어 살균공정 조절에 사용하고, 그림 2-5는 살균과정을 관찰하는데 사용된다.

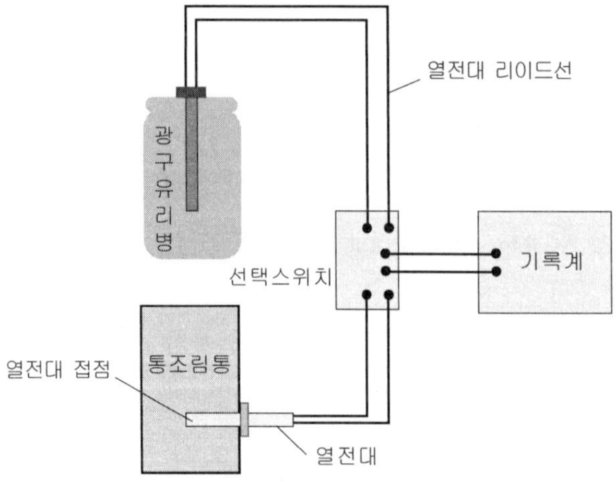

〈그림 2-3〉 열전대를 이용한 통조림의 내부온도 측정

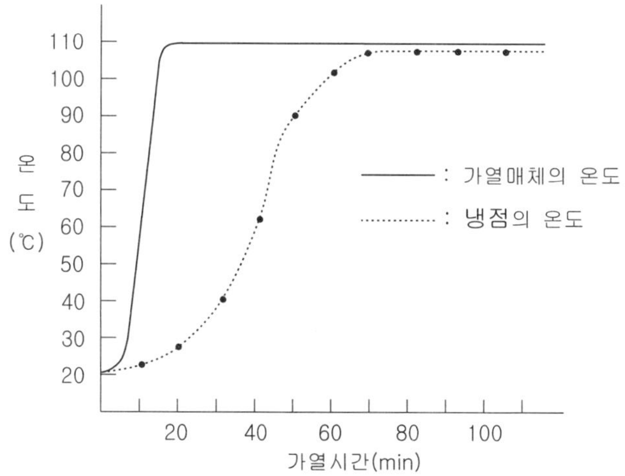

〈그림 2-4〉 가열기간 중 통조림 냉점의 온도변화

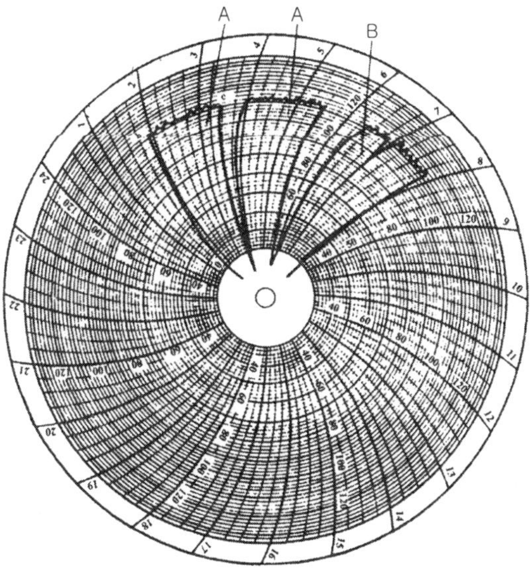

A. 적당한 조건 B. 부적당한 조건

a. come-up 기간의 시작 b. 살균온도의 시작 c. 살균의 끝

〈그림 2-5〉 살균의 thermogram

통조림의 최적 살균조건은 ① 내용물의 성질과 조성, 그리고 열처리에 대한 안정성 ② 내용물에 남아 있는 세균의 형태와 수 ③ 내용물에서 예

상되는 가장 열저항성이 큰 미생물 ④ 가장 열저항성이 큰 미생물의 여러 온도에 있어서의 치사시간 ⑤ 여러 온도에서의 통조림 내 열전달속도 등에 의해서 결정된다.

3) 습열과 건열

가열살균효과는 수분매체(水分媒體) 여하에 따라 크게 다르다. 보통 미생물의 살균효과는 습기가 있을 때가 건조상태로 가열할 때보다 더 크다. 즉 습열은 습기나 수분이 매개이지만 건열은 공기가 매개나 건조물 자체가 매개가 된다. 습열에 의한 세균의 사멸은 세포 내 단백질의 응고로 일어나며 건열은 세균의 산화과정에서 일어나는 것으로 알려져 있다.

그러므로 습열의 경우는 세균의 치사량이 대수적(logarithmic)으로 증가하는 것이고 건열의 경우 세균의 치사량은 차차 증가되는 것으로 나타난다. 따라서 습열은 건열보다 살균효과가 크다. 그래서 대부분의 살균방법은 습열에 의한 방법이며, 건열살균의 이용은 매우 드물다.

4) 가열온도와 압력

표 2-1에서 보는 바와 같이 상압에서 포화상태의 수증기는 100℃의 열에너지를 가지고 있다. 온도를 100℃ 이상으로 올리려면 가압하여야 한다. 보통 식품공장에서 가열에 의한 살균은 수증기를 이용하므로 가압해서 고온의 수증기를 얻어 쓰고 있다.

〈표 2-1〉 포화수증기의 압력과 온도

°F	℃	압력 lb/in^2	°F	℃	압력 lb/in^2
212	100	0	242	116	11
222	105	3	246	119	13
227	108	5	250	121	15
232	111	7	254	123	17
237	114	9	275	135	35

2. 가열치사시간의 계산

가열살균력은 온도에 의존한다. 미생물의 가열사멸을 설명할 때 그 전제가 되는 것은 그것이 매우 많은 개체로 된 집단 전체의 사멸과정이라는 점이다. 가열이 되면 집단 중에서 열에 약한 개체부터 순서대로 사멸된다. 이 때 어떤 짧은 시간 내에 사멸하는 개체의 전체에 대한 수의 비율은 가열시간을 통하여 변화하지 않는 것으로 가정한다. 예를 들면 가열초기 1분간에 전체의 50%가 사멸되면 다음 1분간에는 나머지의 50%가, 또 그 다음 1분간에는 그 나머지의 50%가 사멸되는 것과 같은 일정한 관계가 있다. 가열시간과 생존한 포자수의 관계를 조사한 한 예를 반대수그래프에 나타내면 그림 2-6과 같이 되며 이것을 사멸곡선이라 부른다.

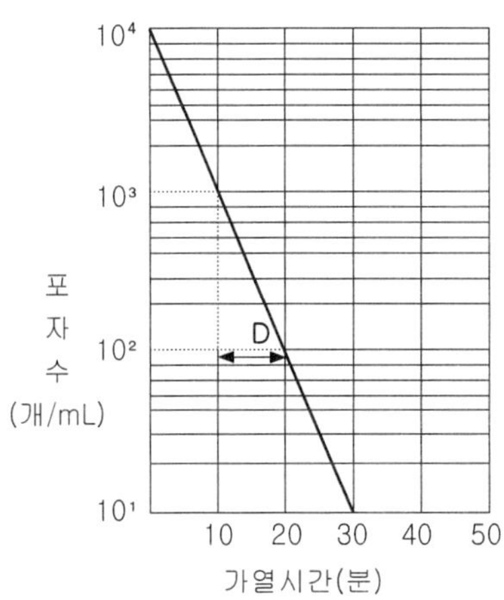

〈그림 2-6〉 가열치사속도 곡선 (사멸곡선)

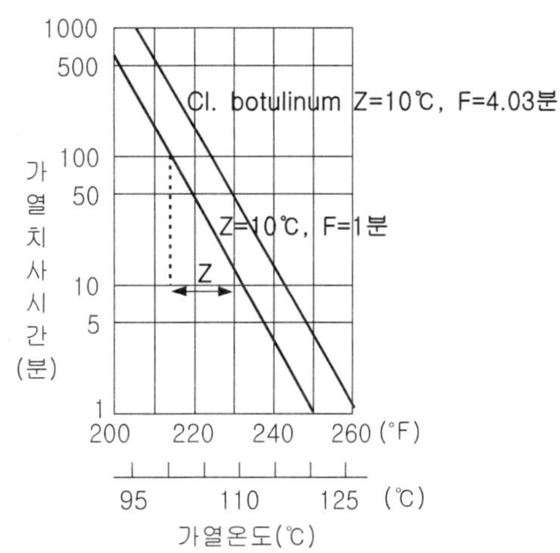

〈그림 2-7〉 가열치사곡선 (TDT곡선)

또 일정온도에서 미생물이 죽는 시간(분)을 측정(*Clostridium botulinum*을 이용)해서 반대수그래프를 그려보면 그림 2-7과 같이 직선으로 나타내는 데 이것을 가열치사곡선(TDT곡선, thermal death time curve)이라 한다.

주어진 온도에서 살균시간은 지표세균(*Cl. botulinum*)의 spore 저항력에 따라 다르며 완전사멸은 불가능하므로 spore수가 $1/10^{12}$로 감소(effective sterilization)되었을 때의 살균시간을 가열치사시간(thermal death time)으로 한다.

어떤 미생물에 대하여 그림 2-6과 그림 2-7과 같은 것이 완성되면 여기서 D값, F값, z값 등을 구할 수 있다.

1) D값

미생물을 죽일 수 있는 일정한 온도를 유지시키면 시간의 흐름에 따라 점차로 균수가 감소하여 처음 균수의 1/10로 감소(90% 사멸)하는 시점에 도달하게 될 것이다. 이때 소요된 시간 즉 90%를 사멸시키는데 소요되는 시간을 D값이라 하는데 D값은 온도에 따라 달라지므로 반드시 온도도 표시해준다.

예를 들면 온도 100℃로 처리해서 처음 균수의 90%가 죽는 시간을 측정했을 때 10분이 소요되었다면 $D_{100}=10$으로 표시한다. D값은 사멸곡선에서 구할 수 있는 데 그래프에서 Y축(대수로 표시된 균수)의 1대수주기(예 $10^4 \rightarrow 10^3$은 1대수주기이며 수학적으로 1/10의 관계에 있음) 변화에 따른 X축(가열시간)의 변화량을 알아보면 된다.

2) F값

어느 일정온도(특별한 언급이 없으면 121℃ 또는 250°F)에서 일정농도의 미생물을 완전히 사멸시키는데 필요한 시간을 F값이라 한다. 이 값은 TDT곡선에서 찾아낼 수 있는데 그림 2-7의 *Cl, botulinum*에서 보면 F=4.03으로 되어 있는데 이것은 $F_{121}=4.03$(121℃로 가열하면 4.03분 후에는 균이 전부 사멸된다는 뜻)을 요약해서 쓴 것이며 또 그림에서 보면 F_{116}은 14.5분 정도 된다.

3) z값

z값은 가열치사시간(또는 사멸속도)의 1/10에 대응하는 가열온도의 변화를 나타내는 값이다. 그림 2-7에서 보면 Y축의 1대수주기(1/10에 해

당)의 변화에 대한 X축(온도)의 변화량을 보면 10이 된다. 즉 z=10이며 살균시간을 1/10로 감소시키려면 온도를 10℃(18°F)만큼 더 높여서 처리해야 한다.

4) 가열치사시간의 계산

여기서 가열치사시간의 계산은 121℃(250°F)를 기준온도로 하고 *Cl. botulinum*의 F_{121}을 2.8min으로 잡아 다음과 같이 계산한다.

① 121℃ 이외의 온도 T에서의 치사시간을 t라 하고 반대수그래프용지(semilog paper)에 작도하면 T와 t사이에는 다음 그림과 같은 직선관계가 얻어진다.

즉 $\log t - \log F = m(121 - T) = \log\left(\frac{t}{F}\right)$

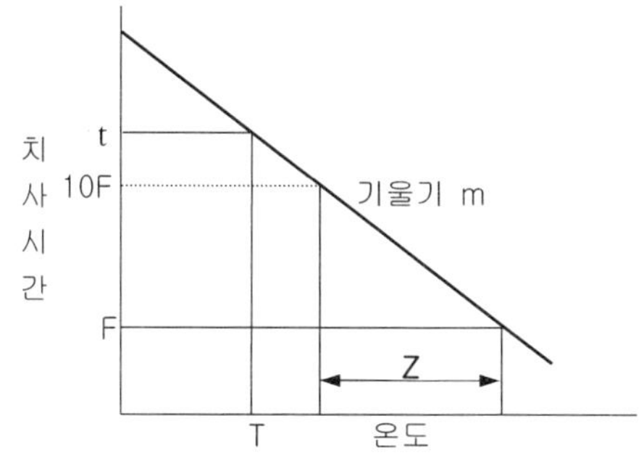

〈그림 2-8〉 각 온도와 치사시간의 관계

② 이 그림에서 t=10F인 점을 취하고 F와 10F 사이에 해당하는 온도차를 z라 하면

$$T = 121 - z$$

따라서

$$\log \frac{10F}{F} = m\{121 - (121 - z)\}$$

즉 $m = \frac{1}{z}$이 되며

$$\therefore \log\frac{t}{F} = \frac{1}{z}(121 - T)$$

또는 $t=F \cdot 10^{(121-T)/z}$가 된다.

③ 만약 온도 T_1에서 치사시간 t_1 일 때 dt에서 사멸되는 세균의 수를 dN이라 하면

$$dN = \left(\frac{1}{t_1}\right) dt \text{이므로}$$

$$dN = \frac{1}{F \cdot 10^{(121-T_1)/z}} dt$$

$$= \left(\frac{1}{F}\right) 10^{-(121-T_1)/z}\ dt \text{ 가 된다.}$$

④ 살균이 완료되었을 때는

$$\int dN = 1 \text{이므로}$$

$$\int\left(\frac{1}{F}\right) 10^{-(121-T_1)/z}\ dt = 1$$

즉 $\int 10^{-(121-T_1)/z} dt = F$가 된다.

⑤ 가열살균의 경우 각 온도변화에 따른 Θ를 구하면

$$F = (t_1 \times 10^{-(121-T_1)/z}) + (t_2 \times 10^{-(121-T_2)/z}) \cdots\cdots\cdots$$

$+(t_n \times 10^{-(121-Tn)/z})$와 같이하여 F를 구할 수 있다.

⑥ 계산된 결과 F<2.8이면 살균이 불완전한 것, F>2.8이면 살균이 지나친 것으로 판정된다.

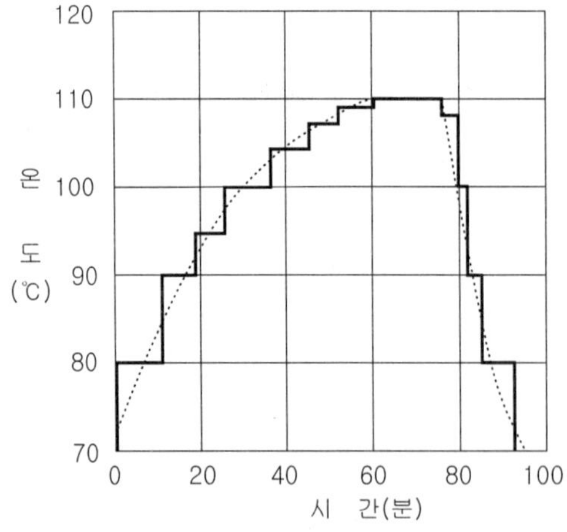

〈그림 2-9〉 통조림 살균에 있어 시간-온도 곡선

레토르트 안에서 통조림의 냉점온도를 측정한 결과 그림 2-9와 같은 그림을 얻어 이를 z=10으로 하고 위의 방법에 의해 분석한 결과 표 2-2에서 보는 바와 같이 F=2.64로 F<2.8이므로 살균이 부족한 상태임을 알 수 있다.

이런 경우에는 110℃에서 2분간 더 연장시켜 주면 $2 \times 10^{-(121-110)/10} = 0.16$이 되므로 2.64+0.16=2.8로 보정시킬 수 있다.

〈표 2-2〉 가열치 시간의 계산

온 도 T(℃)	시 간 t(min)	(121−T)	$10^{-(121-T)/10}$	$t \times 10^{-(121-T)/10}$
80	11	41	7.9×10^{-5}	0.00087
90	8	31	7.9×10^{-4}	0.0063
95	6	26	2.5×10^{-3}	0.015
100	10	21	7.9×10^{-3}	0.079
105	12	16	2.5×10^{-2}	0.30
108	6	13	5.0×10^{-2}	0.30
109	8	12	6.3×10^{-2}	0.50
110	17	11	7.9×10^{-2}	1.34
107	2	14	4.0×10^{-2}	0.08
100	2	21	7.9×10^{-3}	0.016
90	2	31	7.9×10^{-4}	0.0016
80	8	41	7.9×10^{-5}	0.0006
70	6	51	7.9×10^{-6}	0.00005
총 F치				2.64

3. 미생물의 내열성

1) 식품의 산도와 미생물의 내열성

식품은 미생물의 microflora와 관련이 깊다. 즉 미생물은 각기 특정한 식품과 관련이 있다.

- 알칼리성 식품

알칼리성 식품은 극히 드문 예이다. 즉 새우, 게와 같은 수산식품과 알칼리 가공한 완두, 오래 묵은 계란 등이 알칼리성 식품에 속한다. 대부분의 세균은 알칼리성에서 그 생육이 활발하므로 세균의 오염에 주의해야 한다.

• 저산성 식품

어육, 축육, 유제품 및 채소 등은 pH가 일반적으로 5.0~6.8범위에 있으며 이러한 식품을 저산성 식품(low acid foods)이라 한다. 즉 세균의 내열성은 식품의 pH와 관계가 크다.

표 2-3에서 보는 바와 같이 일반적으로 pH가 높을수록, 다시 말해서

〈표 2-3〉 pH 및 가열살균조건에 따른 통조림에 분류

산도에 의한 분류	pH	식 품 종 류	식 품 군	부 패 균	가열살균
저산성 식품	7.0	라이 호미니(rye hominy), 익은 올리브, 계란, 굴(oysters), 우유, 옥수수, 오리, 닭, 대구, 쇠고기, 정어리	고기류, 생선류, 가금류, 우유	중온균, 포자형성 혐기성균	고온살균 240~250°F (116~121℃)
	6.0	소금절임 쇠고기, 리마콩, 완두, 당근 사탕무우, 아스파라거스, 감자,	채 소	고온균, 어떤 과정에서는 자연에 존재하는 효소에 의해 작용	
	5.0	무화과, 토마토 스프	스프		
중산성 식품	4.5	라비올리(ravioli), 피망(sweet pepper)	제조식품	클로스트리디움 보툴리넘균의 최저 한계	
산성 식품	3.7	감자샐러드, 토마토, 배, 살구, 복숭아, 오렌지, 사우어크라우트(sauerkraut), 파인애플, 사과, 딸기, 자몽(grapefruits)	과일	비포자형성 내산성균, 내산성 포자형성균	끓는 물로 가열 살균 212°F(100℃)
강산성 식품	3.0	소금절임, 초절임, 크랜베리주스(cranberry juice), 레몬주스, 라임주스	딸기류, 강산성식품, 강산·고형분 함량이 큰 식품(잼·젤리), 매우 강한 산성식품	자연에 존재하는 효소, 효모, 곰팡이	
	2.0	매우 강한 산성 식품			

산도가 낮을수록 살균조건은 커진다. 즉 가열온도 105~ 120℃로 가압하여 살균하여야 한다.

• 중산성 식품

여기에 속하는 식품은 피망, 무화과, 채소스프, 채소와 육의 혼합물, 스파게티, 소스 등이 있으며 pH는 4.5~5.0범위에 속한다.

따라서 살균 온도는 100~110℃ 이상으로 하는 것이 좋다. 식중독 원인균의 하나인 *Cl. botulinum*균의 산성 생육한계가 pH 4.5이다. 이 균의 독소는 대단히 무서운데 pH 4.5를 경계로 하여 통조림의 살균방법이 다르다.

• 산성식품

토마토, 오렌지, 살구, 복숭아, 사과, 배 등의 과일이나 식초를 가한 감자샐러드 등이 여기에 속하며 pH는 3.7~4.5 사이의 식품을 일반적으로 산성식품(acid foods)으로 분류하고 있다. 특히 내산성(耐酸性) 세균이 문제가 된다. *Botulinum* 균은 산성에서 생육이 불가능하므로 간단히 살균하여 제거할 수 있다.

토마토주스 통조림에서 혐기성 포자균인 *Cl. pasteurianus* 균은 수소와 탄산가스를 발생시키고 *Bacillus thermoacidurans* 는 flat sour를 일으킨 예도 있다.

• 강산성 식품

강산성식품(high acid foods) 또는 고산성 식품이라고도 하는데 pH가 3.7 이하의 강산을 나타내는 식품이며 절임제품, 발효식품, 레몬주스 등이 여기에 속한다. 또 잼, 젤리 등의 제품도 여기에 속하며 이들을 high acid high solids(강산성 다고형분)이라고 한다. 따라서 산도가 높을 때는 미생물의 피해를 적게 받고 내산성 미생물은 가열에 의해 60~85℃에서 쉽게 사멸시킬 수 있다. 그러나 내열성 효소를 가지고 있는 오이 피클의 살균은 미생물보다 효소의 파괴가 더 중요하다.

2) 미생물의 내열성에 영향을 주는 요인

• 균의 형태

대부분의 미생물은 실제로 생활을 하고 있는 생활세포(영양세포)의 경우 100℃정도에서 쉽게 사멸시킬 수 있다. 미생물의 내열성은 표 2-4와 같이 미생물의 종류에 의해서 다르지만 특히 세균의 포자인 경우는 내열성이 높아진다.

〈표 2-4〉 미생물의 내열성

미 생 물	내 열 성		미 생 물	내 열 성	
	온도(℃)	시간(분)		온도(℃)	시간(분)
B. cereus	53	4	*Pediococcus cerevisiae*	60	8
B. subtilis	53	4~12	*Asp. niger*	60	10
B. mesentericus	53	22	*Sacch. cerevisiae*	60	10
Ps. fluorescens	53	25	*Staph. aureus*	60	15
A. xylinum	55	10	*Strept. thermophilus*	70~75	15
Can. utilis	55	10	*Lac. bulgaricus*	71	30
Sal. typhi	60	5	*Cl. sporogenes*	105	12
E. coli	60	5~30	*Cl. botulinum*	105	35

• 포자의 농도

세균포자의 내열성은 그림 2-10에 표시된 바와 같이 그 농도에 따라 달라진다. 즉 그 농도가 높을수록 내열성은 증가한다.

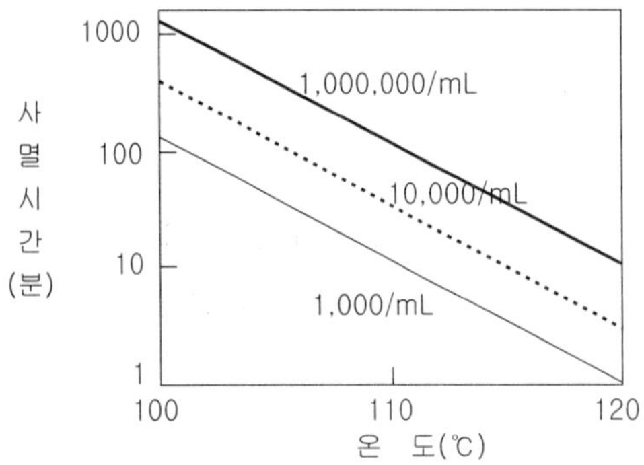

〈그림 2-10〉 포자농도와 내열성

• pH의 영향

포자의 내열성에는 많은 인자가 영향을 끼치고 있지만 그 중에서도 배지(식품)의 pH는 그 영향이 크다고 볼 수 있다. 일반적으로 중성 부근의 배지에 놓인 포자는 가장 큰 내열성을 보여준다. 따라서 비교적 pH가 낮은 과일 통조림은 비교적 pH가 높은 편에 속하는 육류나 어류 통조림에 비하여 살균이 용이하다.

• 당농도의 영향

용액 중에 설탕의 농도가 높아지면 내열성이 향상된다(그림 2-11참조). 그러나 당농도의 적은 차이는 포자의 내열성에 대하여 별 차이를 보이지 않는다.

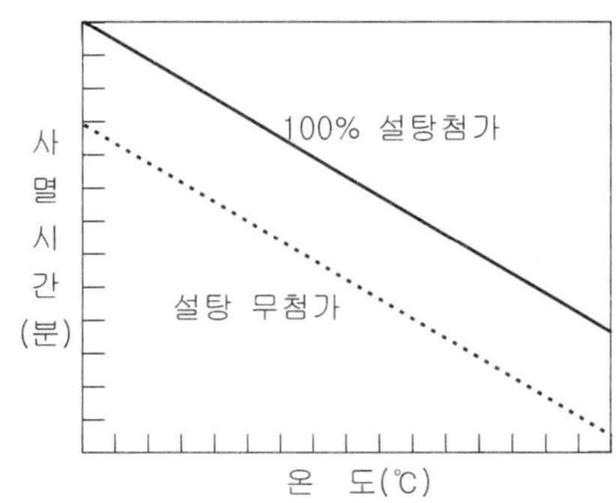

〈그림 2-11〉 세균포자의 내열성에 미치는 설탕의 영향

• 무기염류

용액 중의 소금 농도도 포자의 내열성에 영향을 끼친다. 즉 그 농도가 4%에 이르기까지는 포자의 내열성을 보호하고, 8% 또는 그 이상이 되면 포자의 내열성은 감소한다.

그런데 소금은 미생물의 생활세포에 대하여 현저한 생육 억제 효과가 있다는 것을 잊어서는 안된다.

육가공에서 쓰이는 정도(0.17%)의 질산나트륨나 아질산나트륨은 포자의 내열성을 감소시키는 데 별 효과가 없다. 인산염은 포자의 형성, 포자의 발아 및 포자의 내열성에 중요한 효과가 있다. 칼슘이나 망간이온은 내열성을 보호한다.

• 전분 · 단백질 · 향신료 및 지방의 영향

전분은 그 자체로서는 포자의 내열성을 향상시키지 못하지만 간접적으로 물질대사에 영향을 미치며, 단백질 또는 유사 물질은 포자의 내열성을 보호하는 작용이 있다.

향신료 등은 일반적으로 세균포자의 내열성을 감소시킨다.

또 유지는 그림 2-12에서 보는 바와 같이 효모에 대하여 상당한 열 보호작용이 있다.

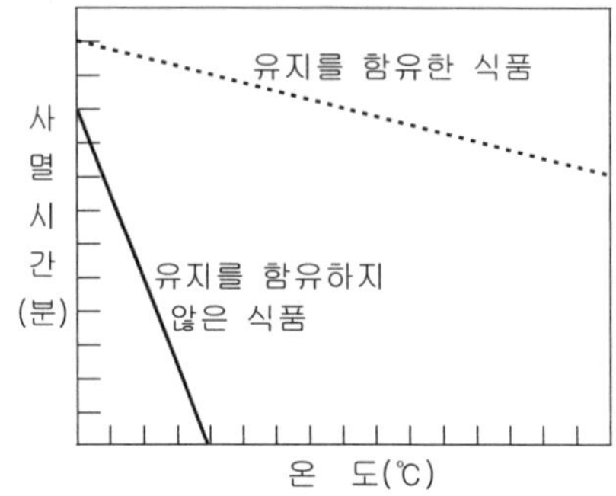

〈그림 2-12〉 효모의 내열성에 미치는 유지성분의 영향

• 기 타

세균포자는 건조 상태에서 습한 상태보다 더욱 내열성이 크며 한번 냉동되었던 것은 그 후에 내열성이 커졌다는 보고도 있고, 같은 균이라 할지라도 토양 중에서 생성된 포자는 인공배지에서 생성된 것보다 내열성이 크다는 것도 알려져 있다.

4. 식품 중 효소의 내열성

1) 가열에 의한 효소의 불활성화

식품(예: 통조림)은 살균에 의해서 세균이 충분히 살균되었다고 하더라도 만일 식품 중의 효소가 완전히 불활성화되지 않고 남아 있다면 그 통조림은 저장 중에 변패를 일으킨다.

효소는 어느 정도까지는 온도의 상승과 더불어 그 활성이 증가되는데, 이와 같은 온도와 활성의 관계를 온도계수(예: Q_{10})라 한다.

$$Q_{10} = \frac{(T+10)℃\text{에서의 효소 반응속도}}{T℃\text{에서의 효소 반응속도}}$$

이 계수는 보통 1.4~2.0 정도이다. 즉 온도가 10℃ 상승하면 효소의 활성은 1.4~2.0배로 증가함을 뜻한다. 그런데 온도가 효소반응의 최적온도의 한계를 넘어서게 되면 효소는 급격히 파괴되고, 대부분의 효소는 80℃로 가열하면 수분 내에 불가역적으로 파괴된다.

2) 가열 후 효소의 부활성

최근까지도 식품 내의 모든 효소는 통조림의 살균온도에서 파괴되는 것으로 알려져 있었다. 80℃ 정도의 온도에서 거의 모든 효소는 불활성화되지만 그렇지 않은 것도 있다.

어떤 효소는 살균된 산성 또는 고산성식품의 변패와 관련있다. 예를 들면 과산화효소(peroxydase)는 120~150℃로 살균 후에 다시 부활되어 문제를 일으킨 예도 있다. 피클 중의 과산화효소는 85℃의 가열에서도 견딜 수 있는데, 이 효소의 파괴를 위해서 식초를 첨가하면 좋다. 과일 통조림에 있어서 고농도의 설탕 용액은 효소의 내열성을 증가시킨다.

토마토 통조림의 효소는 통조림 제조 후에도 활성을 가진 것으로 보인다. 또 양배추의 과산화효소는 가열 후에 부활된다는 것이 알려졌다. 통조림 제조 시에 비교적 저온의 가열살균을 하게 되는 산성식품인 청과물 통조림은 살균온도가 낮으므로 이 속에 있는 효소는 완전히 불활성화 시킬 수는 없다.

과일 주스는 미생물의 견지에서 충분한 열처리가 가해졌을 경우라도 펙틴에스테라아제(pectin esterase)는 파괴되지 않고 유통 중에 문제를 일으키는 경우도 있다.

3) 효소 파괴를 기준으로 한 가열조건

앞에서 설명한 바와 같이 어떤 가열조건에서는 효소의 활성이 남아 있는 경우가 있으므로 효소의 불활성화가 가열조건의 기준으로 이용되는 경우도 있다.

예를 들면 우유 살균의 완결 여부는 포스파타아제(phosphatase) 활성에 의해 판정된다. 우유 포스파타아제의 파괴온도는 결핵균 및 기타 병원균을 살균할 때의 온도와 일치하기 때문에 만일 살균우유에 포스파타아제의 활성이 아직 남아 있다면 다른 병원균도 살균이 불완전하다고 볼 수 있다. 또 과일 통조림의 과산화효소의 활성을 조사해서 살균의 완결 여부를 판정하는 방법도 있다.

2-2 식품의 살균 방법

식품은 종류에 따라 풍미개선이나 소화성의 개선을 위해서 열이 필요한 경우가 많으나 필요 이상의 열은 식품의 품질을 열화시킨다. 즉 보존성만을 위주로 하여 과도한 열처리를 하다 보면 보존성의 목적은 달성이 되었더라도 식품자체는 품질이 나빠져 판매할 수 없는 것이 되어버리는 넌센스도 있을 수 있다. 따라서 식품살균에 있어서는 그 식품의 특성, 요구되는 보존성, 포장형태 또는 수량 등을 고려해서 살균방법과 살균조건을 선택하게 된다. 식품 살균법을 분류해 보면 표 2-5와 같고 몇 가지 살균법을 설명하면 다음과 같다.

1. 저온 살균법

100℃ 이하의 온도에서 살균하는 방법을 통틀어서 저온살균이라 부른다. 일반적인 개념으로 보아서는 100℃ 이하의 살균이라면 다소 불안한 살균 조건이라 할 수 있으나 어떤 식품의 특성이 고온을 허용치 않거나 또 식품자체에 다소의 항균작용(낮은 pH, 항균성분 등)이 있는 경우에 응용할 수 있는 방법이다. 보통 60~65℃에서 30분간 가열하거나 또는 68.3℃에서 20분간 가열하여 결핵균 같은 병원균을 살균하는데, 살균 후에는 즉시 15℃ 이하까지 냉각하는 것이 좋다.

그러나 완전살균에는 미치지 못하고 있다. 이 살균은 규모가 작은 시설에서 실시하는 방법 중의 하나이다.

〈표 2-5〉 살균법의 분류

살 균 법	살균법의 명칭	설 명
온도에 의한 분류	저온살균법	100℃ 이하의 온도에서 일정시간 유지
	고온살균법	100℃ 또는 그 이상의 온도로 살균
	상압살균	1기압의 포화증기압(100℃)으로 살균
	고압(가압)살균	1기압 이상의 포화증기압(100℃ 이상) 으로 살균
열원에 의한 분류	증기살균법	수증기로 100℃ 또는 그 이상의 온도로 살균
	건열살균법	건열(전열, 화염)로 살균(100℃ 이상)
처리시간에 의한 분류	순간살균법	주로 액체식품을 순간적으로 살균온도에 노출하는 방법
	순간저온살균	액체식품을 70~80℃로 3~5초 처리하는 살균법
	순간고온살균	액체식품을 100~150℃로 0.5~2초 처리하는 살균법
	간헐살균법	100℃로 일정시간 처리하는 일을 2~3회(2~3일)거듭하는 방법
물량에 의한 분류	Bulk 살균법	식품을 포장하기 전에 무더기로 살균하는 방법
	개장살균법	식품을 개포장해서 살균하는 방법
조사선에 의한 분류	자외선 살균법	태양이나 인공자외선을 이용한 살균
	적외선 살균법	인공적외선(열)을 이용한 살균
	방사선 살균법	방사성 동위원소나 인공적 γ선을 이용한 살균

2. 증기 살균법

수증기를 이용하여 가열살균하는 방법이며, Koch살균솥을 이용하여 물이 끓어서 수증기가 발생될 때 내용물은 넣고 밀폐시켜 100℃로 상승한 후부터 30분간 살균한다. 그러나 미생물 중에는 내열성포자를 생성하는 것이 있으므로 이런 것을 단번에 사멸하려면 포화수증기를 1기압 이상으로 가압하여 온도를 높여 100℃ 이상으로 처리해야 한다. 식품공장의 대규모 살균에도 이 방법을 이용한다.

3. 간헐 살균법

내열성균을 완전살균 할 필요가 있으나 고압살균기가 없을 때 또는 고온으로 인해서 배지성분의 변화가 염려될 때 이용하는 방법이다.

100℃로 30분 정도 살균하면 생활세포는 대부분 살균된다. 이것을 30℃ 정도의 항온기에 1일간 넣어 두면 살아있는 포자는 발아해서 내열성

이 없는 생활세포가 되므로 이것을 다시 100℃로 살균한다. 이런 조작을 3회 되풀이 하면 모든 균은 완전히 살균된다.

4. 고온단시간 살균법

우유나 과즙처럼 신선미와 비타민 등 영양소의 보존을 중요시하는 식품의 살균목적으로 고안된 방법이다. 75℃에서 15초 정도 처리하면 함유미생물의 대부분을 살균할 수 있으며 품질의 악변(惡變)을 최소로 줄일 수 있다.

판형열교환기(plate heat exchanger)의 개발로 이런 살균법을 할 수 있게 됐으며 그 후에 이 방법은 더욱 발전해서 지금은 초고온순간살균법(UHT법; ultra high temperature heating method)이라 하여 130~150℃에서 0.75초~2초로 처리할 수 있는 방법이 실제로 우유의 살균에 이용되고 있다. 이렇게 해서 저온살균을 하는 것보다 더욱 저장성이 좋으며 영양가도 좋은 우유를 생산하게 되었다.

한 예로 우유의 색에 대한 가열살균의 영향에 대해서 보면 표 2-6과 같다.

〈표 2-6〉 우유의 색에 미치는 가열온도와 살균시간의 영향

가열온도 (℃)	살균시간	상대적 갈색화도	가열온도 (℃)	살균시간	상대적 갈색화도
100	600분	100,000	130	36초	1,560
110	60분	25,000	140	3.6초	390
120	6분	6,250	150	0.36초	97

※ uperization법(steam injection method)

스위스에서 개발한 살균법으로 우유의 살균에 이용되고 있다. 우유에 고압증기를 불어 넣어 순간적으로 150℃로 가열한 후 진공탱크 속에 우유를 분무하여 급냉함과 동시에 증기에서 들어간 여분의 수분을 제거시키고 무균적으로 용기에 포장하면 냉장하지 않고도 수개월동안 신선도를 유지할 수 있다.

※ laquiharre법(atomizing milk in steam method, steam infusion method)

초고온 순간살균법의 하나로 증기 중에 우유를 분무하여 순간적으로 가열 살균하는 방법이다.

5. 병장 살균법

이 방법도 우유의 살균에 많이 이용되는데 액체를 병에 넣어 밀봉한 후 96~98℃에서 15분간 가열하는 방법이다. 살균 후의 오염이 없는 것이 장점이지만 누른 냄새와 갈변이 우려되며 병 내의 온도를 정확히 측정하기 어렵고 경제성이 낮은 결점이 있다.

6. 열탕 살균법

물은 100℃에서 끓기 때문에 수온 100℃에서 30분간이면 살균된다. 미국의 표준은 80℃의 물에서 20분 이상으로 되어 있다. 이 방법은 포자를 죽일 수 없기 때문에 완전히 살균하지는 못하지만 병원성 화농균이나 기생충의 알은 쉽게 사멸될 수 있기 때문에 식품의 조리는 물론 식기 등 각종 조리용구 및 기구 등을 위생적으로 처리할 때 쓰인다.

7. 건열 살균법

공기를 가열시켜 식품이나 용기를 살균하거나 미생물을 응고 탄화시키는 방법으로 140~160℃에서 30~60분 정도 건열건조기(dry oven)에서 가열시킨다. 특히 살균 뒤에도 건조된 채로 있을 때 많이 이용된다.

8. 전기 살균법(Ohm가열 살균법)

2,660~4,200 V, 20~23 A의 교류전류를 이용하여 60~64℃로 가열하면 세균이 99% 이상 살균된다. 또한 변압전류를 이용하여 70℃로 가열하여 15초간 살균하는 방법이 있다.

9. 극초단파 살균법

극초단파 살균법(microwave method)이란 식품을 포장된 상태로 단시간 내에 극초단파(microwave)를 쏘여 가열시키는 방법으로 통상의 가열 방법과는 원리가 다르다.

보통 가열방법은 외부에서 가한 열이 식품 내부에 전도 등에 의해 전달되는데 비해 이것은 그림 2-13과 같이 전자레인지 내에 식품을 넣고 전자레인지에 장치된 마그네트론(magnetron, 이극관)에서 발생되는 2,450 MHz의 극초단파를 조사하면 식품이 전파를 흡수하고 전파에너지는 열에너지로 바뀌어 발열하므로 식품 그 자체가 열원 상태로 된다.

이의 특징은 가열속도가 빠르고 가열이 균일하며 영양소의 파괴가 적고 식품의 열손상을 최소로 막을 수 있다. 또 열의 효율이 높으며 장치가 간단하고 취급이 쉬운 장점을 가지고 있다.

물질에 따라 이 전파를 반사하는 것(금속 등)과 투과하는 것(공기, 유리, 도자기, 종이제품, plastic 등) 및 흡수하는 것(식품 등) 등이 있다.

선반은 그림에서 보듯이 여러 방향에서 극초단파를 식품에 흡수시키기 위하여 유리나 도자기처럼 투과할 수 있는 물질로 만들어져야 하고 소량의 식품을 가열할 때는 흡수물질로서 물이 담긴 컵을 넣는 것이 좋다.

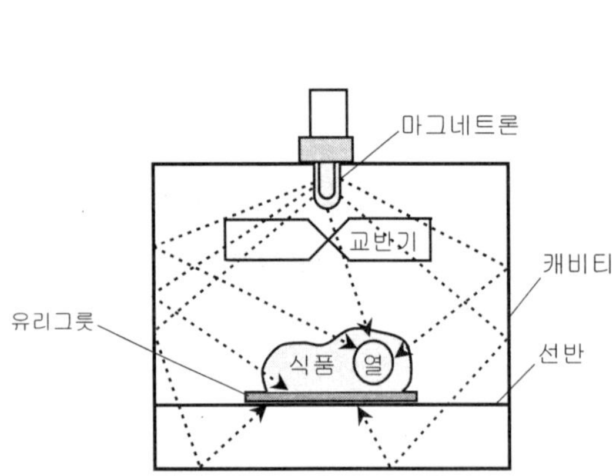

〈그림 2-13〉 전자레인지의 구조

10. 동요식 살균법

이것도 통조림에서 주로 이용되는 방법 중의 하나이나 기술적인 측면에서 언급되는 살균법이라고 볼 수 있다. 강제대류를 통하여 열의 전달을 보다 효과적으로 하기 위하여 내용물이 담긴 용기 자체를 회전시키거나 전체 살균솥(retort)을 회전시켜 내용물이 담긴 용기를 동요케 하면 고온살균을 효과적으로 달성할 수 있다. 즉, 정치식(靜置式)의 살균법 대신 동요(動搖)시켜 살균시간을 단축한다.

11. 상업적 살균법(Commercial sterilization)

이 살균법은 기능적인 측면에서 이름을 붙인 것으로 통조림에서 이용되고 있는 방법이다. 식품을 가열하면 향미, 색택, 조직이 나빠지고 영양가가 일반적으로 손실되므로 이러한 변화는 받지 않는 것이 좋지만 저장을 장기화 시킬 때는 어쩔 수 없이 완전살균을 행해야 한다.

그러나 식품의 종류에 따라서 다르지만 영양가의 손실이나 기호적인 손실을 막고 품질을 좋게 하려면 판매용 통조림의 가열살균은 반드시 완전 살균할 필요가 없으므로 위생상 유해하다고 생각되는 세균을 대상으로 가열살균을 하는 것을 상업적 살균법이라 한다.

2-3 가열살균이 식품변질에 미치는 영향

통조림은 그것이 갖는 특성 즉 안전한 저장성을 위해서 가열 살균하게 되는데 충분한 가열은 저장에 안전성을 주는 반면, 더러는 식품의 품질에 바람직하지 못한 결과를 초래하는 일이 있기도 하다. 즉 빛깔·향미·조직과 영양가등의 변화가 따르게 된다.

1. 영양가의 변화

식품은 가열하면 소화가 좋아지고 고기의 향취가 좋아지는 등의 바람직한 변화도 있으나 한편 향미·색택·조직이 열변(劣變)하고 영양가가 떨어지는 등의 바람직하지 못한 변화도 많다. 그리고 그 정도는 가열이 클수록 심하게 나타나는 것이 통례이다.

따라서 통조림의 영양 손실을 막고 품질을 좋게 하려면 반드시 완전멸균을 할 필요가 없고 상업적살균(commercial sterilization)을 한다.

일반적으로 가열조건은 가열의 온도와 시간으로 규정되지만 그림 2-14에서 보는바와 같이 가열온도를 높게 하고 그 시간을 단축하는 방법 즉 고온단시간 살균방법(HTST법, high temperature short time) 또는 초고온 순간살균법(UHT법, ultra-high temperature)으로 하는 편이 품질의 열변(劣變)이나 영양가의 손실이 적다. 또 가열시간을 단축하기 위해서 가열 중에 열전도를 잘해 주는 동요식 살균법도 행해진다.

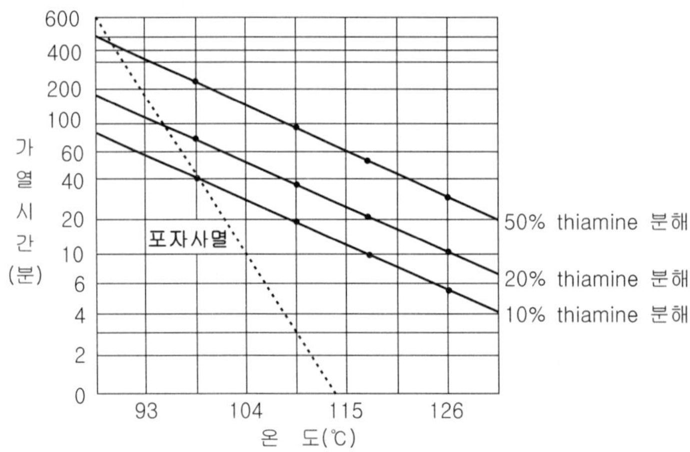

〈그림 2-14〉 가열조건이 포자사멸과 thiamine 분해에 미치는 영향

항균물질과 온열(溫熱)을 결합하는 살균법, 초고압 또는 고압전기장을 활용한 비열살균법, 방사선 살균법 등도 가급적이면 가열에 의한 식품의 열변(劣變)을 막고 식품 고유의 풍미에 가까운 상태로 저장하고자 하는

방법이라고 볼 수 있다.

통조림 제조공정 또는 저장 중 변화가 가장 심한 영양소는 비타민 특히 수용성 비타민이다.

그러나 통조림 식품의 가열은 밀봉되고 감압된 캔이나 파우치 내에서 행해지는 것이므로 보통의 조리가열과는 달리 그 손실이 훨씬 적다.

2. 색깔의 변화

색깔의 변화에 있어서는 원료식품의 빛깔이 퇴색하는 경우가 있는데 토마토의 라이코펜(lycopene) 색소가 그 예에 속한다. 그리고 반대의 경우는 착색물질의 생성이다. 이런 것을 일반적으로 식품의 갈변(browning)이라 하는데 통조림의 가열살균 과정에서 일어나는 갈변은 환원당과 아미노산의 반응인 Maillard 반응과, 카라멜화 반응(caramelization)을 들 수 있다. 원료처리 과정에서 있을 수 있는 갈변은 사과 등의 과일 처리과정에서 볼 수 있는 효소적 갈변이 있고, 개방상태로 가열하는 경우 산화에 의해서 토마토 페이스트(tomato paste)가 갈변하는 경우 등의 예를 볼 수 있다.

일반적으로 가열이 식품 색깔에 미치는 영향은 저온, 장시간의 조건보다도 고온, 단시간의 조건에서 더 적으므로 유리하다.

3. 향미와 조직의 변화

식품을 가열하면 향미의 변화가 일어난다. 식품은 종류에 따라 열에 대한 반응에 차이가 있고 이런 차이를 소비자들은 잘 구별한다.

그러나 식품의 품질을 완벽하게 평가하는 객관적인 방법은 없다. 인간의 감각을 활용하여 식품의 품질을 주관적으로 평가하는 방법을 관능검사라고 하며, 개인별, 피로정도, 기억력, 평가당시 기분, 평가환경 등 여러 가지 조건에 의해서 좌우된다.

젤라틴이나 펙틴은 과격한 열처리에 의해 겔형성력(gelling power)이 약해지며 녹말은 점성이 감소한다. 그러나 어떤 경우, 예를 들면 돼지고기와 강낭콩혼합 조림에 있어서는 살균에 필요한 이상의 열처리를 함으로써 향미를 증가시킬 수 있고, 육류도 어느 정도까지는 가열이 그 향미를 개선하기도 한다.

4. 단백질의 변화

단백질은 수분과 함께 가열하면 변성하고 유리 SH기가 증가된다.

열은 단백질의 영양가를 저하시킨다. 즉 지나치게 가열된 단백질에 대해서는 단백분해효소의 작용이 더디다. 그러나 통조림의 가열조건 범위 내에서는 큰 차이가 없는 것으로 알려져 있다.

5. 유지의 변화

유지는 두 가지 형의 산패를 하게 되는데, 즉 가수분해적인 산패와 산화적 산패이다. 전자는 그 결과로서 유리 지방산을 생성하고, 후자는 과산화물을 생성하는 것이 그 특징인데 열은 이 두 가지 형태의 변질에 대해서 대단히 큰 영향을 준다.

유지의 산화속도는 온도가 10℃ 상승함에 따라 약 2배로 증가한다. 또 금속이온(통조림)과 광선(병조림)은 유지의 산화작용을 촉진시킨다.

유지는 산소가 존재하지 않을 경우에는 습열에 비교적 안정하다. 이와 같은 상태에서 통조림 식품내의 유지는 통조림의 열처리 온도에서도 비교적 변화를 받지 않는다. 그러나 지나친 고온(약 204℃)으로 가열된 유지는 영양가가 감소된다.

6. 탄수화물의 변화

녹말과 당은 고온에서 장기간 가열하면 분해된다. 아미노산과 반응하거나 카라멜화가 일어나서 갈변현상을 초래하기도 한다.

7. 비타민의 파괴

비타민 B_1(thiamin)은 열에 약하며, 통조림 제조시의 손실이 크다.

비타민 B_2(riboflavin)는 열에는 안정하나 광선에는 예민하다. 유리병에 충전된 식품은 통조림 식품보다 더 많은 비타민 B_2를 잃는 수도 있다.

아스코르브산(비타민 C)은 저온에서 장기간 가열함으로써 파괴된다. 이것은 열 이외의 요인, 즉 산화에 의한 것이다. 산소 분압이 낮은 경우, 고온 단시간 열처리방법은 거의 아스코르브산을 파괴하지 않는다. 이 비타민의 파괴는 산소, 구리이온(copper ions), 아스코르브산 산화효소(ascorbic acid oxidase)에 의해서 가속된다.

주석은 용액 내의 비타민 C를 보호한다. 고온 단시간 노출은 일반적으로 저온장시간 노출보다 비타민 C를 덜 파괴한다.

비타민 A는 비교적 열에 안정하다. 그러나 산소 존재 하에 가열하면 상당한 손실이 일어난다.

비타민 D는 비교적 열에 안정하며 산화에 대해서 강하다. 그러나 열과 산소가 함께 작용할 때에는 이 비타민의 급속한 파괴를 가져온다. 끓는 기름에 가해진 비타민 D는 급격하게 파괴된다. 반면에 저온에서 기름에 가해졌을 때에는 비교적 안정하다.

비타민 E는 산소가 존재하지 않을 때에는 열에 대해서 안정하다. 그러나 산소의 존재 하에서 가열하면 비타민 E의 급속한 파괴가 일어나므로 산소 존재하의 가열은 식품 내 비타민 E의 거의 완전한 파괴를 가져올 수 있다.

제3장

건조에 의한 식품저장

건조는 여러 식품 저장 방법 중 가장 오래된 방법의 하나이지만 오늘날에도 가장 널리 사용되고 있는 식품 저장방법이다.

식품의 자연적인 건조는 오랜 저장에 견딜 수 있는 식품을 만들어 내지만, 여러 요인들에 의해서 크게 영향 받는 천일건조(sun drying)에 전적으로 의지할 수는 없다. 그럼에도 불구하고 천일건조는 일부 국가 및 지역에서 아직도 가장 중요한 식품 저장법으로 이용되고 있다.

식품을 건조하기 위해서 불의 열(heat)을 이용하는 일은 아메리카, 유럽, 아프리카, 아시아 대륙에 살던 많은 사람들에 의해서 독립적으로 발전되어 왔다. 고대인은 그들의 은신처에서 식품을 건조하여 사용하였다. 콜럼버스(Columbus) 이전의 아메리카 인디언들은 식품을 건조하기 위해서 불의 열을 사용하였다. 1795년에서야 비로서 열풍(hot air)을 사용하는 건조실이 발명되었다.

통조림법(canning)과 건조법(dehydration)이 대략 같은 시기, 즉 지금으로부터 약 200년 전에 출현한 것은 주목할 만하다. 증발(evaporation)과 건조(drying)는 거의 동일한 원리에 기초하나 최종 산물이 액체인 경우를 증발이라 하고 고체인 경우를 건조라 부른다. 탈수(dehydration)라는 용어는 인공건조(artificial drying)란 뜻을 가지며, 식품산업에서 건조라 함은 인공 건조 과정을 말한다.

인공 건조장치(drying unit)에서 얻은 건조식품은 천일 건조된 같은 종류의 식품보다 더 좋은 품질을 가질 수 있고, 더 좁은 공간에서 실시할 수 있으며, 건조 공장 내의 위생조건(sanitary conditions)을 유지할 수도 있다.

조리할 때의 여러 성질은 인공 건조된 식품들이 일반적으로 천일 건조된 식품보다 우수하다. 그러나 천일 건조시킨 육류나 어류는 그 질이 매우 만족스러울 때도 있다. 가격 면에서 볼 때 천일 건조는 여러 잇점을 가지고 있으나, 건조에 필요한 시간과 그 품질을 볼 때에는 인공건조가 유리하다.

3-1 식품의 수분함량과 저장성

1. 수분함량과 미생물 발육

식품의 부패에 관여하는 미생물은 곰팡이, 효모, 세균 등이 있으며 이들이 증식하기 위해서는 수분이 필요하다. 일반적으로 세균의 발육에 수분이 필요한 것은 이미 잘 알려진 사실이다. 식품 중에 함유되어 있는 수분의 양과 세균과의 관계에 대하여 Wolf의 연구 결과를 보면 50%수분을 함유하는 경우에는 세균이 왕성하게 발육하고 이보다 수분이 감소됨에 따라 세균의 발육도 감소되어 평균 40%가 되면 발육은 억제된다.

그러나 보통 배지의 표면에는 내부보다도 다량의 수분이 모이므로 실제에 있어서는 40% 이상의 수분이 있어도 세균의 발육이 억제된다.

여기서 물론 세균의 발육 함수량의 한도는 배지의 성질, 세균의 종류, 주위온도 및 습도에 따라서 달라진다. 일반적으로 단백질을 함유하는 배지에서는 저항력이 강하다. 세균은 건조에 의하여 곧 사멸하는 것이 아니고 건조가 오랫동안 계속됨으로써 비로소 사멸하게 된다. 한편 아포(포자)는 건조에 대하여 거의 무한의 저항력을 가져, 예를 들면 탄저균의 아포는 건조 상태에서 10년 이상 경과하여도 발육하는 능력을 갖고 있다.

공기 중의 습도도 미생물의 발육에 큰 영향을 끼친다. *Alternaria etri*

의 포자는 상대습도 91%에서는 발아하나 87% 이하에서는 발육하지 않는다.

이처럼 미생물의 발육에 주위의 상대습도가 영향을 주게 되는 것은 단순한 식품의 수분함량이 아니라 수분활성이 관계되는 것으로 보인다.

2. 수분활성

공기 중의 습도가 낮으면 식품으로부터 수분은 증발하게 되고, 반대로 습도가 높으면 식품은 흡습하게 되어, 평형에 달할 때까지 건조나 흡습이 계속된다.

이와 같이 식품 중의 수분을 정적(靜的)인 것으로 보지 않고 동적(動的)인 것으로 보아 식품의 함수량을 %로 표시하는 대신 수분활성 또는 수분활성도(water activity, Aw)로 표시한다.

수분활성은 식품이 나타내는 수증기압 P와 그 온도에 있어서의 최대 수증기압 P_0 와의 비를 말한다.

$$\mathrm{Aw} = \frac{P}{P_0}$$

어패류와 같은 수분함량이 많은 것은 Aw가 0.98~0.99 정도이고 곡물과 같이 수분이 적은 건조식품은 0.60~0.64 정도이다.

이러한 미생물의 발육과 수분함량과의 관계를 수분활성(water activity, Aw)으로 표시하여 보면 곰팡이는 Aw 0.90 이하에서도 잘 발육하며 어떤 것은 0.7 이하에서도 발육하는 것이 있다. 곰팡이는 포자가 발아하여 균사를 성장시키는데 2~3일이 소요되므로 초기에는 세균이나 효모보다 생장이 늦으나 일단 생육이 개시되면 곰팡이는 급속히 퍼져 나간다. 일반적으로 효모의 경우 수분활성의 최저값이 0.85로 곰팡이보다는 크며 효모의 종류에 따라 다르다. 효모는 대부분이 Aw 0.88~0.91까지는 발육할 수 있으며, 세균은 대부분 Aw 0.94 이하에서는 발육할 수 없다. 대부분의 세균은 수분활성 최저값이 0.90이고 일부 구균은 0.90 이하에서도 증식한다.

3. 등온흡습곡선

어느 온도에서의 식품의 건물기준 평형수분함량을 종축에 취하고 이때의 평형상대습도 또는 식품의 Aw를 횡축에 취하여 그린 곡선을 등온흡습곡선(water sorption isotherm)이라 한다. 즉 식품의 수분함량과 수분활성과의 관계를 나타내는 곡선이다.

식품이 흡습하여 평형이 되었을 때와 건조하여 평형이 되었을 때에 따라 각각 흡습곡선(absorption isotherm) 및 탈습곡선(desorption isotherm)이리고 구별하는데 같은 식품에 있어서는 흡습곡선이나 탈습곡선은 동일하여야 하지만 실제에 있어서는 반드시 일치하는 것은 아니다. 이것은 식품조직의 변화나 성분의 변성 때문이며, 이와 같은 현상을 이력현상(履歷現像 : hysteresis)이라 한다.

등온흡습곡선은 보통 늘어뜨린 역 S자형(sigmoid)을 하고 있는데 그림 3-1의 곡선 모양은 식품중의 수분 상태를 잘 나타내고 있다. 곡선의 처음 부분, 즉 극히 저습도의 변곡점까지의 부분(a점 이하)은 수분이 식품구성성분과 단단히 결합하여 단분자층을 이루어 흡착되어 있는 것을 나타낸다.

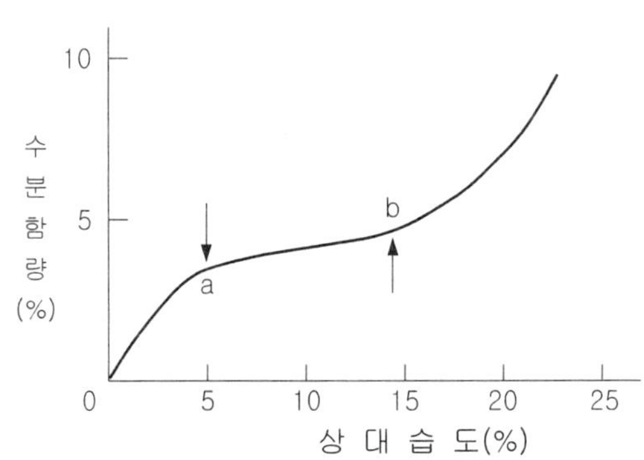

〈그림 3-1〉 식품의 등온흡습곡선

그 다음 고습도의 변곡점까지의 곡선부분(a~b)은 같은 친수성기 위에 형성된 이른바 다분자층흡착을 하고 있어 차차 액화하고 있는 상태를 나타낸다. 마지막의 고습도의 변곡점 이상의 부분(b점 이상)은 식품조직의 미세한 공극(空隙)에 모세관응축(capillary condensation)을 하여 존재하는 결합도가 약한 물을 나타낸다.

식품 중에 완전히 수화(水和)하고 있는 것은 첫 번째와 두 번째의 단분자 및 다분자 흡착을 하고 있는 물이고, 그 이외의 물은 자유수이다. 이 자유수는 식품성분의 망상구조나 정전력에 의하여 기계적으로 고정되어 있는 것이라고 할 수 있다.

이 등온흡습곡선은 안전하게 저장할 수 있는 최대의 수분함량을 결정하는 데나, 식품의 건조장치 설계에 있어 최대허용압력(진공건조의 경우)이나 최대허용온도(열풍건조의 경우)를 결정하는데, 또는 식품포장에 있어 필요한 투과력의 포장재료를 선정하는 데에 이용된다. 등온탈습곡선은 식품의 제조, 저장, 안전성 등에 중요하며 특히 식품의 건조공정에서 건조에 필요한 조건의 설정과 건조 최적단계 설정 등 건조조건을 확립하는데 필수적인 것이다.

4. 단분자층의 수분

건조식품을 안전하게 저장하려면 수분함량을 적게 유지하여야 하나 과도하게 저수분으로 하면 오히려 산화나 지방의 산패 등이 일어나 변퇴색(變褪色)이나 성분의 열화(劣化)가 일어난다.

식품의 안전저장과 수분함량과의 관계에 대하여 Salwin(1959)은 식품을 단분자층으로 둘러쌀 수 있는 양에 상당하는 수분함량이 악변(惡變)을 일으키지 않고 저장할 수 있는 최소의 필요량이고 최대의 허용량이라고 하였다.

단분자층의 수분(monomolecular layer of water)은 식품을 film 포장하듯이 둘러싸는 것이 아니고 단백질이나 탄수화물 등의 활성기에 물분자가 결합(수소결합)하고 있는 불연속적인 것이라고 할 수 있다.

그러나 단분자층의 물은 활성기에 산소가 흡착하는 것을 저지하고 촉매적으로 작용하는 미량금속을 봉쇄하여 그 작용을 약화시키며, 또 극단적으로 낮은 수분으로 하였을 때 생성되는 유리기를 봉쇄하는 역할을 한다. 또한 이 단분자층의 물은 인접해 있는 단백질분자나 당질의 극성기

사이의 상호작용도 저해하여 식품의 흡수성이나 복원성이 떨어지지 않도록 하여준다. 따라서 식품의 경도나 촉감의 악화를 막는 효과도 있다.

결론적으로 건조식품의 저장수명은 단분자층 수분함량 일 때 최대가 되므로 이를 최종목표 수분함량으로 건조공정을 완결한다.

단분자층수분함량(monolayen value)을 구하는 데는 Brunauer등(1938)의 BET식을 변형한 다음 식을 이용한다.

$$\frac{Aw}{m(1-Aw)} = \frac{1}{m_1K} + \frac{K-1}{m_1K} \cdot Aw$$

Aw : 수분활성도

m : 수분함량(g/g고형물)

m_1 : 단분자층 수분함량(g/g고형물)

K : 상수

Aw를 횡축에, Aw/m(1-Aw)를 종축에 취하고 작도하면 직선을 얻는다. 이 직선의 기울기 S와 절편 I로 부터 다음 식에 의해 단분자층수분함량 m_1을 실험적으로 구할 수 있다.

$$m_1 = \frac{1}{S+I}$$

단, BET식은 Aw 0~0.4 사이에서 잘 들어맞으며, m_1은 1g의 고형물이 함유한 수분 g수를 나타내므로 100을 곱해 %d.b.로 환산한다.

종전부터 인정되고 있는 이 BET식에 의하여 계산된 몇 가지 식품의 단분자층수분함량과 건조식품의 수분규격을 표시하면 표 3-1과 같다.

〈표 3-1〉 BET식으로 계산한 식품의 단분자층수분함량과 규격수분함량과의 비교

식품	수 분(%d.b)	
	BET 단분자층수분함량	규격수분함량
분말양파	3.58	4
건조탈지유	2.98	3.5
작은 새우	5.56	2.5

5. 유리기와 분자형 산소

식품의 수분을 극단적으로 낮추면 유리기가 생성되어 오히려 지방이나 카로틴 등의 산화 또는 비효소적 갈변 등의 악변이 일어나기 쉽다. 이 유리기의 생성은 저장조건에 의하여 많은 영향을 받는다.

즉 식품을 질소가스 중에 저장하는 것 보다는 공기 중에 두는 것이, 공기 중에 두는 것보다 산소 중에 두는 것이 유리기의 증가가 빠르다. 또 온도의 영향도 커서 고온에서의 증가속도가 크다. 또한 복수(復水)시키면 급격히 감소한다. 특히 동결건조식품의 경우는 원형대로 건조되어 별로 수축하지 않으므로 극히 다공질이 되어 산화가 유발되는 것이다.

3-2 건조의 기구와 건조속도

1. 건조기구

식품에 열을 가하면 먼저 표면에서 증발이 일어나 고체내부와 표면에 사이에 수분의 밀도차가 생긴다. 이 때 수분은 밀도가 높은 내부로부터 밀도가 낮은 외부로 확산 이동하여 이것을 보충한다.

그림 3-2에서 보는 바와 같이 수분함량이 어느 정도 감소할 때까지 (b→c)는 표면 증발량과 내부 확산량이 같아 식품의 온도도 거의 일정하고 단위시간당의 건조량도 거의 일정하므로 항률건조단계(恒率乾燥段階)라고 하며 이 기간의 건조속도는 크다. 그 이후는 표면 증발량이 증가되는 대신 내부 확산은 감소되어 식품의 온도가 상승되고 증발속도는 감소하게 된다.

이 기간을 감률건조 1단계라 하고 이러한 감률 현상이 더 계속되어 표면이 딱딱하게 굳어지고 이것이 장벽이 되어 표면으로부터의 열의 침투와 내부로부터의 수분 이동이 장해를 받는 현상이 일어나게 되는데 이 단계를 감률건조 2단계라 한다. 감률단계가 되면 건조속도는 급격히 떨어지고 식품의 품질에는 여러 가지 악변(惡變)이 일어나게 된다. 그러므로 표면이 딱딱하게 굳어지는 현상 즉 표면경화 또는 케이스하드닝(case hardening)이 일어나지 않도록 초기에 가열온도를 서서히 높이거나 때로는 건조 도중에 일시 중지하여 내부 확산이 진행되기를 기다렸다가 다시 건조하는 등의 방법을 써서 건조효과를 높인다.

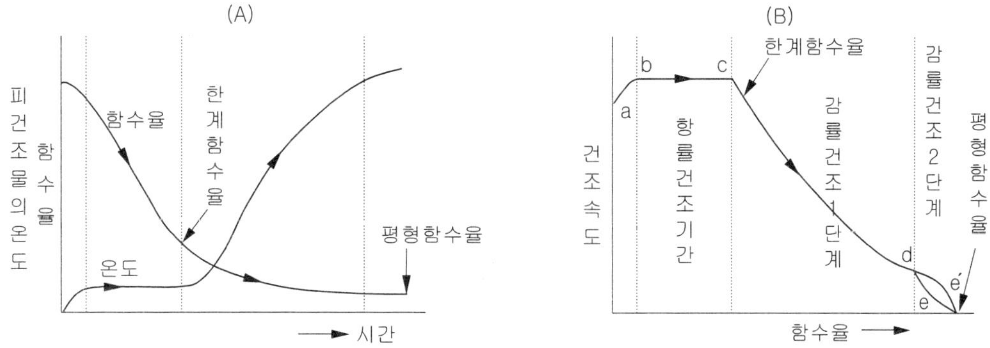

〈그림 3-2〉 건조경과(A)와 건조특성곡선(B)

건조속도에 영향을 미치는 요인으로서는 공기의 온도 및 습도, 속도, 방향, 기압, 식품의 표면적, 두께 및 성분조성 등이 있는데 그 중 건조속도를 좌우하는 가장 큰 외부요인은 수증기압차이다. 수증기압차라는 것은 증발표면에 있어서의 수증기압 F와 공기 중의 수증기압 f와의 차 $F-f$를 말한다. 그러므로 식품표면으로부터의 수분증발량은 대체적으로 다음 식이 적용된다.

$$E = K \cdot S(w_S - w_e)\ (F - f)$$

즉, 식품표면으로부터의 단위 시간당 증발량 E(kg/h)는 식품표면의 수증기압력 F(mmHg)와 공기의 수증기압력 f(mmHg)와의 차($F-f$), 즉 수증기압차에 비례하고, 또 표면적 S(m^2)에도 비례한다.

또한 식품표면의 수분밀도 w_S(kg/m^3)와 식품의 평형수분밀도 w_e (kg/m^3)와의 차(w_S-w_e) 즉 증발할 수 있는 수분의 밀도에도 비례한다. 여기서 평형수분밀도라는 것은 건조에 사용된 공기 중에 충분히 오래 두어, 그 온도, 습도 하에서 그 이상 증발이 일어나지 않게 되었을 때의 수분밀도이다.

비례정수 K는 식품의 표면증발속도라고 하는데, 그 값은 식품표면의 상태 또는 공기의 유동속도 등에 따라서 달라진다.

2. 건조속도의 계산

1 건조에 필요한 열량

일정량의 식품을 필요한 건조도까지 건조하기 위해서 필요한 열량을 미리 계산하는 일은 추정원가 계산이나 건조공장 설계에 있어서 대단히 중요한 일이다. 그런데 정확한 계산을 위해서는 대단히 어려운 공식을 이용해야 하지만 식품은 그 모양이나 질이 천차만별이므로 그 정확한 계산이란 거의 불가능에 가깝다.

따라서 여기에 간단한 식을 소개한다.

$$Q = \frac{\lambda W}{\eta(1-X)}$$

Q : 건조에 소요되는 총열량 (kcal)

η : 건조의 열효율

W : 식품의 무게 (kg)

λ : 식품의 표면온도에 있어서의 물의 증발열, 임의의 온도 T℃에 있어서의 증발열은

$\lambda = 539.1 - 0.6428(T-100) - 0.000834(T-100)2$로 계산

X : 식품 중의 수분에 용존하는 용질의 mol분율

여기서 건조원가 계산상 열효율의 계산은 중요한 문제이며 일반적으로 다음 식으로 나타낸다.

$$\eta = \frac{\lambda E}{C_p A(T_a - T_0)}$$

T_0, T_a : 가열전, 후의 공기온도(℃)

C_p : 습공기의 비열 kcal/℃kg (=0.24+0.46×수분함량)

A : 공기량 kg/h

E : 증발시켜야 할 수분량 kg/h

이 식에서 보면 공기 온도를 높게 할수록 건조속도는 크며 그 능력은 증대하지만 열효율은 떨어지게 된다.

2) 건조에 필요한 공기의 량

일반적으로 열풍을 사용하여 식품을 건조한다. 공기는 그 양이 풍부하고 편리하며, 또 식품의 과열을 방지할 수 있기 때문에 건조매체(drying medium)로서 가장 널리 사용되고 있다. 공기는 건조하고자 하는 식품에 열을 전달하는데, 그리고 식품에서 빠져나온 수증기를 제거하는 데 사용된다.

• 건조에 있어서 공기의 기능

공기는 열을 식품에 전달하고, 물의 증발을 일으키며, 건조식품에서 생기는 수증기를 제거하는 운반수단(vehicle)이기도 하다.

• 건조에 필요한 공기의 양

건조실 내에 있는 수증기를 제거하는 데 필요한 양보다 더 많은 양의 공기가 식품 내에 존재하는 수분이 증발되도록 가열하는데 필요하다. 일반적으로 식품에서 생성된 수증기를 제거하는 데 필요한 공기량의 5~7배정도의 공기가 식품을 가열하는 데 필요하다.

공기의 수증기 수용 능력(moisture holding capacity)은 온도에 따라서 다르다. 표준압에 있는 한 가스의 부피는 온도가 1℃씩 상승함에 따라 그 부피의 1/273씩 증가한다. 온도가 약 15℃씩 상승 될 때마다 공기의 수증기 수용 능력은 배가 된다.

• 식품에서 1 kg의 물을 증발시키는데 필요한 열

실제 사용되는 수치로서, 보통 100℃에서 1 kg의 물을 증발시키는 데 필요한 열량, 즉 증발열(heat of vaporization)은 539 kcal이다. 증발열은 실제로 온도에 따라 다르다.

- 식품에서 물 1kg을 증발시키는데 필요한 열을 공급할 수 있는 공기의 양

1 kg의 수분을 증발시키는 데 필요한 공기의 양은 온도에 따라 다르다. 15℃에 있는 1 m^3의 공기온도를 1℃ 올리는 데 필요한 열량은 0.286 kcal이다. 따라서 이 공기 1 m^3가 1℃ 냉각될 때에는 0.286 kcal의 열량이 방출된다.

15℃에 있는 1 kg의 물을 100℃로 가열하여 증발시키는데 필요한 열은 증발열(539 kcal)과 1 kg의 물의 온도를 15℃에서 100℃로 올리는 데 필요한 현열(sensible heat, 85 kcal)의 합계로서 대략 624 kcal 가량 필요하다. 따라서 이상과 같은 조건으로 1kg의 물을 증발시키는 데 필요한 공기량은 필요한 kcal를 공기의 kcal 용량으로 나눈 것, 즉 624/0.286, 따라서 1 kg의 물을 증발시키는데 내려가는데 필요한 공기량은 2,182 m^3가 된다.

3) 건조속도

식품은 건조 도중에 부분적으로 수분의 분포상태가 달라진다. 그러나 실제에서는 이것보다도 식품전체로서의 함유수분량의 감소속도가 중요하다. 지금 평균수분밀도를 w kg/m^3라 하면

$$w = \frac{W}{V}$$

W : 식품이 함유하는 전수분량 kg
V : 식품의 체적 m^3

로 표시되며 건조에 의해서 식품의 체적 V가 변화하지 않는 것으로 가정하면 식품 전체의 수분량 감소는 그 평균수분 밀도의 감소에 비례한다. 따라서 w의 감소속도를 알면 함유 수분량의 감소속도 즉 건조속도를 알 수가 있다. 즉 건조속도 v는

$$v = \frac{dw}{dt}$$

로 표시할 수 있다.

4) 공기온도와 건조속도

지금 온도가 T_0, 수증기압이 f_0인 가열공기에 접하는 식품의 표면 온도를 T라 하고 이때의 식품의 포화수증기압을 F라 하면

$$T_0 - T = c(w_s - w_e)(F - f_0)$$

w_s : 식품표면의 수분함유밀도

w_e : w_s 중에 있는 평형수분함유밀도

c : 비례상수이며 온도를 ℃, 수증기압을 mmHg,
수분의 밀도를 kg/m^3로 표시할 때는 c = 0.002~1 정도임.

앞의 식을 바꾸어 놓으면

$$T + c(w_s - w_e)F = T_0 + c(w_s - w_e)f_0$$

로 되며 이 두 식에서 보면 공기의 온도 T_0가 높을수록 식품의 표면온도 T도 높아지고 따라서 식품의 포화수증기압력 F는 커진다. 즉 공기온도를 높일수록 수증기압차($F-f_0$)는 커지고 건조속도도 커진다.

5 공기속도와 건조속도

표면이 넓을수록, 또 표면이 다공질(porous)일수록 식품의 건조 속도는 커진다. 건조속도는 식품표면을 통과하는 공기속도가 증가할수록 빨라진다. 공기의 온도가 높을수록 온도강하(temperature drop)가 크며, 표면경화(case hardening)가 일어나지 않는 한 건조속도가 빨라진다.

수분 함량을 80%에서 6%로 감소시키는 데 필요한 시간과 마지막 6%의 수분을 제거하는 데는 거의 동일한 시간이 소비될 수도 있다.

마지막의 수분 함량이 그 식품의 평형수분함량(equilibrium moisture content)에 가까워짐에 따라 그 건조 시간은 급격하게 증가한다.

1.2 m/s의 공기 속도에서의 건조시간(drying time)은 정지된 공기(still air)속에서의 건조 시간에 비해 1/2로 단축된다. 또 2.4 m/s의 공기속도에 있어서의 건조는 정지된 공기 속에서보다 3배나 빨라진다.

3-3 건조방법

식품 중의 물은 단순히 순수한 물이 아니고 각종 성분이 용해된 용액으로 존재하기 때문에 물리적으로 분리하는 것은 식품으로서의 가치를 잃기 때문에 건조시켜서 물을 증발시켜야 하는 어려움이 있다. 현재 식품건조에 많이 이용되고 있는 건조법은 다음과 같이 분류된다.

- 식품의 건조
  - 천일건조 – 양건・음건 …… 건포도・곶감・건어물
  - 인공건조
    - 가압 – 가열 → 가압 → 분출 …… 옥수수튀김
    - 상압
      - 자연환기 …… 곶감・말린사과
      - 열풍
        - 터널・로터리식・투기
        - 기류・선반식・벨트식
        - … 각종식품
      - 분무…가압노즐 또는 원심분무…분말커피, 분유, 분말향료
      - 피막…드럼・벨트…α화전분, 효모
      - 포연…페이스트상 식품
      - 건조제…고체 또는 액체건조제…각종 식품
      - 고주파…10~20MHz…비교적 수분이 적은 식품
      - 적외선…복사열
      - 진공
        - 동결 … 얼음의 승화
        - 피막 … 드럼방식・벨트방식
        - …… 각종식품

1. 천일 건조법(sun drying)

태양열과 풍력에 의하여 건조하는 방법으로 자연환경을 이용하므로 자연건조라고도 한다. 옛날부터 사용된 방법으로 단순하고 특별한 기술을 필요로 하지 않아 곡류, 과일, 채소 등에 이용되고 특히 어패류나 해조류의 건조에 많이 이용되고 있다. 특별한 설비가 필요 없고 방법이 간편하며, 대량 처리가 가능하고 경비가 들지 않는 장점이 있다. 그러나 일기가 나쁘면 처리할 수 없고, 건조 중에 착색, 퇴색, 산화 등의 화학적 변화와

효소에 의한 분해 등을 받기 쉽다.

그늘말림은 직사광선을 피하여 바람이 잘 통하는 그늘에서 말리는 방법으로 표면경화와 같은 현상을 막고 균일하게 건조되며, 또 화학적 변화나 변형을 적게 하기 위한 방법이다.

2. 열풍 건조법(hot air drying)

인공적으로 열풍을 식품에 보내어 수분을 증발시킨다. 건조기는 구조와 형식에 따라 여러 가지가 있다. 식품을 선반이나 tray에 얹어서 건조실에 넣어 열풍으로 건조하는 방법이다. 식품의 종류나 상태에 따라서 열풍의 온도, 풍속, 풍향들을 알맞게 조절해야 한다.

열풍건조기에는 상자형식, tunnel식, belt식, 회전식 및 투기식(열풍을 식품의 위로부터 밑으로 불게 하는 방식)등 여러 가지 형식이 있다. 이중에서 널리 실용화되고 있는 것은 상자형식과 tunnel 식이다.

건조 조작을 원활히 하기 위해서는 연속적으로 통풍을 시켜야 하는데 그 방법에는 강제통풍법, 흡입통풍법, 자연통풍법 등이 있다. 강제통풍법은 건조기 앞에 송풍기를 설치하여 바람을 불어 넣는 방법이며 흡입통풍법은 건조기의 뒤에 송풍기를 설치하여 공기를 빨아내는 방법이다. 자연통풍법은 공기의 비중 차이를 이용하여 연속적으로 통풍시키는 방법이다. 일반적으로 인공건조법은 강제통풍법이 많으며 특히 재료의 양, 건조의 상태 등에 따라 송풍량를 변경시키지 않으면 안 될 때에는 송풍기에 의한 강제 송풍법이 좋다.

장점은 단시간에 균일제품을 대량생산할 수 있으나 연료비가 많이 들고 식품성분에 따라 산화나 갈변현상이 생길 수 있다.

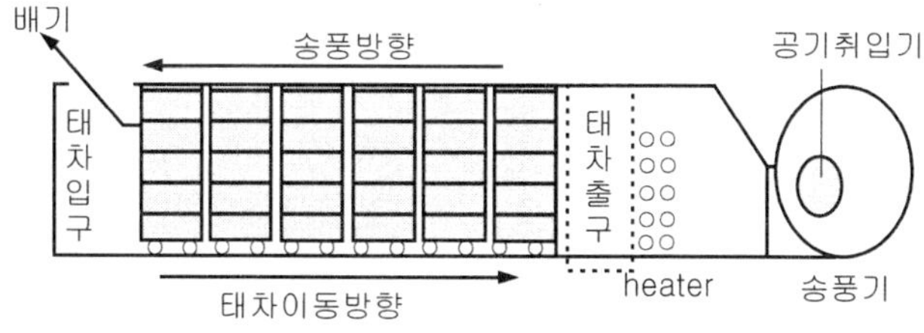

〈그림 3-3〉 터널식 건조기

3. 배건법(roast drying)

식품을 배건선반에 얹어 배건로(焙乾爐) 위에 쌓아 올리고 화상(火床)에 목재를 태워 복사열과 상승기류에 의하여 수분을 증발시키는 방법이다. 본질적으로는 훈제품을 만들 때의 훈건법과 같으나, 제품에 따라서는 목재를 태우지 않고 숯불, 적외선 등을 열원으로 하는 수도 있다.

배건법에서는 제품이 표면경화를 일으켜 내부의 수분이 표면으로 확산하기 어렵게 되는 수가 있다. 그래서 배건을 몇 번으로 나누어서, 배건과 배건 사이에 배건선반을 가마니 등으로 덮어 두어 수분의 내부확산을 거치는 경우(tempering)가 많다. 가다랭이류의 배건품은 이 방법에 의한 제품의 하나이다. 장점으로는 식품에 독특한 향기를 부여할 수 있다. 그러나 가열온도가 높아 성분의 분해가 심하고 건조로 인한 표면경화가 발생할 수 있다.

4. 분무 건조법(spray drying)

액체식품을 안개처럼 뿜어서 열풍으로 건조시키는 방법이며 저온에서 건조되기 때문에 산화작용도 거의 일어나지 않는다. 커피 등 음료, 우유, 효소, 비타민 등을 건조시키며 식품의 풍미가 비교적 잘 유지된다. 단백질의 변성이 적게 일어나고 다공성제품을 얻을 수 있다. 또한 대량의 액상식품을 연속적으로 분말화 할 수 있으며 건조시간이 짧고 제품의 입도 조절이 쉽다.

5. 드럼 건조법(drum drying)

피막건조, 박막건조, film건조라고도 하며 열감수성이 낮고, 고형분이 많은 액체식품의 건조에 적합하며 처리량이 적을 때 사용된다. 회전할 수 있는 드럼에 스팀을 통과시켜 가열하고 그 표면에 식품을 균일하게 얇은 층으로 발라서 건조시킨다. 농축 토마토주스나 α전분, 효모 등을 건조하는데 이용된다.

6. 진공건조법(vacuum drying)

저온건조를 목적으로 한 방법의 하나이다. 감압하면 물의 비점이 낮아지고 따라서 낮은 온도에서도 증발이 가능하다. 건조실내의 압력을 수 mmHg 내지 수십 mmHg 정도로 유지하게 하여 건조실내 공기의 수증기압을 낮게 한다. 한편 가열기에 의하여 품질이 허용하는 한도 내에서 식품의 온도를 높여서 표면수증기압을 높임으로써 수증기압차를 크게 하여 증발이 왕성하도록 한다.

건조가 진행되어 증발속도가 떨어지면 가열의 정도를 가감(加減)하여야 한다. 식품의 성분변화가 적어 품질이 좋은 제품을 얻을 수 있는데 반하여 연속작업이 어렵고 생산비가 높은 것이 단점이다.

7. 동결(냉동) 건조법(freeze drying)

식품을 동결시킨 다음 고도의 진공 하에서 식품 중의 빙결정을 직접 승화시켜 건제품을 만드는 방법이다. 진공동결건조법이라고도 한다. Lyophilization이라 불리는 동결건조는 액체 상태로 건조할 경우 발생할 수 있는 대부분의 문제점을 제거할 수 있다. 승화된 얼음 결정체들은 공간을 남기기 때문에 건조된 물질은 무수히 많은 틈을 포함하고 있어서 수분 흡수가 용이하다. 따라서 재수화시 물을 잘 흡수한다는 의미에서 그리스어 유래에 따라 lyophilization으로 명명되었다. 식품 중의 수분은 대기압 하에서는 100℃에서 끓지만 압력을 내리면 물은 100℃ 이하에서도 비등 증발하는데 4.58 mmHg 이하로 감압하면 0℃ 이하에서 승화하게 된다.

이처럼 동결한 채로 건조하는 동결건조법의 이점은, ① 위축변형이 거의 없으므로 외관이 양호하고 ② 효소적 또는 비효소적 갈변이나 성분간의 화학반응이 없으므로 향, 맛, 색 및 영양가의 변화가 거의 없으며 ③ 제품의 조직이 다공질이고 변성이 적으므로 물에 담갔을 때 복원성이 좋고 ④ 품질의 손상 없이 2~3% 정도의 극히 저수분으로 건조할 수 있다.

반대로 단점으로서는 ① 다공질이므로 표면적이 커서 흡습하기 쉽고,

또 지방이나 색소가 산화되기 쉽다. ② 저수분, 다공질이어서 부스러지기 쉽고, 포장이나 수송이 곤란한 점 등을 들 수 있다.

8. 냉풍 건조법(cold-air drying)

제습(除濕)하여 수증기압을 낮춘 냉풍을 식품에 접촉시켜 수분의 증발을 촉진하는 방법이다. 공기의 제습(除濕)에는 냉동기를 사용하므로 열풍 건조법에 비교하면 설비비나 운전경비가 많이 든다. 그러나 식품의 온도를 높이지 않고 건조하므로 갈변이나 지방의 산화를 억제할 수 있다.

9. 자연 동건법(natural cold dehydration)

식품을 겨울의 자연저온을 이용하여 수분을 빙결시킨 다음 10℃ 정도의 온도에서 융해시켜 수분을 증발 또는 유출시킨다. 이를 반복하여 수분을 제거하는 건조방법이다.

한천이나 명태 등은 이 방법에 의하여 제조된 대표적인 제품이다. 얼음이 녹아서 액즙으로 유출할 때 수용성물질이 함께 용출되며, 제품이 스폰지화 되기 쉽다.

10. 약품 건조법

흡습력이 강한 약품, 예를 들면 염화칼슘, 5-산화인(P_2O_5), 실리카겔(silica gel) 등을 이용하여 건조시킨다. 이는 주로 밀폐된 용기 속에 식품과 함께 넣어 오랜 기간에 걸쳐 저장하면서 건조시키는데 쓰이며 수분함량을 1%정도까지 고도로 건조시킬 수 있는 반면에 식품품질에는 큰 영향을 주지 않는 장점을 가지고 있다. 여기에 쓰이는 약품을 흡습제(desiccants)라 부른다.

11. 특수 건조법

다루기 힘든 식품을 건조시키는 여러 가지 특수 건조법이 개발되었는데, 대부분 종래의 건조기거나 아니면 그것을 약간 개량한 것들을 사용한다.

1) 퍼프 건조법(puff drying)

농축 과일주스와 같은 열에 약한 식품에 응용하는 진공건조의 한 방법이다. 보통 진공건조기에서 건조시키는데 식품에 들어 있는 가스나 증기가 팽창되어 식품이 부풀어 오를 만큼 높은 감압상태로 만든다. 식품은 부풀어 올라 다공질이 되어 건조속도가 높아지고, 제품의 품질이 향상되며 수화성(水化性)도 우수하게 된다.

2) 포말(泡沫) 건조법(foam mat drying)

식품을 다공질로 하여 건조시키는 또 하나의 방법인데 액체식품에 소량(1% 이하)의 발포제(식용 가능한 것)를 섞은 다음, 공기나 불활성 가스를 혼입하여 거품을 일으킨 다음, 벨트에 펴서 열풍건조기에 통과시킨다. 발포제는 CMC나 천연고무질, 알부민, 모노글리세라이드를 사용한다. 식품의 표면적 증가로 건조속도가 빠르고 복원속도가 빠른 것이 특징이다. 보통 병류식(倂流式)과 향류식(向流式)을 겸한 터널 건조기를 사용한다.

건조속도를 높이기 위하여 거품을 작은 구멍을 통하여 밀어내기도 하고 구멍 뚫린 판 위에 거품을 펴두고 밑으로부터 압축공기를 불어넣는 방법도 쓴다.

역시 건조속도가 빠르고, 제품의 질이 우수하다는 것이 특징이며, 실험실 규모로 과일즙 및 유아식품을 건조 시 사용한다.

3) 탈수 동결법(dehydro freezing)

이것은 주로 미국에서 과일 및 채소 건조에 사용되고 있는데, 식품을 우선 열풍으로 부분건조(보통 원래 식품 중량의 절반 이하가 되도록 함)시킨 다음, 동결건조 시키는 방법이다. 따라서 부분건조에 의해 부피와 중량을 줄이면서 완전건조에서 일어나는 열손상과 같은 품질의 저하를 막을 수도 있는 것이다.

3-4 각종 건조기

각종 건조기를 그 원리 면에서 크게 분류하면

① 열풍에 의한 건조기
② 열판접촉에 의한 건조기
③ 초단파복사선 및 유전(誘電) 에너지를 이용한 건조기
④ 동결건조기
⑤ 특수건조기

등으로 나누어 볼 수 있으며 그 내용을 살펴보면 다음과 같다.

1. 열풍에 의한 건조기

1) 킬른 건조기(Kiln dryer)

이 건조기는 2층으로 되어 있는데 1층에는 열풍난로와 버너(burner)가 있고, 2층은 구멍 뚫린 바닥으로 되어 있으며 그 위에 10~20 cm두께로 피건조물을 고르게 널어두며 자연대류나 송풍기에 의해서 열풍이 원료 층을 통해서 흐르게 되어 있다. 습기 찬 공기는 2층 굴뚝으로 빠져 나가며, 가끔 건조물을 뒤집어서 균일하게 건조되도록 해준다.

이 건조기의 가장 큰 단점은 건조시간이 오래 걸리고 건조조건을 조절하기가 어려운 점이다. 이 건조기는 주로 호프(hop)・사과 조각 및 맥아 등의 건조에 사용된다.

2) 캐비닛 건조기(cabinet dryer)

이 건조기는 단열벽으로 되어 있는 캐비닛과 그 안에 열풍을 순환시키는 송풍기가 달려 있고, 가열기에서 나온 열풍은 조절판에 의해 식품이 담겨 있는 건조선반에 평행 또는 수직방향으로 흐르게 되어 있다. 바람을 조절하는 문이 있어 신선한 공기의 흡입량과 열풍의 재순환 비율을 필요에 따라 조절한다. 공기는 가스버너로 직접 가열하거나 스팀 열교환

기·소형 전열기 등을 사용하여 직접 가열한다.

이 건조기는 시설비와 운영비가 적게 들고 사용방법이 편리하다. 과일 및 채소 건조에 주로 사용하며, 시험 건조용으로 사용하기에 편리하다.

3) 터널 건조기(tunnel dryer)

반연속식 또는 연속식으로 되어 있으며 과일 및 채소류를 대량 건조시키는 데에 사용된다. 건조기구의 구조는 단면이 1.8×1.8m 정도의 긴 터널로 되어 있다. 목재나 금속으로 된 다공의 건조선반 위에 식품을 고르게 펴서 수레 위에 차곡차곡 쌓는데 이때 선반 사이에 열풍이 고루 통할 수 있도록 고려해야 한다.

건조선반을 실은 수레를 터널 입구로부터 적당한 시간 간격을 두고 하나하나 밀어 넣는다. 입구로 수레가 하나 들어가면 출구에서는 건조제품을 실은 수레가 하나 밀려 나간다. 약간의 열풍이 건조선반을 수직으로 통과하는 수도 있으나 대부분의 열풍은 팬(fan)에 의해서 건조선반에 평행하게 불어 넣도록 되어 있다. 유속은 보통 2.5~6 m/s이다.

터널 건조기는 대개 식품을 실은 수레와 열풍의 상대적인 이동방향에 따라 분류되는데, 병류식(concurrent system)과 향류식(countercurrent system) 및 이들을 합친 듯한 2단계식이 있다.

※ 병류식 터널 건조기의 특징

① 건조기의 입구 쪽에서는 증발에 의한 냉각효과 때문에 표면온도는 열풍의 건구 온도보다 훨씬 낮으므로 과열로 인한 식품의 손상이 없고, 비교적 고온에서도 건조될 수 있으므로 초기 건조속도가 빠르다. 이와 같이 초기 건조속도가 높기 때문에 건조에 의한 수축이 억제되어 벌크밀도가 낮은 건조제품을 얻을 수 있다.

② 식품이 입구로 부터 출구 쪽으로 이동함에 따라 습기가 높고 온도가 떨어진 공기와 접촉하게 되어 건조속도는 떨어지나 열에 의한 손상은 거의 염려할 필요가 없다.

③ 터널의 출구 쪽에서는 습기찬 열풍 때문에 건조효과가 불량하므로 수분 함량이 적은 제품을 얻기는 힘들다.

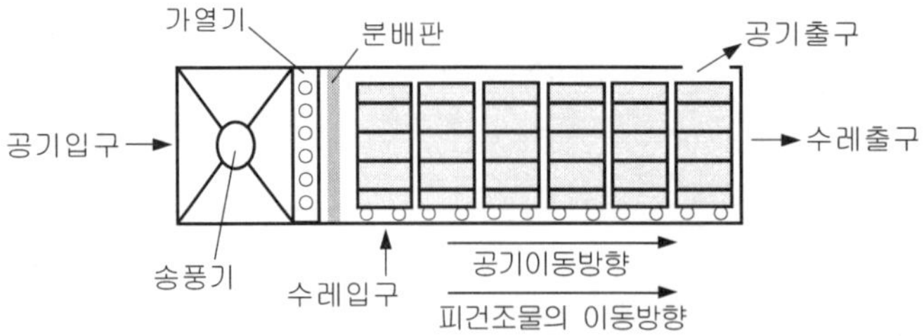

〈그림 3-4〉 병류식 터널 건조기의 원리

※ 향류식 터널 건조기의 특징

① 터널의 입구에서는 열풍의 건조효과가 불량하여 비교적 건조속도가 느리다. 이로 인하여 세포물질의 심한 수축이 일어나 건조제품의 벌크밀도가 높게 된다. 물기가 많은 원료를 너무 빨리 공급하면 식품은 고온 다습한 열풍에 장시간 노출되는 결과가 되므로 위험성이 따르게 된다.

② 터널 출구 쪽의 열풍은 습도도 낮고 고온이므로 대단히 낮은 수분 함량까지 제품을 건조시킬 수 있으나 과열에 의한 열손상의 위험이 있다.

③ 병류식 건조기에서보다 열효율이 높다.

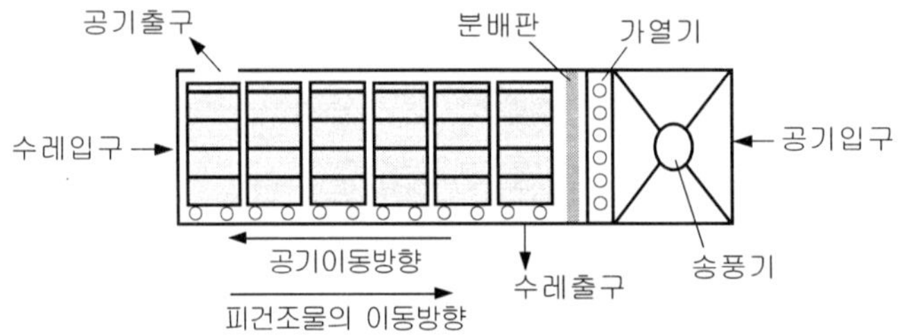

〈그림 3-5〉 향류식 터널 건조기의 원리

두 개 또는 그 이상의 터널을 연속적으로 사용하여 각 건조단계에 따라서 건조조건을 보다 편리하게 조절할 수도 있다. 가장 많이 사용되는 방법은 처음에 병류식 터널을 통과시킨 다음 향류식 터널을 통과시키는 방법이다. 이 방법의 장점은 전반에 병류식 건조기에 의하여 초기 건조 속도를 높이고, 후반의 향류식 시스템을 응용함으로써 후기의 건조효율을 높여 건조 제품의 수분 함량을 낮출 수 있다는 것이다.

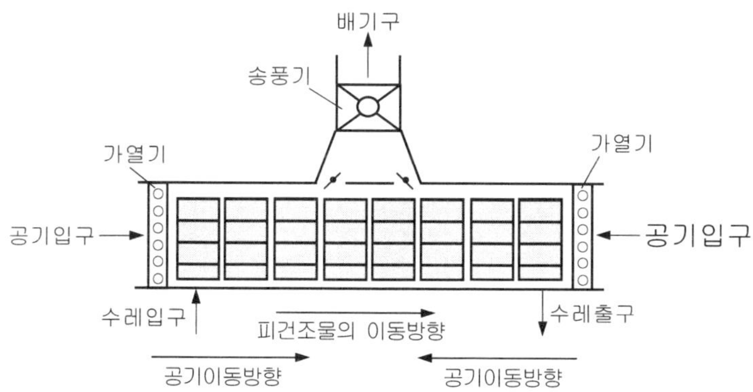

〈그림 3-6〉 2단계 터널 건조기의 원리

한 개의 터널에서도 위와 같은 두 단계의 건조가 가능하다. 즉 터널을 두 단계로 구분하는 이동성 칸막이를 사용하는 방법과 터널 가운데에 배기장치를 하여 터널 양쪽으로부터 열풍을 송입하여 식품을 건조시킨 후 필요에 따라 일부만 배출시키고 일부는 재순환시키는 중앙배기식 터널(center exhaust tunnel)건조기가 있다. 그림 3-6은 2단계 터널 건조 원리를 설명하고 있다.

2단계 터널 건조기는 두 터널의 길이가 같은 경우도 있지만 대부분은 둘째 단계에서 건조속도가 느리기 때문에 전반 터널보다는 후반 터널의 길이를 훨씬 길게 한다. 병류식 터널에는 비교적 고온의 열풍을 다량으로 불어 넣고 향류식 터널에는 건조하고 비교적 저온의 공기를 불어 넣는다.

※ 2 단계 터널 건조기의 특징

① 1단계 터널 건조기에 비해 건조시간이 짧아 건조용량이 크다.

② 건조조건을 보다 자유로이 조절할 수 있다.

③ 1단계 터널 건조기보다 시설비가 많이 든다.

끝으로 열풍과 식품의 이동방향이 교차하게 되어 있는 횡류식(橫流式) 터널 건조기가 있다. 이 시스템의 원리는 그림 3-7에 나타나 있다.

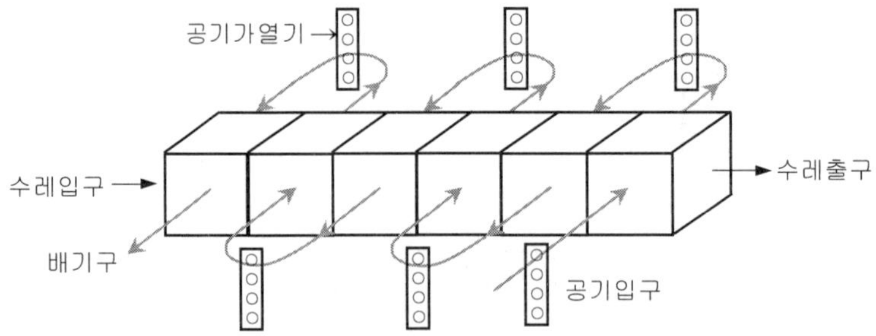

〈그림 3-7〉 횡류식 터널 건조기의 원리

※ 횡류식 터널 건조기의 특징

① 터널의 각 단계마다 가열장치가 있어 건조조건을 보다 잘 조절할 수 있다.

② 열풍의 흐르는 방향이 자주 바뀌어 건조가 균일하게 된다.

③ 보통 터널건조기보다 시설비와 유지비가 많이 들고 구조가 복잡하다.

열효율을 높이고 열풍의 습도를 조절하기 위해 배기열풍의 일부를 재순환시키는 것이 경제적일 수도 있으나 배기를 재순환시키면 건조속도가 떨어져 원료처리 능력이 떨어지므로 전체적인 건조작업의 경제성을 검토하여 조절하여야 한다. 배기의 75%까지 재순환시키는 것이 경제적인 경우도 있다.

4) 컨베이어 건조기(conveyor dryer)

터널 건조기의 원리와 비슷한데 식품을 수레로 운반하는 대신 벨트 위에 얹어 운반하는 것이다. 식품과 열풍의 이동방향에 따라서 병류식, 향류식 등 어느 방법이든지 사용할 수 있으나 실제로는 열풍이 벨트와 그 위에 널려있는 식품을 통과해서 흐르게끔 되어 있는 통류식 시스템(through flow system)이 가장 널리 사용되고 있다.

보통 입구 쪽에서는 열풍이 아래에서 위로 흐르고 출구 쪽에서는 건조되어서 가벼워진 식품을 불어 일으키지 않도록 하기 위해서 열풍은 위에서 아래로 흐르게 되어 있다. 두 개 또는 그 이상의 벨트를 연속적으로 사용할 경우도 있다.

※ 컨베이어 건조기의 특징

① 벨트 위에 깔려 있는 식품 사이로 열풍이 고르게 통과할 수 있도록 식품을 적당한 크기로 절단하여야 한다. 서로 엉기는 성질이 있는 식품은 이 방법으로 건조시키기 어렵다.

② 비교적 많은 식품의 표면이 열풍에 노출되므로 내부의 수분이 표면까지 이동하는 거리가 짧고, 열풍과 식품이 직접 접촉하므로 건조속도가 빠르다.

③ 시설비가 비교적 많이 들므로 수분 함량 10~15%까지 이 건조기에서 건조시킨 뒤에 빈 건조기(bin dryer)에서 건조를 끝내는 것이 효과적이다.

이 건조기는 입방체로 절단된 과일 및 채소류 건조에 널리 이용되고 있다.

5) 빈 건조기(bin dryer)

이 건조기의 구조는 나무판자로 된 보조바닥이나 또는 철사로 만든 그물을 설치한 상자로 되어 있다. 열풍은 송풍기에 의하여 비교적 낮은 속도로 식품을 통과시켜서 위로 불어 올린다. 큰 규모의 고정된 빈 건조기는 그 자체에 송풍장치와 가열기가 붙어 있고, 이동성 빈 건조기는 바퀴가 달려 있으며 별개의 송풍 시설에 연결시켜 사용하게 되어 있다.

※ 빈 건조기의 특징

① 건조속도가 느려서 건조시간이 오래 걸린다.

② 다른 열풍 건조기보다 시설비 및 운영비가 싸다.

이 건조기는 다른 건조기에서 먼저 수분 함량을 15% 정도로 건조시킨 채소류 등을 더욱 건조시켜 수분 함량을 3% 정도까지 낮추는 최종 건조에 사용되고 있다.

6) 부유식 건조기(fluidized bed dryer)

이 건조기의 원리는 식품이 깔려 있는 넓은 판(bed) 아래로부터 열풍을 불어 올려 열풍에 의하여 식품이 날려서 유체와 같이 흐르도록 하는 것이다. 여기에서 열풍은 식품을 날리는 구실을 하며 동시에 건조하게 한다.

부유식 건조기(浮遊式乾燥機)는 연속식과 비연속식이 있는데, 바닥은 간단하게 구멍만 뚫린 금속판으로 된 것도 있고 분출구 등이 부착된 복잡한 구조를 가진 것도 있다. 어떤 것은 식품의 이동을 원활히 하기 위해 진동 장치가 되어 있는 것도 있다. 배기구에는 분말분리기(보통은 cyclone을 사용한다.)를 달아 열풍으로 미세입자가 날아가는 것을 막고, 송풍장치의 위치를 바꾸어서 필요에 따라 가압상태나 또는 감압상태에서 건조시킬 수도 있다.

이 건조기는 당근, 양파, 감자, 완두, 육류, 밀가루, 코코아, 커피, 소금, 설탕 등과 같이 입자형 제품에 대하여 공업적으로 널리 이용되고 있고 앞으로 그 이용도가 더욱 넓어질 것으로 보인다.

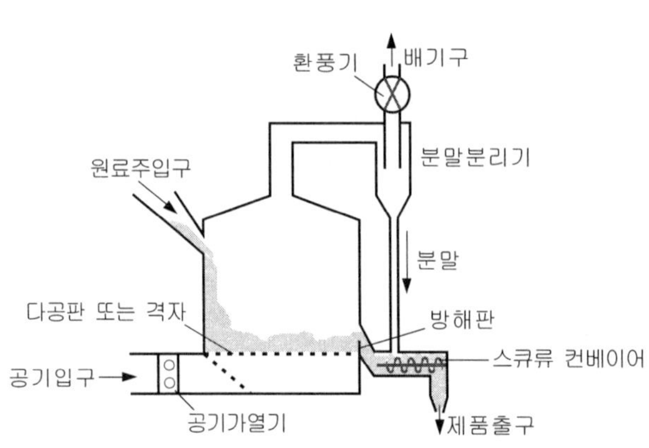

〈그림 3-8〉 연속 부유식(浮遊式) 건조기의 원리

※ 부유식 건조기의 특징

① 이 건조기는 부유될 수 있는 식품의 건조에만 사용할 수 있다. 예를 들면 곡물류는 수분 함량이 비교적 높아도 쉽게 날린다. 반면에 어떤

식품류는 수분 함량이 낮아야만 날리는데, 이때에는 이미 건조된 식품을 바닥에 깔아두고 그 위에 건조시키려는 식품을 뿌리면 된다. 부서지기 쉬운 식품을 날리면 심한 물리적 손상을 입게 된다.

② 비교적 건조속도가 높으며, 건조조건을 조절하기가 용이하다.

③ 비연속식 건조에서는 교반을 해 주어 고르게 건조시킬 수 있으나 연속식 건조에서는 교반을 하면 미처 건조되지 않은 제품이 뒤섞여서 배출될 가능성이 있다.

7) 기송 건조기(pneumatic dryer)

식품을 열풍기류에 날려 보내면서 건조시키는 방법으로 유속이 높은 열풍을 이용하여 부유식 건조기를 확대시킨 것으로 생각할 수 있다.

식품은 열풍에 날려 긴 파이프를 통과하면서 충분히 건조된 다음 마지막으로 사이클론(고체-기체 분리기)에 들어가서 기체는 배기되고 건조된 제품은 다른 출구에서 수집할 수 있게 되어 있다.

※ 기송건조기의 특징

① 부유식 건조기에서와 같이 사용할 수 있는 식품의 종류가 제한되어 있다.

② 건조속도를 높일 수 있다.

③ 건조와 동시에 식품의 운반도 되므로 이 점이 특히 유용한 경우도 있다.

이 건조기는 곡물, 밀가루, 알맹이로 된 감자, 입방형으로 잘게 썬 육류 등의 건조와 우유, 계란 분말 등의 2차 건조기로 널리 이용되고 있다.

8) 회전식 건조기(rotary dryer)

이 건조기는 식품을 긴 수평원통 안에 넣고 원통을 회전시키면서 열풍을 불어 넣어 건조시키는 방법이다. 경우에 따라서는 원통 자체를 가열하거나 원통 내에 가열관을 사용하는 예도 있다. 원통은 로울러 위에 약간 경사지게 설치하고 원통의 내부에는 교반날개(flight)가 고정되어 있어 원통이 회전됨에 따라 식품을 들어 올렸다가 흐르는 열풍 속으로 위에서 뿌리게 되어 있다. 건조시킬 식품은 경사진 원통 입구에서 계속 공급되고 건조된 제품은 반대쪽 출구로 연속적으로 배출된다. 열풍의 흐름은 식품의 이동방향과 같을 수도 있고 반대 방향일 수도 있으며 때로는 수직으로 통과하게 하는 경우도 있다.

※ 회전식 건조기의 특징

① 비교적 자유스럽게 흐를 수 있는 입자로 된 식품에 한하여 사용될 수 있다.

② 원통의 회전으로 인한 교반효과로 건조가 빠르고 균일하다.

이 건조기는 입자상태의 육류, 굵은 설탕, 코코아 열매 등의 식품의 건조에 사용한다.

9) 분무 건조기(spray dryer)

이 건조기는 식품공업에서 일반 용액과 반액체(半液體)의 건조에 널리 이용되고 있다. 용액상의 식품을 건조실 안으로 안개처럼 분무하면서 열풍을 통하면 빠른 속도로 건조되어 분말이 된다. 이 건조기의 특징은 건조시간이 대단히 짧고(1~10초), 제품의 온도를 비교적 낮게 유지할 수 있다는 점이다.

분무입자의 직경은 보통 10~200 μm 정도이므로 단위 부피당 열풍에 노출되는 표면적이 대단히 커서 건조속도가 빠르다.

건조는 일정한 조건하에서 연속적으로 진행되므로 제품의 온도는 건조가 거의 끝날 때까지 열풍의 습구온도 이상 올라가지 않는다. 잘 설계된 건조기를 사용하고 건조 중 여러 조건을 정확하게 조절하면, 건조된 제품이 건조실내에서 머물러 열풍에 노출되는 시간을 최소한으로 줄일 수 있어 제품의 온도를 낮게 유지할 수 있다.

분무건조기의 기본구조는 ① 공기의 가열 및 순환장치 ② 분무장치 ③ 건조실 ④ 제품 회수장치 등으로 되어 있다.

• 공기의 가열 및 순환장치

분무조건에서는 공기를 스팀 라디에이터로 가열하거나 또는 기체연료로 가열하면서 스팀으로 보충하여 공기를 가열하는 것이 보통이다.

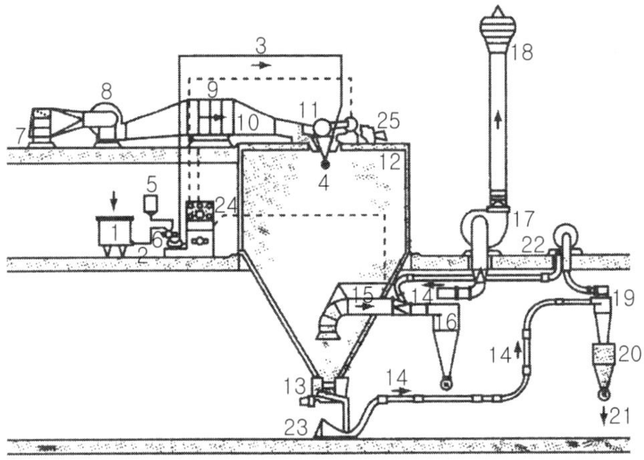

1. 원료탱크
2. 원료 삽입 펌프
3. 원료 삽입 파이프
4. 아토마이저
5. 물탱크
6. 3방조절마개
7. 공기여과기
8. 공기흡입팬
9. 공기가열장치
10. 공기통로
11. 공기분무장치
12. 건조실
13. 진동에 의한 원료삽입장치
14. 기송(氣送) 통로
15. 배기관
16. 사이클론
17. 배기팬
18. 후드(hood)
19. 사이클론
20. 깔때기
21. 회전밸브
22. 공기순환용 팬
23. 공기 여과기
24. 조절판(panel)
25. 분무기의 공기 냉각을 위한 팬

〈그림 3-9〉 전형적인 분무 건조기

• 분무장치

용액상의 식품을 작은 입자로 뿜어내는 장치로 가장 중요한 부품이다.

그림 3-10은 전형적인 프레셔노즐(pressure nozzle)인데 이외에 다른 형태의 노즐도 있다.

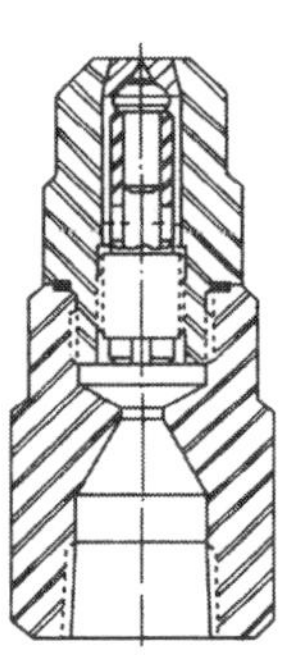

〈그림 3-10〉 프레셔 노즐

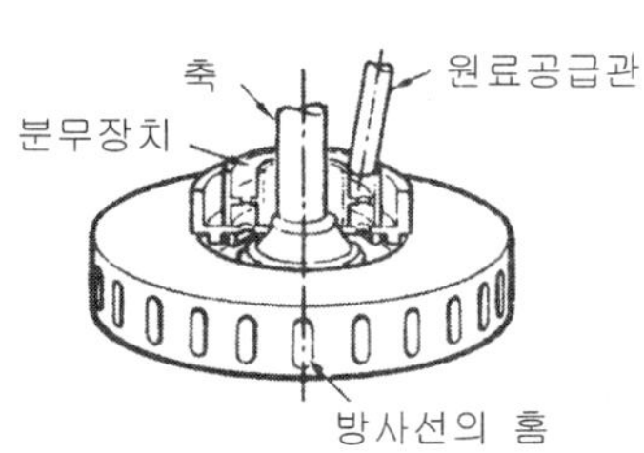

〈그림 3-11〉 원심 아토마이저

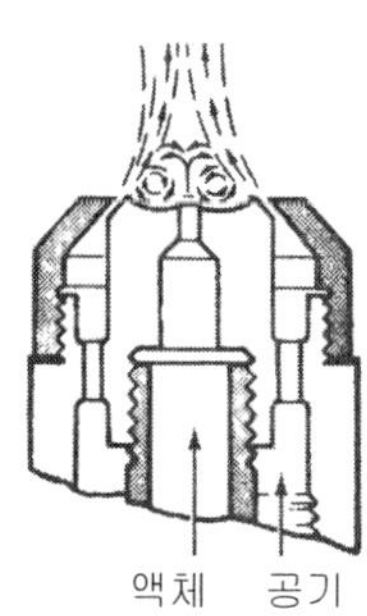

〈그림 3-12〉 이중 노즐의 원리

아토마이저는 보통 축의 끝에 달린 디스크(disc)가 빠른 속도로 회전하는 구조로 되어 있다. 식품용액은 아토마이저의 중심부로 들어가 회전하는 디스크 가장자리로 흐르면서 직선속도로 가속되어 건조실로 뿜어진다.

건조실은 식품 분무와 열풍이 나와서 건조가 일어나는 곳이다. 이들의 일반적인 원리는 그림 3-13에 설명되어 있다.

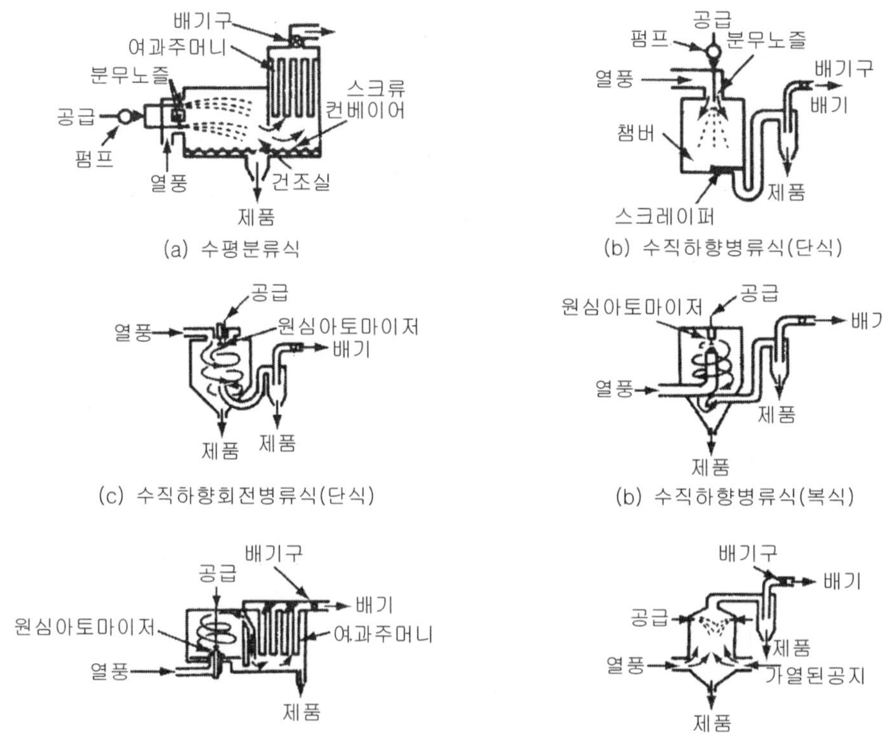

〈그림 3-13〉 여러 가지 분무조건에서 열풍의 흐름

• 제품 회수장치

건조된 제품의 대부분은 일단 건조실 바닥으로 모이게 하여 고무래, 스크류 컨베이어, 또는 회전식 벨트 등으로 회수하는 방법도 있고, 건조된 분말을 건조실로부터 배출되는 열풍에 띄워서 배기구로 나가게 하여 거기서 회수하는 방법도 있다.

분무 건조기는 우유, 차, 커피, 계란, 효모 유출액 등 여러 가지 식품의 건조에 널리 이용되고 있다.

10) 탑 건조기(tower dryer)

스위스에서 개발된 특이한 모양의 분무 건조기이다. 원료액을 커다란 탑(높이 70m, 직경15m) 꼭대기에서 분무시키고 아래로부터 불어오는 저온저습(30℃ 이하, 습도 3% 이하)한 공기에 90~200초 동안 노출시켜서 건조시킨다. 이렇게 건조된 제품은 빛깔·향기 및 재수화복원성(再水化復元性, reconstitution characteristics)이 우수하다. 이 건조기는 사용 범위가 극히 제한적이어서 주로 토마토즙을 건조시키는 데에 사용되었고 레몬·오렌지·감자 등 다른 제품들도 시험적으로 건조되었다.

2. 열판접촉에 의한 건조기

가열된 열판의 표면에 식품을 직접 접촉시켜서 건조시키는 방법이다. 여기서는 온도를 높이는 데에 필요한 열과 증발에 필요한 기화열이 모두 전도에 의해 전달된다. 내부의 수분이 표면으로 이동하는 속도가 증발속도보다 떨어지면 식품의 온도는 상승하여 가열 판의 온도와 거의 같아진다. 대기압에서 식품을 접촉, 건조시키면 건조 초기에 식품의 온도는 100℃ 이상으로 올라간다. 건조시간을 너무 연장시키지 않고 수분함량을 아주 낮추려면 가열 판의 온도는 이보다 훨씬 높아야 한다. 따라서 건조가 끝날 무렵에는 식품의 온도가 대단히 높아져서 열에 약한 식품은 열손상의 위험이 크다. 이 같은 열손상을 줄이려면 감압상태에서 비교적 온도가 낮은 가열판을 사용하여 식품의 온도를 낮게 유지해야 한다(감압 접촉 건조).

1) 드럼 건조기(drum dryer)

이 건조기는 한개 또는 2개의 속이 빈 금속 원통으로 되어 있으며 이 원통은 내부가 스팀이나 열탕, 또는 다른 종류의 열매체(熱媒體)로 가열되며 수평축을 중심으로 하여 회전하게 되어 있다. 식품용액은 로울러 등의 장치를 사용하여 드럼 표면에 붙어서 일정한 두께의 막이 형성되게 하고, 드럼이 회전하는 동안에 건조되게 하여 회전축 건너편에 붙어 있는 칼날에 의해 회수된다.

드럼 건조기는 단식(single drum dryer)과 복식(double drum dryer) 및 쌍드럼(twin drum dryer)의 3가지가 있다(그림 3-14 참조). 드럼은 표면이 완전한 기하학적 원통이어야 하며, 칼날은 끝이 날카롭고 드럼의 양끝까지 완전하게 접촉되어 있고 건조제품을 완전히 긁어낼 수 있어야 하는데 보통 나사로 조절할 수 있게 되어 있다.

드럼 건조기를 진공실 내에 설치하여 열에 약한 식품의 건조에 사용하기도 하는데, 그림 3-14에 이러한 진공드럼건조기(vacuum drum dryer)의 원리가 표시되어 있다.

이러한 건조기는 시설비가 많이 들기 때문에 대개는 열에 약한 식품에만 이용한다.

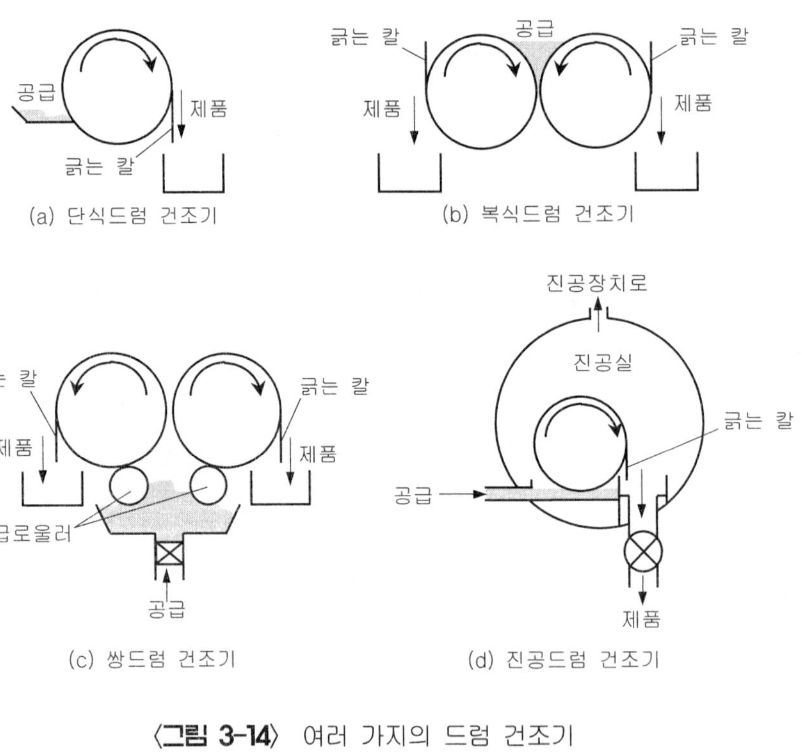

〈그림 3-14〉 여러 가지의 드럼 건조기

드럼 건조기의 장점은 건조속도와 열효율이 높다는 것인데, 반면에 비교적 고온에서 짧은 시간(20~30초)동안 견딜 수 있는 식품에만 사용될 수 있다는 것이 흠이다. 우유, 스프, 유아식품, 감자 등의 식품 건조에 사용된다.

2) 진공벨트 건조기(vacuum belt dryer)

주로 액체나 반액체상태의 식품건조에 사용하는데, 그 원리는 그림 3-15에서 볼 수 있는 바와 같다. 진공실 내의 가열드럼과 냉각드럼 사이를 스테인레스강 벨트(belt)가 돌게 되어 있다. 액체식품을 벨트 아래쪽에서 급액(給液)하면 벨트 위에 있는 복사가열기와 가열드럼에 의해 가열되어서 건조된다. 건조된 제품은 벨트가 냉각드럼 위로 지나갈 때에 냉각된 후 칼날에 의해 긁어져서 회수된다.

스팀코일이나 가열판 등을 사용하여 가열할 수도 있으며, 농축과즙·농축 토마토즙 및 커피 추출물 등의 건조에 사용되고 있다.

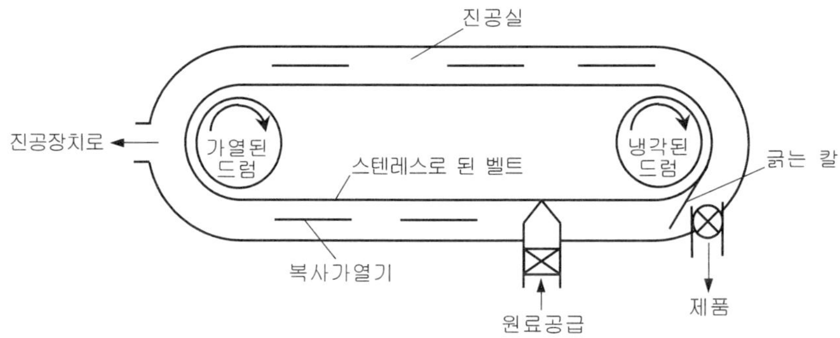

〈그림 3-15〉 진공벨트 건조기의 원리

3. 동결건조(freeze drying)

식품을 얼린 다음 그 상태를 유지하면서, 얼음을 승화시켜 식품을 건조시키는 방법이다. 이때 얼음의 승화는 주위 공기 중의 수증기압과, 얼음의 수증기압 차이 때문에 일어난다. 동결건조가 되는 과정을 단계적으로 구분하면 첫째 수분이 냉동에 의하여 얼음이나 공융혼합물이 되어 빠져나오게 되고, 다음 단계로 이들이 승화됨으로써 식품에 함유된 수분이 제거되는 것이다.

그러나 얼음이 승화된 뒤에도 소량의 수분은 식품 속에 남아 있다. 끝으로 남은 이 수분은 동결건조기에서 식품을 약간 가온하여 증발시키거나 빈건조기(bin dryer)와 같은 건조기로 옮겨 최종 건조를 끝낼 수도 있다.

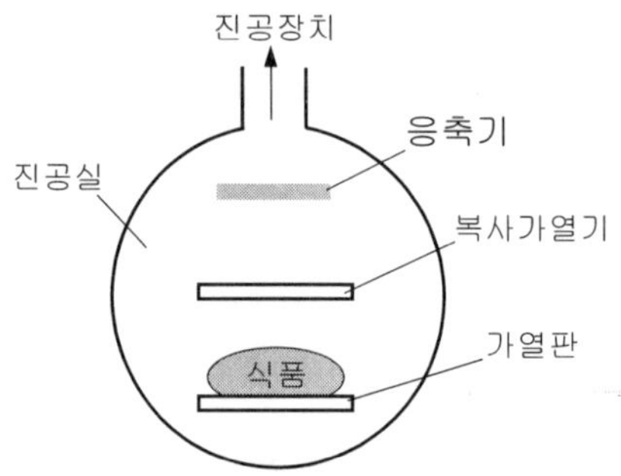

〈그림 3-16〉 동결건조기의 원리

동결건조가 가장 효율적으로 달성되려면 식품에 함유되어 있는 모든 수분을 동결시키는 것이 좋다. 그러나 실제로는 전부 동결시키는 일은 불가능하며, 동결되지 않은 수분이 소량이나마 남아 있게 된다. 그러나 어느 정도의 수분이 남은 것은 건조제품의 품질에 큰 영향을 미치지는 않는다.

동결건조에 적합한 최적냉동속도는 식품의 특성에 따라 다르다. 냉동속도가 일정하지 못하면 얼음 결정의 크기와 나아가 건조제품에 생기는 구멍의 크기에 영향을 미치게 되고, 따라서 건조속도와 건조제품의 성질, 특히 수화성에 영향을 미치게 된다. 최적냉동속도는 실험에 의하여 결정되어야 한다.

1) 비연속식 동결건조기(batch freeze dryer)

진공실, 진공장치 및 가열장치로 되어 있으며, 식품과 직접 접촉하는 부분은 스테인레스강으로 하는 것이 좋고 그 밖의 부분은 적당한 금속을 이용한다.

진공장치는 냉동된 식품이 녹지 않게 처음에는 빠르게 진공실을 감압시킬 수 있는 고성능의 것이라야 한다. 건조 도중 식품에서 발생하는 수증기와 가스 및 진공실에 새어드는 공기 등은 진공장치에 의하여 계속적으로 제거 되어야 한다.

그림 3-17에서 초기의 감압형성과 건조과정 중 감압 유지를 위하여, 공업적으로 흔히 사용되는 3가지 진공장치들을 볼 수 있는데 여기에는 여러 개의 스팀 이젝터가 연결된 방법, 냉동 응축기와 스팀 이젝터가 연결되어 있는 방법 등이 있다.

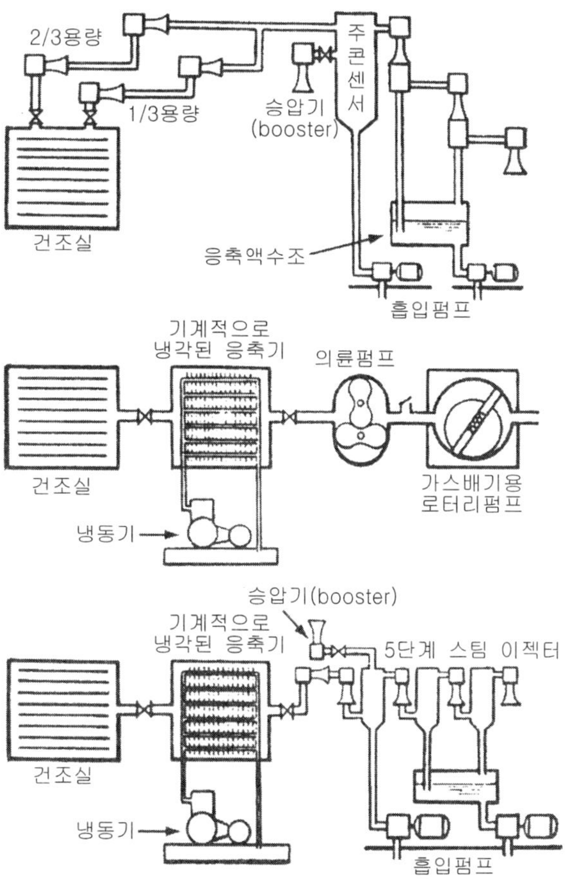

(A) 여러 개의 스팀 이젝터

(B) 냉동 응축기와 진공펌프를 병용한 것

(C) 냉동 응축기와 이젝터를 병용한 것

〈그림 3-17〉 가속동결 건조기(A.F.D)의 감압장치

일단 승화잠열을 공급하기 위한 냉동된 식품의 가열은 전도, 복사 및 초단파에 의하는데 보통 공업적으로는 전도와 복사가 동시에 일어나는 가열방법이 이용된다. 전도에 의한 가장 간단한 가열방법으로는 진공 선반 건조기에서와 같이 식품을 금속쟁반에 고르게 펴서 가열되는 선반 위에 얹어 두는 방법이 있다.

그러나 건조 도중에 식품의 모양이 변형됨으로써 열원, 즉 선반에 놓인 쟁반의 면에 대한 접촉상태가 달라짐으로 건조속도에 영향을 미치게 된다. 그러므로 이와 같은 폐단을 제거하는 방법으로는, 금속망을 이용하여 적당한 압력으로 식품을 눌러 주면서 건조를 진행시키면 건조속도를 월등히 단축할 수 있다.

일반적으로 널리 사용되는 비연결식 냉동건조기의 1회 용량은 원식품(原食品)으로서 400~500 kg정도이며 소요되는 시간은 보통 7~8시간이다.

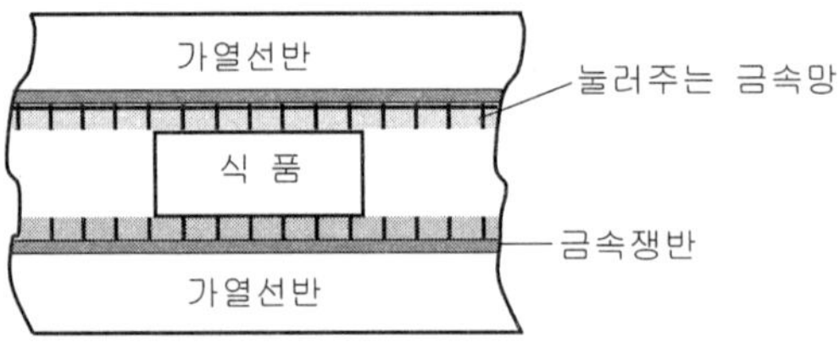

〈그림 3-18〉 가속동결 건조의 원리

2) 다중진공실 동결건조기

이것은 하루의 원료 처리량이 5톤 정도 되는 용량이 큰 동결건조기로서 현재 널리 이용되고 있다. 보통 4개의 진공실로 되어 있는데, 가열기는 각각의 진공실에 별개로 있으나 감압장치는 다 같이 두 갈래로 된 진공 파이프에 연결되어 있다.

한 갈래는 처음에 감압상태를 형성하기 위한 고성능 진공장치에 연결된 것이고, 다른 하나는 건조가 계속되는 동안 감압상태를 유지하기 위한 것이다. 식품에 따라 적당한 시간 간격을 두고(보통 2~3시간) 삽입한다.

3) 터널 동결건조기

원료 처리량이 대단히 크다. 직경 2~3m되는 원통형의 터널에 일정한 간격마다 가열장치가 있다. 식품은 바닥이 평평하거나 골이 파진 쟁반에 담아 손수레에 실거나 혹은 위쪽에 있는 레일에 매달려 가열판 사이로 통과하게 되어 있다(그림 3-19). 어떤 경우에는 쟁반을 직접 가열판에 닿도록 낮출 수도 있다. 터널의 길이는 용량에 따라 다르며 보통 여러 구간으로 나뉘어 있고 양쪽 끝에는 조그만 방압실(防壓室)이 붙어 있다. 일정한 간격을 두고 입구쪽의 방압실로 식품을 들여보내는 데, 한번 식품을 넣고는 방압실을 순식간에 감압시킨다.

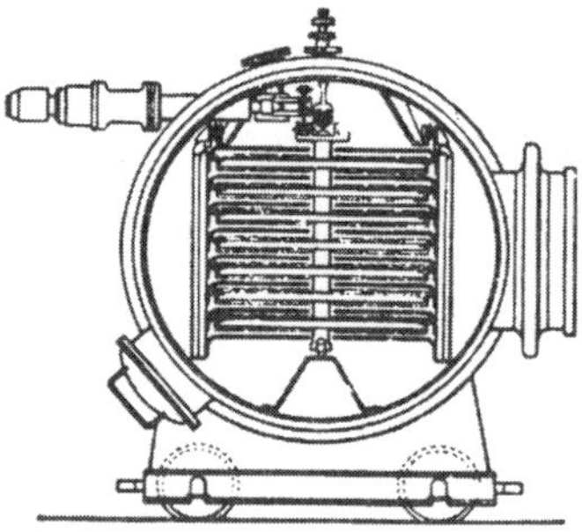

〈그림 3-19〉 터널 동결건조기의 단면

식품이 방압실에 터널로 들어가고 나면 방압문(防壓門)이 닫혀서 터널의 감압상태는 그대로 유지하면서 방압실은 상압으로 돌아와 다음 식품을 넣을 수 있도록 준비된다. 건조된 제품도 이와 같은 방법으로 반출되는데 여기서 방압실을 그대로 대기에 노출시키기보다 불활성 가스를 채워 상압으로 하기도 한다.

동결건조는 시설비와 운영비가 많이 들고 건조제품의 포장이 까다로워 동결건조 제품은 값비싼 가공식품에 속한다. 그러나 경제수준의 향상과 동결건조식품의 우수한 수화복원성, 품질유지 등 장점 때문에 건조음료, 편의식품의 제조에 점차 보편적으로 사용되고 있다.

3-5 건조과정에서 일어나는 변화

1. 물리적 변화

1) 가용성 물질의 이동

건조가 진행됨에 따라 내부의 수분이 표면으로 이동할 때 여기에 용해되어 있는 여러 가지 용질을 함께 운반하는 현상을 일으킨다. 이 현상은 모세관을 따라 일어나게 되는데 세포 내의 물질은 반투막의 성질을 가진 세포벽에 의해서 방해되기도 하고, 또는 식품의 건조 중에 일어나는 수축현상과 식품 내부에 형성되는 압력이 용질의 이동을 촉진시키기도 한다. 이러한 용질의 이동으로 말미암아 표면의 용질농도는 내부보다 고농도가 된다.

또한 표면에 모인 용질이 표면으로부터 내부로 이동하는 현상도 일어난다. 특히 당류 등이 표면에서 생성된 갈변색소가 내부로 확산해서 내부까지도 갈변시키기도 한다. 그런데 두 가지 현상 중 어느 것이 더 많이 일어나는가는 식품의 특성과 건조조건에 따라 다르게 나타나는 것 같다.

2) 수축현상

식품이 건조되면 수분이 점유했던 용적만큼 수축현상이 있을 것으로 예상된다. 그런데 실제로는 수분이 있었던 자리에 공간이 생기는 등으로 수축현상은 이론치만큼 크지는 않다.

즉 건조속도가 빠른 건조 초기에는 수축이 비교적 많이 일어나지만 건조 후기에는 감소되어 건조가 완전히 끝나기 전에 수축은 끝나고 건조제품의 형태가 고정된다.

건조 채소류의 벌크밀도와과 다공성(多孔性)은 건조조건에 의해서 주로 지배된다. 즉 초기 건조속도가 빠르면 식품의 표면층이 딱딱하게 되어 건조제품의 형태가 일찍 고정되고 내부조직이 찢어지고 파괴되어 다공성의 개방적 구조를 갖게 된다. 이런 제품은 벌크밀도가 낮고 물에 넣었을 때에 복원성이 매우 우수하다.

이와 반대로 초기 건조속도가 낮으면 식품의 구조는 거의 변하지 않으면서 수축이 계속되어 벌크밀도가 높은 제품이 된다.

수축현상은 보통 건조 표면적을 줄이게 되어 식품 내부압력의 불균형을 가져오고 건조속도에 영향을 미친다.

3) 표면경화

공기의 온도가 높고 공기의 상대습도가 낮을 때는 수분 함량이 큰 식품의 내부에서 외부 쪽으로 확산하는 수분의 양보다 더 많은 수분이 식품의 표면에서 증발하여 제거될 위험이 있으며 이럴 때에 표면경화가 일어나게 된다. 이와 같은 경화는 내부 수분을 표면으로 운반하는 통로가 되는 모세관을 막아버리므로 건조 속도를 지연시키는 원인이 된다.

이와 같은 현상을 방지하는 방법으로는 공기의 상대습도와 온도를 조절해서 식품 내부의 수분이 외부로 확산되는 양보다 더 많은 수분이 발산되지 않도록 해야 한다.

표면경화를 방지하려면 건조 초기에는 건조속도를 빠르게 하고 후기로 갈수록 느리게 할 필요가 있다.

4) 성분의 석출

쪄서 말린 전복이나 마른 오징어의 표면에 다량의 백분(白粉)이 생기는 것을 볼 수 있는데, 쪄서 말린 전복의 흰 반점은 주로 taurine이고, 마른 오징어의 경우는 taurine 외에 betaine, glutamic acid, histidine등이 함유되어 있다.

복어의 조미건제품이나, 방어의 훈제 유지조림에 생성되는 흰 반점은 주로 tyrosine이다.

또 마른 미역이나 다시마에서 볼 수 있는 백분(白粉)의 주 성품은 mannite이고 여기에 아미노산이나 염화칼륨 등이 소량 섞여 있다.

2. 화학적 변화

1) 영양가의 변화

식품은 건조됨으로써 상대적으로 단위무게 당 영양소의 함량이 증가한다. 그러나 다른 저장방법에 있어서와 마찬가지로 건조식품의 품질은 원래의 식품의 그것보다 더 높을 수는 없다. 건조과정에서 특히 비타민은 다소 손실이 있는 것으로 보인다. 비타민이 손실되는 정도는 식품을 건조 전에 취급한 상태, 건조방법, 건조 후의 저장상태 등에 의해서 좌우된다.

아스코르브산(ascorbic acid)과 카로틴(carotene)은 진공건조를 제외한 다른 건조방법에서 상당량이 파괴되는 것으로 예상된다. 그리고 아스코르브산은 속도가 빠른 건조방법을 택했을 때에 비교적 손실이 적은 것으로 나타나고 있다.

〈표 3-2〉 식품의 건조 전후의 성분함량(%)

식품의 성분	쇠 고 기		완 두	
	건 조 전	건 조 후	건 조 전	건 조 후
단 백 질	20	55	7	25
지 방	10	30	1	3
탄수화물	1	3	17	65
회 분	1	4	1	2
수 분	68	10	74	5

건조식품 중 카로틴의 함량을 보면 천일건조인 경우 크게 감소되지만, 인공건조 중에서 특히 분무건조에 있어서는 영양소의 손실이 적게 이루어지는 것으로 보인다.

냉동건조에 있어서는 카로틴뿐만 아니라 모든 영양소가 거의 손실이 없이 잔존하게 된다. 그리고 일반적으로 대부분의 영양소에 있어서 자연건조보다도 인공건조인 경우에 손실이 적음을 알 수 있다.

비타민 B_1 함량의 감소는 블랜칭(blanching)을 실시한 조직에서 15%

정도이며, 블랜칭하지 않은 조직에 있어서는 전량의 75% 정도의 영양소가 손실된다.

우유가공품 중의 비타민을 보면 분유에 있어서는 드럼 건조와 분무건조품에서 비타민 A의 손실이 적고 비타민 B_1, B_2는 손실이 많다. 그러나 과일이나 채소의 건조에 비하면 보존이 좋은 편이다. 비타민 C는 열과 산소에 불안정하여 때로는 완전히 소실되는 경우도 있다. 비타민 D도 상당히 감소되나 비타민 B_6 (pyridoxine)와 나이아신(niacin)등은 비교적 안전하다.

육류건조품은 원료육보다 약간 적은 비타민 함량을 가지고 있다. 비타민 B_1의 손실은 건조온도가 높을수록 크며, 비타민 C는 대부분이 손실된다. 비타민 B_2와 나이아신은 소량의 손실이 있다.

〈표 3-3〉 건조 복숭아의 비타민C 함량(mg/100g)

처 리 방 법	처 리 전	건 조 후
천일건조 · 유황 훈증	52	34
천일건조 · 블랜칭처리 · 유황 훈증	68	39
인공건조 · 유황 훈증	52	64
인공건조 · 블랜칭처리 · 유황 훈증	52	60

2) 단백질의 변성

건조된 단백질의 생물가(biological value)는 건조방법에 따라 다르다. 고온에서의 장시간 처리는 단백질의 가치를 저하시킨다. 그러나 저온건조된 것은 소화율이 보통이거나 오히려 상승하는 경향이 있다.

3) 탄수화물의 변화

과일을 건조시킬 때에 일어나는 변화는 주로 탄수화물에 의한 것이다. 탄수화물이 관여하는 식품의 변패로는 갈변(browning)을 들 수 있다. 유기산과 환원당, 아미노산과 환원당은 서로 반응하여 갈색 물질을 생성하며 폴리페놀옥시다아제(polyphenoloxidase)는 폴리페놀 물질이 변화해서 갈색의 퀴논(quinone)을 생성한다.

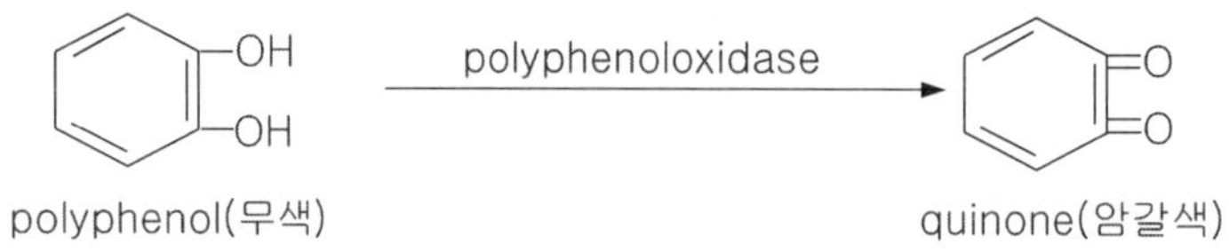

이러한 변화를 방지하기 위해서는 아황산으로 처리하면 되는데, 그 이유는 산소의 불활성화와 항산화력이 있기 때문이다. 간단한 방법으로는 식품을 건조 전에 유황훈증하면 되는 것이며, 가장 값싼 변색방지의 요령이라 할 수 있다.

동물조직은 탄수화물의 함량이 크지 않으므로, 육류의 건조 등에 있어서의 갈변은 별문제가 되지 않는다. 그러나 계란과 계란 제품은 예외이다. 계란 건조에는 효모 등을 이용해 발효시켜 계란 중의 포도당을 완전히 소비시킨 후에 건조시켜야 한다.

갈변이 일어날 수 있는 수분 함량은 1~30%의 범위로 보인다. 식품중의 수분 함량이 1% 미만이거나 30% 이상에서는 갈변이 있다 해도 그 속도가 매우 느리게 나타난다.

4) 지방의 산화

• 산 패

지방이나 지방함량이 많은 식품을 저장하여 두면 공기 중의 산소, 빛, 효소 등의 작용에 의하여 불쾌한 자극성의 냄새와 떫은맛을 띠게 되는데 이와 같은 지방의 변패를 산패라고 한다.

산패한 유지가 불쾌한 자극취를 내는 것은 주로 aldehyde 및 저급지방산에 의하는 것이고 떫은맛은 주로 C_{10} 이하의 저급지방산에 의한다. 결국 지방의 산패를 특징지을 수 있는 것은 carbonyl 화합물과 저급지방산이며, 그 생성량은 과산화물의 생성량에 의하여 지배된다.

• 기름변색

지방을 많이 함유하는 어육을 공기 중에 오래 두면 육질이 직접, 간접으로 지방성분의 영향을 받아 마치 불에 탄 것과 같이 오렌지색이나 적갈색으로 변색하는 수가 많다. 이렇게 변한 어육으로부터 기름을 추출하여 보면 기름도 변색되어 있다. 이러한 산패, 중합, 변색 등의 여러 가지

현상을 포함한 기름의 종합적 변패 현상을 기름변색이라고 한다.

기름변색을 일으킨 어육을 불에 구어 보면 산패 특유의 자극취를 내고, 표면에는 진하게 착색된 기름이 스며 나와 먹어보면 입속에서 진득진득하고 떫은맛을 낸다.

5) 핵산계 물질의 변화

어류를 건조시킬 때의 뉴클레오티드(nucleotide) 및 그 관련 물질의 변화를 보면 표 3-4와 같으며 ATP, ADP는 감소되는 경향을 보이고 히포키산틴(hypoxanthine)과 AMP는 건조 중에 증가하며, IMP와 이노신(inosine)은 경우에 따라 다르게 나타나고 있다.

〈표 3-4〉 어류 건조중의 뉴클레오티드 및 그 관련 물질의 변화 (μmole/g 건물)

종류 및 건조 전후 / 뉴클레오티드 및 그 관련 물질	말 쥐 치		까 치 복		명 태	
	건조전	건조후[1]	건조전	건조후[2]	건조전	건조후[3]
ATP	24	1.4	4.9	0.3	0.3	0.3
ADP	25.6	3.0	22.9	1.4	2.0	1.4
AMP	0.3	1.4	0.9	1.8	0.1	0.6
IMP	1.6	5.0	12.1	8.5	5.1	0.7
inosine	0.6	21.0	0.9	21.6	13.5	6.7
hypoxanthine	0.4	4.9	3.2	3.7	3.4	16.9

1) fillet로 하여 26~30℃로 3일간 건조
2) 48~50℃로 11시간 건조
3) 48~50℃로 24시간 건조

6) 향신료의 성분변화

각종 향신료는 건조방법에 따라 그 주성분이 달라질 것으로 예상된다. 고추를 통째로 말린 것과 절단해서 말린 것의 캡사이신(capsaicine) 함량을 보면 그림 3-20에 나타나 있는 바와 같이 절단조건일 때는 일광건조에서 좋은 효과가 있고, 통째로 건조시키는 경우는 60~65℃의 열풍건조가 가장 적합하다.

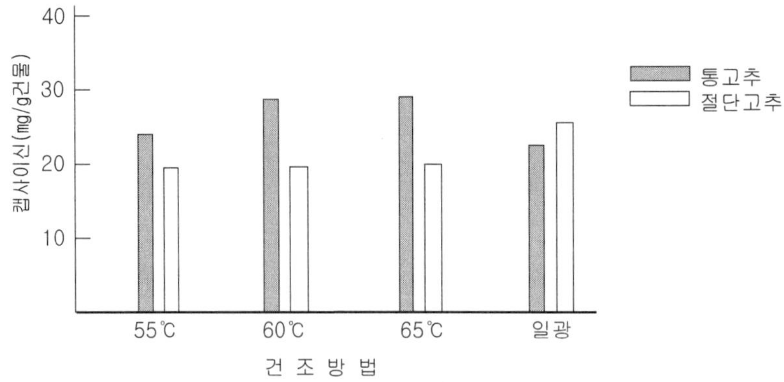

〈그림 3-20〉 고추의 건조방법에 따른 캡사이신의 함량비교

7) 식품색소의 변화

식품의 빛깔은 그 식품을 보는 환경과 그 식품이 갖는 가시광선의 반사, 산란, 흡수 또는 투과 등에 따라서 달라진다.

식품은 건조시키는 동안에 그 식품의 화학적·물리적 성질이 변화하며 광선을 반사·산란·흡수 또는 투과하는 능력이 변화될 수 있으리라고 예상된다.

식품의 카로틴색소(carotenoids)도 건조되는 동안에 변화되는 것을 볼 수 있다. 건조방법에 따라 그 차이가 현저하게 나타날 것으로 예상된다.

실제로 고추의 카로틴색소의 변화를 보면(그림 3-21) 65~75℃로 건조했을 때 가장 손실이 많음을 알 수 있다. 그리고 일반적으로 절단해서 건조시키면 색소의 손실이 비교적 적음을 알 수 있다.

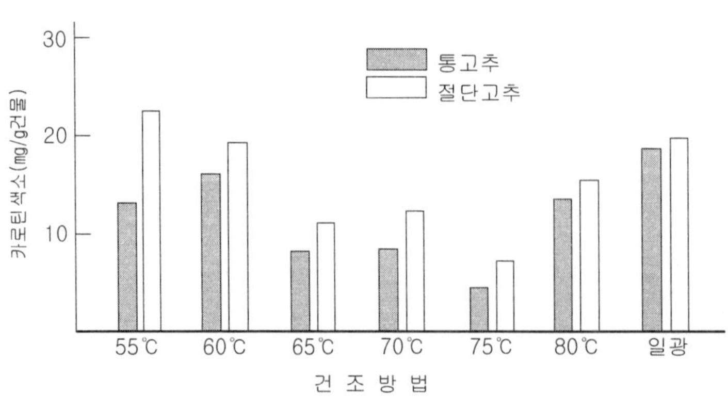

〈그림 3-21〉 고추의 건조 중 카로틴색소의 변화비교

안토시아닌 색소(anthocyanin pigment)도 건조처리에 의해서 손상을 받는다. 이것을 보호하기 위해서는 아황산처리를 하면 되는데, 이때에 안토시아닌 색소는 다소 표백되는 경향이 있으나 산화에 의한 갈변은 방지할 수 있다.

3. 생물학적 변화

미생물은 자연계에 널리 분포되어 있으며 식품원료는 언젠가 한번은 토양과 먼지 등에 접촉되었었다가 온 것이기 때문에 조건만 좋으면 다시 활발하게 번식할 수 있다.

한 가지 확실한 억제방법은 수분을 제한하는 방법이다. 즉 식품의 수분활성도를 저하시켜서 미생물이 그 생육에 요구하는 수분의 공급을 제한하는 방법이다.

곰팡이는 일반적으로 효모나 세균이 살지 못하는 낮은 수분에서도 생육하는 일이 있으므로 주의해야 한다.

식품을 건조시킬 때는 미생물에 의한 오염도가 적고 품질이 좋은 원료를 사용하여 가능하면 건조시키기 전에 미리 저온살균을 하고 청결한 공장에서 가공・건조시키며 그 후에도 먼지·곤충 등의 침입이 없도록 해야 한다.

제4장

절임에 의한 식품저장

각종 식품은 몇 가지 형태의 절임법에 의해서 저장이 가능하다. 절임방법은 탈수저장법의 일종으로 식품에서 수분을 줄여 미생물의 증식을 막아 식품을 오래도록 보존하는 방법이다. 절임법에는 소금절임, 당절임 및 산절임이 있다. 어느 것이나 삼투압 또는 pH의 영향에 의해서 미생물의 생육을 저지하여 식품의 수명을 연장시키고자 한 것이 그 목적이다.

4-1 소금절임

소금이 방부력을 갖고 있는 것으로 믿어져 식품저장법으로 이용되기 시작한 것은 꽤 옛날부터이다.

현재 소금의 보존기작에 대해서는 여러 가지로 설명되고 있다. 즉 소금절임은 주로 식품의 탈수를 일으켜 세균에 필요한 수분이 감소되고 부착세균 자신은 소금의 고삼투압으로 원형질 분리를 일으켜 발육이 저해되며 또한 소금의 해리에 의해 생성되는 염소이온과 산소용해도 감소 등의 작용 등으로 식품이 보존되는 것으로 설명된다. 그러나 소금 단독으로 완전한 방부성을 식품에 주려면 고농도(15% 이상)가 되어야 한다.

전에는 저장성에 중점을 두어 소금량이 많은 제품이 많았지만 최근의 식생활 경향은 소금량이 적은 제품을 좋아하는 편이어서 소금량이 적은 염장품이 제조되어 이를 냉장고에 저장하는 방법이 채용되고 있다.

소금에 의한 염장이 다른 식품 보존제와 비교할 경우 식염이 나타내는 보존효과와 위생적인 안전성 그리고 제품에 미치는 풍미 외에도 사용상의 간편성과 염가로 구입할 수 있다는 장점 때문에 많이 사용된다.

1. 소금절임의 원리

1) 소금의 보존작용

소금은 그것이 나타내는 보존효과, 위생적인 안정성, 제품의 풍미, 사용상의 간편성, 또는 가격 등으로 볼 때 다른 식품보존제와는 비교할 수 없을 정도의 많은 장점을 지니고 있다.

일반적으로 소금의 보존력은 소금용액이 가지는 높은 삼투압에 의한 세균세포로부터의 탈수작용으로 설명되고 있다. 즉 탈수작용으로 세균세포는 정상적인 발육이 억제되는 것이다. 따라서 탈수작용이 급격히 일어나게 되면 세균세포는 원형질분리(plasmolysis)를 일으켜 사멸하게 된다.

그러나 소금의 보존효과는 이 탈수작용만으로 충분히 설명될 수는 없다. 그것은 소금보다 탈수력이 더 강한 황산염의 방부효과가 소금보다 못한 것을 보아도 알 수 있다.

고농도의 소금용액은 미생물이 분비하는 단백분해효소의 작용을 저해한다는 것이 알려져 있다. 즉 단백질이 가수분해 되기 위해서는 효소가 단백질분자의 peptide 결합위치에 결합하지 않으면 안 되는데, 소금의 구성원소가 먼저 peptide 결합위치에 결합하여 버림으로 효소가 결합하는 것을 봉쇄하게 되기 때문이라고 한다. 이와 같이 육류를 염장하면 peptide 결합할 곳이 소금으로 봉쇄되어 미생물이 분비하는 단백분해효소의 작용이 약화되는 것이다.

한편 이 외에도 소금이 나타내는 보존효과의 요인으로 들 수 있는 것은 소금용액에 대한 산소의 용해도 감소를 들 수 있다. 즉 소금용액의 농도가 높아질수록 산소의 용해도는 감소하므로 이에 따라 호기성세균의 발육도 영향을 받는다고 볼 수 있다. 또 소금의 해리에 의하여 생성되는

Cl^-이온은 세균세포에 대한 직접적인 작용이 있다고 하나, 이것에 대하여는 별로 알려진 것이 없다.

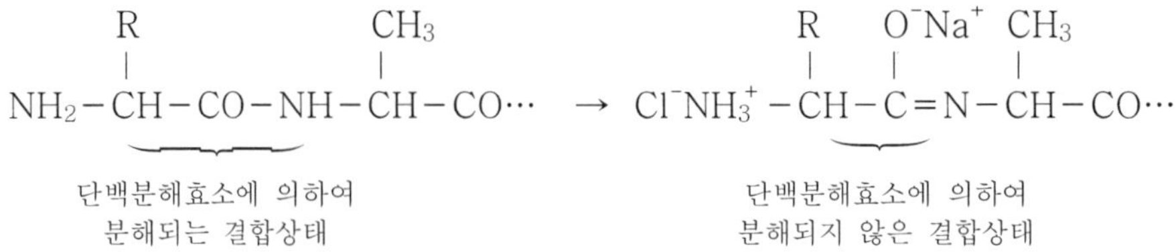

2) 소금의 농도와 세균의 발육

세균의 발육을 억제할 수 있는 소금농도는 균종, 세균의 경력, 균주, pH, 아포 형성유무 등에 따라 다르다. 일반적으로 소금에 대한 저항성은 병원균 보다는 부패균이 강하고, 또 간균보다는 구균이, 번식체 보다는 아포가 강하다. 보통 일반세균은 15% 정도의 소금농도이면 일단 그 발육이 억제된다고 할 수 있다.

그러나 세균 중에는 상당히 고농도의 소금배지, 때로는 포화 소금용액에서도 잘 발육하는 종류가 있다. 이러한 세균을 통틀어 식염세균이라고 한다. 식염세균을 더욱 세분하면 일반적으로 농후한 소금농도에서만 발육하고 소금함량이 낮은 배지에서는 발육하지 않는 세균을 호염세균(halophilic bacteria) 또는 편성식염세균이라 하고, 소금농도가 높은 배지에서나 낮은 배지에서나 다 같이 발육할 수 있는 세균을 내염세균(halophobic bacteria) 또는 통성식염세균이라 한다.

그러나 이러한 구별은 분류학적으로 절대적인 것이 아니고 편의적인 명칭에 불과하다. 즉 일반적으로 세균은 소금농도의 변화에 서서히 적응하여, 저농도의 소금배지에서 차차 고농도의 배지에서도 발육할 수 있게 된다. 또 처음의 세균수가 많으면 고농도의 소금배지에서도 발육하기가 쉬운 경향이 있다.

일반적으로 소금농도가 15% 정도가 되면 보통세균의 발육은 억제되나 식염세균은 보통세균이 발육할 수 없는 고농도의 배지에서도 발육할 수 있고, 심지어 고체소금에도 상당한 수가 함유되어 있으므로 염장품도 결국에는 부패하게 된다.

그러나 일반적으로 식염세균은 발육이 극히 완만하고, 또 이들 세균의 단백분해작용이 비교적 약하기 때문에 염장품의 급격한 부패는 일어나지 않고 어느 정도의 기간은 저장이 가능하다.

3) 소금의 삼투에 영향을 주는 요인

소금절임은 식품내외의 삼투압차에 의하여 일어나는 삼투와 확산의 두 작용에 의하여 이루어지며, 소금의 삼투속도와 삼투량은 소금농도, 온도, 소금절임방법, 소금의 순도, 식품의 성상 등에 따라 달라진다.

- **소금농도와 절임온도**

용액의 삼투압은 농도와 온도에 비례하므로, 소금절임에 있어서 소금의 삼투속도도 소금농도와 온도가 높을수록 크다. 이에 대한 예를 들면 그림 4-1 및 표 4-1과 같다.

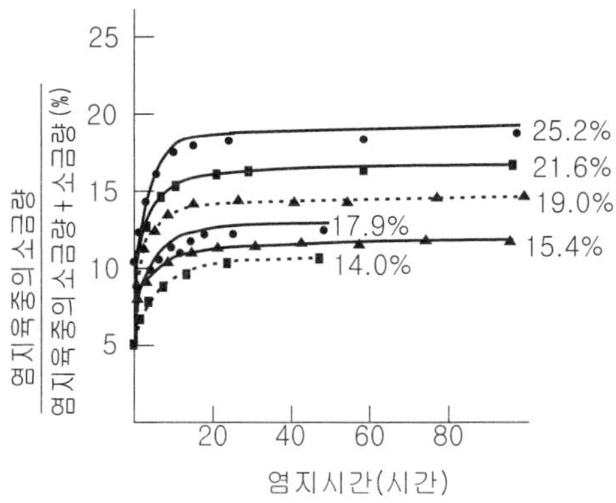

〈그림 4-1〉 물간에 있어서 다랑어 육의 소금량 증가

〈표 4-1〉 쇠고기의 물간에 있어서 염장농도와 온도에 따른 소금의 침투량

염 장 농 도 (%)	5		9		13		17	
염 장 온 도 (℃)	15~24	30~35	15~24	30~35	15~24	30~35	15~24	30~35
염장육 중의 소금(%)	2.5	2.9	5.4	6.4	6.5	8.0	8.9	10.3

물간을 하는 경우 충분한 양의 소금물을 사용하여 장시간 소금절임을 하여도 식품중의 소금농도는 사용한 소금물농도에 미달하는데, 이것은

식품중의 수분 일부가 결합수로 존재하여 용매로서 작용하지 않기 때문이다.

• 절임방법

청어육편을 0℃에서 마른간과 물간을 하여 소금의 침투 상태를 조사한 것을 보면 그림 4-2와 같다.

물간을 하면 마른간을 했을 때보다 소금의 침투속도도 크고 평형상태가 되었을 때의 침투소금량도 많다. 그러나 식품을 소금절임하면 수분량이 변화하고 그 변화의 정도가 소금절임 조건에 따라 많이 다르므로, 단순히 식품 중의 소금농도로서 단정하기는 곤란하다.

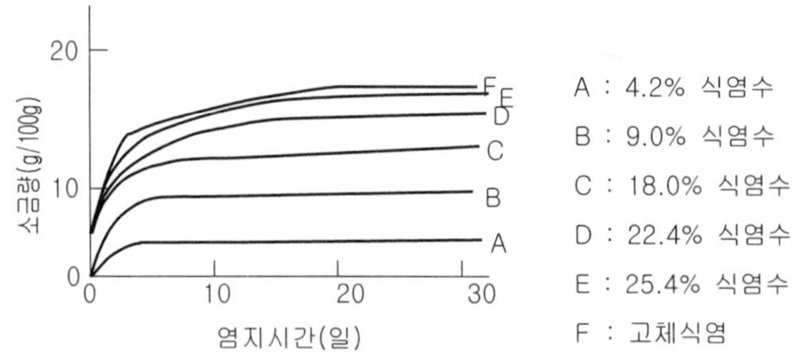

〈그림 4-2〉 염장청어육의 소금량 변화

• 소금순도

소금 중에 Ca염이나 Mg염이 소량이라도 섞여 있으면 소금의 침투가 저해된다.

소금절임에 있어서 소금 중 불순물의 영향은 이러한 소금침투의 방해뿐만 아니라 제품의 맛에도 영향을 주므로 소금의 순도가 높은 것을 사용하여야 한다.

한편 KCl, KNO_3 등은 오히려 소금의 침투를 촉진시키고 육질을 단단하게 한다는 설도 있으나 확실하지 않다.

• 식품성상

일반적으로 어체의 지방함량이 많은 것은 피하지방층이 두꺼워 어체를 그대로 소금절임하는 경우 소금의 침투가 어려운 경향이 있다.

어피의 유무는 소금절임 기간이 길 때에는 별 영향이 없으나, 소금절임 초기에는 상당한 영향을 미친다. 표 4-2는 weak fish(민어류 일종)에 대한 실험 예이다. 원료어의 선도 영향에 대하여는 선도가 좋은 것이 소금의 침투가 빠르다는 의견도 있으나 확실치 않다.

〈표 4-2〉 소금침투에 미치는 어피의 영향

시 료	염장육중의 소금량(건조물중의 %)			
	1 일	4 일	7 일	13 일
어피가 있는 것	1.7	11.9	18.9	20.3
어피를 벗긴 것	9.7	19.8	20.2	20.3

2. 소금절임의 방법

소금절임법에는 원료를 소금물에 침지하는 물간법(brine salting)과 고형 소금을 직접 원료에 뿌리는 마른간법(dry salting), 그리고 물이 새지 않는 용기 내에서 마른간 한 다음 내려갈 수 있는 덮개를 하고 그 위에 누름돌을 얹어 두면 원료에서 침출된 물에 소금이 용해되므로 도중에서 물간한 상태가 되는 개량물간법 등이 있다. 보통 소형어는 물간법으로, 대형어는 마른간법으로 절인다.

1) 마른간법

식품에 직접 소금을 뿌려 절임하는 방법이다. 뿌린 소금은 식품표면의 수분이나 또는 내부에서 삼출한 수분에 녹아 포화식염수를 만들므로 식품표면은 항상 포화식염수로 둘러싸여 있는 형태가 된다. 그러므로 식품 내외의 삼투압차가 커서 소금이 식품내로 삼투하는 것과 식품내의 수분이 밖으로 탈수되는 것이 동시에 진행된다.

소금의 사용량은 제품의 종류, 기후 등에 따라 다르나 보통 식품무게의 20~35%의 소금을 사용한다. 어체를 마른간할 때 소금을 고루 비벼 뿌리고 어층 사이사이에는 사이소금(interlayer salt)을 뿌려준다.

마른간법의 장단점을 들어보면 먼저 ① 소금절임에 특별한 설비가 필요 없으며, ② 소금사용량에 비하여 탈수량이 많고 소금의 삼투가 빠르므로 소금절임 초기의 부패가 적으며, ③ 소금절임이 잘 못 되었을 때 그 피해를 부분적으로 그치게 할 수 있는 장점이 있다.

반면 ① 소금의 삼투가 불균일하게 되기 쉬워, 제품의 품질이 고르지 못하고, ② 강하게 탈수되어 제품의 외관이 좋지 못하고, 수율도 낮으며, ③ 소금절임 중 공기와 접촉되므로 지방이 산화되어 기름변색(rusting) 등을 일으키는 단점이 있다.

2) 물간법

적당한 농도의 소금물에 식품을 담가서 절임하는 방법이다. 식품에 소금이 삼투됨에 따라 소금물의 농도가 묽어지므로 수시로 소금을 첨가하든가 또는 미리 여분의 소금을 넣어두어서 소금물의 농도를 일정하게 유지하여야 한다.

또 소금의 삼투와 동시에 탈수가 일어나서 식품주위에 묽은 소금물 층이 생겨서, 소금의 삼투와 탈수를 방해하므로 수시로 교반하여 묽은 소금물 층을 없애야 한다.

이 방법의 장단점은 ① 소금의 삼투가 균일하여 제품의 품질이 고르며, ② 소금절임 중 공기와 접촉하지 않으므로 지방의 산화가 적고, ③ 과도한 탈수가 일어나지 않으므로 외관, 풍미, 수율이 좋으며, ④ 제품의 소금 맛을 조절할 수 있다.

반면 ① 물이 새지 않는 절임용기가 필요하고, ② 마른간에 비하여 소금사용량이 많이 들며, ③ 절임 중 자주 교반을 하지 않으면 식품주위에 묽은 소금물 층이 생겨 절임 초기에 부패하기 쉬운 점 등의 단점이 있다.

3) 개량물간법

절임용기 또는 탱크에 식품을 1단씩 마른간을 하여 재우고 어층을 쌓아 올린 후 덮개를 덮고 누름돌을 얹어 적당히 가압한다. 이와 같이 하면 식품으로부터 삼출한 수분에 의하여 포화식염수가 형성되어 결과적으로 물간을 한 것과 같게 된다.

이 방법은 마른간과 물간의 단점을 서로 보완한 것이므로, ① 소금절임 초기에 부패를 일으킬 염려가 적고, ② 소금의 삼투가 균일하며, ③ 외관이나 수율이 좋고, ④ 기름 변색을 막을 수 있는 등의 장점이 있다.

이 방법과 같이 소금절임이 두 단계로 이루어질 때 처음 절임을 예비염지(presalting)라고 하고, 그 다음 절임을 본염지라고 한다.

축육의 경우는 방혈을 목적으로 예비염지를 하는 수가 많다. 어패류의 경우는 예비염지에 의하여 대부분의 수분을 제거하여 소금절임 초기의 변질을 억제하고 본염지의 절임효과를 높이는데 목적이 있다. 물간을 하는 경우 소금물을 가하는 것도 처음 것은 예비염지라 할 수 있다.

4) 개량마른간법

처음 물간으로 예비염지를 하여 식품에 부착한 세균 및 식품표면의 점질물 등을 제거한 후 마른간으로 본염지를 하여 소금절임 효과를 높이는 방법이다. 기온이 높은 계절 또는 선도가 불량한 것을 소금절임 할 때 변패를 막는 효과적인 방법이다.

5) 특수절임법

절임속도를 빠르게 하기 위하여 또는 제품의 풍미를 좋게 하기 위한 목적으로 하는 절임법이다.

- 변압절임법

밀폐할 수 있는 용기에 식품을 넣고 용기 내를 감압하여 식품조직 내에 있는 공기를 배제한 다음, 소금물을 주입하여 물간을 하고, 다음에는 용기 내를 가압하여 소금의 삼투를 빠르게 하여 절임기간을 단축하는 급속절임법의 하나이다.

용기제작이나 처리공정에 많은 경비가 들어 어패류의 절임에는 거의 이용되지 않는다. 햄을 제조하는 경우 이 방법에 의하면 절임일수를 1/3 이하로 단축 할 수 있다고 한다.

- 염수주사기법

대형염수주사기(brine injector)로 축육이나 대형 어육에 소금물을 주사 한 후 일반 절임법으로 절임하는 방법이다. 이렇게 하면 육 내부에까지 빨리 소금을 침투시킬 수 있어서 절임기간을 1/3 이내로 단축 할 수 있다. 햄이나 베이컨의 제조에서 일찍부터 이용되어 왔고, 근육주사법(Stich 법)과 혈관주사법(Morgan 법)이 있다.

• 압착절임법

먼저 마른간을 한 다음 물간을 하여 소금의 삼투를 완료시키고 소금물에서 건져내어, 적당히 가압하여 과잉의 소금기를 수분과 함께 압출시킨다. 이렇게 하면 소금 맛이 적은 맛이 좋은 제품을 얻을 수 있다. 대량생산에서는 부적당하지만 풍미에 중점을 둔 일부제품에 이용되는 방법이다.

3. 소금절임의 실 예

1) 채소류의 절임

김치나 단무지는 채소류의 대표적인 소금절임식품이라 볼 수 있다. 채소 세포의 침투압은 보통 5~6기압 정도이며 2% 이상의 소금물에 접하면 세포액의 탈수와 더불어 염분이 세포내에 침투하게 된다. 따라서 세포는 죽게 되고 세포내 효소에 의한 자가소화가 일어나게 된다.

채소는 대부분이 수분이기 때문에 마른간법으로 절이게 되며 소금량에 따라 다음 세 가지로 나눈다.

• 싱거운 절임

2~5%의 소금농도로 절이는 방법이며 대개의 경우는 다른 양념과 같이 절이게 된다.

채소의 자가소화 작용으로 전분질은 당으로 되고 단백질은 펩타이드(peptide)나 아미노산으로 분해되어서 감칠맛(旨味)이 나게 된다. 그러나 부패균이 생육하기 쉽고 보존성도 좋은 편이 아니다. 김치가 그 대표적인 것이다.

• 짠 절임

5~10%의 소금농도로 절이는 방법이며 자가소화는 천천히 진행되고 부패균의 번식도 억제되며, 유용효모나 젖산균이 증식해서 그들이 생산

하는 효소나 산 또는 기타 물질에 의해 풍미가 생성된다.

• 저장 절임

10% 또는 그 이상의 소금농도로 채소를 절이면 자가소화는 거의 억제되고 미생물의 증식도 억제되기 때문에 풍미는 좋지 못하나 보존성은 현저히 높아진다. 보통 20% 정도의 소금농도로 절이게 되는데 식용할 때는 탈염을 하고 그대로 이용하거나 또는 알맞은 저농도의 소금으로 다시 절이게 된다.

2) 육류의 절임

육류의 절임은 역사 이전부터 시작된 것으로 믿어진다. 고전적인 방법은 다량의 소금을 써서 장기저장의 목적으로 하였으나 지금은 햄이나 소시지의 제조과정에서 주로 색과 풍미를 향상시키기 위한 전처리로서 원료육을 단기간(5~7일) 소금절임 한다.

• 절임 중의 변화

절임 중에 소금이 고기에 잘 배어들면 제품에 적당한 간을 주게 되고 고기의 보수성도 향상되며, 제품에서 드립(drip)이 흐르는 것도 방지해 준다.

제품의 텍스쳐(texture)도 한층 좋아지고 소시지의 경우 소금은 근육 단백질을 가용화해서 결착성(結着性)을 주는 중요한 작용을 한다.

• 절임의 효과

육제품은 2~5%의 염분으로 미생물의 생육을 막기에는 불충분하지만 다른 성분에 의한 수분활성의 저하, 훈연, 가열, 아질산염, 냉장 등의 효과가 겹쳐서 즉, 허들기술(hurdle technology)에 의해 보존성이 높아지게 된다.

육제품의 미생물오염에 있어서 가장 두려운 보툴리늄균(*Clostridium botulinum*)의 생육을 막고, 육색을 적색으로 만드는데도 아질산염의 첨가는 필수적이다. 이때 제품의 pH를 낮추고 염도를 높이면 그 효과가 더욱 커진다.

햄 제조 시에는 원료육을 질산염이나 아질산염 및 설탕, 기타 향신료를 함유한 약 20% 소금물에 수일간 절인다. 질산염은 절임 중에 미생물의 작용으로 환원되어서 아질산염이 된다. 아질산염은 고기중의 환원물질이나 첨가된 아스코르브산에 의해서 절임기간 중 또는 가열 중에 분해되어서 NO를 생성하는데 이것이 미오글로빈(myoglobin)과 반응해서 열안정성인 적색의 니트로미오글로빈(nitromyoglobin)을 생성시킨다.

또 아질산염은 육성분(肉成分)과 반응해서 절임고기를 독특한 좋은 향기를 내게 하고 지질의 산화를 막는 작용도 한다. 그러나 아질산염은 위에서 발암물질로 알려진 니트로소아민을 생성하므로 과다사용을 제한하는 것이 필요하다.

3) 어패류의 절임

어패류를 절일 때는 물간법, 마른간법 또는 개량 마른간법의 3가지 방법이 있다.

염장품의 원료로서는 연어, 송어, 고등어, 전갱이, 대구, 청어, 조기, 고래 등이 주로 쓰인다. 염장 연어 및 염장 송어는 아가미, 내장, 신장을 제거한 다음 아가미와 복부에 마른간을 하고, 어체와 어체 사이에도 소금을 뿌리면서 쌓아 염장한다. 소금 사용량은 원료의 약 40%이다.

염장 고등어는 등갈이 한 다음 염장하는 경우가 많다. 염장 대구는 보통 머리를 제거하고, 어체를 쪼개지 않고 내장을 뽑아내어 염장한다. 염장 청어는 유럽에서 많이 생산되지만 우리나라에서는 만들어지지 않고 있다. 대부분 도가니에 넣어 마른간을 한다.

4) 젓 갈

어패류의 육질이나 내장 등을 절여두면 자가소화와 미생물의 작용에 의해 적당히 분해되어 젓갈이 된다.

소금에 의해 저장성이 있도록 한 점으로 봐서는 절임식품이라 할 수 있으나 다른 절임품은 저장 중 가급적 육질의 분해를 억제해야만 좋은 제품이 되는 것에 반하여 젓갈은 육질을 적절히 분해시켜서 독특한 풍미를 갖게 한 것이 다른 점이다.

젓갈의 모양은 나쁘나 독특한 풍미가 있으며 영양학적으로도 좋은 식품이다. 원료의 종류나 제조방법은 지방에 따라 다르고 제품의 종류도 다양하다. 멸치젓, 새우젓은 가장 많이 소비되는 것이며 굴젓, 명란젓 등은 고급젓갈로 애용된다.

그러나 젓갈은 소금함량이 높아 과다한 소비에 의한 순환기계 질병의 발생이 우려되므로 저염화가 필요한 식품이다.

4-2 당절임

식품에 당(sugar)을 가하면 삼투압차(滲透壓差)에 의하여 미생물들이 이용할 수 있는 수분을 감소시킴으로써 수분활성이 감소되어 미생물의 성장 발육을 억제시킬 수 있다. 이러한 방법을 당장법(sugaring)이라 한다. 그러나 동일량 첨가 시 당은 소금에 비해 삼투압이 낮아 식품 내부로의 삼투가 잘 되지 않는다. 따라서 원료 식품을 묽은 당액이나 물로 삶아서 조직을 연화시킨 후 농도 짙은 당액에 침지한다. 또한 가용성 고형분이 65% 또는 그 이상이 되게 농축하고, 산을 함유하고 있는 식품은 가열처리하면 식품 내부로의 삼투가 용이하며, 식품을 장기간 저장할 수 있다.

1. 당의 종류와 방부력

당(sugar)의 종류와 삼투속도의 관계는 동일하지 않다. 몇몇 당의 용해도 한계와 최저수분활성도는 표 4-3과 같다.

〈표 4-3〉 여러 가지 수용액의 최저 수분활성도 (실온)

용 액 의 종 류	용해도 한계(% W/W)	최저 수분활성도
설 탕	67	0.86
포도당	47	0.92
전화당	63	0.82
설탕 + 전화당(설탕 : 37.6%, 전화당 : 62.4%)	75	0.71
NaCl	27	0.74

동일한 농도에 있어서 당의 삼투압은 당의 분자량(molecular weight)이 적을수록 크다. 용액의 수분활성도는 삼투압의 증가에 따라 감소하므로 포도당, 과당과 같은 단당류(분자량 180)는 이당류인 설탕(분자량 342) 보다 저장력이 크다. 그러므로 설탕을 65% 함유하고 있는 당조림이 일부가 전화당(invert sugar)으로 되어 있는 동일한 65%의 당조림보다 곰팡이가 생기기 쉽다.

세균에 대한 각종 당의 저장력 순서는 과당>포도당>설탕>젖당의 순으로 알려져 있다. 따라서 동일한 농도의 당은 분자량이 적을수록 삼투압이 높고 포도당, 과당, 전화당이 설탕보다 미생물의 성장억제에 효과적이나 포도당은 용해도가 낮아 결정이 석출되기 쉬워 제품의 외관이나 맛의 저하를 가져온다.

효모와 곰팡이에 대해서 포도당은 설탕보다 더 억제적인 작용을 갖는다. 또 과당과 포도당을 동일량 혼합하면 과당이나 포도당의 단독사용시에 비해 억제작용이 적어지는 것으로 밝혀져 있다.

2. 내삼투성 미생물

일반적으로 미생물은 당농도가 50% 이상이 되면 발육이 억제되나 내삼투성 효모(osmophilic yeasts)는 당함량이 80%에 달하는 꿀, 초콜릿, 잼, 당밀 등의 고농도에서도 발육하는 것이 있다.

내삼투성 효모는 보통 *Saccharomyces* 에 속하나 경우에 따라서는 *Hansenula, Debaryomyces, Pichia, Citeromyces* 등으로 분류되며 당의 변질에 관여하는 곰팡이는 *Asp. flavus, Asp. parasiticus, Monilia, Cladosporium, Penicillium* 등이다.

효모와 곰팡이는 높은 당농도에서도 번식하며 잼에서 *Penicillium glaucum* 은 65%에서도 발육한다.

사탕수수 설탕(cane sugar) 용액은 아무리 농도가 높을지라도 그 자신이 미생물을 포함하므로 세균을 완전히 사멸시키는 것은 곤란하다. 이 용액은 보통 syrup으로 사용되는데 *Streptolacticus* 세균의 작용에 의하여 설탕이 전화되어 감미가 감소하고 점액질을 형성하여 점조화시킨다. 이 현상은 약알칼리일 때 많이 생기며 당을 그대로 저장 시 수분이 1%

이상이면 균이 번식한다.

따라서 설탕용액은 농도가 높다 하더라도 효과적으로 미생물의 성장을 완전히 저지하기는 어렵다. 그러나 미생물 성장을 억제하는 당의 농도는 pH, 온도, 산소분압 등 환경인자에 의해 영향을 받으므로 잼, 젤리 등과 같이 유기산의 존재 하에서는 상당히 저하된다.

잼, 젤리에 있어서 산농도가 1.2%일 때 당농도가 45%이면 효모와 세균의 발육을 억제할 수 있지만 산농도가 0.8%일 때에는 억제할 수 없고, 당농도가 45%인 것에 소금 1.5%를 가하면 미생물은 억제된다고 알려져 있다.

또 과일설탕조림에 있어서 표면의 곰팡이 성장은 산소를 제거함으로써 억제할 수 있다. 가령 paraffin으로 덮든가 진공밀폐용기(병 등)로 포장을 하면 곰팡이의 성장, 수분의 손실, 산화 등이 억제된다.

대체로 고온균(thermophiles)은 당의 작용에 대해서 약하며, flat sour 고온균에 대한 당의 효과는 포도당>과당>설탕의 순서로 감소한다.

3. 당절임 식품의 최저 수분활성도

일반적으로 세균의 생육한계는 Aw 0.94 이상, 효모류는 Aw 0.88 이상으로 알려지고 있으나 곰팡이의 경우는 균종에 따라서 크게 차이가 있다. 즉 세균과 마찬가지로 Aw 0.94 부근에서 억제되는 것부터 Aw 0.65에서도 발육 가능한 것도 있다. 당절임에서 문제가 되는 것은 주로 Aw 0.9 이하의 낮은 수분활성에서도 내성이 있는 곰팡이류와 일부의 효모류이다.

낮은 Aw에서 간혹 발견되는 균은 *Aspergillus glaucus*와 불완전균인 *Catenularia fuliginea* 뿐이다. 그 외에 산성이 강한 과일젤리 등에서는 내산성의 *Aspergillus niger*가 발견되는 수도 있다.

또 내삼투압성 효모인 *Saccharomyces rouxii*는 수분활성도가 0.81인 당조림에서도 잘 발견되며 이 균의 발육에 필요한 최저 Aw는 0.73이라고 알려져 있다.

따라서 당절임 식품의 Aw 0.85는 아직도 위험한 선이라 할 수 있으며 특히 이들 식품이 흡습해서 부분적으로 높은 Aw가 되면 대단히 위험한 상태가 되므로 주의해야 한다.

4. 당절임의 실 예

당절임 식품에는 식품중의 수분을 증발시켜 농축시킨 후 설탕을 가하여 만든 제품으로서 잼류, 가당연유 등이 있고, 과일의 육질에 당분을 침투시킨 후 건조시켜 만든 제품으로서 당과(糖果), 편강(片薑)등 여러 가지가 있다.

1) 잼 류

잼은 과일을 그대로 또는 물과 같이 끓여서 농축시킨 후 여기에 당분을 넣어 졸여서 겔(gel)화 시킨 것이다.

잼을 만드는 데 필요한 조건은 펙틴(pectin) 1.0~1.5%, 산(酸) 0.3%(pH 3.2~3.4), 당분 60~65%이다.

잼류에 속하는 것은 잼, 젤리, 마아말레이드(marmalade), 프리저브(preserve), 과일버터(fruits butter) 등이 있다. 모두 높은 당농도와 산도 때문에 저장성이 크다.

2) 당과류

당과는 과일 또는 채소를 당액에 넣어 가열하여 당을 침투시켜 보존성이 있게 만든 것이다. 당과의 완성 형태는 그대로 건조시킨 것(drained fruit), 가루설탕을 표면에 뿌린 것, 진한 당액으로 표면을 피복하여 건조한 것 등이 있다. 당액으로 피복시킨 것은 과일 표면에 설탕의 결정을 석출시킨 것(crystallized fruit)과 과일표면을 매끈하게 하여 거울과 같이 빛나게 한 것(glaćes fruit)이 있다.

당과의 과일 원료로는 밤, 복숭아, 살구, 감귤류의 껍질, 사과 등이 있고 채소 원료로는 연뿌리, 생강, 콩 등이 이용된다.

이들은 모두 당도가 70% 이상이므로 저장성이 크나 제품은 습기를 흡수하기 쉬우므로 방습지 등으로 싸서 기름종이, 왁스종이, 방습셀로판지 등으로 포장한다.

또 당과를 아무리 좋은 조건에서 저장한다 하여도 시간이 지나면 단단해지고 색깔이 나쁘게 변하므로 주의해야 한다.

4-3 산절임

수소이온(pH) 농도가 낮은 초산, 젖산, 구연산 등을 이용하여 식품을 저장하는 것을 산절임(酸貯藏, pickling)이라 한다. 이 저장법을 이용하는 식품으로는 오이, 마늘, 김치, 죽순, 청대콩, 양배추 등의 채소류와 귤 등의 과일류, calpis 등의 젖산음료, 그리고 틴신음료, 어육 및 육류 등이 있다. 산저장법을 초절임이라고도 한다. 초산과 젖산을 이용하는 방법이 많이 쓰이고 초산에 의한 것을 초절임이라 하고 요구르트와 같은 젖산음료가 있다. 그 외에 채소 피클과 청어, 정어리나 전갱이 등의 생선초절임 식품이 있다.

이 방법은 조미와 풍미도 겸하여 사용되고 있으며 당, 소금, 화학보존제 등과 섞어 많이 이용되고 있다.

1. 산의 살균작용

미생물의 생장을 억제하는데 있어서의 산의 효과는 수소이온(H^+)에 의한 것, 해리되지 않은 분자(undissociated molecules)나 음이온(anions)에 의한 것 등으로 구분하여 생각할 수 있다.

수소이온에 의한 경우는 수소이온의 농도가 높아짐에 따라 pH가 낮아지고 이것이 미생물의 세포단백질을 응고시키는 원인이 되어 미생물의 생육을 억제하거나 미생물을 사멸시키는 것으로 본다. 이러한 예는 특히 광물성 무기산(mineral acids)의 경우에서 주로 볼 수 있다. 한편 해리되지 않은 분자나 음이온에 의한 경우는 주로 유기산(organic acids)의 경우에서 볼 수 있는 것인데 이 때 산의 독성효과는 그의 해리도에 비례하지 않고 산의 종류에 따라 달라진다.

2. 산의 종류와 살균력

미생물의 발육에는 최적 pH가 있다. 대부분의 세균은 pH 7.0의 중성에서는 잘 생육하나 점차 낮은 산성영역으로 갈수록 생육이 억제되고 pH 5.0 이하로 내려가게 되면 생육하지 못하게 된다.

그러나 효모는 약한 산성인 대략 pH 5.0 영역에서 가장 잘 생육하며 그 이하에서는 점차 억제되나 pH 2.5까지 생육을 한다.

곰팡이는 효모보다 더 강해 대략 pH 4.0 영역에서도 잘 생육하며 그 이하에서 점차 억제되나 pH 1.5 정도까지도 생육하는 것이 있다.

산은 동일한 농도에서도 해리도(解離度)가 각각 달라 이에 따른 살균 효과도 다르다. 예컨대 식품저장에서 흔히 쓰이는 산의 해리정수를 보면 식초산(acetic acid) 1.86×10^{-5}, 젖산(lactic acid) 8.00×10^{-4}, 구연산(citric acid) 1.38×10^{-4} 등이며 그렇다고 해서 이들 산의 살균력이 반드시 해리정수에 비례하는 것도 아니다.

동일 농도에서 산의 살균력은 젖산>초산>구연산 순이고, 동일 pH에서의 산의 살균력은 초산>구연산>젖산의 순이다. 한편 효모의 경우에 있어서는 동일 pH에서나 동일 농도에서 모두 살균력이 초산>젖산>구연산의 순서였다고 한다.

이와 같이 산의 종류에 따라 미생물 생육에 대한 억제 효과가 다른 것은 해리도의 차이에서 오는 것이라고 보기 어렵고 산의 특성 즉, 해리되어 생성되는 음이온이나 해리되지 않은 분자의 특성에 따른 차이에 기인된 것이라고 볼 수밖에 없다.

한편 지방산(fatty acids)의 항곰팡이 작용(fungistatic action)이나 프로피온산(propionic acid), 안식향산(benzoic acid), 솔빈산(sorbic acid) 등 산성화학보존제의 작용도 종류에 따라 작용기작(作用機作)이 다르고 효과도 다르다.

3. 미생물의 내열성과 pH

산은 미생물 생육에 대한 억제효과를 나타낼 뿐 아니라 내열성에도 영향을 준다. 일반적으로 미생물의 내열성은 중성에서 가장 크고 pH가 산성 또는 알칼리성으로 갈수록 현저하게 감소한다.

농산물 통조림의 경우에 있어서도 귤과 같이 산이 많은 과일에 있어서는 간단한 살균으로 충분하며 옥수수, 아스파라거스 같은 중성에 가까운 농산물은 강한 살균이 필요하다. 이들 농산물의 일반적인 pH, 살균온도와 시간과의 관계는 표 4-4와 같다.

〈표 4-4〉 pH가 다른 각종 통조림과 살균온도

통조림 종류	pH	살균온도(℃)	살균시간(분)
orange	2.70	82	3
apple	3.53	102	10
apricot	3.60	102	12
grape	3.80	102	12
peach	4.00	100	20
pear	4.20	100	17
tomato	5.05	100	20
carrot	6.07	115	30
potato	6.20	115	60
corn	6.90	120	57
peas	6.97	115	38
cabbage	6.97	115	45

그러나 *Lactobaillus*, *Cl. butyricum*과 같은 세균은 내산성이 커서 pH 3.5 이하에서도 성장할 수 있는 것이 있다. 특히 미생물이 영양세포(vegetative cell)로 있을 때 보다 포자(spore)를 형성하고 있을 때에는 산에 대한 저항성이 더욱 커진다.

4. 산저장에 있어 혼합물의 영향

미생물에 대한 저지효과는 산과 소금, 산과 당, 산과 화학보존제를 겸용함으로써 그 효과를 한층 증가시킬 수 있다. 특별히 산과 당에 있어서 당분이 들어 있으면 오히려 생육이 왕성하지만 당과 저장력을 가질 만한 양의 산이 혼합되었을 때는 살균력을 갖게 된다.

포도당의 경우 staphylococcal strain에 있어서 동일량의 산이 존재할 때는 50%를 줄일 수 있는 것이다.

산절임 제품의 예로써 어육을 산성으로 하면 pH 4.0~4.5 부근에서 자가소화가 가장 왕성하게 촉진되어 육질이 연해지고 세균의 발육은 저해되어 세균에 의한 부패는 일어나지 않는다. 초산 농도 약 1% 이상으로 1~3일간 처리하면 부패균도 병원균도 사멸되어 저장목적을 달성할 수 한다.

4-4 기타절임

1. 장절임

장절임(醬貯藏)은 농산물이나 축산물을 간장, 된장 또는 고추장 등에 절이는 방법이다. 무나 오이를 보통 방법으로 소금절임 해서 탈수한 것을 된장이나 고추장 속에 넣어 2~3개월이 지나면 독특한 풍미가 있는 식품이 되며 이런 것을 흔히 장아찌라 부른다. 장아찌에는 갓, 미나리, 파, 고추, 마늘 등을 넣고 잘 버무려서 담가두면 저장성도 커지고 맛도 좋은 제품이 된다.

2. 쌀겨절임

쌀겨절임(糠貯藏)은 말린 무를 쌀겨, 소금, 식용색소, 감미료 등으로 조제된 조미료의 혼합물에 절이는 방법이며 단무지가 대표적인 식품이다.

쌀겨에는 아밀라아제(amylase), 리파아제(lipase) 등의 효소가 많이 들어 있어 이것이 무에 독특한 단맛과 향을 내게 하는 역할을 한다.

단무지는 뚜껑을 연지 오래 되면 맛이 변하므로 가급적 빨리 소비해야 한다.

3. 술지게미절임

술지게미절임(酒粕貯藏)은 김치오이, 오이, 수박, 가지, 죽순, 버섯, 무 등을 간침해서 만드는데 그 중 가장 널리 쓰이는 것이 김치오이이다.

일본에서는 나라쓰께라 하여 청주의 술지게미(酒粕)를 이용한다. 오이의 뱃속에 소금을 넣고 술지게미를 채운 다음 통 밑에 술지게미를 깔고 소금을 뿌린 다음 그 위에 오이를 놓고 다시 술지게미를 덮은 후 소금을 뿌리는 식의 작업을 반복하여 통을 채운 다음 뚜껑을 덮어서 저장한다. 담근 지 한 달쯤 지나면 먹을 수 있다.

제5장

기체조절에 의한 식품저장

지구상의 환경기체(공기)는 N_2 79%, O_2 20.9%, CO_2 0.03% 및 미량의 기체로 혼합되어 대기 중에 존재하고 있다. 지구상의 모든 생물체는 이들 기체를 이용하여 생활하며 각종 물질대사를 영위한다. 특히 O_2는 생물체의 호흡에 절대적으로 필요한 요소이며 자연계에서는 여러 가지 산화작용을 일으켜 물질대사에 중요한 역할을 한다.

그런데 식품저장이란 식품자체의 생명현상을 억제하고 식품에 작용하여 변패를 일으키는 각종 미생물의 생육을 저지시키며 때로는 식품 성분상에 일어나는 각종 반응을 억제시켜 식품 본래의 특성과 성분을 유지시키는 것이 목적이므로 이들 환경기체 중 특히 O_2는 식품저장에 오히려 장애 요인이 되고 있다. 과일과 채소, 곡류, 버섯, 달걀 등 생체식품은 수확 후에도 호흡을 하며 산소를 흡수하여 식품의 영양분과 반응하여 탄산가스와 에너지를 얻어 품온을 상승시킨다. 따라서 식품은 호흡작용으로 중량을 감소시키고 선도를 떨어뜨린다. 그러므로 환경기체의 조성을 조절하여 산소의 함량을 줄이고 N_2, CO_2 등의 함량을 높여 식품을 저장하는 방법이 있는데 이것을 보통 가스저장(gas 貯藏)이라고 한다. 가스저장법은 특히 냉장법을 병용할 때 효과가 크며 이처럼 저장 환경의 온도, 습도, 가스조성 등을 조절하는 방법을 C.A. 저장(controlled atmosphere storage)이라고 한다.

5-1 가스저장의 범위

식품의 변패를 일으키는 대부분의 미생물은 호기성균이기 때문에 O_2의 농도를 줄이면 생육이 억제된다. 통조림이나 병조림은 이러한 원리를 이용하여 탈기(脫氣)시킨 후 밀봉하여 저장하며 가열살균하면 남아 있던 혐기성균까지 사멸되므로 오래 저장할 수 있게 된다.

경우에 따라서는 밀폐된 용기에 식품을 넣고 N_2, CO_2 등 불활성기체를 채워 가스저장 하는데 이처럼 가스저장하면 호기성균에 의한 변패를 막을 수 있으며, 식품중의 지방 등이 산화하여 산패취를 발생하는 것이나 갈변되는 것 등의 반응을 억제할 수 있다.

한편 가스저장이 가장 널리 응용되는 것은 채소, 과일 등과 같이 수확한 후에도 생명현상을 가지고 있는 생체식품(生體食品)을 저장하는 경우이다. 생체식품은 모두 호흡작용, 추숙작용, 생장작용 등의 생리작용에 환경기체의 영향을 많이 받는다. 따라서 이들 생체식품을 가스저장하면 생리작용이 억제되므로 체내성분이 소모되지 않고 그대로 유지되며 냉장을 겸하면 상당히 오랜 기간 동안 원래 그대로 보존된다.

여기서는 주로 생체식품의 가스저장 특히 C.A. 저장에 대하여 주로 살펴보기로 한다.

5-2 식품의 생리작용과 가스저장

1. 호흡작용과 가스저장

채소, 과일, 곡류, 버섯, 조개류, 계란 등 생체식품은 수확한 후에도 대사작용(metabolism)을 계속하고 있으며 이로 인하여 호흡작용(respiration)을 갖는다. 호흡작용은 채소류, 과일류 및 활어패류(活魚貝類)와 같이 호흡이 왕성한 식품이 있는가 하면 곡류, 난류 등의 호흡이 적은 식품도 있다.

이와 같이 신선한 식품은 정도차이는 있을지라도 축적된 영양소를 소비하여 산소를 흡수하고 탄산가스를 방출하는 생리현상을 갖고 있다.

1) 산소농도와 호흡량

식물이 호흡작용으로 방출하는 탄산가스와 흡입하는 산소의 체적비 CO_2/O_2를 호흡률(呼吸率, respiratory quotient, RQ)이라 하며, 1kg의 식물이 호흡작용으로 1시간 동안 방출하는 탄산가스의 양(mg)을 호흡량 또는 호흡속도라 한다. 호흡률과 호흡량은 식품의 종류, 수확하는 시점, 숙도, 환경온도 등 여러 가지 인자에 의하여 다른 수치를 나타낸다.

브로콜리(broccoli)를 이용한 연구 결과를 보면 표 5-1과 같다.

〈표 5-1〉 산소농도의 차이와 브로콜리의 호흡변화 (CO_2 mg/kg/h)

저장일수 / 산소농도(%)	1	2	3
0(질소가스 중)	94	70	50
1	124	106	98
2.5	147	133	123
5	155	143	130
10	198	191	168
21	238	236	187

즉 산소농도 0%의 질소가스 중에 있는 브로콜리는 최저량의 호흡을 하고 산소농도가 증가할수록 점차 호흡량이 증가하고 있다. 그리고 다소라도 산소가 있는 환경에서는 3일 동안의 저장기간 중에 호흡의 변화에 큰 차이가 없으나 무산소하에서는 3일간의 저장기간 중 현저한 호흡의 차이를 보이고 있으며 식품적 가치는 2일째부터 저하하여 변질의 현상을 볼 수 있었다고 한다.

이와 같은 관점으로 볼 때에 청과물의 저장기간을 연장하기 위해서는 환경가스의 산소분압을 낮게 하는 것이 좋으나, 전혀 산소가 없는 상태는 오히려 좋지 않다는 것을 알 수 있다.

청과물 저장에 가장 알 맞는 산소의 농도는 청과물의 품종, 재배 조건, 수확 후의 취급 등에 따라서 여러 가지 복잡한 영향이 있어서 한마디로 단정하기는 어려우나 대략 1~5% 정도가 적당한 것으로 보고 있다. 이와 같이 산소농도를 낮추어서 저장하는 방법을 저산소(低酸素) 저장법이라고 한다.

2) 탄산가스 농도와 호흡량

탄산가스는 생활세포에 대해서 마취제와 같은 작용을 하여 그 농도가 높으면 생활작용이 억제된다. 이런 원리에서 나온 저장법을 탄산가스 저장법이라 한다. 환경기체 중에 탄산가스가 5% 정도로 되면 생활작용이 적당히 억제되어서 청과물의 저장성이 향상되게 된다.

그러나 20% 이상의 농도에서는 정상적인 호흡이 어려워져서 생리적 장해가 발생하게 된다. 물론 청과물의 종류에 따라서 CO_2에 대한 반응은 차이가 있다. 예를 들면 감은 탄산가스에 잘 견디는 편이고 배는 5% 이상의 탄산가스 내에서도 심한 장해를 받게 된다.

3) 무산소상태의 분자 내 호흡

청과물을 공기가 통하지 않는 병 같은 곳에 넣고 밀폐해 두면 용기내의 산소는 호흡에 의해서 소비되고 탄산가스는 증가하여 청과물은 드디어는 질식사한다. 그런데 청과물은 무산소 상태에서도 동물과 같이 즉시 질식사하는 것이 아니고 분자내호흡(分子內呼吸)에 의해서 당분간 생명작용이 진행된다. 이때에 포도당이 분해되어 불완전연소의 생성물이라고 볼 수 있는 알코올이나 알데히드를 생성한다.

$$C_6H_{12}O_6 \longrightarrow 2CO_2 + 2C_2H_5OH$$

$$C_2H_5OH \longrightarrow CH_3CHO + H_2$$

알코올이나 알데히드는 식물체에 대해서는 유해물이기 때문에 이들이 축척되면 청과물은 오래 생존할 수 없게 되고 생명력의 쇠퇴와 더불어 미생물이 침범하여 급속히 부패하게 된다. 따라서 청과물의 저장에 있어서 무산소의 상태는 피해야 한다.

그러나 때로는 무산소의 상태가 오히려 청과물의 품질 향상에 도움이 되는 예가 있다. 떫은 감은 과육(果肉) 중에 있는 가용성 탄닌 때문에 떫은맛을 느끼게 되는 것인데 이러한 감을 무산소의 상태로 해 주면 아세트알데히드가 생겨서 가용성 탄닌을 불용화 하므로 떫은맛은 느끼지 못하게 된다. 감을 우릴 때에 물에 담그기도 하고 탄산가스나 알코올을 이용하기도 하는데, 그 원리는 다 같이 무산소호흡과 관계가 있는 것이다.

〈표 5-2〉 과일과 채소의 발열량

품 명	1톤당 24시간에 발생한 Btu[1]		
	32 °F(0℃)	40 °F(약 4.4℃)	60 °F(약 16℃)
사 과 (죠나단 또는 와인삽)	300~800	590~840	2,270~3,470
강 낭 콩	5,500~6,160	9,160~11,390	32,090~44,130
양 배 추	7,450	11,000~17,600	33,870~50,00
브로콜리	1,200	1,670	4,080
당근(잎이 달린 것)	2,130	3,470	8,080
셀 러 리	1,620	2,420	8,280
단옥수수(corn sweet)	6,560	9,390	38,410
양 파	600~1,100	1,700~1,980	
오 렌 지	420~1,030	1,300~1,560	3,650~5,170
복 숭 아	850~1,370	1,140~2,030	7,260~9,310
배, 바아틀릿(pear, bartlett)	660~880		8,800~13,200
청 완 두(peas, green)	8,160	13,220	39,250
감 자	440~880	1,100~1,760	2,200~3,520
시 금 치	4,240~4,860	7,850~11,210	36,920~38,000
딸 기	2,730~3,800	3,660~6,750	15,460~20,280
고 구 마	1,190~2,440	1,710~3,350	4,280~6,300
토 마 토 (익었으나 아직 녹색인 것)	580	1,070	6,230
토 마 토(후숙된 것)	1,020	1,250	5,640

1) 발생열량은 매시간, 매 kg당의 이산화탄소의 mg수로 표시된 호흡속도에 220을 곱하여서 얻는다. 그리고 Btu는 British thermal unit의 약자이며 1Btu = 0.252 kcal이다.

4) 저장온도와 호흡량

식품의 저장에서 온도가 미치는 영향은 중요하다. 특히 청과물의 저장에 있어서 온도의 영향은 매우 크다.

온도가 10℃ 상승하면 호흡량은 2~3배로 증가하고 변패요인의 작용속도도 2~3배로 증가하여 10℃ 하강하면 1/2~1/3으로 감소된다. 이와 같은 온도 10℃의 변화와 식물체의 호흡량과의 관계를 온도계수(溫度係數, Q_{10})라 한다.

호흡작용은 화학작용으로 당대사과정을 거친다. 즉 축적되어 있는 전분 또는 포도당은 해당과정에 의하여 pyruvic acid를 거쳐 호기적으로 TCA cycle에 들어가 완전산화에 의하여 탄산가스와 물을 생성하며 그 때의 energy는 674kcal가 방출된다.

$$C_6H_{12}O_6 + 6O_2 \longrightarrow 6CO_2 + 6H_2O + 674kcal$$

이 energy는 체내 합성반응에 약간 이용되고 대부분은 체외로 방출된다.

청과물 저장중의 발열량을 보면 표 5-2와 같다.

따라서 수확후의 청과물은 가급적 예냉(預冷, precooling)시켜 저장하는 것이 바람직하다.

2. 생장작용과 가스저장

수확 후 원료상태로 저장될 경우 수확 전의 상태처럼 생장이 왕성하지는 못하나 적절한 온도와 습도가 되면 다소 생장(growth)을 계속하는 것이 있다. 고구마, 감자, 무 및 양파 등이 발근(發根) 또는 발아(發芽)를 하는 것이 그의 예이다. 이와 같은 생장작용은 5℃ 정도의 저온상태에 두면 거의 정지되며 가스저장하면 더욱 효과적이다.

특히 아스파라거스나 죽순은 상온에서 그대로 놓아두면 섬유화(cellulose)가 되며 이것 역시 저온으로 하면 어느 정도 섬유화를 막을 수가 있으며 C.A. 저장법도 좋은 방법의 하나이다.

3. 추숙작용과 가스저장

채소류는 미숙한 것을 수확하는 것이 대부분이나 과일은 채소에 비해 완숙상태에서 수확한다.

그러나 특히 과일은 수확 시기의 적절한 선정이 필요하며 밀감, 포도,

감, 배 등 대부분의 과일은 충분히 성숙한 것을 수확하는 것이 통례이지만 서양배, 바나나, 토마토 및 사과 등의 과일은 다소 미숙한 것을 수확하여 적당한 방법으로 추숙(追熟, after ripening)하는 것이 좋다.

과일의 추숙은 각 품종에 따라 다르지만 통상 녹색에서 암녹색(avocado), 적색(토마토, mango), 황색(바나나, 서양배) 또는 오렌지색 등으로 변화된다. 또 경질의 과육이 연하여지고, 산미가 감소되고, 감미(糖)가 증가되며, 향기가 좋아지나 숙도가 지나치면 병해는 물론 품질이 저하되고 특히 온도가 상승되면 성숙도가 빨라진다. 따라서 이들 과일은 추숙을 전제로 하여 조기 수확시기의 선택과 저온처리에 의하여 추숙을 지연시켜 저장기간을 연장함으로써 소비자는 신선한 완숙의 식품을 먹게 된다.

1) 추숙 이론

일반적으로 대부분의 과일은 미숙기에서 완숙기에 가까워 질 때, 또는 완숙기에 호흡량이 한때 증가하여 피크(peak)를 나타냈다가 그 후 차츰 감소하는데, 이를 전환기적상승(climacteric rise, CR)이라 한다. 그러나 CR이 없는 식물도 있다.

수확 후 과일의 호흡형은 그림 5-1과 같다.

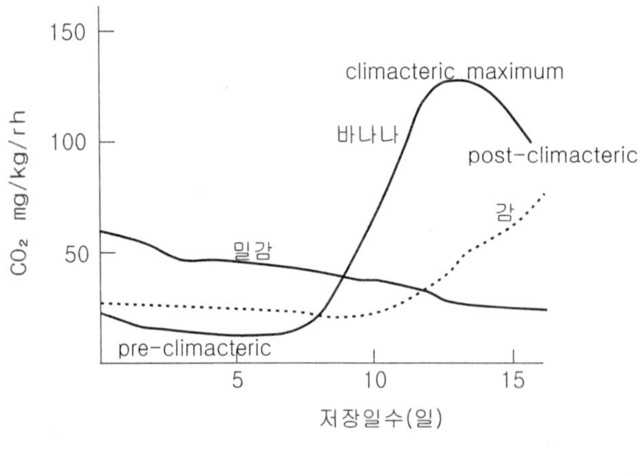

〈그림 5-1〉 수확과일호흡형(점감형, 일시상승형, 말기상승형)

그림 5-1에서 보는 바와 같이 수확후의 호흡형에 따라 점감형(漸減型), 일시상승형(一時上昇型), 말기상승형(末期上昇型)의 세 가지로 분류된다. 점감형에 속하는 것은 밀감류이며, 일시 상승형에 속하는 것은 바나나, 토마토, 서양배, 사과, 아보카도(avocado), 망고 등이 있고 완숙기보다 과숙기(過熟期)에 걸쳐서 호흡량이 최대로 되는 말기상승형에 속하는 것은 복숭아, 딸기, 감 등이 있다.

위에서 CR을 갖는 것은 일시상승형에 속하는 것들이며, CR을 갖는 과일은 일반적으로 수확에는 관계없이 반드시 언젠가 한번은 CR 과정을 거치게 되는 것인데 아보카도와 같은 것은 수확을 한 후가 아니면 CR을 갖지 않는 것도 있다.

이에 반해서 CR을 갖지 않는 감귤 등의 과일은 나무에서 완숙된 후에 수확하지 않으면 안된다.

추숙현상이 있는 과일에서는 CR의 최성기(climacteric maximum), 또는 그 직후에 과일의 착색이나 연화가 생기고 먹을 수 있는 상태가 된다. 그런데 일반적으로 추숙 처리를 한 것은 저장성이 극단적으로 좋지 못하다. 따라서 추숙 처리는 소비하는 시기를 충분히 감안해서 행해야 한다. 또 추숙의 정도는 저장중의 온도·공기조성·약품처리 등에 의해서 저지 또는 촉진시킬 수 있으므로 유통의 목적에 맞는 방법으로 추숙시키는 것이 좋을 것이다.

그리고 과일의 추숙 과정에서 ethylene(C_2H_4) 가스가 생성되는데 바나나나 아보카도 등의 많은 과일은 CR 전후에 급격히 증가하고 어느 농도의 ethylene축적이 CR의 개시에 선행하는 것으로 알려져 ethylene은 성숙호르몬으로 작용함이 밝혀졌다. 호흡의 변동과 ethylene간에 밀접한 관계가 있고, 이들이 높아지면 과일은 노화(senescence)가 빨라져 저장기간이 단축된다. 그래서 CR을 하지 않는 감귤류에 ethylene 처리를 하면 호흡이 증가되고 엽록소(chlorophyll)가 분해되어 황색을 띠게 되므로 착색을 촉진하는데 ethylene 처리가 이용되고 있다.

2) CR현상의 영향

그림 5-2는 환경기체 중에서 climacteric형인 바나나와 비 climacteric형인 레몬의 호흡을 보여준다. 일반적으로 산소 농도가 감소하고 탄산가스 농도가 증가하면 바나나는 climacteric 발생이 억제 내지 지연되어 추숙이 억제되고 장기저장이 가능하게 된다. 그러나 탄산가스 농도가 높게 되면 레몬의 호흡도 바나나와 같이 일시적으로 상승하여 climacteric에 흡사한 현상이 나타난다.

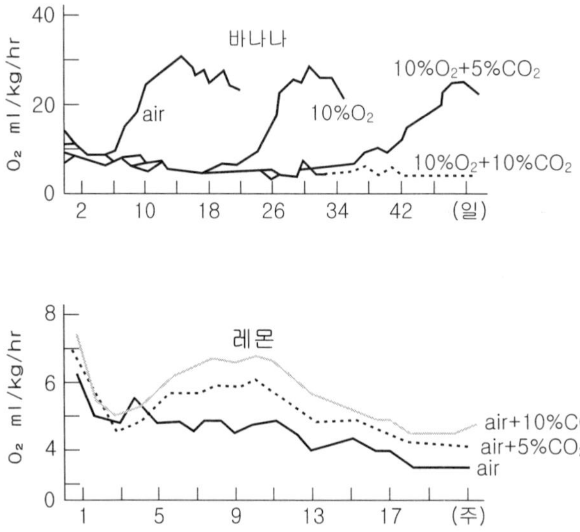

〈그림 5-2〉 동일 산소농도하에 있어서 CR형(바나나), 비CR형(레몬) 과일의 호흡에 대한 탄산가스의 영향

이와 같이 저장 중에 산소, 탄산가스 농도가 과일의 생리작용에 미치는 현상은 climacteric 유무에 따라 크게 다르기 때문에 C.A.저장이나 plastic film 저장(modified atmosphere storage, M.A.저장)에서 이점을 유의하지 않으면 안된다.

일반적으로 CR이 있는 과일이 가스저장에 유리한데 청과물은 품종·수확조건·재배 조건 등의 여러 인자에 의해서 C.A.저장의 조건이 달라지는 것으로 보인다. 몇가지 조사된 C.A.저장조건을 정리해 보면 표 5-3과 같다.

〈표 5-3〉 청과물의 C.A.저장에 대한 적성

품 목	가 스 조 정		온도 (℃)	적 성
	O_2(%)	CO_2(%)		
사 과	3	2~8	0~3.3	아주 적합 함
서 양 배	2~3	0.5~2	−1.1~−0.5	아주 적합 함
바 나 나	5~10	5~10	12~14	아주 적합 함
감	2~3	5~10	0	아주 적합 함
토 마 토	3~10	5~10	6.4~9.0	아주 적합 함
아보카도	10	10	−	적합 함
매 실	2~3	3~5	0	적합 함
딸 기	2~10	10	0	적합 함
양 송 이	3~5	3~10	1	적합 함
송이버섯	2~5	2~5	5~10	적합 함
당 근	2~5	5~10	0	적합 함
복 숭 아	2	4~5	0	적합한 편
포 도	0.5~1	1~2	−0.5	적합한 편
크랜베리	1~10	0~10	0	적합한 편
브록컬리	1~10	−	−	적합한 편
시 금 치	10	10	0	적합한 편
레 몬	5~10	5~10	12~14	적합하다 할 수 없음
오 렌 지	3~5	2~4	4~0	적합하다 할 수 없음

〈표 5-4〉 과일의 호흡활동에 따른 분류

호흡률 급상승(climacteric) 과일류	호흡률 비상승(non-climacteric) 과일류
사과, 복숭아, 배, 바나나, 자두, 토마토, 키위, 살구, 아보카도, 파파야, 망고	오렌지, 감귤, 레몬, 자몽, 파인애플, 딸기, 수박, 포도, 체리

〈표 5-5〉 과일과 채소의 수확 후 호흡속도(단위 : CO_2 mg/kg/h, 20℃)

종류	호흡속도	종류	호흡속도	종류	호흡속도
레몬	23	셀러리	64	아보카도	74~347
키위	16~22	양상추	60	딸기	102~196
아스파라거스	500	오이	48	복숭아	59~102
완두	395	토마토	40	배	33~74
브로콜리	299	무	32	살구	29~52
단옥수수	288	수박	21	감	29~40
시금치	230	양파	17	사과	17~35
꽃양배추	80	감자	16	오렌지	22~34
당근	70	마늘	10	포도	33

5-3 C.A.저장

1. C.A.저장의 개요

수확된 과일과 채소류의 호흡작용으로 인하여 시간이 지날수록 많은 양의 탄산가스가 배출되어 질식 상태까지 되며, 산소를 흡수하여 대사가 왕성해지면 신선도가 빨리 떨어진다. 그러므로 신선도를 유지하기 위해서는 1~5％의 저농도산소와 2~10％농도의 탄산가스 하에서 호흡을 억제시키면 신선도가 유지된다. 이런 원리를 이용해서 인공적으로 저장고 내에 가스를 적당히 조절하고 내부를 냉장상태로 유지시키면서 저장하는 방법을 C.A.저장(controlled atmosphere storage)이라고 한다. 그리고 CO_2, O_2의 기체조절, 냉장온도 이외에도 85~95％의 습도유지가 필수 요건이다.

C.A.저장은 호흡이 적은 곡류 같은 식품에는 호흡농도가 낮기 때문에 별로 이용되지 않고 호흡이 왕성한 과일이나 채소류의 저장에 대부분 이용되고 있는 실정이다.

과일의 경우 저장성으로 볼 때 단일 냉장보다 저장성이 약 2배 정도 좋다. 그러나 채소류의 경우는 값이 싸고 용적이 크므로 경제적으로

C.A.저장이 적합치 않지만 특수한 고급채소나 버섯 등에 많이 이용되고 있다.

C.A.저장에 사용되는 공기 조성은 때에 따라 적당한 것을 선택해야 한다. C.A.저장에 적당한 탄산가스 함유량은 과일이 5%, 채소가 10% 전후이며 저장 중의 변화에 있어서 단백질의 변화는 적으나 탄수화물은 주로 변화하며 전당량(全糖量)은 탄산가스의 증가에 따라 증가하지만 전화당은 감소한다. 펙틴은 탄산가스와 더불어 저장 중에 증가하는 경향이 있고 녹색의 과일과 채소는 황변(黃變) 없이 장기간 녹색을 유지한다.

계란 저장의 경우 C.A.저장 시 탄산가스의 방출을 방지하고 농후난백의 수양화(水樣化)를 지연시킨다. 따라서 계란 저장에 냉장과 C.A. 저장을 병용하면 냉장만 실시한 것에 비하여 장기간 동안 신선란 상태로 저장이 가능하다.

〈표 5-6〉 C.A.저장고 내의 CO_2, O_2와 온도 (상대습도 90% 이상)

품종		CO_2 (%)	O_2 (%)	온도 (℃)	비고
사과	McIntosh	최초 1개월2~3%,후에 5%	3	3.3	
	Delicious	2~3	3	0	
	Golden delicious	2~3	3	0	
	Rome beauty	2~3	3	0	
	Northern spy	8	3	3.3	
	Stayman winesap	5	3	0	
	Aldwin	2~3	3	0	
	Jonathan(홍옥)	3	3	0	
	Macoun	5	3.3	3.3	
서양배		2~3	0.5~2	-1.1~-0.5	O_2 1%, CO_2 0%, N_2 99%이고 0~3℃일 때 저장수명은 70% 연장
바나나		5~10	5~10	12~14	
감		2~3	5~10	0	
딸기		2~10	10	0	
복숭아		2	4~5	0	
포도		0.5~1	1~2	-0.5	
레몬		5~10	5~10	12~14	
오렌지		3~5	2~4	4~0	
아보카도		10	10	-	
매실		2~3	3~5	0	

미국에서 실제로 사용되고 있는 C.A.저장고를 보면 품종에 의해 다소 차이가 있으나 가스농도는 표 5-6에 의한 수치보다 0.5% 이상(사과의 경우) 증감해서는 안된다.

C.A.저장에서 큰 문제가 되는 것은 저장고 내외의 기압의 균형이다. 저장고는 공기의 밀도가 높기 때문에 외부의 기압과 기온의 변화에 의하여 저장고 내외의 압력차가 생겨 벽과 천정에 압축과 팽창압력이 미치기 때문에 압력완충대(breather bag)를 설치하여 저장고 벽에 생기는 균열을 방지하고, 항온을 유지시켜야 하며, 과일의 호흡열에 의한 온도 상승을 막기 위해 냉장 장치를 포함하여야 한다.

2. C.A. 저장의 방법

1) 재래법

사과와 같은 청과물의 호흡작용에 의하여 공기 중의 O_2가 감소하고 CO_2가스가 증가한다. 이것을 이용한 방법으로는 영국에서 1929년 실용화한 이래 미국, 유럽, 일본 등지에서 행하여 왔던 것으로 재래법(在來法)이라고 한다. 이것은 냉장실 단위에서 공기조성을 변화시키는 방법도 있지만 근년에는 보통 냉장실 내에 포장 또는 천막을 이용하여 그 내부에서 C.A. 저장의 효과를 보는 간이 방법도 있다.

• 제한 환기식

냉장실 내를 밀폐하면 사과는 호흡작용으로 산소를 흡입하고 탄산가스는 방출한다. 공기의 표준 조성은 산소 20.9%, 탄산가스 0.03%로 두 가스의 합계는 21%이지만 호흡율은 1 이므로 산소가 감소된 만큼 탄산가스는 증가하는 것이다.

따라서 C.A. 냉장의 산소와 탄산가스는 21% 이내로 하되 산소 5%, 탄산가스 3%로 하는 것이 좋다. 그러나 산소를 5%까지 낮추면(pull down) 탄산가스는 18%에 달하므로 과잉이 된다. 이것을 해결하기 위하여 과잉의 탄산가스를 산소 21%, 질소 79%로 탄산가스가 0% 상태인 새로운 공기로 바꾸어 환기시키는 방법을 제한환기(restricted ventilation)식이라 한다.

이 방식은 그림 5-3에서 보듯이 벽은 방열기밀구조로 되어 있고 과잉 탄산가스를 환기하는 damper가 설치되어 있다. 단점은 소정의 인공 공기조성에도 상당한 시간이 걸리고 조정이 번잡하며, 냉장 중에 청과물로부터 발생하는 ethylene가스가 충분히 제거되지 않는 것과, 외기의 취입(取入)시 냉동기의 부하 발생 등이다.

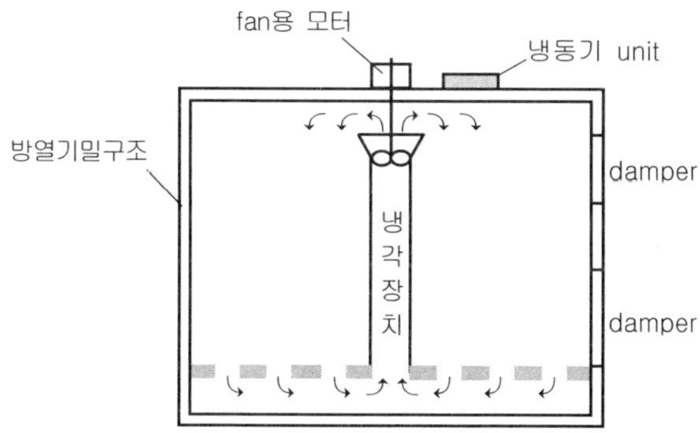

〈그림 5-3〉 제한 환기식 C.A. 냉장실

• 공기세척식

산소와 탄산가스는 21% 이내가 되도록 하되 산소 5%, 탄산가스 3%의 공기 조성을 필요로 하는 C.A. 냉장으로 공기세척법이 가장 널리 보급되어 있다.

청과물의 호흡에 의한 산소의 감소와 탄산가스의 증가는 제한환기식과 같지만 과잉으로 인한 탄산가스를 스크러버라고 하는 세척장치에 흡수시켜 제거하는 것이 다른 점이다. 그 이외의 질소가스 보급장치, 가스분석기, 압력조절장치, 탈취기, 온도계가 있다.

스크러버에는 습식과 건식이 있는데 습식(wet scrubber)은 탄산가스를 잘 흡수하는 NaOH, 석탄유, Na_2CO_3 monoethanol 아민, 또는 물 등이 사용되며 이들을 shower상으로 낙하시키며 세척한 인공 공기를 통과시켜 탄산가스를 흡수 제거한 후 C.A.냉장실에 불어 넣는 방식이다.

또 근년에 미국에서 많이 채용되고 있는 건식(dry scrubber)은 소석회를 지대(紙袋)에 넣은 그대로 선반에 얹어 놓고 이 사이에 인공 공기를 통과시켜 탄소가스가 소석회에 흡수되도록 하여 제거하는 방식을 말한다.

이 공기세척식의 특징은 인공 공기조절이 비교적 쉽지만 설비비가 많이 드는 것이 결점이고 그 이외는 제한환기식과 같다.

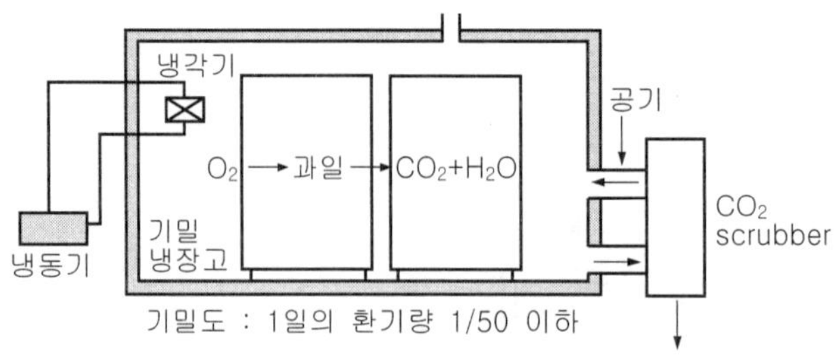

〈그림 5-4〉 보통 C.A. 방식(scrubber 방식)

2) Generator 법

인공적으로 냉장실 내의 공기를 소정의 조성공기로 변경시키는 방법이 있다. 이 방법은 미국에서 개발된 방법으로 Tectrol식 또는 Arcagen식 등 인공 공기를 발생하는 generator를 사용하여 소정의 조성공기를 만들어 냉장실 내에 송입하는 방법과 질소가스를 흡입시켜 산소와 치환하여 저산소공기를 만드는 Oxytrol 방법이 있다.

• Tectrol 식

필요한 인공 공기를 저장고 외에서 만들어 C.A.저장실 내에 공급하는 방법으로 가장 대표적인 것이다. 미국의 Whirl pool사가 1957년에 개발하여 1963년에 실용화한 방법으로 미국, 캐나다에서 사과저장용으로 많이 이용되고 있다.

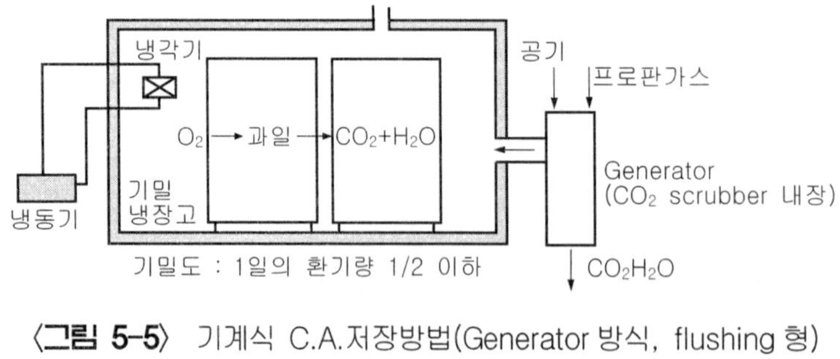

〈그림 5-5〉 기계식 C.A.저장방법(Generator 방식, flushing 형)

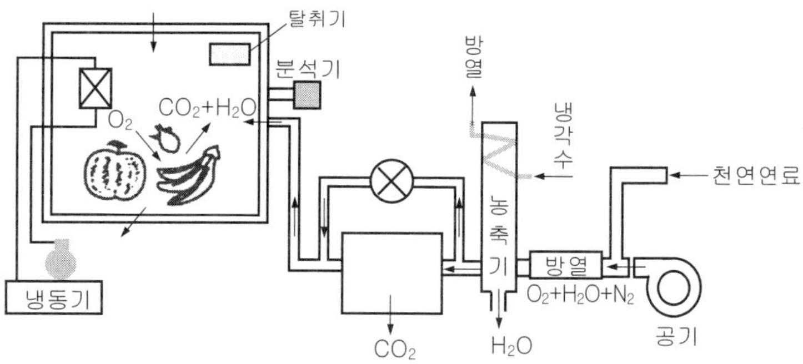

〈그림 5-6〉 Generator 법 (Tectrol 식)의 청과물 C.A.저장

Tectrol 식(total environmental control atmosphere)은 분출형(flushing type)과 재순환형(recirculatory type)으로 나눈다. 전자의 방법은 generator라고 하는 인공 공기 발생 장치 내에서 외기를 연소시켜 산소를 감소시키고 질소 96%, 산소 2~3%, 탄산가스 1~2%로 조성시켜 혼합가스를 C.A.냉장실 내에 연속적으로 유입(continuous flush)시키는 것으로 통상 새로운 공기가 사용된다. 이 때 외기는 송풍기(blower)를 통하여 LP가스나 천연가스의 연료와 혼합하여 연소장치인 버너에 넣는다.

연료는 연소하여 거의 탄산가스와 물이 되고 이 연소에 소비된 산소는 혼합한 공기 중의 약 1~2%가 남게 된다. 연소한 고온의 혼합가스는 수냉식 콘덴서에 들어가 스크러버를 지나는 동안에 적당한 온도까지 냉각된다. 스크러버에서 연소시켜 발생한 탄산가스의 대부분이 제거되므로 C.A. 냉장실의 혼합가스인 인공 공기가 보조통로(by-pass)로 유입된다.

재순환형은 C.A. 냉장고에 공기를 넣고 이들의 조성을 조정하여 다시 C.A. 냉장고에 넣어 순환시키는 형식으로 재순환식이라고 한다.

이 방법들은 generator 등 설비비와 연료비 및 전력의 운전비가 많이 들며 냉각시키는 냉동부하의 증가 등이 결점이다. 그러나 인공 공기 중의 산소%를 낮추는 데는 재래법에 비해 매우 빠르고 보통 냉장실을 Tectrol 식으로 개조가 가능하다.

- Arcagen 식

Arcagen식(Atlantic research controlled atmosphere generating

system)은 C.A. 냉장실 내의 공기를 간단한 가스 발생장치인 generator를 통하여 순환시키는 방법이다.

이 방법도 Tectrol 식과 같이 프로판 등을 연료로 하여 공기 중의 산소량을 빠르게 낮추는 것(pull down)이지만 Tectrol 식 중의 flushing 식과 본질적으로 다른 것은 Tectrol 식에는 탄산가스를 조정한 인공 공기를 공급하고 있지만, Arcagen 식에서는 재래법과 같이 C.A. 냉장실 중에 탄산가스가 농후하게 된 인공 공기를 스크러버에 통과시켜 과잉분을 제거하고 다시 C.A. 냉장고에 넣는 점이 다르다. 결국 산소량을 빠르게 낮추는 점은 변화가 없지만 Tectrol 의 flushing 식은 조절한 인공 공기를 환기하는 것에 비하여 이 Arcagen식은 제한 환기방식인 점이다.

3) 기타 방법

• 가스 확산 교환법

가스 확산 교환법(gas 擴散交換法)은 위의 재래법과 generator법을 병용하는 방법으로 특수한 plastic 막을 개입(介入)하여 호흡작용에 의한 탄산가스가 증가하고 산소가 감소하는 냉장실 내의 공기와 외기 사이에 탄산가스와 산소의 확산교환을 꾀하여 냉장실 내 공기를 목적하는 공기 조성으로 만드는 방법이다. 이것은 재래법으로 저산소 공기를 빨리 만들고 generator법으로 질소를 불어 넣는 Oxytrol 방법을 병용한 것이다.

• 감압저장법

감압저장법(減壓貯藏法 ; hypobaric storage)은 감압에 의하여 산소농도를 감소시킬 뿐만 아니라 과일조직으로부터 에틸렌의 확산을 증가시켜 저장성을 높이는 것을 말한다.

• M.A. 저장법

M.A. 저장(modified atmosphere storage)이란 각종 plastic film 등으로 과일을 포장하는 경우 film등의 기체투과성, 과일로부터의 발생기체의 양과 종류에 의하여 포장 film 속의 기체는 대기와 현저하게 달라지는 현상을 이용하여 저장을 하는 방법을 말한다. M.A.저장은 적정 가스농도가 과일, 채소의 종류에 따라 다르다. 사과도 종류에 따라 다르나 산소가

2~3%, 탄산가스 2~3%, 감에는 산소 1~2%, 탄산가스 5~8%, 배에는 산소 4%, 탄산가스 5%의 적정 농도가 유지되어야 한다. 따라서 그림 5-7에서 보듯이 식품의 M.A.모델로서 내부에 물품(commodity ; B_1)이 있고 중간에 포장(package ; B_2)이 되어 있으며, 가장 외부에는 저장실(storage room)과 운반수단(transit vehicle ; B_3)이 구조적으로 3겹으로 차단성을 가지면서 환경기체를 조절한다.

M.A.저장도 환경기체의 조성을 변화시켜 식품의 신선도를 연장한다는 면에서는 C.A.저장과 동일하다. 일반적으로 M.A.저장은 공기의 구성성분 중 산소의 농도는 대기보다 낮게, 이산화탄소의 농도는 대기보다 높게 하고 질소를 충전가스로 이용한다. 그러나 국내에서는 아직까지 저온저장이 대부분이며 C.A.저장이나 M.A.저장도 확대일로에 있다.

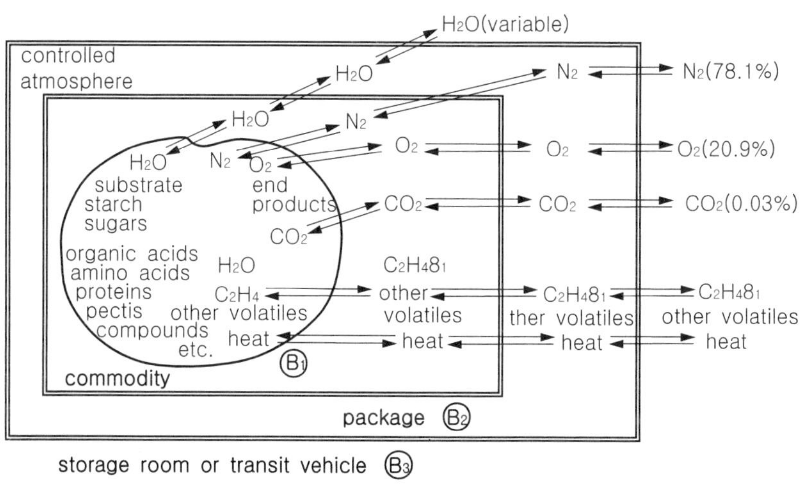

〈그림 5-7〉 식품의 M.A.모델

〈표 5-7〉 C.A.저장법과 M.A.저장법과의 비교

저장방법	C.A.저장법	M.A.저장법
특징	인공적 저장고	Plastic film 사용
원리	가스조성을 인위적으로 유지	초기 가스주입 후 방치
규모	대규모에 적합	소규모에 적합

3. C.A.저장의 실 예

1) 청과물의 C.A.저장

청과물의 C.A.저장에 필요한 가스 조성은 표 5-8과 마찬가지로 식품의 종류뿐 아니라 품종, 생산지, 재배조건, 수확시기, 저장기간 등에 따라서 달라진다.

〈표 5-8〉 채소, 과일의 최적 C.A.저장조건과 저장기간

품명	온도 (℃)	습도 (%)	가스조성		저장기간	
			CO_2 (%)	O_2 (%)	C.A.저장	보통냉장
사과 (홍옥)	0	90~95	3	3	6~7 (월)	4 (월)
사과 (스타킹)	2	90~95	2	3~4	7~8	5
배 (이십세기)	0	85~95	3~4	4~5	6~7	3~4
감 (부유)	0	90~95	7~8	2~3	5~6	2
밤	0	80~90	5~7	2~4	8~9	5~6
감자 (남작)	3	85~90	2~3	3~5	8	6
감자(메크인)	3	85~90	3~5	3~5	7~8	4~5
고구마	3	90~95	2~4	4~7	8	4
마늘	0	80~85	5~8	2~4	10	4~5
토마토(녹숙과)	10~12	90~95	2~3	3~5	5~6(주)	3~4(주)
시금치	0	90~95	2~3	3~5	3~4(주)	2~3(주)

〈표 5-9〉 양배추 C.A.저장 중의 습도와 감량률*

품종	저장방법 \ 상대습도(%)	감량율 (%)		
		100	85	75
Green Winter	보통냉장	5.3	11.6	13.9
	C.A. 저장	2.6	14.9	20.0
Harris Resistant Danish 277	보통냉장	18.0	16.0	19.0
	C.A. 저장	2.9	14.0	20.7

* 증산에 의한 감량과 부패를 포함
저장조건 : 1℃, CO_2 5%, O_2 2.5%
저장기간 : 4.5 개월

청과물의 경우 환경인자가 크게 영향을 미치며 환경인자의 하나인 온도는 일반적으로는 얼지 않을 정도의 저온이 좋다. 그런데 어떤 청과물은 저온장해를 입는 것도 있으니 주의해야 한다. 사과의 경우 C.A.저장이 유리함은 그림 5-8에서도 알 수 있다. C.A.저장 중에 습도의 영향에 대해서 양배추를 예로 한 것을 보면 표 5-9와 같다.

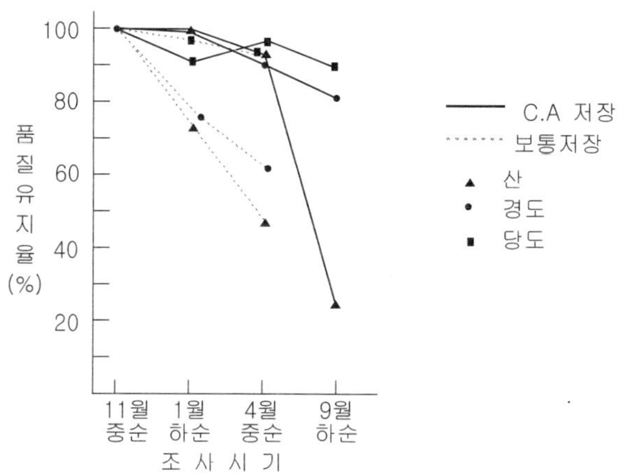

〈그림 5-8〉 사과(Golden delicious)의 C.A.저장 및 보통저장 비교(저장온도 0℃, CO_2 및 O_2 3%, 품질유지율은 입고시를 100으로 하고 비교했다.)

2) 고기의 C.A.저장

C.A.저장은 청과물에 국한된 것이 아니고 고기의 수송이나 저장에서도 유효하다는 것이 알려지고 있다.

표 5-10에 나타나 있는 바와 같이 C.A.저장의 조건에 따라서는 고기의 외관, 냄새 또는 세균에 의한 오염이 달라지며 100% 질소 속에서 3~7℃의 경우 쇠고기, 돼지고기 및 송아지고기가 다 같이 좋은 결과를 내고 있다.

〈표 5-10〉 육의 C.A.저장과 관능평가

C.A.저장(6~8 일) 7℃	쇠고기		돼지고기		송아지고기	
	순 위	평 점*	순 위	평 점*	순 위	평 점*
공 기	6	1	6	1	6	1
3% O_2+97% N_2	5	2	5	2	5	2
1% O_2+99% N_2	4	3	4	3	4	2.5
30% CO_2+70% 공기	3	4	3	5	3	4
70% CO_2+30% 공기	2	5	2	7	2	3
N_2	1	7	1	9	1	7

* 9점법 : 9점 최상, 1점 최하

4. C.A.저장 중의 품질변화

C.A.저장은 냉장을 겸하기 때문에 저장 중 냉해(cold injury)를 입을 수 있다.

과일과 채소는 각기 저장에 알맞는 가장 낮은 온도가 있는데 이 온도를 안전온도(safe temperature)라 하며, 그 온도 이하가 되면 비록 빙결(氷結)되지 않는다 하더라도 생리적인 장애가 일어나 냉해를 입게 된다. 몇몇 과일 및 채소의 안전온도와 냉해의 특징을 간추리면 표 5-11과 같다.

〈표 5-11〉 과일 및 채소의 안전온도와 냉해 특징

식 품	안전온도 (°F)	냉해의 특징
사 과(apple)	34~36	내부 갈변(internal browning), 수성 분해(soggy breakdown)
아카보도(avocadoes)	45	내부 갈변
바나나(banana ; green or ripe)	56	익을 때 색이 칙칙해진다.
깍지 강남콩(snap beans)	45~50	냉장을 중지하면 움푹 파진 데가 증가하고 적갈색으로 변색한다.
크랜베리(cranberry)	34	저온 분해(low-temperature breakdown)
오이(cucumbers)	45	움푹파진다(pitting). 물에 젖은 듯한 반점이 생긴다. 부패(decay)가 일어난다.
가지(eggplants)	45	움푹 파진다. 표면이 청동 빛이 된다.

표 5-11 (계속)

식 품	안전온도 (°F)	냉해의 특징
그레이프프루우트(grapefruit)	45	변색(scald), 움푹 파진다. 수성 분해, 내부 갈변
레몬(lemons)	55~58	내부 갈변(internal discoloration), 움푹 파진다.
라임(limes)	45	움푹 파진다.
망고(mangoes)	50	내부 변색
멜론(melon)		
칸타루우프(cantaloups)	45	움푹 파진다. 표면 부패(surface decay)
감로(honeydew)	40~50	움푹 파진다. 표면 부패
카사바(cassaba)	40~50	움푹 파진다. 표면 부패
그랜쇼와 페르시안 (grenshaw and persian)	40~50	움푹 파진다. 표면 부패
수박(water melon)	36	움푹 파진다. 이상 향미(objectionable flavor)
오크라(okra)	40	퇴색(discoloration), 물에 젖은 듯 한 부분 (water soaked area), 움푹 파진다. 부패.
신선한 올리브(olives, fresh)	45	내부 갈변
오렌지(oranges, california종)	35~37	껍질의 분해(rind disorder)
파파야(papayas)	45	분해(breakdown)
후추(peppers, sweet)	45	움푹 파진다. 꽃받침(calyx)부근이 변색
파인애플(pineapples ; mature green)	45	후숙되면 어두운 암녹색이 된다.
감자(potatoes)		
치페와(chippewa) 종	40	마호가니 색으로 갈변(mahogany browning)
세바고(sebago) 종		
호박 겨울형(squash, winter 형)	50~55	부 패
고구마(sweetpotatoes)	55	부패, 움푹 파진다. 내부 변색, 후숙 한 후 빛깔이 좋지 않다.
토마토(tomatoes ; mature green)	55	빨리 부패되는 경향이 있다.

제6장

포장에 의한 식품저장

인류의 조상이 신선한 식품이나 먹다 남은 식품을 저장하는 요령을 알게 되었을 때에 그들이 사용한 용기는 석기, 토기 등이었으며 휴대용 포장재료는 나뭇잎, 죽순 껍질, 동물의 가죽, 조개껍질, 나무의 덩굴로 엮은 바구니 같은 것이었을 것이다. 그와 같은 원시적인 포장재료를 사용하였을 때에도 식품을 노출 상태로 놓아 두었을 때보다는 월등히 그 변패를 지연시켰을 것이다. 이런 시대를 식품포장의 구시대라 한다.

그 후에 농경과 어로가 발달하면서 그 산물의 저장, 수송, 판매 등을 하기 위해서 나무통, 대바구니, 포대(包袋), 피대(皮袋) 등이 발달하였고, 19세기 초엽에는 병조림・통조림 기술이 개발됨으로써 식품의 장기 저장 문제가 해결되었다. 이때를 우리는 식품포장의 제1 신시대라 한다.

그리고 1955년경부터는 제 2 신시대로서 합성 고분자공업의 발달에 따라서 폴리에틸렌을 위시하여 많은 플라스틱 필름이 개발되었는데 이것은 경량성, 투명성, 성형의 유연성, 열접착성, 인쇄성 등의 특징을 지니고 있으므로 통조림·병조림보다도 더 많이 이용되게 되었다.

저장효과 면에 있어서도 멀지 않아 통조림 용기를 대체할 수 있을 것으로 예상된다. 식품의 포장에 의한 밀봉저장은 현재 실시되고 있는 저장법 중 가장 많이 이용되고 있는 식품저장법이다. 이 방법을 사용하면 대단히 부패변질하기 쉬운 것이라도 저장할 수 있으며 직접 식탁에 공급할 수 있다는 점에서 보더라도 중요한 식품가공법이라고 할 수 있다.

밀봉용기는 깡통과 병이며 이것에 원료를 완전히 충전하여 가열살균을 하고 외부와의 접촉을 완전히 차단하여 저장하는 것인데 충전하는 원료의 pH와 염, 당 등의 농도가 효소작용과 미생물의 번식을 충분히 억제할 수 있을 때에는 고온살균을 하지 않고 비교적 저온에서 처리하여도 장기간 저장할 수도 있다. 이때에 가열하는 것은 살균뿐만 아니라 원료의 자숙(煮熟) 가공과 용기내의 진공도를 유지하는 효과도 있다.

밀봉저장법은 그 과정에 있어서 가열되기 때문에 원료는 열에 의하여 변화한다. 특히 통조림에 있어서 완전히 살균할 때에는 용기 내에서 가열되고, 고온 가압 하에서 열처리를 받은 결과 열에 의한 변화는 대단히 크며 원료와 내용물은 영양가, 외관, 풍미 등이 크게 달라진다. 즉, 밀봉저장법은 완전한 저장법이라고는 하지만 저장 중 부패까지는 하지 않으나 내용물에 여러 가지 변화가 생긴다. 이 문제에 대해 각종 통조림에 있어서 많이 연구되어 왔다.

6-1 식품포장의 원리

1. 식품포장의 목적

식품포장의 목적은 첫째, 식품이나 그 원료가 생산되어서 보관, 가공, 수송, 판매 등의 과정을 거쳐서 소비자의 손에 이르기까지의 사이에 받는 충격, 진동, 압축 등 기계적 외력이나 온도, 습도, 광선, 기체, 먼지 등 외적 환경, 쥐와 기타의 동물, 파리, 바퀴, 바구미 기타의 해충, 또 미생물 등에 의한 생물적 피해나 오염 등 여러 가지 오염, 피해, 손모(損耗), 변질에 관여하는 요인을 배제하는 일이다.

둘째, 식품의 보관, 수송 및 판매 등의 능률을 향상하고 그 경비를 절감하는 일이다.

셋째, 소비자의 사용 시 간편성의 부여와 상품가치의 향상을 도모하는 일이며 이들을 간단하게 요약하면 다음과 같다.

① 물리적 보전 … 기계적 외력, 외적 환경으로부터의 보호
② 품질 보전 … 외적 환경, 생물적 환경으로부터의 보호
③ 식품위생적 보전 … 주로 생물적 환경으로부터의 보호
④ 작업성 향상과 간편성 부여
⑤ 상품성 향상

2. 식품포장의 분류

식품을 포장하는 경우에는 내용물의 품질, 형상, 용도, 수송방식 그리고 저장, 보관방식 등에 의해 각각 다른 포장재료, 포장형태 및 포장조건이 채택된다. 식품포장을 분류하면 다음과 같다.

① 기능적 분류 : 겉포장, 속포장, 낱포장 등
② 용도별 분류 : 공업 또는 2차 가공, 업무용 등 산업포장(industrial package), 판매 및 소비자를 위한 상품포장(consumer package) 등
③ 포장형태별 분류 : 상자포장, 자루포장, 통포장, 통조림포장, 병조림포장, 바구니포장 등
④ 포장재료의 성상별 분류 : 경질포장(rigid container), 유연포장(flexible package) 등
⑤ 내용식품의 상태별 분류 : 천연생식품포장, 곡류포장, 건조식품포장, 냉동식품포장, 액체식품포장, 호흡식품포장, 다수분식품포장 등
⑥ 중점기능별 분류 : 보호포장, 수송포장, 저장포장
⑦ 포장방식별 분류 : 방습포장, 방수포장, 진공포장, 열수축포장, 가스충진포장
⑧ 포장재료별 분류 : 나무상자포장, 종이포장, 플라스틱포장 등
⑨ 행선지별 분류 : 국내포장, 수출포장
⑩ 사후용도별 포장 : 재사용포장, 일회용포장

여기에서 가장 흔히 사용되는 것은 기능별 분류이다. 낱포장(個包裝)은 식품과 포장재료가 직접 접촉하고 식품을 최종판매단위로 구분하며 최종적으로는 식품에 보존성을 부여해 품질을 유지하는 가장 기본적인 식품포장이다.

속포장(內包裝)은 낱포장의 겉쪽을 포장하는 것이며 겉포장(外包裝)과 낱포장의 사이에 재료를 끼워서 낱포장을 보호하는 것이다.

겉포장은 가장 겉쪽의 포장이며 유통과정에 있어서 수송, 하역 또는 보관을 하기 쉽도록 하고 그 때의 물리적 손상으로부터 식품을 보호하기 위함이다.

가공식품의 경우는 낱포장이 가장 중요하며 청과물은 겉포장이, 콜드체인(cold chain)의 경우는 속포장도 중요한 구실을 한다.

3. 식품포장재료의 구비조건

식품의 낱포장재료는 다른 포장재료 보다도 가장 기본적 재료 또는 용기이다. 그 기본적 구비조건은 다음과 같다.

① 위생성

식품과 직접 접촉하는 것이므로 식품의 수분, 산, 염류, 유지 등에 의해 부식 또는 용출해서 그것이 식품위생상의 문제를 일으키는 일이 있어서는 안된다. 예를 들면 식품위생기준 이상의 납, 주석, 비소, 기타의 금속 및 그 염, 페놀, 포르말린, 미반응 모노머(monomer)류, 기타 가소제(可塑劑), 안정제 등의 용출이 있다면 이것은 식품의 포장재료로서 부적당한 것이다.

② 보호성

위생성과 더불어 가장 기본적 성능이며 이미 앞에서도 언급한 바와 같이 품질열화를 방지하는 성능을 가져야 함은 당연하다.

③ 안정성

식품가공이나 그 유통에 있어서는 일정시간 내에 대량의 물량을 제품화 또는 수송하게 된다. 따라서 포장재료(容器)의 규격이 일정하고 또한 작업 중에 그 변화가 적고 강도나 유연도가 적정하며 작업 중에 손상, 파손을 받지 않는 것이어야 한다.

④ 상품성

소비자가 포장식품을 구입함에 있어서 상품으로서의 청결 감을 느끼고 내용물을 쉽게 볼 수 있으며 구입의욕을 충동할 수 있도록 그 형상과 표시 등이 디자인되어 있어야 한다.

⑤ 간편성

소비자가 포장식품을 먹을 때 단시간에 가열이나 냉각이 될 수 있고 간단하게 개봉할 수 있어야 한다.

⑥ 경제성

위의 조건을 만족하고 또한 적정한 가격이어야만 대량 생산하는 곳에서 이용할 수 있다.

4. 식품포장재료의 종류와 성질

식품포장재료에는 종이, 유리, 금속, 셀로판(cellophanes), 플라스틱(plastics) 등이 사용된다.

1) 종　이

종이는 경제적이고 사용하기 간편하며, 용도가 다양해서 가장 널리 사용되고 있는 포장재료 이다. 한편 종이는 강도, 내수성, 내유성, 방습성 등이 약해서 수분이 많은 식품이나 지방질 식품의 포장에는 적합하지 못하다.

종이의 결점을 개선하기 위해 파라핀(paraffin)을 침투시키거나 진한 황산으로 처리하기도 하며 왁스(waxes), 플라스틱 수지(plastic resins), 검질(gums), 접착제(adhesiveness) 및 알루미늄박 등을 코팅하거나 접합시켜 가공지(processed paper) 형태로 사용되고, 골판지 상자 등이 겉포장에 많이 이용된다. 가공지의 예를 보면 그림 6-1 및 그림 6-2와 같다.

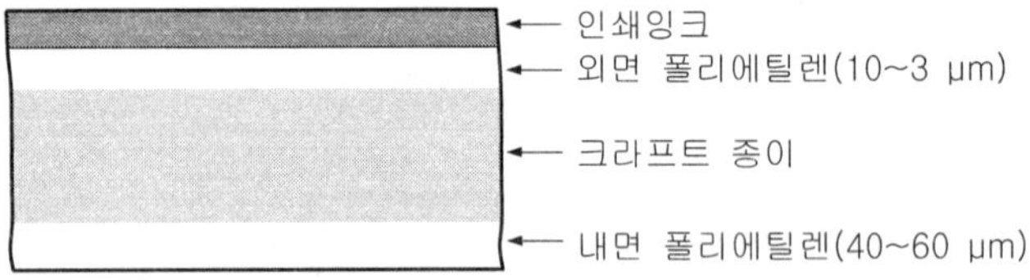

〈그림 6-1〉 폴리에틸렌가공지 단면도

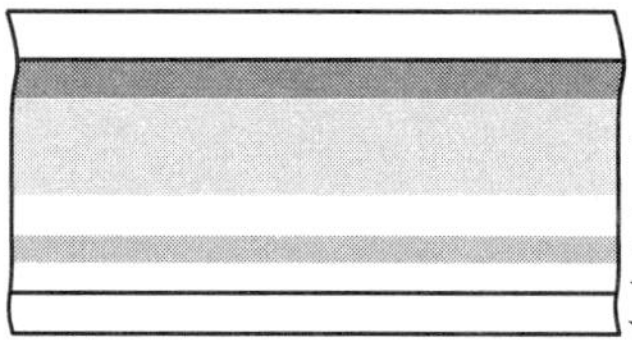

〈그림 6-2〉 폴리에틸렌가공지의 예

2) 유 리

유리병은 프랑스의 Nicolas Appert가 1804년에 살균법을 발명한 이래 통조림과 마찬가지로 식품의 장기저장용 용기로서 사용되어 오늘에 이르고 있다.

포장재료로서의 유리용기는 위생성, 방습성, 방수성 및 가스차단성이 좋으며 내약품성을 가지고 있어 모든 식품의 포장에 적합하다. 또한 내용물을 볼 수 있고 가열살균이 가능하므로 장기 저장이 가능하다. 그러나 온도의 급변이나 충격에 의해 파손되기 쉽고 무거워서 수송이나 취급이 불편하다.

3) 금 속

금속은 깡통(캔; can)의 재료로 쓰이는 경우와 금속박(金屬箔)이 재료로 쓰이는 경우가 있다.

- 금속캔

이탈리아의 Peter Durand가 1810년에 통조림용 깡통을 개발한 이래 약 180년 동안 여러 가지로 개량, 고안되어 현재는 다음과 같은 것들이 일반적으로 사용되고 있다.

얇은 철판에 주석을 도금한 주석관이 보통이나 최근에는 철판에 산화크롬의 피막을 입혀서 주석도금에 대신하는 TFS캔(tin free steel can)이 개발되어 음료 분야에 많이 사용되고 있다(그림 6-3, 6-4 참조).

그러나 위의 재질은 유기산이나 염류에 부식되기 쉬우므로 이러한 재질에 대해서는 그 내면을 락카(lacquer)로 칠한 것(락카캔)이 있으며 일반적으로는 이중으로 칠이 되어 있다. 때에 따라서는 미량의 주석용출을 돕기 위해서 관의 싸이드시임(side seam) 부분의 주석도금 면을 노출시켜 놓은 관이 있으며 이것을 HTF(high tin fillet)캔이라 부르고 있다. 또 어떤 것은 주석을 미량 첨가한 특수 칠을 한 캔도 있다.

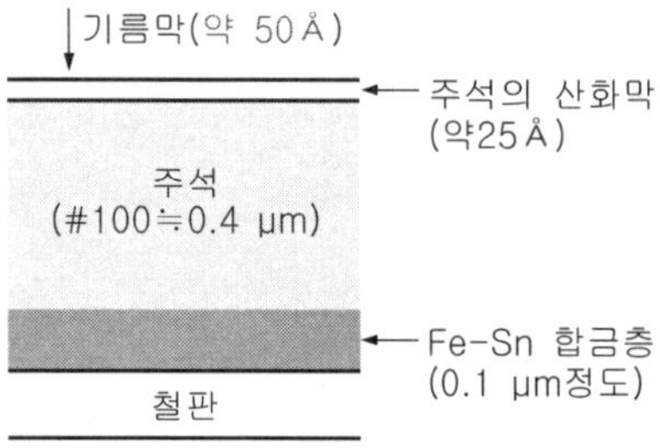

〈그림 6-3〉 주석캔의 단면도

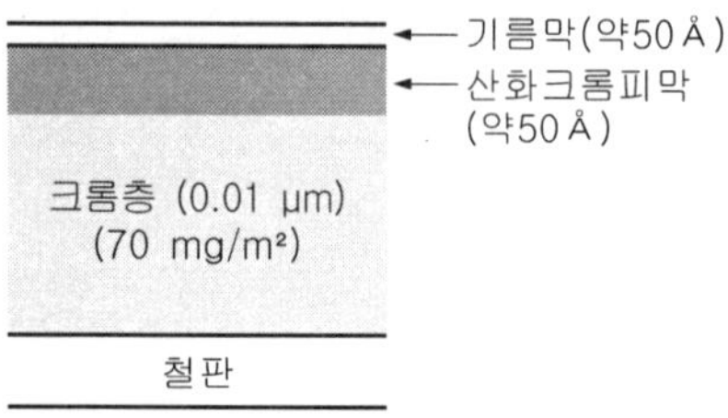

〈그림 6-4〉 TFS캔 단면도

• 금속박

식품포장용 금속박으로서는 알루미늄박(Al-foil)이 이용되고 있다. 알루미늄박은 기계적으로 대단히 약하기 때문에 단독으로 사용되는 예는 드물고 대개의 경우는 종이나 플라스틱 필름을 입혀서(laminate해서) 사용한다.

〈표 6-1〉 알루미늄박의 식품에 대한 성질

식 품	성 질	식 품	성 질		
맥 주	+	간 장	(+)~(−)	효 모	+
와 인	(+)~(−)	식 초	+	빵 가 루	+
위 스 키	(+), +A	설 탕 물	+, +H	젤 라 틴	+
브 랜 디	(+), +A	식 용 유	+	사 이 다	(+)~(−)
진	(+), +A	지 방	+	과 일 향	+A
버 터	+	우 유	+, +H	오렌지주스	(−)~+A
마아가린	+~(−)	농축우유	+	레몬주스	(+)~(−)
치 즈	+	크 림	+	귤주스	+ +H
소 금	(+)~(−)	초 콜 렛	+B	사과주스	(+)

주 : + : 전혀 침식되지 않음.
(−) : 어느정도 침식됨.
(+) : 약간은 침식되나 실용가능.
+A : 양극화하면 침식되지 않음.
+B : 비등점 이상에서는 침식되지 않음.
+H : 가열하여도 침식되지 않음.

알루미늄박의 특징을 보면 가스를 잘 차단하고 내유성, 내열성, 방습성(두께 0.007~0.008 mm의 경우 7 g/m^2/h 이하), 내한성도 좋은 편이다. 그러나 인쇄성, 열접착성, 열성형성, 기계적성, 투명성 등은 좋지 못하여 결점으로 지적되고 있다.

4) 셀 로 판

셀로판의 특징은 투명하고 인쇄가 잘 되는 점이다. 옛날부터 식품뿐 아니라 다른 포장용으로도 많이 사용되어 왔다. 이것은 천연 고분자화합물을 처리하여서 만든 필름의 일종이며 그 성분은 재생섬유소(regenerated cellulose)이다.

셀로판의 성질은 ① 광택이 있으며, ② 인쇄가 잘 되고, ③ 건조시의 가스 투과성이 낮고, ④ 대전성(帶電性)이 낮기 때문에 먼지 등이 잘 묻지 않는다는 장점이 있으나, ⑤ 방습성이 좋지 않고, ⑥ 내산성·내알칼리성이 낮고, ⑦ 열접착이 안되는 등의 결점도 있다.

이와 같은 결점을 제거하기 위해서 플라스틱을 코팅(coating)한 방습 셀로판이 시판되고 있으며 이것은 열접착도 가능하다. 그러나 방습 셀로판이라 할지라도 다소의 습기는 흡수하게 되므로 수분이 많은 식품의 포장에는 적합하지 않으며, 비교적 수분이 적은 식품에는 널리 이용된다.

셀로판은 각종 플라스틱 필름과 접합시켜서 그 특성을 한층 살리고 결점을 제거하여 여러 가지 식품 포장에 널리 이용되고 있다.

5) 플라스틱 제품

현재 식품 포장용으로 이용되는 플라스틱은 약 15종이 있으며, 그들의 특성을 결합시킨 가공 필름이 많이 실용화되고 있다.

플라스틱은 주로 필름의 형태로서 식품 포장에 관계하게 되는데 각 종류별 특성을 보면 표 6-2와 같다.

각종 플라스틱 필름과 플라스틱 이외의 셀로판, 알루미늄박을 포함시켜 각 성질별로 분류해 보면 표 6-3과 같다.

〈표 6-2〉 플라스틱 필름의 포장성능

플라스틱	각 종 투 과 방 지 성				내 열 성 (가열살균)	내 한 성 (냉장·냉동)	내 유 성 (식용유침투성)	접착성
	수 증 기	산 소	질 소	향 기				
고압법 폴리에틸렌	양	약간불량 ~보통	보 통	불 량	불량~보통	양~우	불량~보통	H.I
중압법 폴리에틸렌	우	보통 ~양	보통~양	불 량	양~우	양~우	보통~양	H.I
저압법 폴리에틸렌	우	보 통	보통~양	불 량	양~우	양~우	보통~양	H.I
염화 비닐	약간불량 또는보통	보 통	약간불량 ~양	약간불량 ~양	양	양~불량	보통~양	I.U
염화비닐리덴	양~우	양~우	양~우	양	우	양~불량	양~우	I.U
폴리아미드	불 량	양	양	양	우	양~우	우	I
폴리에스테르	보 통	양	양	우	우	양~우	우	I
폴리프로필렌	우	보 통	양	양	우	양~우	양~우	H.I
폴리카보네이트	약간 불량	보 통	보통~양	우	우	양~우	우	I

좋은 순서 : 우, 양, 보통, 약간 불량, 불량. H : 열접착. I : 임펄스(impulse) 접착. U : 고주파 접착

〈표 6-3〉 각 성질별 포장재료

요구되는 성질	포 장 재 료									
	AF	VC	PP	PE	PET	방습C	PA	C	PC	종이
습기나 수분의 차단성을 필요로 할 때	+	+	+	+	+	+				
산소나 가스의 차단성을 필요로 할 때	+	+			+	+	+			
내유성을 필요로 할 때	+	+			+		+	+		
향취의 차단성을 필요로 할 때	+	+	+	+		+			+	
빛의 차단성을 필요로 할 때	+									+
열접착성을 좋게 할 때				+						

※ AF : 알루미늄박, VC : 염화비닐리덴(vinylidene chloride), PP : 폴리프로필렌(polypropylene)
PE : 폴리에틸렌(polyethylene), PET : 폴리에스테르 (polyester), 방습C : 방습 셀로판,
PA : 폴리아미드(polyamide), C : 셀로판, PC : 폴리카보네이트(polycarbonate)

• 폴리에틸렌(PE)

폴리에틸렌은 다른 플라스틱이나 셀로판, 종이, 알루미늄박과 접착되기 쉽고 열접착도 잘 되며 독성도 없으므로 많이 이용되고 있다. 폴리에틸렌의 필름에 셀로판, 방습 셀로판, 폴리프로필렌, 폴리에스테르 등의 필름을 2중 또는 3중으로 접합하면 각각의 결점을 보완하는 효과가 있어서 더욱 좋다.

〈표 6-4〉 각종 폴리에틸렌의 온도에 대한 성질

시 험 항 목	저 압 PE	중 압 PE	고 압 PE
열 변 형 온 도	41.7~49.5	57.3	65.6~90.0
연 화 온 도	79.5~96.0	105~113	119~127
열 접 착 온 도	115~114	110~166	133~166
저온일 때의 유연성	< −51.2	< −56.8	< −62.3

폴리에틸렌 필름을 제조할 때에 여러 가지 물리적 영향을 주면 분자의 구조가 달라져서 같은 원료를 가지고도 각각 다른 성능을 갖는 필름을 얻을 수가 있다(표 6-4 참조).

보통 많이 쓰이는 것은 고압법 폴리에틸렌이며, 그 특징은 ① 고무와 비슷한 탄성을 가졌으므로 빳빳하지 않으며, ② 완전한 투명이 아니고 약간 흐린 상태이고, ③ 인쇄 적성은 좋은 편이 못 되며, ④ 방습성이 좋고, ⑤ 화학약품에 불활성이며, ⑥ 내유성은 좋지 않고, ⑦ 가스 투과성은 비교적 크며, ⑧ 열접착이 간단하다.

• 폴리염화비닐리덴(PVDC)

염화비닐리덴과 염화 비닐의 공중합체(共重合體)이며 이 두 수지의 배합 비율에 따라서 그 성질도 조금씩 달라진다. 사란(Saran) 등의 상품명으로 시판되고 있다. 이 필름의 특징은 ① 투명하며 방습성, 내수성, 내약품성, 내열성 등의 좋은 성질이 있고 ② 수축성이 크고 ③ 가스의 투과성이 낮기 때문에 향기의 손실을 막을 수 있다.

따라서 산소의 침입으로 변패를 일으키기 쉬운 식품, 예를 들면 육류

가공품의 포장 등에 적합하다. 내열성이 크기 때문에 통조림의 깡통 대용으로 고온 살균도 가능하다. 열접착은 잘 되지 않으나 임펄스식 열접착법(thermal impulse heat sealing)에 의해서 밀봉할 수 있다.

〈표 6-5〉 포장용 플라스틱 필름의 가스 투과도 (20℃, 두께 3/100 mm, g/m^2/24시간/기압)

가스 종류 / 포장재료	CO_2	O_2	N_2
염화비닐리덴	0.1	0.03	<0.01
염산고무	2~4	0.6~0.9	0.65
고압 폴리에틸렌	70~80	13~16	3~4
저압 폴리에틸렌	20~30	4~6	1~15
염화비닐	10~40	4~16	0.2~8
무가소 염화비닐	1~2	0.5	–
보통의 셀로판	0.5~5 (습도가 늘면 커진다.)	0.1~1 (습도가 늘면 커진다.)	< 0.3 (습도가 늘면 커진다.)
방습 셀로판	0.1~0.5	0.1	< 0.3
폴리에스테르	0.2	0.08	–
폴리프로필렌	25~35	5~8	–

• 폴리에스테르

폴리에스테르는 폴리에틸렌 테레프탈레이트(polyethylene terephthalate, PET)라고도 불리며 에틸렌 글리콜(ethylene glycol)과 테레프탈산(terephthalic acid)의 축합중합물로 되어 있다. 이 필름의 특징은 극히 질기고 광택이 있으며 무색투명한 점이다. 방습성은 저압 폴리에틸렌보다 다소 못하나 향기의 투과방지용으로는 적합하다.

사용온도 범위는 넓고 −60℃에서도 경화(硬化)되지 않고 150℃로 가열해도 연화(軟化)하지 않는다. 따라서 가열식품이나 냉동식품 포장에 적합하고 음료의 포장에 널리 사용되고 있다. 결점은 열접착이 안 되고 임펄스접착만 될 수 있는 점이다.

• 폴리프로필렌(PP)

외관은 고압 폴리에틸렌과 유사하며 투명도는 저압 폴리에틸렌과 고압 폴리에틸렌의 중간 정도이다. 방습성, 가스투과성이 폴리에틸렌과 유사하다. 내열성, 내유성이 좋으나 열접착성이 폴리에틸렌보다 못하여 염화비닐리덴계의 열접착성 수지를 코팅하여 이용하기도 한다.

• 염산고무

고무 라텍스(gum latex)를 가황(加黃)하고 이것에 염산을 반응시켜 만든 필름이다. 일본에서 생산된 것은 라이탄(ライタン), 미쓰쿠론(ミシクロン) 등의 상품명이 있고, 미국에서 생산된 것은 플라이오필름(Pliofilm) 등의 상품명으로 되어 있으며, 제조방법과 제품의 성질이 조금씩 다르다.

플라이오필름은 ① 투명하고, ② 열접착이 가능하며, ③ 수축성이 없으나, 라이탄은 ① 반투명이며 ② 열접착이 불능이며 ③ 열수축성이 대단히 크고 ④ 방습성이 있고, ⑤ 가스불투과성도 우수하므로 소시지나 햄 등을 포장하기에 알맞다.

일반적으로 염산고무는 내열성은 약하고 장시간 가열로써 염산이 유리되는 경향이 있다. 자외선에 의해서도 노화하게 되므로 직사일광을 피해야 한다.

• 폴리염화비닐(PVC)

가소제(可塑濟)의 혼합비율에 따라 여러 가지 성질의 것이 만들어질 수 있다. 광택이 있는 투명한 필름이며 내수성, 내열성이 있으나 방습성, 가스차단성은 다소 못하며, 내유성은 약하다.

• 폴리스티렌(PS)

가볍고 투명해서 좋으나 가스 투과성과 습기 투과성이 있다. 청과물과 같은 호흡이 심한 식품의 포장에 적합하다. 발포 폴리스티렌은 열전도도가 낮아 단열재, 즉석 조리식품 용기로 사용한다.

• 폴리카보네이트(PC)

투명성, 내유성, 내열성은 좋으나 가스 차단성, 방습성이 뒤진다. 생수나 식물유의 포장 용기로 사용된다.

• 접합가공품

이상에서 설명한 여러 가지 포장재료는 어느 것이나 그 한가지만으로 사용목적을 만족시킬 수 있는 것은 없다. 예를 들면 진공포장을 할 경우는 가스 투과성이 적은 것이라야 되는데, 이런 것이 선택되었다고 하더라도 밀봉이 간단하지 못할 수도 있고 인쇄적성이 좋지 못한 경우도 있다.

이런 때는 밀봉이 용이하며 인쇄가 잘 되는 필름을 선택하고 이것과 가스 투과성이 적은 필름을 서로 접합(laminate)해서 사용하면 좋다. 또한 필름을 접합하는 대신에 필요한 플라스틱용액을 코팅하여 사용하기도 한다.

이와 같이 하면 두 재료의 결점을 서로 보완하여 우수한 포장재료가 만들어진다. 예를 들면 알루미늄박에 폴리에틸렌 필름을 접합하면, 알루미늄박의 핀홀(pin hole)이 막히고 그 취약성이 보완되며 열접착도 되므로 결과적으로 알루미늄박의 결점을 제거한 우수한 포장재료가 될 수 있는 것이다.

플라스틱제품의 사용량별 순서는 폴리에틸렌(PE), 폴리프로필렌(PP), 폴리염화비닐(PVC), 폴리스티렌(PS), 폴리에스테르(PET), 폴리아미드(nylon), 폴리염화비닐리덴(PVDC), 폴리비닐알코올(PVA), 폴리카보네이트(PC), 폴리올레핀 순이다.

5. 식품포장의 전처리 조작

통조림 식품처럼 밀봉 후 가열 처리하는 것은 용기 내에 공기가 있으면 지장이 많으므로 미리 공기를 제거한다.

탈기방법으로는 ① 진공상태에서 식품(액상)을 주입하는 방법 ② 식품 충전 후 예비밀봉하고 탈기 후에 완전 밀봉하는 방법 ③ 탄산음료의 경우는 충전 후에 테이핑(taping) 또는 초음파로 함유된 CO_2를 유리 시켜 헤드스페이스(headspace)를 CO_2로 채운 후 밀봉하는 방법 등이 있다.

포장하기 전에 수행되는 전처리 조작에 따라 다음과 같은 포장방법이 나와 있다.

1) 열탕주입포장

과즙, 기타 액상식품을 용기의 헤드스페이스에 공기가 없는 상태로 제품화해서 헤드스페이스 산소의 영향을 받지 않도록 하기 위한 방법이며 액체 식품을 85~90℃로 가열하여 용기 가득히 주입한 후 즉시 권체(券締)나 타전(打栓) 또는 열접착을 해서 밀봉하고 곧 살균과정에 옮기는 방법이다.

2) 무균충전포장

무균통조림(aseptic canning) 또는 무균포장시스템(aseptic packaging system)이라 불리는 방법이며 포장하는 식품과 포장재료 및 용기를 각각 살균해 놓고 양자를 무균적환경하에서 충전, 밀봉하는 방법이다. 즉, 가열처리를 최소한으로 함으로써 식품의 품질 열화를 억제하는 방법으로 주로 액상식품에 이용되는 방법이다.

3) 가스치환포장

- CO_2 치환포장

20~30%의 수분을 함유하고 카스테라처럼 다공질인 식품의 품질수명(shelf life)을 연장시킬 목적으로 용기 내 헤드스페이스의 CO_2 농도를 30~100%로 하는 방법이다. 이렇게 하면 변질의 주원인인 곰팡이의 생육을 저지할 수가 있다.

휴면상태에 있는 종실류(種實類) 등을 이와 같이 포장하면 호흡이 억제되며 곰팡이 등의 생육도 없으므로 저장기간이 연장된다.

- 질소가스 치환포장

동결건조 식품처럼 다공질구조를 가지며 지방이나 지용성 성분을 가지는 건조식품은 용기에 충전한 후 탈기처리하고 질소가스를 주입하여 밀봉한다. 산화방지효과를 더욱 좋게 하려면 잔존산소량을 2%이내로 줄인다.

4) 산소흡수제 봉입포장

용기를 밀봉하기 전에 산소흡수제(주로 활성산화철 분말)를 기체투과성이 있는 봉지에 싸서 이것을 식품과 동봉하여 밀봉한다. 약품의 성능에 따라 차이가 있으나 약 24시간 후에 내부의 O_2 농도는 0.1% 이하가 된다.

그림 6-5는 식품 90g에 디티온산 소오다(sodium dithionate) 탈산소제 3g을 봉입(封入)했을 때의 즉석면의 과산화물가 생성을 나타낸 것이다.

기타 방법으로는 팔라듐(palladium)을 용기내의 일부에 봉입(封入)하고 H_2가스를 동봉(약 5%)하는 화학반응에 의한 방법이 있다. 포장재료에 팔라듐을 분산라미네이트 해서 산소흡수효과를 올리는 방법도 있다.

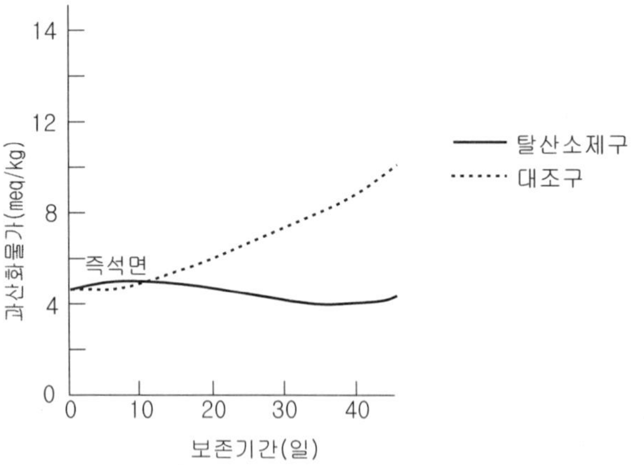

〈그림 6-5〉 탄산소제첨가에 의한 산화방지효과

5) 레토르트파우치(retort pouch)

110℃ 이상의 온도에 견디는 각종 프라스틱 필름을 라미네이트한 용기에 식품을 밀봉하고 이것을 가압살균솥(retort)에서 살균한 것이다. 통조림의 경우와 마찬가지 보존원리이다.

살균시간은 통조림에 비해서 1/2~1/3로 충분하므로 소위 가열취(cooking flavor)가 적다. 포장재의 한 예로서는 폴리에스테르와 내열성 특수 폴리올레핀(polyolefin)류를 라미네이트한 재료가 있다.

6-2 식품의 통조림·병조림법

식품을 공관(빈 캔) 및 공병에 담고 탈기 밀봉하여 가열살균 후 급냉한 것을 각각 통조림 및 병조림이라 한다. 살균이 완벽하고 밀봉이 틀림 없는 한 내부의 식품은 장기간 저장 된다.

1. 공관 및 공병의 종류와 형태

1) 공 관

철판에 주석을 도금한 주석판(錫板)으로 제조되고 용기와 뚜껑이 각 한 개씩이 한 벌로 되어 있다. 공관은 전문적으로 제조하는 업체에서 공급되고 그 크기와 모양에 따라 각 나라마다 여러 가지 규격이 있다. 우리 나라에서는 KSD 9004로 공관의 규격이 정해져 있다(표 6-6).

〈표 6-6〉 우리나라 공관규격(KSD, 9004)

형태	명 칭	지 름 (mm)	높 이 (mm)	내용적 (ml)	
	202	52.3	56.5	102.8	(일) Mushroom 1호 (중) 소형 1호 (미) 2 Oz Mushroom
	211-1	65.4	39.2	108.9	(일) tuna 3호 (중) 鮪 3호 (미) NO. 1/4 (영) 3Oz
원	211-2	65.4	52.7	152.5	(일) 8호 (중) 8호 (미) 4Oz pimento (영) 6 Oz(3/4 equice)
	211-3	65.4	69.2	210.7	(일) Mushroom 1호 (중) 7호 C (미) 4 Oz Mushroom 1호 (중) 7호 C
	211-4	65.4	81.3	249.3	(미) 4 Oz Mushroom (영) S.S.C. 1.3/8
	211-5	65.4	101.1	318.1	(일) 과일 7호 (중) 7호 B (미) 8 Oz tall
	211-6	65.4	122.1	384.3	(일) 7호 (중) 7호 (미) No.1 (picnic) (영) A.1 (10 Oz) (미) 211 cylinder
	301-1	74.1	36.0	125.9	(일) 평3호
	301-2	74.1	39.2	138.6	(일) 제3호
	301-3	74.1	50.5	187.5	(일·중) 휴대관
	301-4	74.1	50.5	223.2	(일·중) 6호
형	301-5	74.1	81.3	318.7	(일·중) 5호
	301-6	74.1	95.3	379.3	(일) Mushroom 3호 (미) 8z Mushroom
	301-7	74.1	113.0	454.4	(일·중) 4호 (미) 303
	307-1	83.5	45.5	208.9	(일) tuna 2호 (중) 다랑어 2호

표 6-6 (계속)

형태	명 칭	지 름 (mm)	높 이 (mm)	내용적 (ml)	
	307-2	83.5	51.1	240.5	(일) 평 2 호 (중) 평 2 호
	307-3	83.5	113.0	572.7	(일) 게 2 호 (미) No.1 Flat
	307-4	83.5	113.0	572.7	(일·중) 3호 (영) No.2 (영) A2
	307-5	83.5	142.0	732.0	(일) Mushroom 4호 (영) Jumbo
원	401-1	99.1	59.0	396.6	(일) tung 1호 (중) 다랑어 1호 (미) No.1 1/4
	401-2	99.1	68.6	468.2	(일) 평1호 (중) 평1호
	401-3	99.1	71.7	493.7	(일) 게1호
	401-4	99.1	120.9	872.3	(일·중) 2호 (미) No.2 1/2 (영) A 2 1/2
형	603-1	153.5	169.4		(중) 1호
	603-2	153.5	176.8		(일) 특수 1호 (중) 신1호 (일) N0. 10 (영) A.10
	400	98.6	117.8	818.7	
	404	104.6	97.8	788.5	
타원형	125	125.7×83.0		31.5	225.2 (일·중) 타원 3호
	158	158.9×106.7		38.5	448.2 (일·중) 타원 1호
	97-1	97.6×46.0		20	61.0 (일) 각7호 C
	97-2	97.6×46.0		30	97.7 (일) 각7호 A
	103-1	103.4×59.5		19.0	71.7 (일) 각5호 C
각	103-2	103.4×59.5		30.0	135.0 (일) 각5호 A
	106-1	106.2×74.6		18.0	84.0 (일) 각3호 C
	106-2	106.2×74.6		22.0	120.9 (일) 각3호 B (중) 사정식관
	106-3	106.2×74.6		29.0	173.7 (일) 각3호 E 사정식관
	106-4	106.2×74.6		52.0	223.0 (일) 각3호 D
형	122	122.2×74.8		32.4	233.2 (일) 각8호
	138-1	138.7×81.5		31.5	282.8 (일) 각9호
	138-2	148.7×100.7		40.3	454.4 (일)

공관의 내부는 주석 도금이 되어 있으므로 보통 식품은 안전하게 보존이 되지만, 부식성이 강한 식품(간장 따위)은 그에 알 맞는 도료를 칠해서 사용하기도 한다. 공관의 조립 순서를 보면 그림 6-7과 같다.

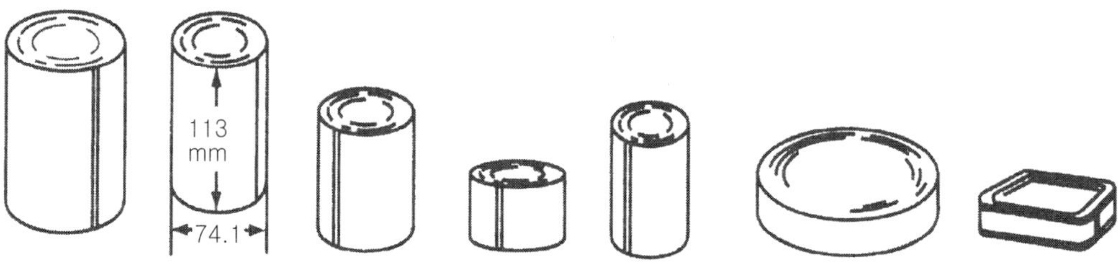

〈그림 6-6〉 몇 가지 공관의 모양

〈그림 6-7〉 위생관의 조립 순서

2) 공 병

병조림은 입이 넓은 유리병에 식품을 넣고 금속판으로 된 뚜껑으로 밀봉한 다음 통조림에서와 마찬가지로 살균처리 한 것이다.

병조림은 내용물이 보이므로 보기에 아름다운 식품에서는 효과적인 점도 있으나, 결점으로는 취급 중 파손되기 쉽고, 가열살균이나 급냉 시에 열충격을 받기 쉽고, 중량이 무거우며, 광선에 의한 식품의 퇴색 등을 들 수 있다.

따라서 병조림할 수 있는 식품은 당분이나 염분이 많은 것과 pH가 낮은 것, 비교적 가벼운 열처리로 살균이 가능한 것이 좋다.

병에 뚜껑을 밀봉하는 형식에는 여러 가지가 있으나 대표적인 것을 들면 그림 6-8에서 보는 바와 같은 앵커병(Anchor cap jar), 피닉스병(Phoenix cap jar), 케이 시 병(K.C. cap jar) 등이 있다.

• 앵커 병

이 병은 컵 모양을 하고 그림 6-8과 같이 병 둘레에 고무질 패킹에 의해서 밀봉되며 앵커 타전기(打栓機)가 사용된다.

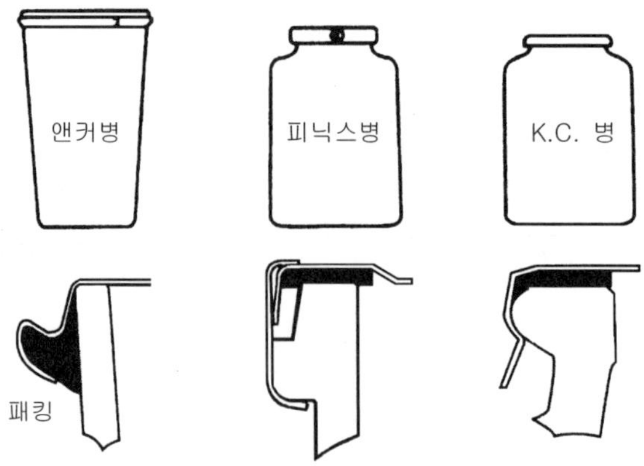

〈그림 6-8〉 대표적인 병과 그 밀봉법

• 피닉스 병

통조림 뚜껑과 같이 둘레에 패킹이 붙은 뚜껑을 띠 모양으로 된 밴드(band)를 이용해서 피닉스 권체기로 밀봉을 한다.

뚜껑을 열 때는 고리로 된 부분을 벗기면 용이하게 열 수 있다.

• K.C. 병

직경이 큰 왕관(병마개)이 병뚜껑이 되어 있는 상태이다. 통조림 뚜껑과 마찬가지 패킹이 있고 왕관 타전기로 찍으면 맥주병 마개와 마찬가지 원리로 밀폐된다. 단 소형 왕관의 내부에는 얇은 코르크나 플라스틱이 있는 것이 K.C. 뚜껑과 다른 점이다.

2. 통조림, 병조림법의 원리

통조림은 캔에 식품을 채워 넣고 가열하여 공기의 일부를 빼어낸 후 밀봉하여 가열 살균한 것이다. 즉 밀봉에 의하여 캔 내외의 공기 유통을 막고 캔 외부로부터 캔 내부로 세균이 침입하는 것을 막으며 또한 가열살균에 의하여 통조림 안에 존재하는 세균을 사멸시켜 식품변패의 원인이 되는 캔 내외의 세균작용을 봉쇄한 것이다.

따라서 통조림에 있어서 탈기, 밀봉, 가열살균의 조작은 대단히 중요한 것이며 병조림의 경우도 통 대신 병(bottle)을 쓰는 것이 다를 뿐 기본 조작은 같다.

1) 탈 기

식품을 통에 넣고 밀봉하기 전에 통 안의 공기를 제거하는 작업을 탈기(脫氣, exhausting)라고 한다.

• 탈기의 효과

통조림을 탈기시키면 다음과 같은 효과가 있다.

① 식품의 향미와 비타민이 보존된다.

② 통조림 안의 산소를 제거함으로서 통 내면의 부식이 방지된다.

③ 살균하는 동안 통 안의 압력을 감소시켜 내용물이 팽창하여 통이 터지는 것을 방지한다.

④ 호기성 세균 및 곰팡이의 발육을 억제한다.

⑤ 단백질에서 유래된 gas 성분을 제거하게 된다.

⑥ 내용물의 건전성 여부를 식별할 수 있게 하는 효과가 있다.

⑦ 가열 탈기의 경우는 내용물을 가열하게 되므로 살균시간을 줄일 수 있게 된다.

• 탈기의 방법

탈기방법에는 ① 가열탈기법 ② 기계적탈기법(진공밀봉기에 의하는 방법) ③ 증기분사법 ④ 가스취입법 등이 있다. 보통 ①②의 방법이 많이 사용되고 있으며, ④의 방법은 맥주, 청량음료, 분유, 녹차 등의 통조림에 사용되고 있으며 CO_2 또는 N_2 가스를 취입 밀봉한다.

• 탈기와 진공도

통조림 내의 진공도는 관내기압과 관외기압의 압력차이로 표시한다. 이를테면 관외 기압이 75 cm(29.5in)Hg이고, 관내 기압이 43.2 cm (17in)Hg이면 관내 진공도는 75.0−43.2=31.8 cm Hg 또는 29.5−17.0=12.5 in Hg로 표시된다. 이것이 통조림진공계(vacuum can tester)의 눈금자판에 지시되는 수치이다.

가열탈기에 의해 형성되는 통조림의 진공도(眞空度)는 얼마나 많은 양의 공기가 제거되는가에 따라 결정된다.

통속에 남아 있는 공기의 무게는 다음 Clayperon의 법칙에 의해 결정된다.

$$g = PVM / RT$$

여기서 g는 head space 공기의 무게(g), P는 기체의 압력(atm), V는 통의 head space(cm^3), M은 공기의 분자량(28.9g), R은 기체상수, T는 가열 온도(절대온도 K)이다.

2) 밀 봉

오늘날 이용되는 공관(空罐)은 전부가 위생관(sanitary can)이며 여기에 원료를 담고 진공권체기(vacuum seamer)를 사용하여 일시에 진공과 권체를 시행한다.

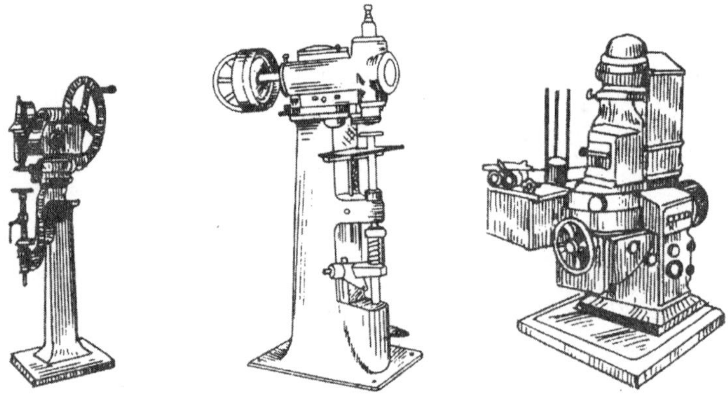

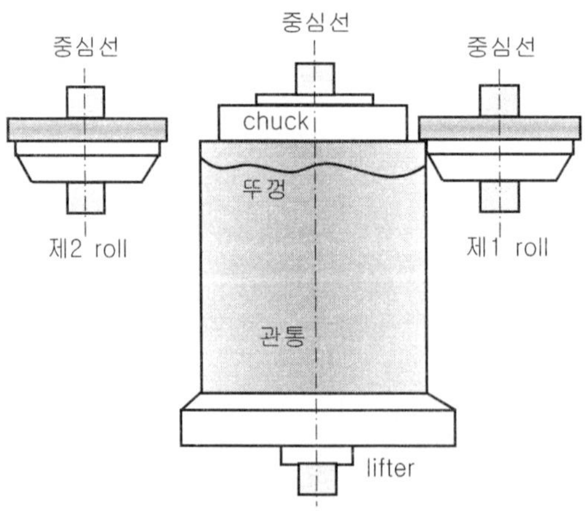

〈그림 6-10〉 밀봉기 주요부분의 관계도

• 밀봉기계

권체기 : 통조림 밀봉기로서는 2중 밀봉을 하는 권체기가 사용된다. 요즈음 많이 쓰이는 권체기로는 탈기와 밀봉이 한꺼번에 이루어지는 진공권체기(眞空券締機, vacuum seamer)가 있고, 값비싼 진공권체기를 준비하지 못하는 곳에서 사용하는 값싼 홈 시이머(home seamer)와 같이 아주 간단한 것이 있으며, 소규모 공장에서 사용할 수 있는 세미트로 시이머(semitro seamer) 등이 있다.

이와 같이 간편한 권체기는 진공탈기의 능력이 없으므로 별도 방법으로 탈기한다.

용기와 뚜껑이 접어지는 부분은 2중으로 되기 때문에 2중 권체라고 부른다.

밀봉기의 주요부분 : 밀봉기의 종류는 많으나 어느 것이나 그 주요 부분은 리프터(lifter), 밀봉척(seaming chuck) 및 밀봉로울러(seaming roll)의 3요소로 되어 있고, 밀봉의 원리도 동일하다. 이 중 chuck과 roll을 총칭하여 seaming head라고 한다.

Lifter는 관을 들어올려 chuck에 접합시켜주는 장치로서, 밀봉 시에 그 자신이 회전하는 것과 회전하지 않는 종류가 있다.

Seaming chuck은 lifter와 더불어 통을 고정시키고, 그 chuck flange는 밀봉 시에 seaming roll이 밀봉 부를 압착할 때의 지지대가 된다.

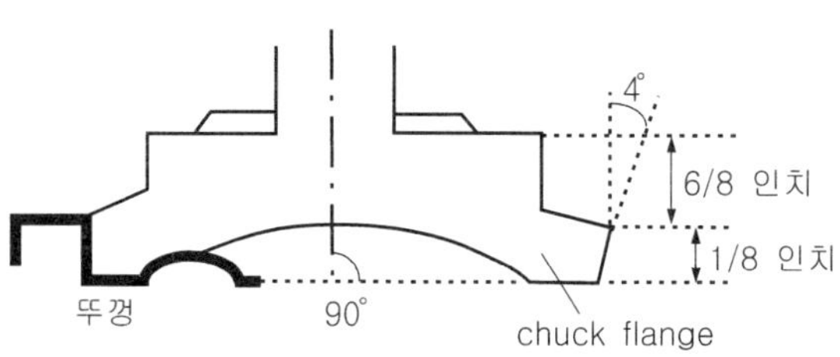

〈그림 6-11〉 chuck의 구조 (길이 단위는 inch)

Roll에는 보통 제1 roll(first operation seaming roll)과 제2 roll(second operation seaming roll)이 있는데 제1 roll은 뚜껑의 curl부를 통 몸통체의 flange밑으로 말아 넣어 2중으로 겹치게 해 굽히는 작용을 하고, 제 2 roll은 이것을 더욱 압착하여 단단하게 밀착시켜 밀봉을 완성시키는 작용을 한다. 제 1 roll과 제 2 roll의 홈(groove)의 모양은 그림 6-12와 같이 많이 다르며, 제 1 roll의 홈은 폭이 좁고 깊으며, 반대로 제 2홈은 폭이 넓고 얕다.

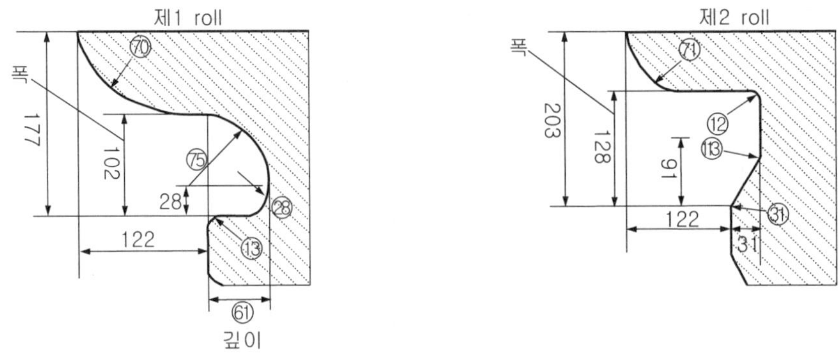

치수는 1,000분의 1 inch를 나타냄. 또 ○안의 숫자는 곡선을 원주의 일부로 했을 때의 그 반경을 나타냄.
즉 ⑮라고 하면 그 곡선은 75/1,000 inch를 반경으로 한 원의 원주의 반경곡선이다.

〈그림 6-12〉 roll의 홈 모양

2중 밀봉의 기구 : 2중 밀봉기에 의한 밀봉공정을 보면 다음과 같다. 뚜껑이 얹힌 관이 lifter위에 얹혀 지면 lifter가 상승하여 관은 chuck와 lifter 사이에 고정된다.

관이 고정되는 동시에 제 1 roll이 수평운동을 하여 chuck에 접근하여 뚜껑의 cur1을 압착하면서 관 주위를 회전한다(관을 회전시키는 것도 있음). 이것으로 cur1이 flange밑으로 밀려들어가, 제1단계의 밀봉이 이루어진다.

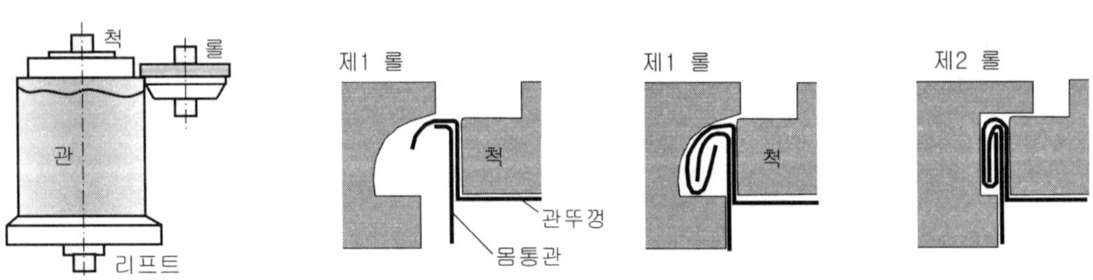

〈그림 6-13〉 권체 부의 구조 및 권체 요령

제1단계의 밀봉이 끝나면 제 1 roll이 후퇴하는 동시에 제 2 roll이

chuck에 접근하여 그 주위를 회전하면서 제1단계의 밀봉 부를 더욱 강하게 압착하여 2중 밀봉을 완성시킨다(그림 6-13, 6-14).

제2단계의 밀봉이 끝나면 제2roll이 후퇴하는 동시에 lifter가 하강하여 관은 밀봉기 밖으로 나오게 된다.

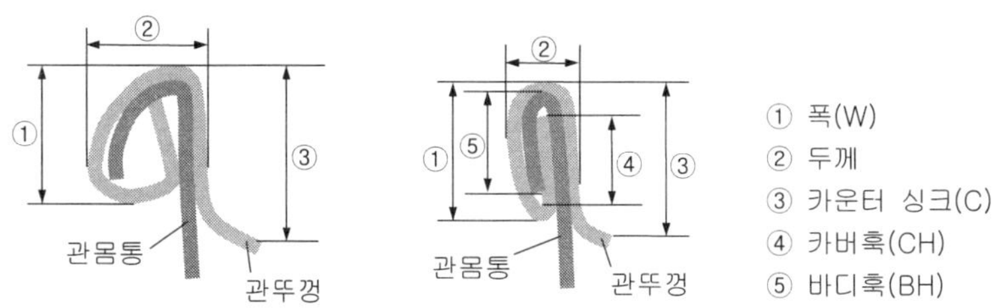

〈그림 6-14〉 2중 권체 부의 상태

병조림 밀봉기 : 병마개를 밀봉하는 기계로는 흔히 왕관타전기(王冠打栓機)가 쓰이며 앵커 병 타전기, K.C.병 타전기 등이 있고 피닉스 병의 경우처럼 밴드를 조여서 밀봉하는 기계도 있다(그림 6-15).

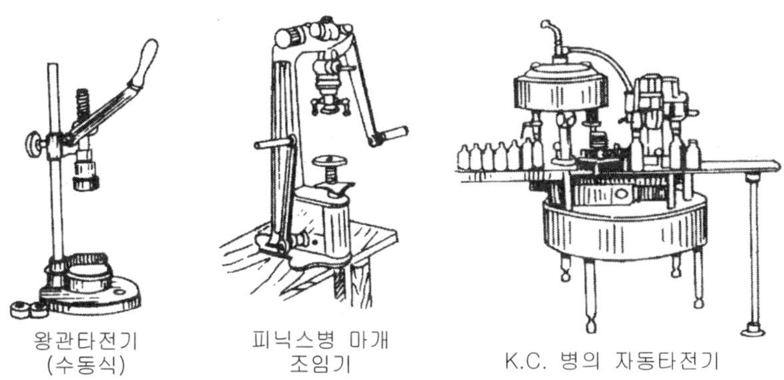

〈그림 6-15〉 병조림 밀봉기

3) 살 균

밀봉된 통조림은 증기나 열탕으로 가열살균 한다. 100℃ 이상의 가열을 할 때는 고압솥(retort)이 이용된다. 살균온도와 시간은 내용물에 따라서 다르며 pH가 낮고 당분이 많은 과일 잼 등은 100℃에서 20분 정도로 살균하면 충분하지만, pH가 중성 근처에 있는 것은 115℃에서 80분의 가열 조건이 필요하다.

• 정치식(靜置式) 살균

통조림제조 초기에 이용하던 방법이나 현재도 이런 방법을 쓰는 곳이 많다. 고정된 레토르트에 통조림을 넣고 포화증기로 가열하는 방법인데 통조림의 중심부까지 필요한 열이 도달되는 시간이 문제가 된다. 식품을 장시간 가열하거나 너무 고온처리 하면 식품의 품질을 해치게 되므로 통조림살균에 있어 특히 관심을 가져야 할 문제이다.

• 동요식(動搖式) 살균

통조림내부에 열을 빨리 침투시키기 위해 통을 흔들면서 살균하는 방법인데 동요(agitation)를 하면 식품 내부에 열전달이 빨라서 탄내나 가열취가 감소된다. 동요에 의해 유단백질의 완전 응고가 방지되고, 또 유고형분이 관벽에 붙는 것도 방지된다.

통조림은 살균조작이 끝나면 즉시 냉수로 냉각하는데 레토르트내에 냉수를 넣는 방법과 냉수에 통조림을 넣는 방법이 있다.

〈그림 6-16〉 통조림을 회전할 때의 헤드 스페이스의 움직임.

3. 통조림의 표시

통조림의 뚜껑에는 그 내용물을 알아 볼 수 있게 기호로 표시해야 한다. 표시는 3단으로 하고 1단에는 품명, 내용물상태와 크기 등을 표시하고, 2단에는 제조업자명을 기호로, 3단에는 제조 연월일을 역시 기호로 표시한다.

그림 6-17은 한 예를 표시한 것인데 수산물원료와 조리방법에 대한

기호는 표 6-7, 6-8과 같다.

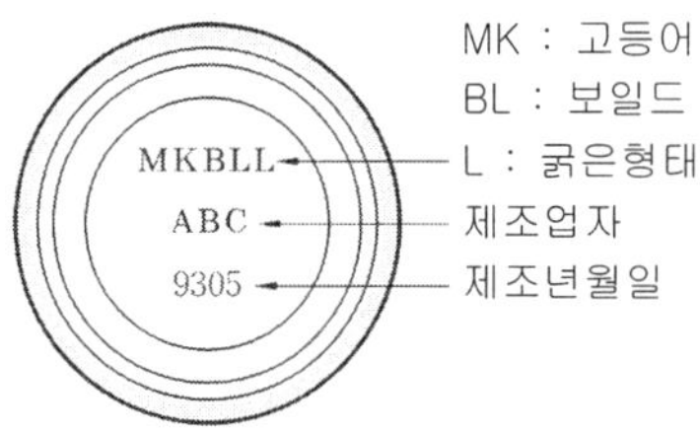

〈그림 6-17〉 통조림의 표시 예

〈표 6-7〉 수산물 원료의 품명기호

고 등 어	MK	도 루 묵	SF	왕 게	R	개 아 지 살	SL
꽁 치	MP	줄 삼 치	BO	대 게	C	홍 합	MS
학 꽁 치	HB	삼 치	CM	새 우	SH	가리 맛조개	SI
전 갱 이	HM	대 구	CD	굴	OY	토 조 개	CC
멸 치	AN	갯 장 어	SE	전 복	AB	피 조 개	AC
정 어 리	SA	붕 장 어	CE	소 라	TB	밤 조 개	SP
참 다랭이	TB	뱀 장 어	EL	골 뱅 이	BT	오 징 어	SQ
날개다랭이	TA	날 치	FL	대 합	SC	갑 오 징 어	SC
황 다랭이	TY	양 미 리	NA	백 합	HC	문 어	OC
가 다랭이	TS	칼 치	HT	소 라 고 동	R	쭈 꾸 미	PO
방 어	YT	어 육	FM	개 량 조 개	RC	꼴 뚜 끼	WA
송 어	TR	어 단	FB	새 조 개	CO	고 래 고 기	WM
까 나 리	SS	꽃 게	T	맛 조 개	RA	꼬 막	BC
청 어	HE	털 게	E	바 지 락	SN	김	LA

〈표 6-8〉 조리방법의 기호

보일드 통조림	BL	훈제기름담금 통조림	SO	젤리담금 통조림	JY
가미 통조림	FD	마스터드담금 통조림	MD	채소가미 통조림	VD
기름담금 통조림	OL	조림 통조림	BD	구이 통조림	RD
토마토담금 통조림	TO	스튜우 통조림	ST	소시지 통조림	SG

<살재임의 형태 및 크기의 기호예>

각육 : P …… 어육을 평평하게 만들어 살재임한 것.

T …… 어육을 fillet으로 하여 살재임한 것.

F …… 어육부스러기를 살재임한 것.

새우 : W …… wet pack, D …… dry pack

전복, 소라의 크기 : L … 대, M …중, S … 소

4. 통조림의 검사

통조림 검사법의 개요를 표시하면 그림 6-19와 같이 복잡하다. 그러나 검사의 목적에 따라서는 그림 중의 일부만을 검사할 수도 있다.

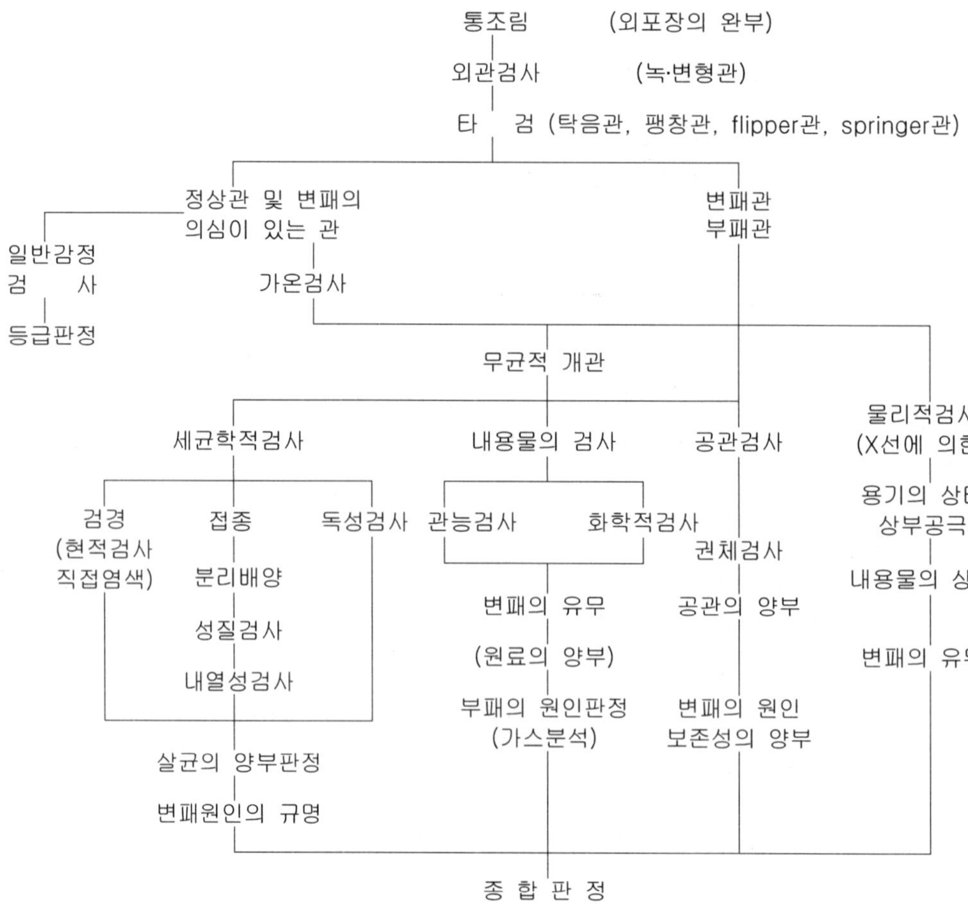

〈그림 6-19〉 통조림 검사법의 개요

1) 타 검

통조림을 규칙적으로 배열에 놓고 윗면 또는 밑면을 타검봉으로 때려 그 때의 소리와 손에 미치는 감촉에 의해서 내용물의 이상 유무를 감정하는 방법이다. 이때에 맑은 소리를 내는 것이 좋고, 탁음이 나는 것은 좋지 않다.

탁음이 나는 원인은 ① 탈기 불충분인 경우 ② 권체는 완전하나 세균의 가스발생에 의해서나 화학적으로 가스가 발생되어서 즉 식품의 성분과 첨가된 물질의 반응 또는 깡통의 금속과 반응해서 내부에 가스가 생겼을 때, 또는 ③ 기온 및 기압의 변화가 있을 때 등이다.

기온의 변화로 통 안의 진공도도 달라진다. 대략 10℃의 온도차에 의해서 진공도에는 1인치의 차이가 생긴다. 따라서 겨울과 여름에는 대략 통조림 진공도에 2인치의 차이가 생기므로 타검의 음향이 달라질 수 있다.

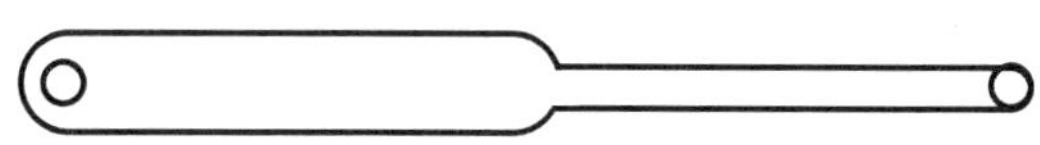

〈그림 6-18〉 타 검 봉

2) 가온검사

통조림의 살균부족에 의한 사고를 예방하기 위해서 단시일 내에 살균의 결과를 알아 볼 목적으로 가온검사를 한다. 가온검사의 방법은 여러 가지가 있으나 대략 표 6-9와 같이 한다.

〈표 6-9〉 통조림 가온시험 방법

종 류	상 태	가온 온도(℃)	시험 시간(주일)
보 일 드 (boiled)	액즙이 많은 것	36~37	1~2
보 일 드 (boiled)	액즙이 적은 것		2~4
조 미 통 조 림			2~3
점성이 큰것(예:잼)			2~4
과 일 통 조 림 (기타 산성식품)		25~30	2~3

3) 진공도의 측정

통조림의 진공도는 즉석에서 할 수 있는 통조림 품질검사의 한 가지 방법이다. 보통 통조림용 진공계로 측정한다. 진공계의 끝은 주사바늘처럼 구멍이 있으며 뾰족하게 되어 있는데, 이 부분을 통조림뚜껑의 중앙부에 대고 재빨리 누르면 뚜껑이 뚫려서 통조림의 내부와 진공계가 통하게 되므로 즉시 그 진공도가 눈금으로 나타난다. 이 눈금은 대기압과 통조림 내부압력의 차이로 나타나게 되어 있으므로 대기압의 변화와 통조림 내부 온도의 변화에 따라서 다소 차이가 나타난다.

최근에는 비파괴방법에 의한 진공검사기도 개발되어 있다.

4) 관능적 검사

통조림 내용물에 이상이 있을 때는 플랫 샤워(flat sour)의 경우를 제외하고는 대략 통조림의 외관이나 타검으로 알 수 있다. 그러나 살균조건이 완전했다 하더라도 원료가 나빴기 때문에 여러 가지 문제가 제기되는 수도 있다. 이와 같은 판정은 보통 관능검사에 의해서 하게 되는데 그 결과는 화학적 검사 및 세균학적 검사와 더불어 통조림 식품의 품질 판정에 있어서 중요한 근거가 된다. 그 방법은 다음과 같다.

• 향 취

내용물을 소량 손바닥에 문질러서 그 냄새를 맡아서 정상제품과 비교한다.

• 색 택

수산 통조림의 경우는 적변·흑변·청변 등의 변화가 있으나 무조건 나쁜 것은 아니므로 정상제품과 비교 판정한다.

• 조 직

재료에 따라서 또는 어체인 경우는 그 부위에 따라서 다르고, 선도나 제조방법에 따라서도 차이가 있으므로 빛깔·향취를 참고로 해서 판단한다.

• 미 각

단순한 맛뿐만 아니라 취각을 겸한 소위 풍미(flavor)를 판단한다. 내용물의 작은 조각을 혀에 올려놓고 맛을 본다. 분명히 썩었다고 보이는 것은 이런 시험을 하지 않는다. 플랫 샤워된 것은 이상한 산미가 느껴지고 물이 나쁜 수산물인 경우는 히스타민(histamine)의 매운맛이 느껴진다.

• 혼 탁

변패의 원인이 될 수도 있으나 다른 증거를 참고로 해서 판단한다.

• 껍질 벗겨짐(박피, loose skin)

물이 나쁜 물고기를 원료로 했을 때나 살균조건이 적합하지 못했을 때 발생한다.

5. 저장중의 통조림 및 병조림의 품질변화

1) 내용물의 변화

• Flat sour의 생성

가스의 발생 없이 산(酸)을 생성하는 것을 말한다. 이것을 일으키는 균으로는 편성 및 통성의 호열성균이 있으며 살균부족, 권체 불량 등으로 일어난다.

호열성 세균으로는 주로 *Bacillus* 속에 의해 일어나며 그 외에 *Lactobacillus* 속 등도 검출되고 있다. 호열성 세균은 50~55℃로 방치된 통조림에 플랫 샤워를 일으킨다.

따라서 일반적으로 통조림의 가온검사는 30~37℃이지만 호열성 세균으로 인한 통조림 저장시험에 이용되는 온도는 30~57℃범위에서 액즙은 7~14일, 점조성식품은 7~21일간 가온상태 하에서 세균의 유무를 검사한다.

내용물의 변질이 외관상으로 나타나지 않기 때문에 통의 외관은 보통 정상 관과 똑같아 소비자들은 개관 후 산취냄새 등의 이상 유무를 확인하는 것이 좋다. 특히 채소 통조림에 많다.

- H_2S 등의 가스 발생

육류, 어패류 등을 가열할 경우 단백질 중의 cysteine, cystine 등 황(S)을 함유하는 −SH기가 환원되어 H_2S가 발생하는데 이것은 통재료에서 용출한 철, 주석, 구리 등의 금속과 화합하여 황화철, 황화주석 등이 생겨 흑변되는 것이다.

또 바지락 서식처에서 유래하는 호열성의 *Clostridium nigrificans*가 있을 경우 이것은 바지락 혈액 중의 hemocyanin을 분해하여 H_2S가스를 발생시켜 황화철이나 황화동을 생성하여 세균학적 흑변을 일으킨다. 보통 흑변을 일으킨 통은 정상통과 다를 바 없으나 타검 시 탁음을 일으킨다.

- 주석의 용출

주석은 타 금속에 비해 독성이 강하지 않으나 다량 섭취되며 피로, 권태, 구토 등을 유발하므로 비산성 식품 통조림은 150ppm 이하로, 산성 식품 통조림은 200ppm 이하로 규정하고 있다. 오렌지 주스나 토마토 주스 등에 함유되어 있는 질산이온(NO_3^-)에 의하여 주석의 용출이 촉진된다고 한다. 그 과정은 pH와 통내 잔존 산소의 영향으로 미량의 주석이 생성되고 이것이 환원되어 아질산이온이 되며 이것이 주석을 용해하여 NH_3까지 발생된다고 한다. 그래서 물이나 식품원료 중의 질산이온을 제거해야 한다.

2) 외형의 변화

- Swell

Swell (blower, 팽창)은 통조림의 상하 양면이 볼록하게 부풀어 있는 상태를 말하는데 팽창 면에 외부 압력을 주어 외관 상태로 본 soft swell(연팽창)과 hard swell(경팽창)로 나누기도 하고, 주로 수소가스 발생으로 인하여 팽창되었다고 해서 hydrogen swell(수소팽창)이라고도 한다.

Soft swell은 양면이 팽창한 상태에서 손가락으로 눌렀을 때 약간은 되돌아가지만 정상의 위치까지는 되돌아가지 않는 유연한 상태를 말하고

hard swell은 손가락으로 눌렀을 때 눌러지지 않을 정도의 경한 상태를 말한다.

팽창원인은 다음과 같이 나눌 수 있다.

① 가열살균 부족 또는 권체 불량으로 *Clostridium* 속 또는 효모에 의한 가스 발생으로 팽창이 되는 경우가 있다.

② 통재료가 내용물에 의하여 침식되므로 말미암아 수소가스가 발생하는 경우가 있는데 이는 유기산이 많은 과일 통조림에 많다.

③ 식품을 충전할 때 너무 지나치게 담거나 탈기공정의 원인으로 공기가 팽창되는 것도 원인이 되고 있다.

- Flipper

통조림의 뚜껑이나 밑이 거의 편평하나 한 쪽 면이 약간 두둑한 상태이며 손끝으로 누르면 소리를 내며 원상태로 되돌아가는 정도를 말한다. 그 원인은 탈기부족, 충전과다와 세균학적인 가스의 경시적 발생으로 인한 것이다.

- Springer

통조림의 뚜껑이나 밑바닥 중 어느 한 쪽 면이 flipper보다 심하게 팽창하여 손끝으로 누르면 팽창하여 있지 않은 반대쪽이 볼록해지고 손을 떼면 다시 튀어나오는 상태를 말한다. 그 원인은 충전과다, 탈기부족 또는 swell이 진행되는 도중일 것이다.

- Leaker

이것은 내용물 분해에 의한 관의 상처나 못 등에 의하여 외부에 상처가 발생함으로써 내용물이 유출 변질되는 것으로 포장이나 권체상의 관몸통이 불량하고 통재료의 침식에 의한 pin hole이 생기는 것이 원인이 된다.

- Buckled can과 Panelled can

Buckled can은 통조림 내압이 외압보다 커져서 통이 견딜 수 없는 한계를 넘어 권체부위가 돌출형태로 변형된 관을 말하는데 이의 원인은 통의 내압력(耐壓力)이 약한 경우, 탈기부족현상, 충전과다, 가열살균 후 증기를 급격히 배출하는 경우, 살균 전의 부패나 수소팽창이 원인이 된다.

Panelled can은 buckled can과 반대현상으로 통조림 내압이 외압보다 아주 낮을 때 통조림 몸통의 일부가 안으로 쭈그러져 있는 상태의 통조림을 말한다. 이의 원인은 가압살균을 할 때 수증기를 너무 급격히 불어 넣으면 보통 진공도가 높은 대형통조림은 통 내압에 비하여 retort압력이 급격히 높아지므로 생기는 경우와 살균 후 냉각 시에 통조림 내압보다 공기압이 너무 높으면 생긴다.

그래서 대형통조림(401호 이상)의 냉각 시에는 살균솥 내에서 가열 살균의 압력을 그대로 유지하면서 물을 주입하여 냉각하는 가압냉각(pressure cooling)을 실시해야 좋다.

3) 영양가의 변화

통조림을 저장하는 동안 저장온도는 영양가에 많은 변화를 가져 오고 있다. 예로서 Rice와 Robinoson의 보고에 의하면 돼지고기 통조림의 비타민 B_1의 경우 저온인 −6℃에서 보다 38℃ 이상의 온도에서 상당히 감소되는 것을 볼 수 있으며 저장잔존율도 그림 6-20과 같이 상당히 감소되는 것을 볼 수 있다. 채소류의 일종인 토마토, 토마토 주스 통조림도 감소현상을 볼 수 있어 통조림의 저장 온도가 별로 높지 않을 때 영양가가 잘 보존된다는 것을 알 수 있다. 이 이외도 색깔, 향미, 조직 등이 변화를 받는다고 한다.

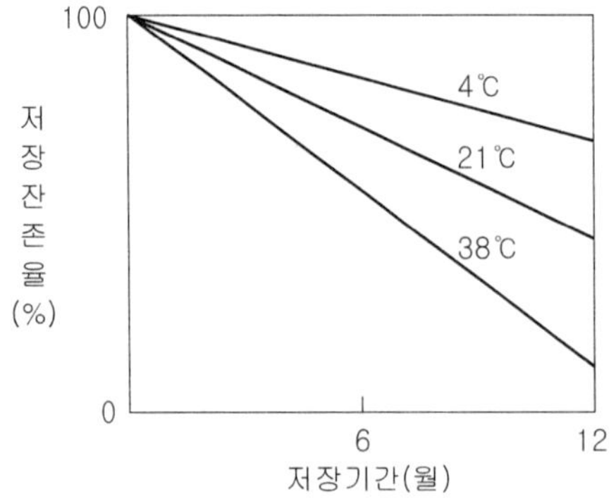

〈그림 6-20〉 저장온도와 기간에 따른 돼지고기 통조림의 비타민 B_1변화

밀감 통조림의 경우 비타민 C로 강화한 것과 첨가하지 않은 것의 차이

는 비타민 C를 첨가한 것이 장기간 동안 산화하지 않고 많은 양이 남아 있는데 이것은 통조림 내부가 감압상태이고 산성이며 용액 중에 비타민 C의 안정물질이 용존 되어 있기 때문이다. 또 고온단시간 살균한 것과 보통 살균한 것에 있어서 전자가 후자에 비해서 저장했을 때 비타민 B_1의 손실은 적지만 비타민 C의 손실은 크다.

4) 육류 통조림의 변화

Struvite는 주로 통벽에 접하는 육표면에 잘 생긴다. 이것은 원료육 중의 마그네슘 및 인화합물과 육분해산물인 암모니아가 살균 중에 화합하여 냉각 시 육면에 석출되고 저장 중에 결정화된다.

Adhesion은 고등어, 연어, 송어 등의 통조림을 개관했을 때 육편(肉片)이 통조림의 몸통이나 뚜껑에 고착(固着)하여 있는 것을 말한다. 이것은 신선한 원료일수록 이 현상을 일으키기 쉬운데 그 원인은 육자체가 갖고 있는 호착성(糊着性)에 의해 일어난다.

Curd는 통조림의 표면에 부착된 두부모양의 응고물을 말한다. 이것은 수용성 단백질이 열응고한 것으로 원료의 선도가 저하된 것일수록 잘 생긴다.

Honey comb은 가다랭이 등의 대형어를 통조림으로 했을 때 육면(肉面)이 벌집모양으로 다수의 소공(小孔)이 생기는 현상을 말한다. 이것의 원인은 근육중의 수용성 단백질이 근절간(筋節間)이나 근육의 상처부분에 괴어 열응고 시 육내부에서 발생한 가스가 이곳을 통하여 방출되어 생긴다.

5) 과일, 채소 통조림의 변화

복숭아 통조림의 경우 주로 백도에서 과육의 적색부분이 자색으로 되는데 이 원인은 유기산의 존재 하에 통 내부에서 용출한 주석이 붉은 anthocyan계 색소인 chrysanthemin과 자색의 금속 복염(復鹽)을 형성하기 때문이라고 보고 있다. 이 변색방지에는 환원표백제에 의한 탈색, 산화방지제첨가, 효소에 의한 탈색 등의 방법이 있다.

밀감 통조림의 백탁의 원인은 hesperidin에 기인한다. 이 백탁은 원료

처리 시 과육표면에 부착, 또는 과육 표면에 침투되어 있던 잔류 알칼리에 의해 과육 중의 hesperidin이 용출하게 된다. 이 백탁을 방지하기 위해 수세를 충분하게 하고, 알칼리 처리를 단시간에 하여 과육표면에 흠집이 생기지 않도록 하며, 시럽 중에 구연산이나 비타민 C의 첨가, 효소 첨가 등의 방법으로 방지할 수 있다.

버섯 통조림에 있어서는 액즙이 희게 흐려진 상태의 백탁이 생기는데 풍미나 버섯 형태에는 이상이 없지만 외관상 상품가치를 하락시킨다. 이 원인은 버섯중의 tyrosine이 주가 되는데 이 외에 여러 가지 물질에 의해 일어난다.

백탁의 방지법으로 알칼리 자숙법(煮熟法) 또는 가열법이 있으며 40~60분간 끓여 주면 석출물이 생성되지 않는다. 보통 방법으로 제조한 통조림을 다음날 같은 정도로 재가열하면 약 1년간은 결정의 생성을 억제할 수 있다.

6-3 플라스틱 필름의 포장

1. 플라스틱 필름의 밀봉방법

플라스틱 필름이 식품포장에 있어 아무리 좋은 성질을 가졌다고 하여도 완전히 밀봉할 수 없다면 이것을 이용한 포장은 무의미하게 된다.

식품포장에 사용할 수 있는 플라스틱 필름에는 여러 가지 밀봉법이 있으며 필름의 성질과 포장할 식품의 형태 등에 따라서 가장 적합한 밀봉방법을 채택해야 한다.

플라스틱 필름의 밀봉방법은 크게 나누어 접착법(接着法)과 결뉴법(結紐法)이 있는데 접착법에 속하는 것으로는 고주파접착법, 열접착법, 임펄스접착법 등이 있고 결뉴법으로는 결뉴기(結紐機)를 써서 금속으로 매는 경우와 인력에 의해서 식물성 끈이나 플라스틱 끈으로 매는 경우가 있다.

1) 고주파 접착법

고주파 접착법은 좋은 방법 중의 하나인데 접착면에 기름기나 물기가 있을 때는 접착이 되지 않으므로 이 방법은 주로 플라스틱 봉지 제조 시에만 사용하고, 식품을 넣은 후에 밀봉시키는 방법으로는 사용하지 않는다.

2) 열접착법

이것은 기름기나 물기가 다소 있어도 접착이 가능하며 또한 인두 하나만 있으면 간단히 접착시킬 수도 있으므로 편리하다. 그러나 이 방법으로 밀봉할 수 있는 것은 폴리에틸렌류, 방습 셀로판, 폴리에틸렌이 접합된 제품에 한정된다.

접착기로는 간단한 열접착기도 시판되고 있고, 또 밀봉할 때에 진공으로 하여 밀봉하는 진공 열접착기도 있다.

3) 임펄스식 열접착법

이것은 아주 얇은 니크롬선을 사용하고 여기에 저전압 고전류를 순간적으로 흐르게 하여 접착시키는 것이 특징이다. 열접착과 마찬가지로 기름기나 물기가 다소 있어도 접착이 가능하다.

이 방법은 거의 모든 필름을 접착시킬 수 있어서 편리하다. 임펄스 진공포장기가 시판되고 있으며 가스치환이 될 수 있는 임펄스 접착기(impulse sealer)도 이용되고 있다.

4) 결뉴법

주로 소시지나 햄의 포장방법으로 사용되고 있다. 끈은 삼이나 면으로 된 것, 또는 PVC 등의 플라스틱으로 된 것을 사용하여 처음에는 인력으로 묶었으나 작업이 비능률적이고 불안전하므로 지금은 기계적 방법으로 하고 끈도 알루미늄 등의 금속을 사용하게 되었다.

금속결뉴(金屬結紐)를 하면 18파운드 이상의 압력에도 견딜 수 있다고 한다.

2. 각종 식품의 플라스틱 필름포장

1) 천연식품의 포장

• 호흡이 왕성한 식품

신선한 과일, 채소는 호흡이 왕성하여 무포장 상태에서는 호흡에 수반되는 증산작용에 의해서 시들게 되어 신선도가 떨어지고 상품가치를 잃게 된다. 반대로 밀봉용기 중에서는 자체의 호흡으로 생성된 탄산가스에 의해 정상적인 호흡의 장해를 받으며 증산된 수증기에 의해 생긴 수분으로 혐기성균의 번식을 촉진하게 하는 경우도 있다. 따라서 신선과일, 채소 등을 포장하는 경우 포장재료에 요구되는 성질은 탄산가스 및 산소의 선택적 투과성이다. 또한 증산된 수증기가 포장재료 내면에 응결되는 것을 방지하기 위해서는 적당한 투습성이 요구된다.

• 휴면상태의 식품

휴면상태의 식품으로는 곡류, 알류가 있다. 이들 중 플라스틱에 의한 포장의 대상으로서 중요한 것은 쌀 및 소맥이다. 특히 쌀의 포장은 점차 소포장 단위로 바뀌어 가고 있어 포장 재료는 플라스틱이 사용되고 있다. 이 때 고려해야 할 점은 다음과 같다.

① 플라스틱 필름의 투습성, 가스 투과성과 쌀의 화학성분 및 풍미와의 관계

② 포장 시 밖의 수분함량과 저장 중 미생물의 동태

③ 유통과정 중의 온도, 습도와의 관계

알류의 포장은 주로 진동이나 충격에 의한 파손의 방지가 문제로 플라스틱의 성형 내장재와 골판지의 조합에 의해 이러한 문제를 해결하고 있다.

• 호흡을 하지 않는 천연식품

호흡하지 않는 천연식품으로서 대표적인 것은 축육(畜肉)과 어육(魚肉)을 들 수 있다. 축육을 플라스틱 포장한 경우 색의 변화는 필름의 산소 투과성과 저장 온도 및 그 환경 하에 있어서 광선에 영향을 받는다. 신선한 어패류는 거의가 무포장으로 판매되고 있으나 이것을 플라스틱 포장

하는 경우에 가다랭이, 다랑어의 붉은 살은 축육과 같을 것으로 생각해도 좋다. 그러나 도미와 같은 붉은 껍질은 카로티노이드에 의해 특유한 색을 갖는다.

정어리, 고등어의 검푸른 색은 멜라닌에 의한 색이다. 이들의 변색 및 퇴색은 포장재료의 산소 투과성 및 빛 투과성에 의해 영향을 받으며 생선 자체의 생체산소, 금속이온 및 부착미생물에 의해 다르다.

저장 중 변색 및 퇴색, 그리고 산패취 발생 등의 품질저하를 최소화시키기 위해서는 산소와 수분이 통하지 않는 포장재료를 사용하여 진공포장, 혹은 질소충전을 하고 보존 온도를 낮추어 직사광선이 통하지 않는 곳에 보관하여야 한다.

2) 가열식품의 포장

가열식품을 포장하는 경우는 그 목적으로 보아 2가지로 구별할 수 있다. 즉 저장을 목적으로 하지 않고 단순한 용기로서 플라스틱 필름을 사용하는 경우와 포장에 의해서 식품의 저장성을 증가하기 위한 경우가 있다.

100℃ 이상의 살균은 식품 영양가의 손실이 있을 수 있고, 또는 그 조작이 복잡하여 바람직하지 못한 결점이 있다. 때로는 반영구적 저장성을 요구하지 않고 적당한 기간만의 저장성을 요구할 때가 있으며 또 어떤 식품은 그 자체 성분에 의해서 다소의 방부효과가 있을 때도 있다. 이와 같은 경우에는 플라스틱 필름으로 포장해서 60~ 100℃의 가열(저온살균)만으로도 상당 기간 동안 저장이 가능한 것도 있다.

3) 건조식품의 포장

건조된 식품은 상당히 저장성이 있다. 농산물인 과일류와 채소류, 수산물인 미역, 오징어, 멸치 등의 건조식품은 많이 볼 수 있는 것들이다.

이들은 수분이 제거되어서 곰팡이나 세균의 번식이 어려우므로 저장성을 갖게 된 것들이지만 때로는 흡습, 지방의 산패, 변색, 변미, 향기의 감소 등의 변패를 가져오는 일이 많다. 이와 같은 변패를 방지하는 한 방법으로 플라스틱 필름 포장을 들 수 있다.

건조식품에 있어서 제일 먼저 피해야 할 일은 습기의 흡수이다. 건조식품이 습기를 흡수하면 외관의 변화·변색·곰팡이의 발생, 변미, 향기의 변화, 특히 동결 건조식품에 있어서는 복원성의 변화 등을 볼 수 있다.

또 건조식품이 저장 중에 산패되어 맛과 냄새를 변하게 하는 일도 있다. 이런 현상은 식품 중의 유지가 공기 중의 산소와 결합하여 과산화물을 만들고, 이 과산화물이 촉매가 되어 다른 미산화부분을 차례로 산화시키는 현상이며 이런 현상을 유지의 자동산화라 한다. 이렇게 되면 자극취가 나고 맛도 떫어지며 식품의 가치도 떨어진다.

이상에서 알 수 있는 바와 같이 건조식품의 품질 유지상 가장 중요한 문제는 습기와 산소를 차단해야 한다는 점이다.

따라서 습기와 가스의 투과력이 적고 차단성이 있는 포장재료가 요구되지만 완전한 것은 아직 없고 알루미늄박과 비교적 수분과 가스를 투과하지 않는 염화비닐리덴을 라미네이트한 필름이 이용되고 있다.

4) 냉동식품의 포장

식품을 −20℃ 이하로 저장하는 냉동 저장에 있어서도 장기간 저장할 때는 여러 가지 변화가 일어난다. 특히 수분의 증발은 상품의 양과 가치의 손실이 크며 그 밖에도 변색, 지방의 산화 등 공기 중의 산소가 원인이 되는 변화와 이취의 흡수 등 주로 표면에서 생기는 변화이다.

고래고기를 −15℃와 −20℃로 냉동 저장했을 때의 수분증발율(즉 중량 감소)을 보면 그림 6-21에 표시된 바와 같으며 -15℃에서 수분 증발이 심한 것을 볼 수 있다. 이와 같은 증발을 막으려면 폴리에틸렌 필름으로 포장하여 −15℃로 냉동한다.

위에서 언급한 바와 같이 동결식품의 변패에 있어서도 산소가 중요한 영향을 미치므로 가급적이면 진공포장을 한 후 동결저장 하는 것이 가장 이상적이다.

이와 같은 목적으로 염화비닐리덴계의 크라이오박(Cryovac)을 이용하여 진공포장을 하고 이때에 생기는 포장재의 주름을 없애는 방법으로 포장제품을 몇 초 동안 열탕에 넣어서 주름을 펴는 방법이 있다. 이와 같이 하여 주름이 펴진 필름의 피막을 제2의 피부(second skin)라 부르고 있다. 냉동식품의 포장에 쓰이는 필름은 ① 방습성이 있으며 ② 가스 투과성이 낮고 ③ 유연성이 있고 저온에서도 경화하지 않아야 되며 ④ 가열수축성이 있어야 한다.

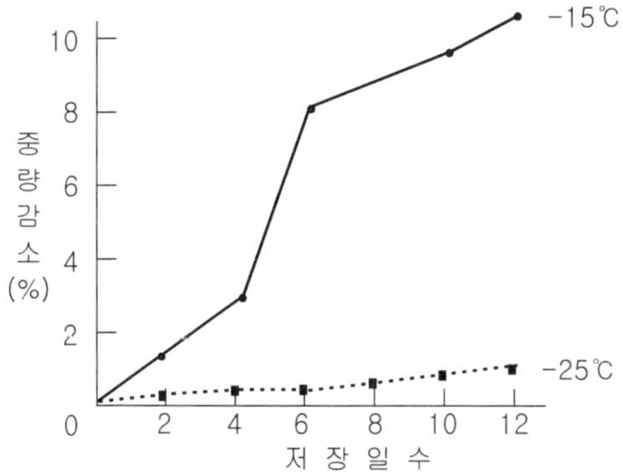

〈그림 6-21〉 냉동 고래고기의 수분 증발

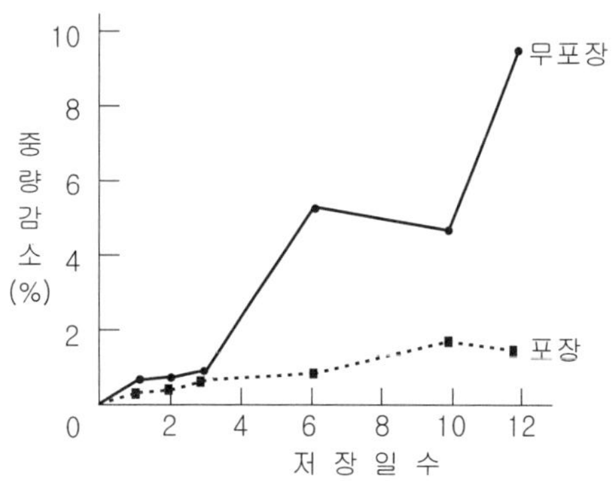

〈그림 6-22〉 냉동 고래고기의 건조에 대한 포장의 영향

〈표 6-10〉 각종 필름의 깨짐온도

필름의 종류	깨짐온도(℃)
염화비닐리덴	0~-30
염산고무	-10~-20
고압 폴리에틸렌	-50~-80
염화비닐	0~-30
폴리에스테르	-60
폴리아미드	-50
폴리프로필렌	-35

저압 폴리에틸렌, 염화비닐리덴 등은 만족하지는 못하나 단일 재료로서 동결식품 포장에 쓰일 수 있는 것들이다. 이밖에 적절한 라미네이트를 이용하면 더욱 효과적인 포장재료를 얻을 수 있을 것이다.

동결식품을 포장할 때에 가장 중요한 포장재의 성질은 저온에 의한 경화로서 깨짐이 발생하는 문제이다. 표 6-10에서 보는 바와 같이 염화비닐리덴·염산고무·염화비닐 등은 저온에 취약하므로 냉동포장에는 적합하지 못한 재료이다.

5) 육제품의 포장

육제품은 가스 불투과성의 필름으로 포장한 후 가열하면 내부에 다소 남아있는 산소는 육질 중의 환원성 물질에 의하여 소비되고 무산소상태가 되므로 호기성 세균의 번식을 막을 수 있다. 만일 혐기성 세균의 포자에 의해서 오염되었을 염려가 있을 때는 소량의 보존제를 이용하면 더욱 안전하다.

이와 같은 원리를 이용해 플라스틱 필름으로 포장한 식품이 햄이나 소시지이다. 이때에 만일 가스 투과성 필름으로 포장하였다면 미생물학적 견지에서 저장성의 의문을 제쳐놓고도 외부로부터 산소의 침입으로 제품이 산화되어 심한 풍미 저하를 일으킨다. 이와 같은 이유로 햄이나 소시지의 포장은 가스 투과성이 적은 염화비닐리덴, 염산고무 등의 필름을 이용한다.

〈표 6-11〉 플라스틱제품을 이용한 식품포장

플라스틱명	용 도	특 징
폴리에틸렌	필름, 병류	부드럽고 투명하지 않으며 흐린 상태, 인쇄적성 안좋음, 방습성 우수, 가스투과성 큼, 내유성 안좋음, 화학약품 불활성
염화비닐리덴	육류가공품	투명, 방습, 내수성, 내열성, 내약품성, 수축성 큼, 가스투과성 낮음, 향기손실 방지
폴리에스테르	병류, 필름, 가열식품, 냉동식품	질기고 광택, 무색투명, 향기 발산 방지 효과 큼
폴리프로필렌	필름, 팩류, 레토르트파우치	투명성, 내유성, 내열성 우수, 열접착성 우수
염산고무	소시지, 햄	플라이오필름(미), 라이탄(일)
염화비닐		광택 투명, 내수성, 내열성 있음, 방습성, 가스차단성, 내유성 약함
폴리스티렌	팩류, 발포제품, 청과물	가볍고 투명, 가스 투과성, 습기투과성 있음
폴리카보네이트	식물류	투명성, 내유성, 내열성 우수, 가스차단성, 방습성 낮음

제 7 장 방사선 조사에 의한 식품저장

7-1 방사선의 특성

1. 방사선의 종류와 성질

방사선을 식품에 조사해서 저장성을 연장하고자 하는 착상은 멀리 뢴트겐이 X선을 발견(1895년)하고 퀴리부처가 자연방사능을 발견(1898년)한 수년 후에 일어났고, 1930년에는 X선을 이용하여 식품을 저장하는 특허가 주어졌다.

그러나 그 실용화는 별다른 진전이 없었고, 의학 방면에서 암이나 종양치료에 라듐과 더불어 X선이 이용될 뿐이었다. 식품저장에 이용하지 못한 이유를 보면 선원(線源)의 개발이 뒤따르지 못했으며, 또 출력이 큰 방사선 발생장치가 발명되지 못했기 때문이었다.

그런데 제2차 세계대전 이후로 원자로 설비가 크게 보급되어 인공방사능 물질이 다량 공급되게 되었고, 전자공학의 발달에 의해서 대형의 고에너지 방사선 발생장치가 발달하게 되어 방사선의 상업적 이용을 촉진하였다.

방사선은 보통 X선이나 γ선과 같은 전자파(electromagnetic wave)와 여러 가지 종류의 입자(atom) 내지는 원자를 구성하는 입자(particle)의 흐름인 입자선(粒子線 : particulate ray)의 두 가지로 크게 나누어진다. 이 두 이온화 방사선은 본질적으로 전혀 다르지만 그 물리학적 및 생물학적 작용은 매우 유사하며 때에 따라서는 동일하게 취급되고 있다.

입자선인 α, β, 중성자, 양성자 같은 방사선은 알맹이의 이동으로 이온화를 일으킬 때는 직접 또는 간접적으로 일으키며 이것이 조직 속에 들어가도 없어지지 않는다. 반면에 전자파인 X선, γ선과 같은 방사선은 광자라는 에너지 덩어리의 이동으로 볼 수 있으며 이온화를 일으킬 때는 간접적으로 일으키며 만일 조직 속에 들어가면 에너지를 모두 소비하고 없어진다. 보통 강한 투과력을 가지고 있어 조직 속 깊은 곳에서도 이온화를 일으킨다.

원자번호 84(polonium) 이상의 원소는 방사능을 갖는다. 이런 것을 자연방사능 물질이라고 하는데, 원자번호가 작은 원소일지라도 원자핵에 고속도의 소립자(素粒子)를 충돌시키면 인공적으로 방사능을 갖는 원소를 만들어 낼 수 있다. 이와 같은 방사능 물질을 인공방사능 물질이라고 부른다. 이들 원소에서 방출되는 방사선에는 α선, β선, γ선의 3종이 있다.

이와 같은 방사선의 에너지를 식품이 받으면 식품중의 일부 원자는 이온이 된다. 이와 같이 이온화시킬 수 있는 힘은 α선이 가장 강하고 다음이 β선, γ선의 순서이다.

이들 이온은 반응성이 강해 균체의 성분이나 식품중의 효소와 결합해서 산화환원반응을 일으켜 미생물의 대사를 이상하게 하고 죽음에 이르게 하거나 효소작용을 억제하게 하는데, 이런 효과를 이용하여 식품의 보존이나 살균에 이용한다. 즉 특정 방사선에너지를 식품에 조사하여 살균, 살충, 생장조절 및 식품의 물성을 개선하여 식품을 보존하는 기술이다. 그러나 방사선의 식품조사는 새로운 식품가공 및 저장기술임에도 불구하고 조사식품의 안전성과 기술의 타당성에 대한 소비자의 의심으로 인하여 실용화에 장애가 되어 산업화가 지연되고 있다.

1) α선

원자핵에서 방출되는 방사선이며 이것은 헬륨핵으로 되어 있다. 투과성이 대단히 약하고, 어떤 물질에 부딪히면 즉시 그 에너지를 상실하게 된다. 공기 중에서도 공기의 분자 때문에 멀리 가지 못한다.

또한 α선은 식품과 같은 피조사물(被照射物)에 유기방사능(誘起放射能)을 남기기 때문에 별로 이용되지 않는다.

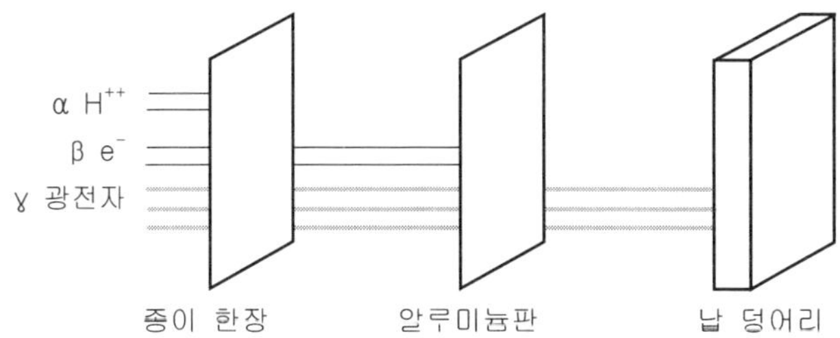

〈그림 7-1〉 α, β, γ선의 상대적 투과력

2) β선

원자핵 속에서 나오는 고에너지의 전자흐름으로 전자빔(e beam, electron beam)이라 부르기도 하며 α선에 비하면 훨씬 강한 방사선이다. 물질의 내부에도 어느 정도 침투한다. 공기 중에서는 상당히 멀리까지 뻗는데, 일정 거리 이상이 되면 마침내 공기분자나 공기 중의 물질에 에너지를 전달하고 자기 자신은 소멸해 버린다.

β선은 방사선물질에서 방출되는 β선과 전자의 전자선 가속기에서 얻어진 가속된 전자선 즉 인공적인 β선이 있는데 이것은 에너지의 균일성이 있으며 필요에 따라서 방사를 정지할 수도 있는 편리한 점이 있기 때문에 주로 이 방법으로 얻어진 β선이 이용되고 있다.

β선은 γ선에 비하여 투과력이 약하고 식품의 심부(深部)까지는 도달하지 못하므로 표면 살균을 목적으로 한 조사(照射)에만 사용할 수 있다. 그런데 식품저장에서는 표면의 미생물오염이 중요한 뜻을 가지고 있고, 또 β선은 γ선에 비하여 이온화력이 크므로 살균 효과도 크다.

방사성 동위원소에서 발생되는 γ선을 이용한 조사에 비해 전자를 가속장치로 가속시켜 얻은 전자선인 β선은 방사선물질을 발생시키거나 정지시키는 일을 마음대로 할 수 있으므로 안전하게 취급할 수 있다는 큰 장점을 가지고 있어 식품저장 목적의 상업적 이용이 기대되는 기술이다.

3) γ선

α선, β선과는 달리 파장이 극히 짧은(1~0.01Å) 전자파이며, α선이나 β선을 방출한 핵은 에너지적으로 여기상태(勵起狀態)에 놓이게 되어 여분의 에너지를 방출하게 되는데, 이것이 곧 γ선이다.

γ선은 공기 중에서 흡수되는 율이 적고 α, β선보다도 투과력이 월등히 크다. 그리고 물질을 통과할 때에 그 물질에 에너지를 주고 자신은 서서히 약해져서 소멸해 버린다.

^{60}Co와 ^{137}Cs이 γ선 조사의 선원(線源)으로 이용되고 있다. ^{60}Co은 원자로 중에서 ^{59}Co에 중성자를 조사해서 방사화(放射化)한 것이며 ^{137}Cs은 원자로 내의 우라늄 기타의 핵분열 생산물(原子爐灰)에서 분리하여 얻어지게 된다. ^{60}Co의 반감기는 5.5년이며, ^{137}Cs의 반감기는 33년이므로 ^{137}Cs를 이용하면 더욱 안정된 선량(線量)을 얻을 수 있는 장점이 있으나 에너지는 ^{60}Co이 훨씬 강하다.

γ선은 투과력이 강하므로 식품의 심부를 조사할 수 있고, 또 통조림처럼 포장한 상태로도 처리할 수 있으므로 편리한 점이 있다. 그러나 취급자에 대한 엄중한 방비가 필요하며 1~100만 큐리의 선원에 대한 차폐(遮蔽)는 납으로 25~30 cm, 콘크리트로는 150~180 cm의 두께가 있어야 한다. 그리고 γ선은 그 방사를 중지시킬 수 없으므로 한번 장치해 놓은 후의 모든 장치는 고장이 나지 않게끔 설계가 완벽해야 한다.

4) X선

X선은 전자각(電子殼)에서 발생하는 전자파이며 식품에 대한 조사효과는 별로 크지 못하고 너무 많이 조사하면 식품에서 이취·변색 등 부정적 반응이 심하므로 현재로는 그다지 이용하지 않고 있다.

X선의 물리적 성질은 γ선과 본질적으로 다를 바는 없으나 다만 그 선원(source of radiation)이 무엇이냐에 따라 구별될 따름이다. 간단히 말해서 X선이 고전압 발생장치에서 나오는데 반해 γ선은 방사성(radioactive)물질에서 발생한다는 점이다.

〈표 7-1〉 식품조사에 사용되는 방사선의 종류와 특징

방사선	선 원	이용에너지(Mev)	특 징
감마선 (광전자)	코발트60	1.17, 1.33	투과력 크고 쉽게 이용(포장상태살균가능) 처리능력 작다. 환경위험 적다. 방사에너지 이용효율 낮다. 식품가공속도 다소 느림
	세슘137	0.06	
베타선 (전자선)	전자가속기 발생	10이하	투과력 약함(표면살균) 처리능력 큼, 선량 높음, 방사에너지 가변 조절 가능, 에너지 이용효율 높음
X-선	기계적 발생	5이하	에너지발생 효율이 낮아 이용에 제한

2. 방사선의 선량단위

방사선이 물질을 투과할 때는 그 경로에서 물질의 분자를 이온화 함으로써 에너지를 부여한다. 그러나 이온화 방사선의 생물학적 효과는 방사선이 갖는 에너지뿐만 아니라 피조사물체(被照射物體)가 받을 수 있는 단위면적당의 조사선량에 의해서도 달라진다.

즉 방사선의 측정은 방사선원(source)의 강도, 어떤 기질에 대한 축적효과(cumulative effect), 그리고 그 효과가 일어나는 속도 등을 다루게 된다.

일반적으로 물질의 어느 특정부분에 있어서 단위질량당 방사선에 의해 부여된 에너지의 양을 흡수선량(absorbed dose)이라 하고 방사선의 공기를 이온화하는 충격에 의한 방사선의 감도 측정값을 조사선량(exposed dose)이라 한다.

1) 뢴트겐 단위

제일 처음으로 정해진 단위이며 그 정의는 다음과 같다. 즉 표준상태의 무수공기(無水空氣) 1 cc에서 양(+), 음(−)에 관계 없이 연쇄적인 이온화 반응에 의해 1 esu(electro static unit)의 하전량(荷電量)을 생성하는 X선 혹은 γ선의 선량을 말한다. 이 단위는 현재도 쓰이고 있지만 주로 3 Mev 이하의 광자(photon) 방사선(γ線) 측정에만 이용하고 있다.

2) 큐리 단위

큐리(curie)는 방사성을 가진 물질의 양을 표시하는 단위인데 이것을 구체적으로 3.7×10^{10} 개/sec의 원자붕괴가 일어나는 양으로 정의한다.

3) 에브 단위

전자에 관련된 에너지는 전자볼트(electron volt, ev)로 측정한다. 1 ev는 전자 1개가 1볼트 낮은 곳으로 떨어지면서 방출하는, 즉 1볼트 전위차에서 얻어지는 에너지이다.

일의 CGS 단위인 에르그(erg)와의 관계를 보면,

$$1\ \text{ev} = 1.6 \times 10^{-12}\ \text{erg}$$

전자볼트는 대단히 작은 단위이기 때문에 실제로는 다음과 같은 높은 단위가 사용된다.

$$10^3\ \text{ev} = 1\ \text{kev}$$
$$10^6\ \text{ev} = 1\ \text{Mev}$$
$$10^9\ \text{ev} = 1\ \text{Gev}$$

4) 렙

1 rep(Röntgen equivalent physical)는 1 g의 조직에 대해서 83 erg의 에너지를 흡수할 때의 이온화 방사선량이다. 실제로 흡수되는 에너지량은 공기 중에서보다는 조직 중에서 더 크며 1 g당 90 erg 이상이 된다.

5) 래드(rad)

종전에는 전자선(β線)과 전자파(γ線)에 다 같이 쓸 수 있는 단위로서 cgs단위를 기본으로 한 래드(rad)가 많이 쓰였다.

erg와의 관계는 1 rad=100 erg의 에너지가 1 g의 기질에 흡수된 양이다. 식품 조사에 있어서는 이들 단위가 너무 작기 때문에 krad, Mrad와 같은 높은 단위가 사용되고 있다.

6) 그레이(Gray, Gy)

Gy는 Gray의 인명 약자로 국제단위를 기준으로 한다. 즉, 1 Gy는 1 kg의 물체에 1 J이 흡수된 선량을 의미한다. rad와의 관계는 1 Gy = 100 rad이다. 종전에는 식품 및 의료제품의 방사선조사에서는 조사선량으로 래드가 사용되어 왔으나 최근에는 그레이로 대체되었다.

$$1\ \text{Gy} = 100\ \text{rad} = 1\ \text{J/kg}$$
$$1\ \text{kGy} = 10^5\ \text{rad} = 0.1\ \text{Mrad}$$

7-2 방사선의 작용

1. 이온화 방사선의 작용기작

이온화 방사선이 물질 내부를 통과할 때 에너지가 흡수되며 이온쌍(ion pair)이 생성된다. 방사선의 에너지는 방사선과 식품입자가 충돌함으로써 식품입자에 흡수되며 그 순간(0.001초 이내) 통로에 있는 많은 원자를 여기(勵起 ; excite)시키며 이온화시킨다.

이온화 방사선을 식품에 조사함에 따라 그 에너지를 흡수하여 식품내의 물질이 이온화하게 되는데 이때에 한 원자에서 떨어져 나간 많은 전자들은 그것이 다른 원자를 이온화시키는 데에 충분한 에너지를 갖게 될 수도 있다. 이와 같은 여기(勵起) 이온화의 문제는 방사선이 생물에 미치는 영향에 관계되는 많은 요소를 가지고 있다.

방사선조사에 의해서 살균하는 데에 필요한 에너지는 가열살균에 필요한 에너지의 1/5 정도이다. 따라서 이 방법은 살균하고자 하는 물질의 온도 상승을 3℃ 내외로 유지하면서 살균할 수가 있다. 냉살균(cold sterilization)이라는 용어가 만들어진 까닭도 여기에 있다.

이와 같이 조사과정(照射過程) 중 식품의 온도 상승은 거의 문제시될 수 없을 정도지만 그 반면에 조사된 식품 내에서는 광범위한 화학적 변화를 일으킬 수가 있다.

식품 중 모든 화학결합의 0.01%가 방사선에 의해서 영향을 받아 원자와 분자구조가 달라지며, 생물학적인 면에도 영향을 주어 변화가 나타나게 된다.

1) 직접작용설

1923년 Dessauer의 설에 기원을 두고 Lea(1946), Timoféeff-Ressovsky & Zimmer(1947) 등에 의하여 이론적 체계를 이루었다. 세포내의 생물학적 물질, 예를 들면 핵이나 DNA분자 등에는 방사선에 대해서 감수성이 높은 부분이 있어서 이 부분이 전리되면 생물학적 효과가 나타나는 것이라고 생각한다.

감수성이 높은 부분을 민감역(敏感域 ; sensitive volume) 또는 표적(target)이라고 부르며 방사선이 표적을 관통해서 그 내부에 전리를 일으키게 하는 것을 적중(hit)이라고 부른다. 따라서 이 설을 적중설(target theory)이라고도 한다.

세포에 따라서는 이와 같은 표적이 하나만 있어서 방사선이 여기에 적중되어 전리를 일으키는 일적중과정(一的中過程 ; single-hit process)에 의해서 효과가 나타나는 것이 있고 표적이 여러 개 있어서 소위 다적중과정(多的中過程 ; multiple-hit process)을 통해서만 효과가 생기는 것도 있다.

그런데 사멸에 요하는 DNA에 대한 조사선량을 실험에서 보면 박테리오파아지(bacteriophage)에 대한 것을 1이라 할 때 세균 이상의 생물에서는 수백 이상이 되며 이 사실로서는 DNA만이 표적이라고 단정하기는 어려운 점도 있다.

세포내에는 DNA가 방사선손상을 받았을 때 이것을 수복(修復)시켜주는 효소계가 있다는 것도 알려져 있다. 즉 미생물의 종류에 따라 방사선 감수성에 차이가 나는 이유는 방사선조사에 의해서 생성되는 유리기에 대한 보호 물질의 유무와 DNA의 함량 및 수복효소계(修復酵素系)의 활성차가 있기 때문인 것으로 보인다.

2) 간접작용설

직접작용설이 방사선의 생물학적 효과가 생체에 대해서 특히 중요한 어떤 세포구조체 속에 방사선이 직접 유효한 전리를 일으켜 에너지를 부여한다는 물리적인 과정에 의한다고 주장하는데 대하여 간접작용설은 이와 같은 중요한 기구체를 둘러싸고 있는 물 또는 그 밖의 물질분자의 전리에 따르는 생성물이 2차적으로 세포의 생활에 필요한 물질 또는 구조에 화학적인 변화를 일으켜 그 결과 생물효과가 나타난다고 본다. 특히 세포내외에 다량 존재하는 물분자에 방사선이 조사되면 활성이 큰 유리기(free radical)를 생성하여 중요분자에 대하여 화학적인 작용을 하는 것으로 해석된다. 이와 같은 작용은 다음과 같이 설명되어지고 있다.

우선, 이온화 방사선이 물을 투과할 때 물분자로부터 1개의 전자가 튀어나와 양이온이 생긴다.

$$H_2O \xrightarrow{\text{radiation}} H_2O^+ + e$$

여기서 유리된 전자는 열전자(熱電子)이며 다른 물분자에 포획되어 음이온을 생성한다.

$$H_2O + e \longrightarrow H_2O^-$$

이들 이온쌍 $H_2O^+ + H_2O^-$을 소위 활성수(活性水)라고 하는데 이 활성수에서 거의 즉각적으로 다음과 같이 유리기(遊離基)가 생긴다.

$$H_2O^+ \longrightarrow H^+ + OH\cdot$$

$$H_2O^- \longrightarrow OH^- + H\cdot$$

여기서 수소이온과 수산이온은 서로 결합하여 물이 된다.

$$H^+ + OH^- \longrightarrow H_2O$$

간접작용은 생성된 H·및 OH·의 두 유리기가 다른 물질과 쉽게 반응을 일으킨다는 사실로도 잘 설명될 수 있다. 그러나 이러한 반응은 이 두 유리기가 서로 다시 결합해서 물이 되는 작용 $H\cdot + OH\cdot \rightarrow H_2O$, 수소가스의 생성 $H\cdot + H\cdot \rightarrow H_2$, 그리고 과산화수소의 생성 $OH\cdot + OH\cdot \rightarrow$

H_2O_2 등의 작용과 언제나 경합(競合) 상태에 있다.

그러나 여기서 다른 물질과 쉽게 반응을 일으키는 H· 및 OH·의 두 유리기는 산화제와 환원제로서 또는 탄소결합을 절단시키는 물질로서 작용한다. 이때에 식품 내의 유리산소가 용해되어 있다면 그 수소유리기는 유리산소와 결합해서

$$H\cdot + O_2 \longrightarrow HO_2\cdot$$

의 화학 반응으로 과산화기(peroxide radical)가 형성되고, 이것은 다시

$$2HO_2\cdot \longrightarrow H_2O_2 + O_2$$

로 되어 과산화수소를 생성한다.

여기에서 생성된 과산화수소는

$$H_2O_2 \longrightarrow H_2O + \frac{1}{2}O_2$$

로 되어 이때에 생기는 발생기의 산소는 살균작용을 하기도 하나 식품을 산화시켜 풍미를 저하시키는 작용을 하기도 한다.

이온화 방사선이 식품에 미치는 영향은 위와 같이 직접적인 것과 간접적인 것으로 나누어 볼 수 있지만, 이 중에서도 간접적인 작용이 식품에 더 잘 들어맞는 것으로 생각된다.

2. 이온화 방사선의 생물에 대한 작용

방사선이 생물에 미치는 영향은 극히 복잡하여 향후 연구가 필요한 분야이다. 그러나 현재까지 알려진 바로는 표 7-2에서 볼 수 있는 바와 같이 고등생물보다는 하등생물일수록 방사선에 대해서 내성이 크다는 사실이다.

따라서 곤충과 같은 식품해충의 사멸은 낮은 조사선량으로 가능하고, 곤충보다 조금 고등생물이라고 볼 수 있는 육류의 기생충은 더욱 낮은 선량으로도 그 사멸이 가능하다. 따라서 사멸하고자 하는 생물의 종류에 따라 조사량을 달리하며 세균 중에서도 생활세포는 저선량으로 살균이 가능하나 포자를 형성하고 있으면 고선량이 필요하다.

일반적으로 식품의 저장을 목적으로 방사선을 조사할 경우는 부패균을 사멸시키는 것이 목적이므로 비교적 고선량의 조사가 필요하게 된다. 그러나 이때에는 식품에 부반응(副反應)이 일어나서 품질을 저하시키므로 부패균의 살균은 다소 미비하더라도 조사선량을 줄여서 조사해야 한다.

이와 같이 처리된 식품은 완전살균이 되지 않았으므로, 저장 중에 변패할 가능성이 있다. 따라서 조사 후에는 냉장을 해야 한다.

방사선조사와 냉장을 결합하는 식품저장의 효과는 각각 단독으로 했을 때에 비해서 크게 효과적이라는 것이 확인되었다. 이때의 냉장은 0~10℃ 정도에서도 크게 효과적이므로 방사선조사를 하지 않는 식품을 냉동하는 경우에 비해서 더욱 손쉽고 경비도 절감될 수 있다.

〈표 7-2〉 생물이 사멸하는 방사선량

종 류	치사선량 (rep)	종 류	치사선량 (rep)
고등생물	0.1만	효모와 곰팡이	100만
저장곡물 중의 해충	2.5만	세균의 포자	200만
곤충	10만	효소와 virus	1,000만
세균	50만		

3. 이온화 방사선의 미생물에 대한 작용

미생물의 세포가 전자선이나 γ선 조사를 받으면 물리학적으로 활성인 물질은 물론 용매로서 다량으로 존재하는 물분자도 여기(勵起; excitation)나 전리 및 여기에 수반되는 여러 가지의 화학적 변화를 받는다. 이와 같은 변화가 직접 생물의 생명현상에 관여하는 물질에 일어나는 경우는 그 세포가 치명적인 영향을 받음은 물론 그 외에 물질의 영향에 대해서도 간접적으로 생활기능이 손상을 받는다.

1) 미생물의 방사선 저항성

방사선의 살균작용도 통상 미생물 생존율의 대수를 조사선량에 대하여 도시하여 얻어진 생존곡선(survivor curve)으로 주로 표시한다. 이 생존곡선은 그림 7-2와 같이 지수형, 시그모이드(sigmoid)형, 혼합형의 3가지로 구별된다.

지수형의 미생물은 방사선의 적중(的中 ; hit)이 단 1회로 세포가 사멸하는 경우의 곡선이고, 시그모이드(sigmoid) 형은 2회 또는 그 이상의 적중에 의해 사멸되는 경우를 나타낸 것이다. 그리고 혼합형의 곡선은 2개의 서로 교차하는 지수곡선으로 구성되며 그 미생물 집단은 방사선에 감수성이 큰 것과 그렇지 않은 것이 혼합되어 있음을 나타내 주고 있다.

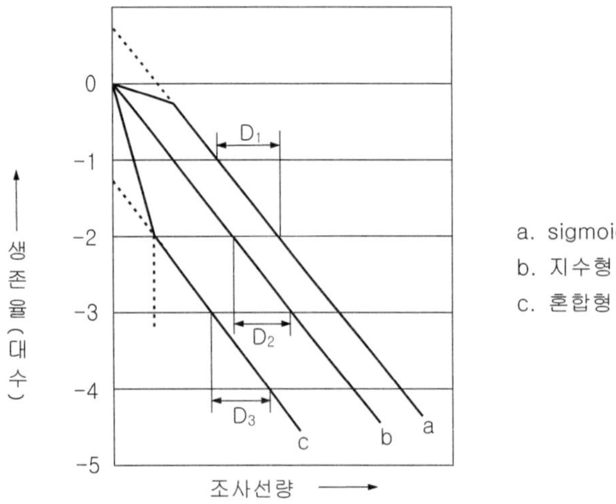

〈그림 7-2〉 생존곡선

표 7-3은 각종 미생물의 치사선량을 나타낸 것이다. 일반적으로 같은 속, 균종 간에도 균주에 따라 방사선 감수성이 다르다. *Bacillus*나 *Clostridum*과 같은 세균의 포자는 포자를 만들지 않는 미생물에 비해 일반적으로 강한 저항성을 갖고 있으며, 이는 다른 살균방법의 경우와 같은 경향이다.

포자를 형성하지 않는 세균에서는 일반적으로 Gram 음성균이 저항성이 약하고, 대장균, *Salmonella, Pseudomonas* 등은 특히 약하며, 더욱이 *Mycobacterium tuberculosis*도 방사선 저항성이 약한 것으로 알려져 있다. 곰팡이나 효모는 포자를 형성하지 않는 세균과 동등하거나 약간 강한 정도의 저항성을 갖고 있다.

〈표 7-3〉 미생물의 사멸에 요구되는 선량(rep)

미 생 물	사멸에 필요한 선량	미 생 물	사멸에 필요한 선량
<그람양성세균>	100,000~500,000	<효모>	500,000~1,900,000
Micro. pyogenes var. *aureus*	150,000	*Sacch. ellipsoideus*	700,000
Micro. pyogenes var. *albus*	50,000	*Sacch. fragilis*	900,000
Alcaligenes ammoniagcncs	150,000	*Sacch. cerevisiae*	900,000
Diplococcus pneumoniae	400,000~500,000	*Schizosacch. actosporus*	500,000
Sarcina lutea	400,000	*Torula cremoris*	500,000
Corynebacterium acnes	200,000	*T. histolytica*	1,000,000
Streptococcus sp. *(hemolytic)*	300,000	*Torulaspora rosei*	500,000
Leuconostoc mesenteriodes	100,000	*Cryptococcus neoformans*	900,000
Leu. dextranicum	100,000	*Can. albicans*	1,000,000
Alcaligenes viscosus	100,000	*Can. krusei*	1,150,000
		Can. parakrusei	1,900,000
<그람음성세균>	25,000~250,00	*Can. mortifera*	600,000
Es. coli	75,000~150,000	*Hansenula* sp.	500,000
Proteus vulgaris	50,000		
Ps. aeruginosa	25,000~250,000	<곰팡이>	140,000~1,125,000
Sal. typhosa	25,000	*Pen. camembertii*	140,000
Ser. marcescens	50,000	*Pen. notatum*	220,000
Sal. schottmuelleri	100,000	*Asp. niger*(포자)	320,000
Kleb. pneumoniae	200,000	*Asp. niger*(전배양물)	400,000
Aer. aerogenes	50,000	*Asp. versicolor*	360,000
Ps. fluorescens	250,000	*Asp. versicolor*(전배양물)	300,000
		Asp. fumigatus(포자)	220,000
<세균포자>	1,000,000~4,000,000	*Asp. flavus*(포자)	300,000
Bacillus pumilus	2,100,000	*Asp. oryzae*(포자)	220,000
B. mesentericus	1,800,000	*Asp. fischeri*(포자)	340,000
B. subtilis	1,600,000~1,200,000	*Asp. terreus*(포자)	300,000
B. coagulans	1,200,000~1,000,000	*Asp. glaucus*(전배양물)	140,000
B. brevis	1,500,000	*Mucor mucedo*	625,000
flat sour No. 1518	1,800,000~1,100,000	*R. nigricans*	1,125,000
Clostridium tetani	2,100,000~1,400,000	*Neu. crassa*	600,000
Cl. sporogenes	1,700,000	*F.moniliforme*	275,000
Cl. aerofoeti um	1,600,000		
Cl. novyi	1,400,000		
Cl. botulinum	2,000,000~4,000,000		
Putrefactive anaerobe 3679	2,500,000		

2) 미생물의 방사선 감수성에 영향을 미치는 인자

미생물의 방사선 감수성은 가열이나 약제살균에 있어서와 같이 기초적 문제로서 충분히 검토될 필요가 있다.

• 미생물의 상태

미생물의 방사선 감수성은 균종과 균주에 따라 다르며, 동일 균주에서도 세포의 노쇠 정도나 증식시기에 따라서 다르다. 예를 들면 방사선에 대하여 저항성이 강한 포자를 형성하는 *Clostridium, Bacillus* 속의 세균에서도, 그 영양세포는 무포자 세균의 영양세포와 같은 정도로 약한 저항성을 보인다.

또한 같은 영양세포에서도 발육성에 의해 현저한 방사선 감수성의 차를 보인다. 그림 7-3에서와 같이 세포발육의 유도기에서 저항성이 가장 크고, 세포분열이 활발한 대수기에서 작아진다.

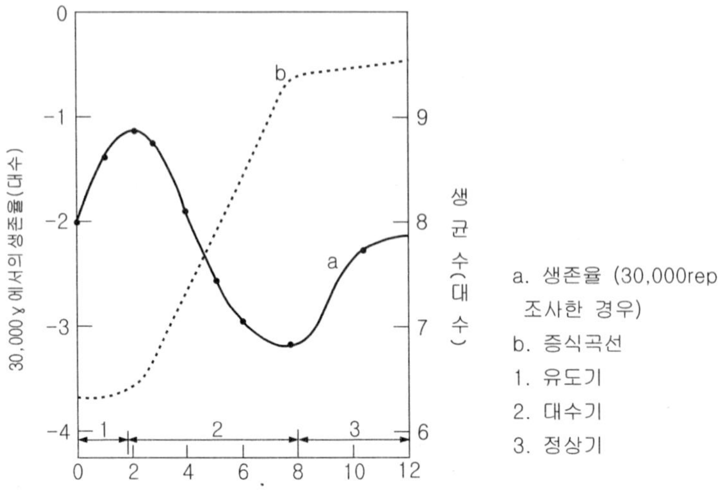

〈그림 7-3〉 증식의 각 시기에 대한 방사선 감수성(*E.coli*)

• 방사선의 종류

무거운 입자의 방사선, 예를 들면 중성자나 α입자 등은 β선 또는 γ선에 비하여 미생물에 대한 작용이 작다. 그리고 포자의 경우는 그 관계가 불확실하다. β선, γ선 등은 대체로 같은 선량(線量)에서는 살균효과가 거의 같다. 특히 시료가 충분히 얇을 때(0.1 cm 또는 그 이하)는 고에너지 전자선, X선, γ선은 모두 같은 정도의 살균효과를 나타낸다.

• 산소의 영향

방사선 조사 시 분자상의 산소는 살균효과를 높여준다. 산소는 모든 농도 범위에서 같은 사멸곡선 형태를 보이며 경사만 다를 뿐이다. 이 경우 DMF(dose modifying factor $= \frac{\text{산소 존재하의 곡선의 경사}}{\text{질소 존재하의 곡선의 경사}}$)의 값은 균종에 의해서 또한 방사선의 선(線) 에너지 공여량(linear energy transfer, LET, ev/Å, 혹은 kev/μm)에 의해서도 변화한다. 그림 7-4는 *Shigella flexneri*의 살균에 대한 산소효과를 나타낸 것이다.

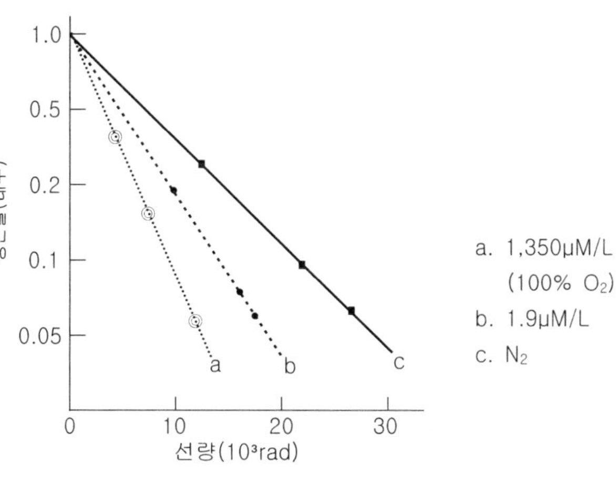

〈그림 7-4〉 *Sh. flexneri* 의 살균에 대한 산소농도의 영향

방사선의 살균에 대한 산소효과의 작용기구에 대해서는 먼저 간접작용설(indirect action theory)로 용해산소가 물의 조사에 의해 생성되는 OH·HO_2· 또는 H_2O_2수를 증가시키는 것으로 생각된다. 그러나 적중설(target theory)에 의하면 유리기와 길항적으로 반응하므로 아미노산, 단백질, 육즙 등의 존재로 산소효과의 저하가 일어나며 catalase를 갖는 미생물은 산소효과가 적다고 알려져 있다.

• 수분의 영향

방사선 조사 대상으로부터 수분을 제거하면 방사선 저항성이 증가한다. 그 이유로는 H·OH· 등의 생성에 의해 일어나는 방사선의 간접작용이 수분의 제거에 의해 현저하게 감소하며 생성된 유리기가 물과 같은 연속상(連續相)이 없으므로 이동성이 낮아진다. 더욱이 건조 상태에서는 주위의 여러 가지 물질에 의해 보호작용을 받게 된다.

• 보호물질의 영향

조사(照射) 중에 작용하는 어떤 요인으로 말미암아 방사선의 최종효과가 감소되는 현상을 보호라고 하며, 화학물질이 이와 같은 효과를 초래했을 경우 이 물질을 보호제 또는 보호물질이라고 한다.

보호물질은 생체가 실제로 받은 방사선의 양을 감소시킬 수는 없고 다만 방사선에 대한 저항성을 높임으로써 보다 큰 선량에 견디어 살아남을 수 있게 하는 데 불과하다. 따라서 이미 앞에서 언급한 방사선의 생물학적 작용을 보면

① 산화제로 생각되고 기(基)와 경합적으로 작용하는 것

② 산소를 감소시켜 HO_2·기의 생성을 적게 하는 것

③ 환원작용이 있는 것

④ 조사 직후에 중요 분자를 재활성화하거나 부족 된 기질을 보충 하는 것.

⑤ 대사를 저하시키는 물질 등을 포함해서 여러 가지 화합물의 보호효과가 보고되고 있다.

이제까지 이러한 효과가 있는 것으로 가장 잘 알려진 SH화합물로는 cysteine계 화합물들이 있다. 이들 중 dimereaptopropanol, hydrosulphite, mercaptosuccinate 및 mercaptopyruvate 등은 미생물에 대해서 대단히 효과적인 보호제이다. 그 밖에 cyanides와 nitriles, 아미노산과 아민류, SH를 함유하지 않는 환원제, alcohol, 당류 및 carboxyl acid 등의 효과가 알려져 있다.

• 보호물질의 힘을 약화시키는 첨가물의 영향

식품 중의 보호물질, 예를 들면 SH화합물과 결합시킴으로써 SH화합물이 조사 중에 미생물의 보호작용을 제거해 버리는 원리로서 여기에 필

요한 첨가물은 할로겐화 초산(halogeno acetic acid)이 있다. 그런데 이런 물질은 포유동물에게는 유독하여 실용화는 어렵다.

• 물리화학적 전처리의 영향

방사선 조사를 하기 전에 포자 상태로 있는 미생물을 발아시켜서 생활세포의 상태로 존재케 하면 조사효과를 향상시킬 수가 있다.

이렇게 하기 위한 방법으로는 균의 생육에 알 맞는 수분과 영양소를 주고 역시 알 맞는 온도에 적어도 수 시간 동안 방치해야 하는데, 이러한 조건하에서는 식품의 품질 저하문제도 있으므로 많은 연구가 앞서야 할 것이다.

7-3 식품에 대한 방사선 조사의 선량기준

방사선을 조사해서 효소의 파괴와 살균된 식품은 산소의 접촉과 미생물의 재 오염을 막기 위해서 적당한 포장을 하거나 또는 포장한 후에 조사 처리하여야 한다. 때로는 방사선에 의해서 살균만을 하고 효소는 다른 방법 즉 열처리 등으로 파괴하는 일도 있다.

이온화 방사선으로 식품을 살균하고자 할 때는 두 가지 중요한 문제를 고려해야 하는데, 그 하나는 식품의 특성으로 부반응(副反應)의 문제를 깊이 의식해야 하며, 다른 하나는 방사선원의 문제로서 취급의 간편성과 경제성을 고려해야 한다.

1. 식품조사의 D_m값

저산성 식품(pH 4.5 이상인 것)에 대한 방사선의 알맞는 조사량을 결정하는 데는 *Clostridium botulinum*의 존재 여부와 기타 위험성이 있을 법한 요인의 존재 여부를 고려해야 한다.

실제로 살균에 필요한 방사선량을 계산하는 방법은 *Clostridium botulinum*균의 수를 1/10 (즉 10^{-1})로 감소시키는 데에 필요한 방사선량 즉 D_m값(decimal reduction dose)을 미리 실험에 의해서 결정하고,

여기에 식품 중의 세균사멸의 수준(즉, 예를 들면 99%를 사멸할 것인지, 99.9%를 사멸할 것인지 따위)을 곱해서 계산하게 된다.

예를 들면 여러 가지로 측정된 D_m값 중 최고값이 약 0.37Mrad라고 하고, 10^{-12}의 세균 불활성화의 수준을 얻고자 한다면

$$\log \frac{No}{N} = \log \frac{1}{10^{-12}} = 12$$

$$0.37 \text{ Mrad} \times 12 = 4.44 \text{ Mrad} = 44.4 \text{ kGy}$$

약 4.5Mrad의 조사량이 필요하다는 계산이 된다(그림 7-5, 7-6). 그런데 이때 방사선조사에 따른 식품 품질저하의 문제는 고려해 넣지 않았지만 3 Mrad(=30 kGy) 이상의 조사에 의해 심한 품질 저하가 있을 수 있으므로 주의해야 한다.

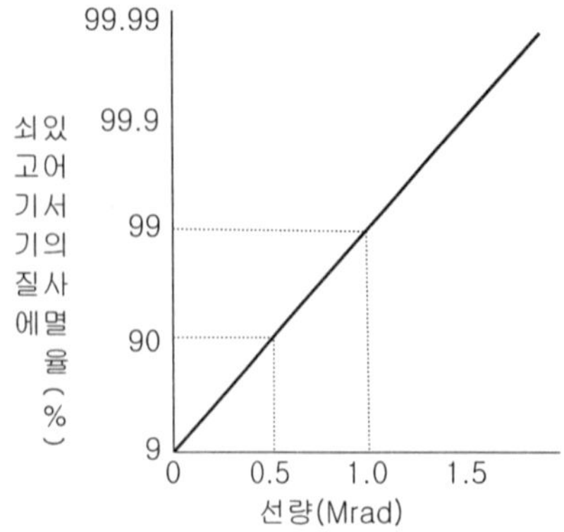

〈그림 7-5〉 클로스트리디엄 보툴리넘의 D_m값

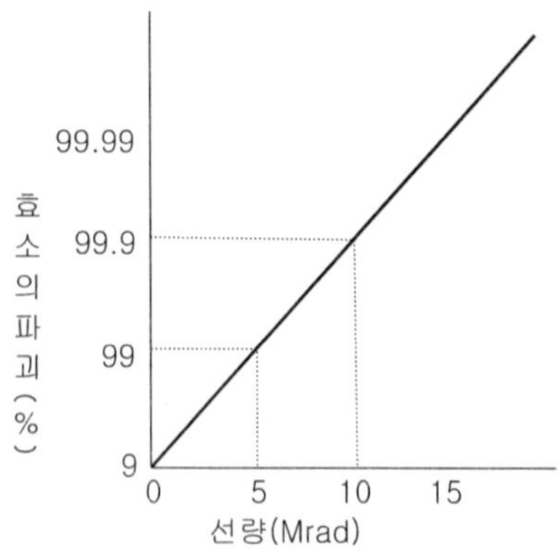

〈그림 7-6〉 효소에 대한 D_E값 (효소파괴의 단위)

2. 식품조사의 D_E 값

식품 내의 효소는 미생물보다도 5~10배가량 방사선에 대한 내성이 크다. D_E 값은 효소의 파괴단위인데 효소 활력의 90%를 감소시키는 조사량을 $1D_E$로 한다. 이온화 방사선에 의한 효소의 불활성화율의 일반적인 방식은 그림 7-6과 같다.

식품이 충분한 저장성을 가지려면 효소는 대략 $4D_E$까지 감소되어야

한다고 보는데 $1D_E$≒5 Mrad=50 kGy라면 $4D_E$=20 Mrad=200 kGy가 되며 이런 큰 조사량은 식품의 품질이 저하될 우려가 있기 때문에 효소 불활성화는 전적으로 방사선에만 의존할 것이 아니라 열처리 등 다른 보조적인 방법을 병용할 필요가 있다.

이온화 방사선의 힘만으로 식품을 안정화 시키려면 $12D_m$(그림 7-5참조) 또는 $4D_E$ 중 큰 쪽 수준의 방사선조사를 해야 한다. 그런데 실제로 효소의 파괴는 미생물의 파괴보다 더 많은 이온화 방사선의 에너지가 필요하다.

3. 방사선 살균에 필요한 선량

일반적으로 식품에 대한 조사량이 1 Mrad(=10 kGy) 이상이 되면 이것을 고선량조사, 0.1~1 Mrad(=1~10 kGy)를 저선량조사, 0.1 Mrad (=1 kGy) 이하를 극저선량조사라 부른다. 식품의 방사선 살균에 필요한 선량에 따라 분류하면 다음과 같다.

1) 완전살균(radappertization)

유포자세균, 특히 내열성이 크고 독소를 내는 *Clostridium botulinum* 의 살균을 목표로 한 살균처리이며 장기간 저장해도 이상이 나타나지 않을 정도의 살균법이다. 이때 조사량은 3~5 Mrad(=30~50 kGy)인 고선량이 되므로 이때의 부반응(副反應)을 방지하기 위해서 동결, 탈산소, 살균협력제의 첨가, 탈취제의 공존 등의 조건이 요구된다.

그러나 이와 같은 조건하에서도 완전한 부반응의 예방은 불가능하고 경비도 높아지므로 실용성은 없다.

2) 식중독균의 살균(radicidation)

특정한 무포자병원균을 살균할 수 있는 선량으로 처리하는 것이다.

실제로 동결육을 해동시키지 않는 상태에서 0.5 Mrad (=5 kGy) 정도의 비교적 저선량으로 10^5~10^7개/g의 *Salmonella*를 살균할 수 있으며 실용적인 처리 방식이다.

3) 불완전살균(radurization)

식품에 저선량을 조사해서 특정 부패균의 생균수를 감소시킴으로써 보존성을 높이는 방법이다. 주로 병원균의 증식이나 독소생산의 염려가 적은 식품을 대상으로 한 것이며 완전살균에 필요한 선량의 1/20~1/30로서 식품에 있는 균의 대부분을 시킨다.

냉장기간도 2~3배로 연장시킬 수 있고 부반응(副反應)도 적어서 식품의 변질도 최소로 막을 수 있다.

식품에 방사선을 조사해서 기대되는 것은 주로 생물학적 효과인 살균, 살충 또는 발아, 발근(發根)의 억제로부터 숙도제어(熟度制御) 등이며 적용되는 선량과 대상 식품을 종합하면 표 7-4와 같다.

〈표 7-4〉 식품에 대한 방사선의 이용

	조 사 효 과		적용 선량(kGy)	대 상 식 품 예
생물학적 효과	살 균*	완전살균 (radappertization)	30~50	축육・어육가공품, 발효원료, 사료, 병원식
		식중독세균의 살균 (radicidation)	5~8	축육・알의 살모네라균 사멸
		불완전살균 (radurization)	1~3	가금육, 어패류, 과일 채소, 축육・어육가공품
	살 충	저곡해충의 살충	0.1~0.3	쌀, 소맥, 잡곡
		초파리의 살충	~0.25	오렌지, 망고, 파파야 향신료,
		건조식품의 응애 살충	05~0.7	건조채소
		기생충의 살충	0.5	돈육(선모충의 살충)
	생육제어	발아·발근억제	0.05~0.15	감자, 양파, 마늘
		숙성지연	0.2~0.8	바나나, 파파야, 토마토
		숙성촉진	0.01	복숭아, 감
		개산방지	0.2~0.5	양송이, 송이
		특정성분의 축적	~5	고추의 카로티노이드
화학적 효과	조사개질	고분자물질의 변성	~100	전분, 단백질, 펙틴
		식품조직의 개질	~10	건조식품의 복수성 촉진
		식품의 품질개량	~50	위스키의 숙성
		가공적성의 향상	~50	소맥분의 제빵적성 향상
		효소분해성의 향상	~100	발효원료, 사료

* radappertization : *virus* 이외의 미생물을 완전히 살균
radicidation : 포자를 만들지 않는 병원성 미생물을 살균
radurization : 부패미생물의 일부를 살균하고, 보존기간 연장을 목적으로 하는 처리

7-4 방사선의 식품성분에 대한 영향

1. 탄수화물에 대한 영향

Aldose 수용액을 방사선 조사하면 수중에 생성된 OH기에 의해 산화가 일어나 산을 생성한다. 그러나 ketose는 aldose에 비해 산화에 대해 안정하여 산은 생성하지 않고 환원당을 생성한다. 과당류에 대한 조사효과는 가수분해 반응으로 단당류가 생성된다.

과일, 채소류의 조직에서는 조사처리에 의해 단당류가 증가하여 호흡속도가 촉진되게 되고 그 조직이 연화되어 미생물의 침범을 막아내는 힘이 조사 전에 비해서 약해지는데 그 원인은 조사 중에 일어난 녹말과 펙틴의 변화와 관련시켜서 생각해 볼 수 있다(그림 7-7).

녹말 수용액에 15 kGy의 방사선이 조사되었을 때 전분의 중합결합이 끊어지기 시작한다. 더 많은 조사를 하면 전분의 구성단위인 육탄당(hexose)이 생성되고 설탕도 과당과 포도당으로 가수분해되며 펙틴도 분해된다.

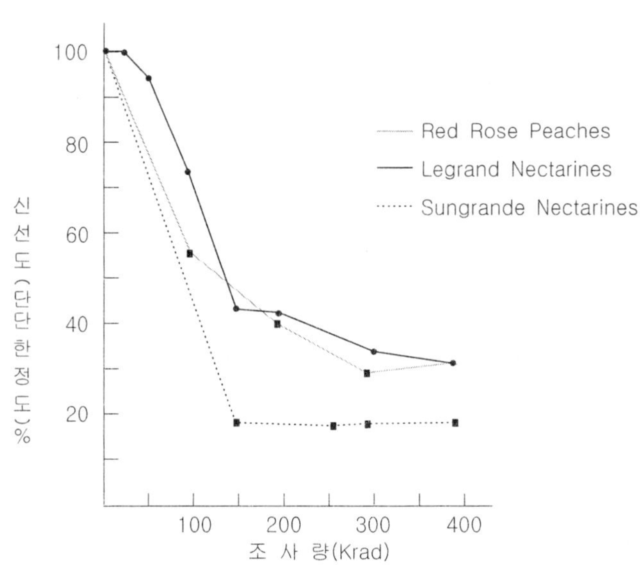

〈그림 7-7〉 γ선 조사가 과일의 조직연화에 미치는 영향

이와 같은 조사에 의해 점도저하, 기계적 강도저하를 일으키며 가수분해가 용이하게 되어 세균에 대한 저항성도 약해진다.

섬유소나 목면(cotton)도 조사량을 증가하면 수용성이 된다. 방사선에 의한 조직연화의 원리를 이용하면 asparagus의 질긴 성질을 연화시킬 수가 있고, 과일의 숙성을 촉진시킬 수도 있을 것이다.

2. 지질에 대한 영향

지질에 대한 방사선의 작용은 산소의 존재유무에 따라 영향을 받는다. 무산소 조건에서는 조사에 의해 수소가스가 주로 생성되며 그밖에 소량의 메탄가스 및 미량의 알칸(alkanes)을 생성한다. 또한 carboxyl기가 파괴되고 탄산가스도 발생한다.

산소가 존재하는 경우는 먼저 hydroperoxide, peroxide가 생성되고 이어서 aldehyde, ketones의 생성이 일어나며 절단된 저분자물의 산화물도 생성된다. 특히 불포화유지는 쉽게 산화를 받는다.

동식물유지의 경우는 먼저 천연산화방지제가 파괴되어 과산화물, carbonyl화합물, 산 등이 생성된다. 표 7-5는 우육과 돈육의 지질의 조사선량과 과산화물가의 관계를 나타낸 것이다.

〈표 7-5〉 방사선 조사우육과 돈육의 지질과산화물가

방사선 선량 (kGy)	공 기 중		질 소 중	
	우 육	돈 육	우 육	돈 육
3	26	50	0	0
10	34	41	0	0
34	42	91	0	0
100	49	95	0	0

3. 단백질에 대한 영향

살균선량 정도의 조사로는 단백질의 변화는 인정되지 않으나 그 이상의 조사에서는 향미의 변화가 일어난다. 특히 고단백질 식품에서는 상당

히 뚜렷하게 향미가 달라지고 단백질의 변성을 초래하기도 한다.

단백질을 변성, 침전시킬 정도의 방사선이 조사되었을 때는 ① 펩티드 결합의 개환(開環), ② 중합(polymerization), ③ 응고, ④ 침전 등의 순서로 그 변화가 진행된다.

그리고 장기간의 방사선조사를 받은 단백질은 암모니아, 유황화합물 및 이산화탄소를 방출한다. 이와 같은 변화는 단백질의 농도가 높을수록 심하게 일어난다.

아미노산에 있어서는 탈아미노반응(deamination)이 일어나며, 방향족 아미노산인 경우는 조사에 의해서 고리구조(cyclic structure)가 파괴되며, 암모니아를 발생하게 된다.

함황아미노산인 경우는 조사량에 비례해서 휘발성 유황화합물의 발생을 볼 수 있다.

4. 비타민에 대한 영향

비타민은 일반적으로 이온화 방사선에 대해서 예민하며 이온화 방사선에 의해 식품 내에서 비타민이 파괴되는 정도는 가열살균 했을 때와 비슷하다(표 7-6).

〈표 7-6〉 통조림법과 조사법에 의한 비타민의 잔존량 비교

비 타 민	비 타 민 의 잔 존 율 (%)	
	통 조 림	이온화방사선조사
비 타 민 B_1	35	35
비 타 민 B_2	80	90
비 타 민 B_6(pyridoxine)	70	75
나 이 아 신(niacin)	75	75
엽 산(folic acid)	70	90
비 타 민 A	80	75
비 타 민 E	90	75
비 타 민 K	90	20

방사선 조사에 의한 비타민의 파괴는 현저하나 비타민의 종류, 조사환

경의 조건에 따라 그 정도는 다르다. 비타민 A는 지용성으로서 방사선 조사에 대해서 비교적 안정하다. 비타민 D는 γ선에 의해 파괴되며, 비타민 E와 K는 특히 방사선 감수성이 커서 비타민 K는 30 kGy 이상의 선량에서 완전히 파괴된다. 그러나 산소가 없는 조건하에서는 비타민 E, K 모두 안정하다. 수용성 비타민 중 비타민 B복합체에서는 비타민 B_1이 방사선 감수성이 가장 크고, niacin, 비타민 B_2, B_6 등은 안정하다.

비타민 C는 방사선에 대단히 민감하다. 표 7-7은 각종 채소 중의 비타민 C 손실을 나타낸 것이다. 이와 같이 비타민 C는 대단히 불안정하나 한편 산화방지제 혹은 보호물질로서 이용된다.

〈표 7-7〉 채소중의 비타민 C 손실 (18.6 kGy 조사)

채 소	손 실 율(%)	채 소	손 실 율(%)
아스파라거스	71.5	완 두	92.1
모 란 채	86.5	시 금 치	64.5

5. 색소에 대한 영향

식품 중의 색소도 방사선 조사에 의해 색의 변화를 일으킨다. 동물 육조직의 적색색소인 myoglobin은 조사에 의해 oxymyoglobin으로 변하여 맑은 홍색을 띠며 산소가 존재할 때는 metmyoglobin으로 되어 갈색으로 된다. 방사선을 조사한 쇠고기에서는 적색색소 외에 유리기에 의한 산화물인 녹색색소 및 황색색소의 생성도 나타난다.

식물 조직 중의 색소인 chrolophyll은 방사선 조사를 받으면 소실되어 pheophytin이 생성된다. Carotenoid는 여러 개의 불포화탄소를 갖고 있어 쉽게 산화되나 천연 조직 중에서는 비교적 안정하다. Antocyanin, flavonoid, carotene 등 고도로 착색된 과일과 채소는 조사에 의해서 탈색작용이 일어난다. 탈색의 정도는 조사량에 따라 차이가 있다.

신선한 고추에 이온화 방사선 0.8 kGy 이내를 조사하면 저장 40~50주까지는 대조구에 비해서 높은 capsanthin색소함량을 나타내지만, 그 후에는 점차 감소하여 대조구보다 적은 수치를 나타낸다. 1 kGy 이상의 조사는 고추의 색깔을 퇴색시키는 결과를 가져온다(그림 7-8).

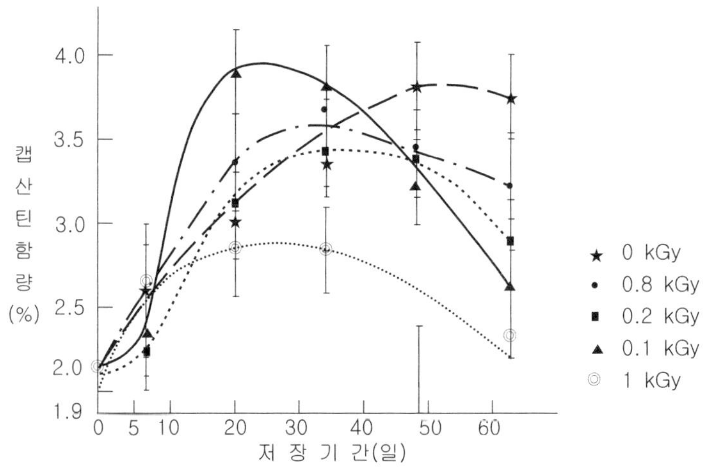

〈그림 7-8〉 고추에 대한 이온화 방사선 조사
(조사량, 색소(캡산틴), 저장기간과의 관계)

6. 효소에 대한 영향

효소는 이온화 방사선의 직접적 효과 또는 간접적 효과 중 어느 것에 의해서든지 불활성화 될 수 있다. 그리고 이 두 효과는 동시에 일어난다.

효소는 세포내에 있는 상태와 같이 자연적으로 존재할 때가 용액상태로 존재할 때보다 방사선에 대한 내성이 크게 나타나고 있는데, 이것은 어떤 보호물질의 작용이 있기 때문인 것으로 보인다.

식품저장에 있어서 효소를 불활성화 시킬 수 있는 조사선량은 미생물 사멸에 필요한 조사량의 5배가 필요하다. 그런데, 어떤 효소를 방사선이 조사된 단백기질에 작용시키면 조사되지 않았던 기질에서보다 더 반응이 잘 진행된다. 그 이유는 아마도 단백질이 조사되는 동안에 단백질의 일부 결합이 끊어져서 효소가 작용할 수 있는 부위가 늘어났기 때문이라고 볼 수 있다. 따라서 만일 효소가 있는 식품에 방사선을 조사했을 때, 효소작용을 불활성화시키지 못하는 정도의 조사였다면 그 식품은 조사하지 않은 것에 비하여 품질이 더 급격하게 저하될 수 있다.

7-5 방사선 조사 식품의 문제점

1. 조사 식품의 건전성

방사선 조사로 살균했거나 선택 살균된 식품에 대하여는 그 건전성(健全性; wholesomeness)에 대해서 많은 연구들이 진행되었다. 이와 같은 식품은 처음에 쥐, 닭, 개 또는 원숭이에게 먹여본 후 사람에게 먹이는 시험이 진행되는데 미국의 육군에서 지원자를 대상으로 인체실험을 실시한 결과 조사식품(irradiated foods)이 인체에 아무런 해를 주지 않는 것으로 확인되었다.

영양소에 있어서는 다른 저장방법에서와 마찬가지 정도의 손실이 인정되고 있으나 이점에 대해서는 앞으로 많은 연구가 이루어져 영양소를 보호하는 방법이 나올 것으로 전망된다.

또 방사능이 유발하는 위험성에 대해서는 현재까지 많은 연구결과 식품살균에 사용되는 정도의 선량을 가진 γ선이나 β선으로는 식품에 방사능이 전혀 남지 않는 것으로 확인되었다. UN산하의 WHO, FAO 및 IAEA에서 합동으로 실험한 결과 10 kGy 이하의 방사선 조사는 식품의 종류에 관계없이 안전하다고 결론지었다.

2. 방사선 내성의 미생물

미생물에 대한 방사선 효능에 대해서도 많은 것이 밝혀졌는데 그것을 실용화하기 위해서는 아직도 많은 문제들이 남아 있다.

식품위생상의 세균학적 문제를 논의할 때에는 대장균이 지표가 되었는데 방사선 조사에서는 살모넬라(*Salmonella*)가 내성이 더 강하다. 대변으로 배설되는 장내세균 중 연쇄상구균(*Streptococcus*)은 때때로 가장 큰 방사선내성을 나타낸다.

바이러스는 방사선에 대한 내성이 아주 크기 때문에 식품의 질을 손상하지 않는 범위내의 조사로서는 파괴하기 어렵다. 따라서 방사선을 조사한 식품을 조리하지 않고 먹으려면 바이러스가 사멸되도록 충분히 열처리를 해서 제품화하지 않으면 안된다.

3. 방사선 조사에 있어서의 부반응

방사선을 식품에 조사할 때에 조사량이 어느 정도를 넘으면 좋지 못한 부반응(副反應 : side reaction)을 일으켜서 식품의 가치를 저하시키게 된다.

식품 중의 미생물을 완전 살균시킬 수 있는 조사선량에서는 반드시 부반응이 일어나므로 문제점이 있다. 부반응으로는 식품의 색, 향기, 맛, 조직 등이 변하고 영양소의 손실도 일어난다.

부반응은 조사선량이 너무 많을 때에 일어나는 것이지만 식품에 수분이 많고 산소가 있을 때에는 더욱 심한 부반응이 일어나게 된다.

〈표 7-8〉 방사선조사에 의한 부반응 방지법

저선량 조사	동결 상태로 조사, 식품 중에 생성된 유리기의 이동방지
탈 산 소	진공, N_2 gas치환 등으로 산화방지, 지방이 많은 식품에 유효
유리기수용체 보호물질의 첨가	조사취 등을 억제 식물단백질의 가수분해물, 비타민C, 소스류, 향신료, niacin, 토마토주스, 토마토페이스트, 활성탄 등
방사선 감수성의 향상	약품의 첨가(비타민K_5, 나프톨유도체, 할로겐화합물, 향신료 등)
증류	조사취가 휘발성의 경우는 증류하여 제거한다.
가열병용	방사선과 가열을 병용처리 미생물의 포자가 방사선처리에 의해 내열성을 잃는 성질을 이용한다. 식품이 변질을 일으키지 않을 정도의 조사로 대부분의 미생물을 사멸 시키고 나머지 포자를 가벼운 열처리로 살균한다.

이와 같은 부반응은 조사된 식품 중의 수분이 조사선량에 따라 이온화하게 되는데 이때에 생긴 이온이 2차적으로 식품의 분자에 작용하여 일어나게 되는 현상이라고 설명되고 있다.

이와 같은 부반응의 예방법으로는 탈산소 또는 생성된 유리기를 수용(收容)하는 보호물질을 첨가해서 조사에 의한 피해를 감소시키는 방법과 조사 전에 방부제를 첨가하거나 가열을 해서 미생물의 방사선 감수성을 향상시킴으로서 조사량을 최소로 감소시키는 방법 등이 있다. 또 조사에서 생성된 조사취(照射臭)를 기계적인 방법으로 증류하거나 적절한 향료를 가하여 마스킹하는 방법 등이 있다.

지금까지 알려진 부반응의 예방법을 간추리면 표 7-8과 같다.

7-6 식품저장에 대한 방사선 응용의 실 예

1. 감자의 발아 억제

감자는 수확 후 바로 냉각시키지 않으면 6주일 내에 발아를 하게 된다. 조사에 사용될 감자는 깨끗하고 상처가 없으며, 수확 후 고온다습치유법(curing)으로 처리 한 것을 이용한다.

조사를 할 때의 온도는 21℃ 이하라야 하며, 조사량은 60~90 Gy로 한다. 만일 이보다 낮은 조사를 받은 것은 저장 중에 발아하며 또 너무 지나친 것은 품질이 떨어진다.

조사 후에는 5℃, 상대습도 85%의 환경에서 저장한다. 만일 실온저장을 해야 할 경우는 상기 조사량보다도 약 20%를 더 조사한다.

2. 밀가루 속의 곤충방지

밀가루에는 표백제 등 첨가물이 이용되는 수가 있는데, 이들이 방사선 조사 시에 파괴되는 양을 고려해서 첨가물의 함량을 조절해야 한다.

조사량은 0.4~0.6 kGy로 하고 조사 시의 온도는 24℃이하로 한다. 조사된 후 곤충의 재 오염이 없도록 포장에 주의한다.

3. 과일에 대한 조사

질병이나 타박상이 없는 것만을 이용한다. 조사 처리 후에 균의 재오염을 막기 위해서 플라스틱 필름으로 포장해야 한다. 포장재료는 탄산가스, 수증기, 산소 등이 투과되는 것이라야 한다.

과일의 방사선 선택살균(radiation pasteurization)은 과일의 종류와 원하는 저장수명에 따라 다르지만 대략 1.5~1.8 kGy의 방사선량이 사용된다.

방사선으로 선택살균한 과일은 아직 그 생명현상을 유지하고 있으므로 자연적인 노화과정을 억제하기 위해서 저온저장(4℃ 정도)을 하며 이때의 상대습도는 85~90%가 되는 것이 좋다.

4. 닭고기의 조사제품

무게 1.3~1.5 kg 정도 되는 것을 위생적으로 가공하여 포화수증기 내에서 내부 온도가 74~80℃로 되게끔 가열하고 이온도에 도달하면 즉시 냉각하여 1시간 이내에 10℃ 까지 냉각시킨다. 10℃로 냉각된 것을 적당한 용기에 넣어서 진공 포장한 후 1시간 이내에 방사선을 조사한다.

방사선조사로 안정화하고자 하는 육류는 48~52 kGy로 조사한다. 이와 같이 처리된 닭고기는 실온에서 90일 동안 저장한 후에도 비정상적인 냄새나 맛이 생기지 않는다.

5. 베이컨에 대한 조사

고기 덩어리로 만들어진 베이컨은 방사선 조사 처리 전에 냉각 저장한다. 잘게 썰어서 포장한 후 1시간 이내에 방사선을 조사 한다. 만일 포장된 육류를 1시간 내에 조사하지 못할 때에는 0℃로 저장하거나 그 이하로 냉동 저장한다.

적절하게 포장된 베이컨은 8~12 kGy를 흡수하도록 조사하는데 선원(線源)의 강도는 가급적이면 20분 이내에 필요한 방사선량을 줄 수 있어야 한다. 이때의 조사실 내의 온도는 24℃ 이하라야 한다.

방사선처리를 한 베이컨의 저장은 0℃로 한다. 방사선처리를 한 베이컨은 흰 유지성분을 가지고 있으며, 살코기는 절임 했을 때의 색깔(cured color)을 가져야하며 비정상적인 맛이나 냄새가 없어야 한다. 보통 때보다 다소 강하게 소금절임 하거나 훈연할 필요가 있다.

6. 육류의 효소 불활성화

도살하기 전에 epinephrine을 주사하여 조직 내의 glucidic acid의 농도를 저하시킴으로써 도살 후 동물의 pH를 오랫동안(약 1년 정도) 7.0으로 유지할 수 있음이 알려졌다.

이와 같이 육류는 효소를 다른 방법으로 불활성화시키지 않고도 방사선만으로 안정화시킬 수 있으며 거의 자가소화의 징후 없이 1년 또는 그 이상을 저장할 수가 있다.

이 방법은 조사된 육류뿐 아니라 냉동육에도 응용하면 조직 내의 자가소화를 억제하는 데에 도움이 된다.

7-7 국내식품 저장에 대한 방사선 조사 기준

식품위생법은 식품의 방사선조사기준 및 사용에 대해 엄격하게 규정하고 있다. 사용 방사선의 선원 및 선종은 코발트 60의 감마선이고 식품의 발아억제, 살충, 살균 및 숙도조절의 목적에 한하며, 식품에 방사선을 조사할 경우 표 7-9의 기준에 적합해야 한다.

일단 조사한 식품을 다시 조사하여서는 안되며 조사식품을 원료로 사용하여 제조한 가공식품도 다시 조사하여서는 안된다. 또한 조사식품은 용기에 넣거나 포장한 후 판매하여야 한다. 조사 처리된 식품에는 조사마크(Radura symbol)를 제품 포장 또는 용기에 직경 5cm이상의 크기로 표시하여야 한다.

〈표 7-9〉 국내 방사성 조사식품 허가품목 현황

품 목	조사목적	허가선량(kGy)	허가일자
감자, 양파, 마늘	발아 발근 억제	0.15이하	1987.10.16
밤	발아 발근 억제	0.25이하	1987.10.16
버섯(생 및 건조)	살충, 숙도조절	1.0이하	1987.10.16
가공식품 원료용 건조식육 및 어패류 분말	살충, 위생화	7.0이하	1991.12.14
된장, 고추장, 간장분말	살충, 위생화	7.0이하	1991.12.14
조미식품용 전분	살충, 위생화	5.0이하	1995. 5.19
가공식품용 원료건조채소류	살충, 위생화	7.0이하	1995. 5.19
효모, 효소식품	살충, 위생화	10이하	1995. 5.19
알로에 분말	살충, 위생화	7.0이하	1995. 5.19
인삼(홍삼)제품류	살충, 위생화	7.0이하	1995. 5.19
2차 살균용 환자식	살충, 위생화	10이하	1995. 5.19

7-8 국외식품 저장에 대한 방사선 조사 기준

방사선 조사식품의 건전성에 관한 문제는 유엔 산하의 3개 기관, 즉 IAEA와 FAO 및 WHO에서 IFIP(International Food Irradiation Project)에 의해서 면밀하게 검토되었다.

표 7-10은 식품조사 허가국가와 품목별 허가 건수를 나타내고 있다.

최근 조사식품 허가와 관련된 국제적인 동향은 영국이 1991년 향신료 등 식품에 대한 산화에틸렌의 사용을 금하고 과실류, 채소류, 곡류, 구근류, 향료, 조미료, 생선, 조개류, 닭고기에 대하여 방사선조사를 허용하면서 향신료와 허브류의 상업적 조사도 허용하였다.

미국은 식품에 대한 방사선 조사 기술 허가와 관련된 규정이 마련되어 농무성 식품안전검사부에서 1992년 가금류에 대하여 상업적조사를 허용한데 이어 주별로 품목에 대한 허가를 하고 있다. 1997년 FDA에서는 돼지고기, 쇠고기, 양고기에 대한 방사선조사를 허가하였고 2002년 10월 학교급식에 사용되는 모든 식육 및 그 가공품에 방사선조사를 허용하였다.

프랑스에서는 1993년 냉동 및 냉장 새우, 난백, 카제인, 건조과일에 대한 조사 허가와 치즈를 저온살균대신 감마선조사를 하도록 허가하였다.

〈표 7-10〉 식품조사 허가국가와 허가 품목 수

허가 국가	허가 품목 수	허가 국가	허가 품목 수
아르헨티나	13	맥시코	102
방글라데시	21	네덜란드	19
벨기에	11	노르웨이	3
브라질	27	파키스탄	87
이집트	4	필리핀	3
캐나다	7	폴란드	5
칠레	20	남아공화국	89
중국	23	스페인	2
쿠바	18	시리아	20
체코	2	태국	25
덴마크	2	터키	92
핀란드	2	영국	43
프랑스	41	우루과이	1
헝가리	13	미국	47
인도	23	베트남	8
인도네시아	22	일본	1
이란	1	한국	26
이스라엘	47	러시아	52
이탈리아	6	우크라이나	47
코스타리카	12	가나	172

제8장

화학물질을 이용한 식품저장

8-1 식품첨가물의 의의와 특성

1. 식품첨가물의 정의

식품의 영양가, 향미, 조직 등을 보호하고 식품의 저장성을 향상시키기 위하여 식품첨가물을 사용한다. 식품첨가물에 대한 규정은 나라마다 달라 식품의 국제간 무역에 문제가 많았다. 따라서 세계식량농업기구와 세계보건기구의 합동전문위원회(Joint FAO and WHO Expert Committee on Food Additives)는 1956년 로마에서 열린 회의에서 "식품 첨가물은 식품의 외관, 향미, 조직(texture) 또는 저장성을 향상시키기 위한 목적으로 보통 적은 양이 식품에 첨가되는 비영양물질이다."라고 정의했다. 여기서는 영양가의 향상을 위해서 첨가되는 비타민이나 무기질과 같은 물질들은 이 범주에 들지 않는다.

한편, 우리나라의 식품 위생법 제 2조에서는 "첨가물이라 함은 식품의 제조·가공 또는 보존을 함에 있어서 식품에 첨가, 혼합, 침윤, 기타의 방법에 의하여 사용되는 물질(기구 및 용기·포장의 살균·소독의 목적에 사용되어 간접적으로 식품에 이행될 수 있는 물질을 포함한다.)을 말한다."라고 정의되어 있다.

따라서 우리나라 식품 위생법의 정의에서는 영양물질에 대한 특별한 언급이 없으므로 FAO나 WHO의 정의에 비하면 다소 차이점이 있다. 그러나 우리나라에서도 일반적으로 영양강화를 위해 첨가하는 물질은 제외되고 있으며 보건복지부령으로 고시된 것 이외의 일반 화학합성품도 식품 첨가물에 포함시키지 못하도록 되어 있다.

현재 우리나라에서 식품첨가물로 허가되어 있는 품목은 화학적 합성품 370여종, 천연첨가물 50여종인데 식품저장과 관련된 식품첨가물은 보존료, 살균제, 산화방지제, 표백제, 유화제, 피막제등이다.

2. 식품첨가물의 분류

식품첨가물은 사용되는 목적에 따라 식품의 변패를 억제하기 위하여 첨가되는 것과 식품의 품질을 개선하기 위해서 첨가되는 것으로 분류된다.

식품의 변패를 억제하기 위해서 사용되는 식품첨가물에는 보존료(preservatives), 산화방지제제(antioxidants), 항생물질(antibiotics) 등이 있고 식품 첨가물은 아니나 식품의 변패 방지효과를 나타내는 향신료, 식품의 표면에 막(膜)을 형성시켜 변패를 방지 해 주는 피막제, 식품에 연기를 쏘여 그 연기성분에 의해 변패를 억제해 주는 훈연(smoking) 등이 있다. 또 식품의 변색된 부분을 없애주기 위하여 첨가되는 표백제(bleaching agent)도 살균력이 있어 식품의 변패를 억제해 주는 효과가 있다.

식품의 품질을 개선해 주기 위해서 첨가되는 것은 표백제 외에 착색제(color modifier), 향미료(flavoring agent), 유화제(emulsifier), 항고착제(anticaking agent), 키일레이트제(chelating agent), 경화제(firming agent), 숙성제(maturing agent), 소포제(antifoaming agent) 등 여러 가지가 있다.

3. 식품첨가물의 중요성

식품 첨가물은 식품 저장에 상당히 공헌도가 크다고 할 수 있다. 예를 들면 이 첨가물은 계절적으로 과잉 생산된 식품을 효과적으로 이용하는 데도 크게 도움이 되고 있다. 후진국에 있어서는 기능이 좋은 식품 저장 시설이 부족하고 또 수송이나 통신시설이 미비하므로 식품 저장을 위해서 식품 첨가물의 필요성은 날로 증대될 것으로 보인다.

예를 들면 열대의 고온 다습한 기후 조건하에서는 미생물이 왕성하게 번식하며, 산화에 의한 식품의 산패 속도도 촉진되므로 항미생물성물질(antimicrobial agents)이나 산화방지제(antioxidants) 등의 첨가물이 온대 지방에 있는 나라보다 더 광범위하게 사용되게 될 것이다.

그런데 이와 같은 경우에 있어서도 식품 첨가물은 전통적인 식품 저장법에 앞서는 것이 아니고, 어디까지나 과거의 식품 저장법의 효과를 높이는 목적으로 보조적 구실을 하게 될 따름이다.

한편 상기 합동전문위원회는 선진국에서는 냉각저장·냉각수송 등이 발전하고 있으므로 식품 첨가물의 필요성을 완전 부인하지는 않는다 하더라도, 그 소비량이 크게 감소될 것이라고 전망하였다.

그러나 이와 같은 나라에서도 소비자는 균일한 품질을 가진 더 매력적인 상품을 요구할 것이고, 생산자로서는 더욱 늘어나는 소비량과 계절에 구애됨이 없이 공급해야 할 문제에 대처하기 위해서 첨가물의 소비량은 더욱 늘어날 것으로 보고 있다.

식품에 사용할 수 있는 첨가물의 종류는 많으며 국가마다 그 종류와 사용 기준이 조금씩 다르다. 첨가물은 적절히 사용하면 식품의 품질을 유지할 수 있으나, 항상 그 식품이 갖는 최고의 품질과 일치하는 것은 아니라는 점을 명심해야 한다.

첨가물을 사용하기에 앞서 항상 염두에 두어야 할 문제는 ① 그 첨가물이 실질적으로 식품의 품질을 개량하고 첨가물을 첨가함으로써 실질적인 가치가 향상될 수 있겠는가, ② 소비자를 기만하는 요소가 내포되지는 않았는가, ③ 사용방법에 대해서 깊이 이해하고 있는가, ④ 첨가물 자체의 품질에 대한 보장이 확실한가 하는 문제들이다.

4. 식품첨가물의 사용기준

1) 식품첨가물 취급에 관한 규정

우리나라 식품위생법 시행령 제1조에는 식품 첨가물 중에서 타르색소, 타르색소제제, 보존료 및 보존료제제에 대해서는 제품검사를 받도록 규정되어 있고 동시행령 6조에는 식품첨가물을 제조하는 업소는 식품위생 관리인을 두어야 한다고 규정되어 있다.

특히 화학적 합성품인 첨가물을 제조・가공하는 업소에는 1종 식품위생 관리인을 두도록 되어 있다.

우리나라 식품 위생법 시행규칙 제2조에는 식품 또는 첨가물의 생산과정에 있어서 유독, 또는 유해한 물질이 함유, 부착된 것이라 할지라도 인체의 건강을 해칠 우려가 없다고 보건복지부 장관이 인정한 것은 제조 판매할 수 있다고 했다.

이 조문의 해석을 위한 예를 들어보면 식품 보존을 위한 합성보존료・합성살균료 등은 그 성분 자체를 볼 때는 유독물질이라 하겠으나 미량을 식품에 첨가했을 때 인체의 건강에는 지장이 없다고 판단되면 식품에 대한 사용량을 제한해서 사용을 허가하고 있다.

식품 및 첨가물의 제조업자가 준수해야 되는 사항을 보면, 제1항에서는 ① 제조업소의 시설과 원료 및 제품을 위생적으로 관리할 것. ② 작업원의 개인위생과 작업과정에 있어서의 위생적 처리를 지도 감독할 것. ③ 제조업소 내의 구충, 구서에 완벽을 기할 것. ④ 원료 및 제품에 대한 자가 시험을 월 2회 이상 실시하고 그 기록서를 1년간 보관할 것. ⑤ 생산 및 작업 기록에 관한 서류를 작성・비치할 것. ⑥ 식품위생 관리인의 의무를 성실히 수행토록 할 것을 규정하고 있다. 제 2항에서는 첨가물의 생산실적 보고를 매 분기마다 소정 기일 내에 하도록 되어 있다.

2) 식품 첨가물의 사용범위

식품 첨가물은 식품의 이용가치를 높이기 위해서 선진국이나 후진국에서 다 같이 그 이용을 합법화하고 있다. 식품 첨가물은 소비자에게 이익이 될 수 있는 경우에만 그 사용이 정당하다고 할 수 있겠으며 그와 같은 경우를 들면 ① 식품의 영양가를 유지하고자 할 때 ② 안전성, 또는 저장성을 증가시켜 식품의 손실을 감소시키고자 할 때 ③ 소비자에게 속임수를 쓰는 일이 없이 식품을 더 보기 좋게 하여 취식(取食)의욕을 높이고자 할 때 ④ 기타 식품 가공에 있어서 필수적인 도움을 주고자 할 때 등이다.

따라서 다음과 같은 경우에는 소비자에게 이익이 되지 못할 것이므로 설사 법령의 규제를 받지 않는다 할지라도 사용하지 않는 것이 바람직할 것이다. ① 식품의 가공이나 취급이 불완전했던 것을 감추기 위해서 사용할 때, ② 그 첨가물을 사용한 결과 식품의 영양가에 상당한 감소가 있을 때, ③ 첨가물을 넣지 않고도 다른 좋은 방법으로 원하는 효과를 나타낼 수 있을 때, ④ 기타 소비자를 속이고자 하는 경우 등이다.

3) 식품 첨가물의 허용량

첨가물을 사용하는 데에 있어서 그 안전성은 매우 중요한 문제이다. 어떤 첨가물이 사람에게 절대적으로 무해하다는 보장을 하기란 지극히 어려운 문제지만, 세밀하게 실시된 동물실험에서 생리학적, 약학적 또는 생화학적인 결과로 얻어진 자료를 기초로 해서 식품 첨가물로서 사용할 것인지 여부와 사용하는 기준량 등을 결정하고 있다. 이 기준량은 소비자들에게 해를 일으킬 수 있는 양보다도 훨씬 적은 양이라야 한다.

그리고 FAO는 한번 허가된 식품 첨가물이라 할지라도 국가에서는 계속 감시하여 혹시 사용조건의 변화 등으로 일어날 수도 있는 유해효과가 발견되면 즉시 재평가해야 한다고 권고하고 있다.

새로운 식품 첨가물의 사용이 제안되었을 때에도 소비자들이 그것을 사용한 결과 이익을 가져올 것인가에 대한 정당한 증거가 있어야 한다. 그리고 FAO나 WHO는 가급적이면 식품 첨가물의 사용을 제한해야 한다고 권고하고 있다.

식품 첨가물에서 때때로 문제를 야기 시키는 것은 유독한 불순물의 존재이다. 식품 첨가물은 그 순도에 대한 규정이 법으로 정해져 있지만 보다 간편한 방법으로 불순물의 식별을 할 수 있어야 한다.

여기서, 식품에 첨가하는 첨가물의 양은 원하는 효과를 내기 위한 최소량이어야 한다. 그리고 이 최소량을 결정함에 있어서는 다음 사항을 충분히 고려해야 한다. 즉, ① 첨가물을 사용하고자 하는 대상 식품의 소비추정량 ② 동물실험에서 생리적 이상을 일으킬 수 있는 최소농도, ③ 모든 소비자군의 건강에 대한 위험을 최소로 하는 데에 필요한 충분한 안전여부 등이다.

한 예로 쥐에 대한 독성실험(2년간)에서 최대무작용량(maximum no effect level)을 구하고 그 1/100량을 사람의 체중 kg당의 허용량으로 한다.

한편 모든 사람들은 식품 첨가물을 취급함에 있어서 법적 규정을 지켜야 한다. 즉 허가된 첨가물을 허용된 첨가량 이하의 농도로 사용해야 한다. 허용되어 있지 않은 첨가물은 금지되어 있는 것으로 해석해야 한다.

원칙적으로 소비자에게 그들이 소비하는 식품 속에 어떤 첨가물이 존재하는가를 알려 주어야 한다. 상품의 표지(label)에 그 식품에 들어 있는 첨가물을 명시하는 것은 매우 효과적인 방법이라고 볼 수 있다.

실제로 법률은 몇 가지 식품에 대해서는 혼입되어 있는 첨가물의 양을 상품의 표면에 표시하도록 규정하고 있다.

그리고 국가는 잘 훈련된 검사원과 좋은 실험실 및 믿을 수 있는 분석방법 등을 준비하고 첨가물의 오용을 막는 등의 책임을 다하기 위해서 노력하고 있다.

8-2 보존료에 의한 식품저장

식품이 미생물에 의해서 변패되는 것을 방지하고 식품에 저장성을 주는 화학약품을 식품보존료, 또는 합성보존료라 부른다.

1. 식품 보존료의 구비조건

보존료는 원칙적으로 인체에 대한 독작용이 적고, 미생물의 발육을 저지하는 약품으로 법에서 지정해 놓은 것이지만 만일 과량을 섭취하면 인체에도 해가 되기 때문에 식품 위생법에서는 약품을 지정하고 그 외의 물질은 보존료로의 사용을 금지하고 있다. 또 허가된 물질도 사용대상 식품과 사용량을 제한하고 있다.

식품 보존료는 사용기준 범위 내에서 다음과 같은 조건이 구비되어야 한다.

① 인체에 대해 독성이 없거나 매우 적어 장기간 계속 사용하여도 인체에 유해하지 않아야 한다.

② 각종 미생물에 대해 유효하며 미량으로도 발육을 억제할 수 있어야 한다.

③ 열에 대해 안정하며 식품성분에 의해서도 항균력이 감소되지 않고 식품을 변질시키지 않아야 한다.

④ 무색, 무미, 무취로 자극성이 없고 이것의 첨가로 식품 본래의 가치가 저하되지 않아야 한다.

⑤ 사용방법이 간편하고 수용성이며 산, 알칼리에 대해서도 안전해야 한다.

⑥ 가격이 저렴하여야 한다.

상기 조건을 다 얻기가 어려우나 특히 주의할 것은 대상 식품과 사용량의 엄격한 규제가 철저히 이루어져야 하겠다. 또 식품에는 보존료의 명칭과 함량을 표시하여야 한다.

2. 식품 보존료의 작용양식

1) 보존료의 살균작용 양식

항균작용의 양식은 살균작용과 정균작용의 두 가지 작용으로 구분될 수 있다.

우선, 보존료의 살균작용 현상에 대해서는 다시 두 가지 기작이 제시되고 있다(RAHN, 1948). 그 중 하나는 생균수의 대수(對數)가 시간에 반비례하는 것으로서 식으로 나타내면

$$\frac{dx}{dt} = k(a-x) \quad \cdots\cdots\cdots \text{①}$$

a : 처음의 균수

x : 일정시간 t까지의 사멸균수

k : 사멸속도상수

따라서 ①식은 어떤 시각 t에 있어서 사멸속도 $\frac{dx}{dt}$는 생균수에 정비례하는 것을 나타내고 있다. ①식을 적분하면

$$k = \left(\frac{1}{t}\right) \ln\left(\frac{a}{a-x}\right) \quad \cdots\cdots\cdots \text{②}$$

따라서 살균은 생균수에 관하여 1차 반응차수로 진행되고 있음을 알 수 있다. ① 또는 ② 식의 관계로부터 살균효과를 살균 혹은 사멸속도상수 k의 함수로 나타낼 수 있으므로 살균현상의 해석이 용이하다.

또 하나의 기작은 보존료의 농도와 살균 속도상수의 관계를 나타낸 것으로서 ③식과 같이 표현된다.

$$k = Ac^n \quad \cdots\cdots\cdots \text{③}$$

c : 보존료 농도(항균제 농도)

k : 살균속도상수

A : 비례상수

n : 살균 농도 지수

③식에 의해 보존료의 농도효과를 나타내는 것이 가능하다. 보존료의 농도가 2배 증가할 때 n=1.0인 경우 살균 속도는 2배가 되나, n=6.0인 경우 2^6=64배가 된다. 따라서 살균 작용의 표시에는 살균농도 뿐만 아니라 농도지수가 주어져야 한다. 농도지수는 처리기간 t_1 및 t_2에서 일정한 살균 정도, 예를 들어 99% 까지로 나타낸다. 필요한 농도 c_1과 c_2를 측정하여 ② 및 ③식의 관계로부터 ④식을 구할 수 있다.

$$n = \frac{\left(\log\frac{c_1}{c_2}\right)}{\left(\log\frac{t_2}{t_1}\right)} \quad \cdots\cdots\cdots \text{④}$$

2) 보존료의 정균작용 양식

일반적으로 미생물의 생육곡선은 그림 8-1에서와 같이 유도기, 대수기 및 정상기의 3부분으로 나눌 수 있다. 이 배지 중에 항균제를 첨가하면 미생물의 발육이 저해되기 때문에 생육곡선은 여러 가지로 변화한다. 이 변화방식에 의해 발육저해의 양식을 다음과 같이 분류한다.

• 유도기 연장형

미생물 생장의 유도기를 연장시킬 뿐 대수기나 정상기에는 영향을 미치지 않는 방식이며 피라벤조퀴논(*p*-benzoquinone), 나프토퀴논 등의 작용이 이에 속한다.

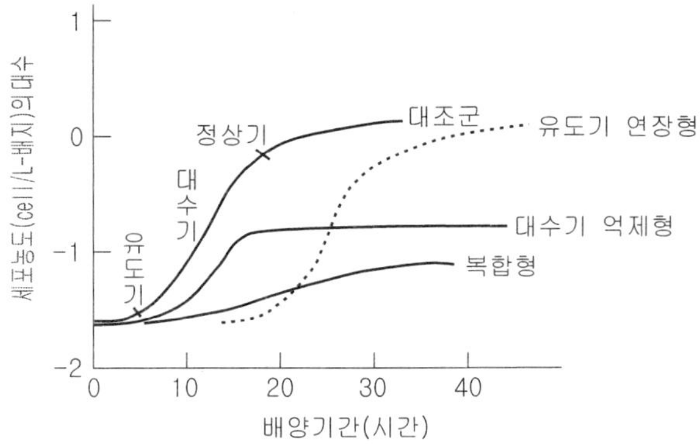

〈그림 8-1〉 효모발육곡선에 미치는 보존료의 영향

• 대수기 억제형

대수기 및 정상기를 저해하는 것으로서 발육속도 정수 및 최대발육도를 저해시키나 유도기에는 영향을 주지 않는 방식이며, 설퍼닐아마이드(sulfunyl amide)등의 작용이 이에 속한다.

• 복합형

위의 두 가지 형이 복합된 억제형으로서 유도기, 대수기 및 정상기의 전 생육과정을 억제하는 것이며, 안식향산, 프로피온산, 페놀 등의 작용이 이에 속한다.

3) 식품 중에서 보존료의 작용양식

현재 사용하고 있는 식품 보존료 외에도 많은 물질들이 식품 보존료로서 제안되고 있다. 그리고 이들 물질은 실험적으로 좋은 성적을 내고 있지만 식품에 응용했을 때는 실험에서의 성과와는 많은 차이점이 나타나는 것이 통례이다.

이 원인의 대부분은 미생물의 배지로서 식품의 성상이 실험실에서 이용하는 배지의 성상과는 근본적으로 차이가 있고, 첨가한 보존료의 유효농도가 심하게 감소하기 때문이다.

일반적으로 실험실에서 쓰이는 배지는 수용액상(水溶液相)만으로 된 균일계(均一系)이다. 그러나 식품은 일반적으로 ① 조직 등을 구성하는 고상부분(固相部分), ② 유리수로 되어 있는 수용액상부분, ③ 위의 2상의 속에 분산하고 있는 지질부분 등의 3가지 상을 갖는 불균일계(不均一系)이다.

그런데 이 중에서 미생물이 발육할 수 있는 상은 수용액상뿐이다. 따라서 식품에 첨가한 보존료의 효과는 이 수용액상에 용존하는 보존료의 농도 여하에 달려 있다고 볼 수 있다.

보존료를 식품에 첨가하면 그 일부는 고상부분에 흡착되고 또 일부는 지질상에 분배되기도 한다. 그리고 그 나머지가 수용액상 속에 녹게 된다. 이와 같은 이유로 수용액상 중 보존료의 유효농도는 첨가량으로부터 기대했던 것보다 훨씬 작아지게 마련이다. 이러한 관계는 다음의 식으로 표시할 수가 있다.

$$\frac{M}{C} = w + lP + sA \qquad (w + l + s = 1)$$

M : 식품 단위량에 대한 보존료 첨가량
C : 유효농도
w : 식품 중의 유리수의 양
l : 지질량
s : 고상부분의 양
P : 지질과 물 사이의 보존료의 분배 계수
A : 고상(固相)과 물 사이의 흡착비(吸着比)

산성 보존료, 에스테르류 및 페놀류 등은 항균작용의 강도가 그 물질의 미생물세포 단백질에 대한 흡착력에 비례할 수 있다고 볼 수 있고, 표 8-1에 나타낸 바와 같이 이들은 큰 흡착력을 가지고 있다. 따라서 이와 같은 보존료를 단백질 함량이 많은 식품에 첨가하면 유효농도는 현저히 저하한다. 그리고 그 경향은 항균작용이 강한 것일수록 더 분명하다.

〈표 8-1〉 발육저지 농도에 있어서 보존료의 흡착비와 분배계수

방 부 제		흡착비[1]	분배계수[2]
산성	살리실산 (비전리분자)	32.2	15.8
	안식향산[3] (비전리분자)	13.8	7.1
	소르빈산[3] (비전리분자)	7.1	7.0
에스테르	파라옥시안식향산메틸[3]	2.3	8
	파라옥시안식향산프로필[3]	12.3	80
	파라옥시안식향산부틸[3]	36.3	281
	안식향산메틸	3.0	95
	안식향산프로필	6.8	343
	안식향산부틸	74.2	7,085
페놀류	페 놀(phenol)	1.2	5.9
	티 몰(thymol)	20.8	340
	파라페닐페놀(*p*-phenyl phenol)	96.2	700
	오이게놀(eugenol)	11.5	62
	베타나프톨(β-naphthol)	18.5	168

1) 효모세포의 단백질 함량을 0.138로 하고, 세포단백에 대한 흡착비를 흡착비 = 세포내의 흡착량/(발육 저지 농도×0.138)로서 계산한다.
2) 대두유와 물 사이의 분배 계수, 즉 용해 비율
3) 식품 위생법에서 허용된 것

한편 이들 보존료는 표 8-1에서 볼 수 있는 바와 같이 높은 분배 계수를 나타내는 것이 많다. 따라서 식품의 지질함량이 높으면 분배에 의한 유효농도의 저하도 현저하게 나타난다.

따라서 산성보존료, 에스테르류 및 페놀류 등의 보존료가 실용적인 보존 효과를 나타낼 수 있는 것은 단백질과 지질을 거의 함유하지 않는 식품, 즉 실험실에서 이용하는 배지와 마찬가지인 식품에 한정된다. 따라서 청량음료, 잼, 간장, 주류 등의 액상식품에는 효과가 크나 그 이외의 식

품, 특히 고형의 식품일 때 실용적인 효과는 거의 인정할 수 없다.

p-benzoquinone과 1,4-naphthoquinone은 식품 중에 유리상태로 있는 아미노산의 아미노기와 1,4-부가반응을 해서 보존료로서의 효력이 감소한다. 이들이 식품보존료로서 적합하지 못한 이유는 바로 이 때문이다.

2-메틸-1,4-나프토퀴논은 1,4-부가반응의 반응성을 갖지 않지만 단백질에 의해서 강하게 흡착되고 또 분배 계수도 크다. 이 때문에 단백질과 지질을 다량 함유하는 식품 중에서는 유효농도가 저하한다.

이에 반해서 니트로퓨란(nitrofuran)류는 단백질에 대한 친화력이 적고 또 분배 계수도 적기 때문에 식품에 첨가했을 때 유효농도의 감소가 비교적 적다. 이 때문에 유제품이나 수산연제품 등 단백질과 지방이 많은 식품에서도 효과가 있다. 그런데 곰팡이와 효모에 대해서는 효력이 없다.

3. 식품 보존료의 효과에 영향을 주는 요인

식품은 일반적으로 그 성분이나 pH 또는 보존상태 등이 각양각색이므로 보존료의 효과도 일률적으로 나타나지 않는다. 특히 식품(배지)의 pH, 성분 및 첨가방법 등은 보존료의 효과를 크게 좌우하게 되며 또 첨가 후의 보존방법(특히 온도)과 첨가전의 식품 오염도(균수)도 보존료의 효과에 영향이 큰 인자로 작용한다.

1) pH의 영향

일반적으로 낮은 pH는 미생물의 생육을 억제하게 된다. 그리고 산성 보존료(예 : 소르빈산, 데히드로초산 등)는 용매(식품)의 pH에 따라 해리도에 차이가 나타나므로 미생물세포에 대한 작용이 크게 다르게 나타난다(그림 8-2).

그러나 예를 들면 에스테르류에 속하는 보존료들은 보존 효과에 미치는 pH의 영향이 별로 크지 않다(그림 8-3).

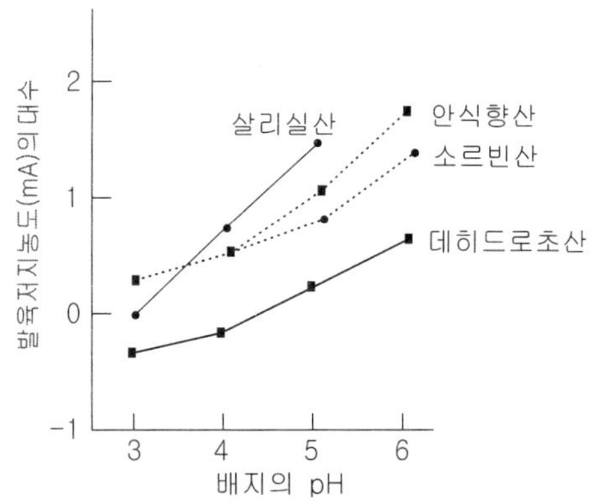

〈**그림 8-2**〉 배지의 pH에 따른 산성보존료의 효모발육저지 효과

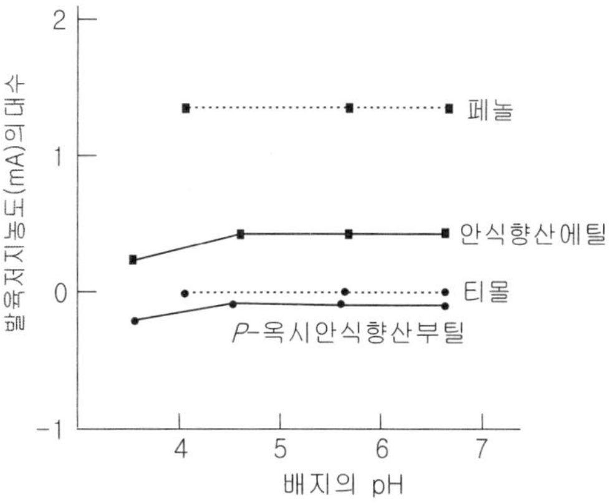

〈**그림 8-3**〉 배지의 pH와 비해리성 보존료의 효모발육저지 효과

2) 수 분

일반적으로 수분이 적은 고형 식품에 대해서 퀴논류나 니트로퓨란류는 거의 방부효과를 나타내지 않는다. 그 이유는 위에서 설명한 것 외에 또 한 가지 이유가 있다. 즉 고형식품인 경우 이에 부착된 미생물은 그 부분의 보존료를 환원해서 소비한다. 이 때 식품의 수분이 적으면 주위로부터 보존료가 확산되어 오는 속도가 느리기 때문에 이 부분의 감소된 보존료 농도가 빨리 회복되지 못한다. 이 때문에 미생물은 이 부분에서 발육을 개시한다. 이와 같이 하여 미생물 균체수가 증가하면 그에 따라서 보존료를 환원하는 힘도 커지므로 미생물은 쉽게 번식하게 된다.

이상 설명한 바와 같이 식품 보존료는 액상의 식품이나 또는 수분이 비교적 많은 식품에 대해서는 실용적인 효과를 낼 수 있지만 식품의 대부분을 차지하는 고형식품에 대해서는 거의 실용성이 없다고 볼 수 있다.

따라서 현재까지 알려진 보존료에는 본질적으로 결함이 있다는 것을 알 수 있으며, 앞으로의 과제는 지금까지의 보존료와는 전혀 기작(機作)이 다른 각도에서 미생물의 생육 저지 효과를 낼 수 있는 식품 보존료를 개발해야 하는 것이다.

3) 온 도

가열 자체도 보존 효과가 있지만 가열할 때 보존료를 첨가하면 사멸에 소요되는 시간이 더욱 단축되는 것으로 알려져 있다. 예를 들면 56℃에서 효모의 생균수를 1/10로 감소시키는 데 소요되는 시간이 180분인데, 파라옥시안식향산부틸을 1/10,000로 첨가하면 48분, 1/5,000이면 4분으로 가능하여 가열살균의 가열효과가 증가한다.

내열성포자는 항균작용이 정균적(靜菌的)인 것은 거의 효과가 없고 살균적인 것이 효과가 강하다. 대개는 100℃이하의 가열에 안정한 보존료가 허용되고 있다. 가열 농축하는 식품에는 그 공정이 끝나기 직전에 첨가한다.

4) 미생물의 오염도

보존료의 항균작용은 식품에 오염된 미생물(특히 세균)의 수가 많아질수록 저하되므로 원료, 기구, 용기 및 제조공정 중의 취급, 공장의 환경을 위생적으로 관리하고 포장을 잘 해서 2차 오염을 방지하여야 보존효과를 늘릴 수 있으므로 오염도에 유의해야 한다.

5) 첨가방법

보존료가 식품에 첨가되는 양은 일반적으로 아주 미량(1/500~1/200,000)이므로 식품에 균일하게 확산시키는 방법을 잘 생각해야 한다. 즉 적절한 용매(물, 알코올 등)를 선택해서 용해시킨 후 첨가하고 적절한 방법으로 식품에 균일하게 확산시켜야 한다.

또 어떤 보존료(예 : 소르빈산)는 물에 난용(難溶)이므로 이런 것들은 소오다염으로 된 제제를 이용하거나 알칼리 용액에 녹여서 사용하면 효과적이다.

첨가량은 법적상한선을 초과하지 않는 범위 내에서 결정하되 식품의 미생물 오염도, 포장방법, 열처리여부, 예상되는 저장 상태 등을 감안해서 결정한다.

각 보존료들은 그 작용 기작이 각기 다르고 대상이 되는 미생물도 종류가 많으므로 한 가지 보존료만을 사용하기 보다는 2종 이상의 보존료를 적절히 배합해서 사용하면 그 효과는 높아진다.

그러나 무엇보다도 보존료를 사용함에 앞서 그 법률적 근거와 식품품질의 문제 및 위생상의 문제들을 항상 염두해 두어야 할 것이다.

4. 식품 보존료의 종류와 특성

우리나라 식품 위생법에서는 데히드로초산 등 13종이 합성보존료로서, 과산화수소, 차아염소산나트륨, 표백분 등이 합성살균료로 지정되어 있다. 이중 보통 식품 보존료로 쓰이고 있는 합성보존료의 종류와 특성을 요약하면 표 8-2와 같다.

1) 데히드로초산

데히드로초산(dehydroacetic acid, DHA)은 곰팡이, 효모, Gram양성균에 대해 산성에서 효과가 있는데 pH 5.5에서 0.1~0.05%의 농도가 유효하다.

또 부패균이나 병원균을 막론하고 고르게 작용하며 곰팡이나 효모에 대해서는 세균에서보다 강한 항균력을 나타낸다. 그러나 젖산균이나 혐기성균인 *Clostridium*속에 대해서는 거의 효력이 없다.

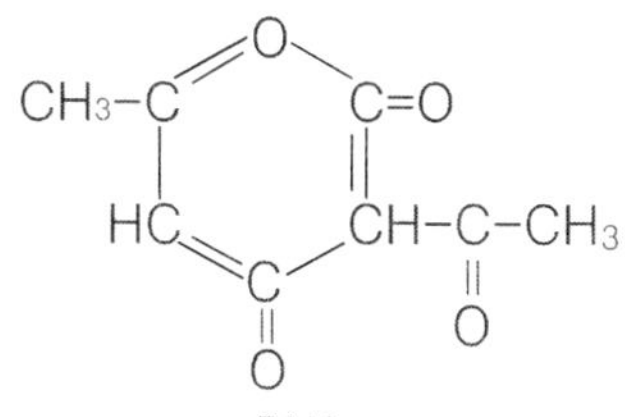

DHA

2) 소르빈산

소르빈산(sorbic acid)은 주로 정균작용이고 살균작용은 극히 약하다. 또 산성보존료이므로 항균작용은 비해리분자에 의한다. 즉 pH가 낮을수록 효과가 크다. 그러나 젖산균이나 혐기성 포자형성균에는 거의 효과가 없다. 그 외의 세균, 곰팡이, 효모 등에는 동일하게 작용하며 그 항균력은 DHA와 같은 정도이다.

$$CH_3-CH=CH-CH=CH-COOH$$

sorbic acid

〈표 8-2〉 식품 보존료의 사용기준

방 부 제	사 용 식 품	허 용 량
데히드로초산 (dehydroacetic acid) 데히드로초산나트륨 (sodium dehydroacetate)	치이즈, 버터, 마아가린	데히드로초산으로서 0.5g/kg 이하
소르빈산 (sorbic acid) 소르빈산칼륨 (potassium sorbate)	식육제품, 경육제품, 어육 연제품, 성게젓, 피이넛버터 가공품 된장, 고추장, 춘장, 어게 건제품, 팥앙금류 채소나 과채의 된장절임, 식초절임 및 소금절임 잼, 케찹 젖산균 음료(살균한 것은 제외)	소르브산으로서 2g/kg 이하 1g/kg 이하 0.5g/kg 이하 0.05g/kg 이하
안식향산(benzoic acid) 안식향산나트륨 (sodium benzoate)	청량 음료수 (탄산을 포함하는 것은 제외) 간장	안식향산으로서 0.6g/kg 이하
파라옥시안식향산부틸 (butyl *p*-hydroxy benzoate) 파라옥시안식향산에틸 (ethyl *p*-hydroxy benzoate) 파라옥시안식향산프로필 (propyl *p*-hydroxy benzoate) 파라옥시안식향산이소부틸 (isobutyl *p*-hydroxy benzoate) 파라옥시안식향산이소프로필 (isopropyl *p*-hydroxy benzoate)	간 장 식 초 청량 음료수(탄산을 포함하는 것은 제외) 과일소오스 과일 및 과채의 표피	파라옥시안식향산으로서 0.25g/ℓ 이하 0.1g/ℓ 이하 0.1g/kg 이하 0.2g/kg 이하 0.012g/kg 이하
파라옥시안식향산부틸 (butyl *p*-hydroxy benzoate)	청주, 합성청주, 과일주, 약주, 탁주	파라옥시안식향산부틸로 0.05g/ℓ 이하
프로피온산나트륨 (sodium propionate) 프로피온산칼슘 (calcium propionate)	빵 및 생과자	프로피온산으로서 2.5g/kg 이하

3) 안식향산

안식향산(benzoic acid)은 발육 저해작용과 살균작용을 가지나 살균작용은 약하다. 이 보존료도 다른 산성보존료와 마찬가지로 비해리분자에 의해서 방부효과를 나타낸다.

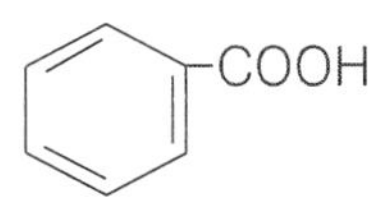

benzoic acid

4) 프로피온산칼슘

프로피온산칼슘(calcium propionate)은 산성에서 프로피온산을 유리하여 세균에 대해 항균력을 발휘하지만 효모에는 거의 작용하지 않는다.

프로피온산은 지방산이므로 소르빈산과 같이 미생물의 탈수소효소계의 작용을 저해하며 미생물의 발육을 저지하는데 효력은 소르빈산보다는 약하다.

$$(CH_3CH_2COO)_2\ Ca \cdot 0\sim1H_2O$$

calcium propionate

5) 파라옥시안식향산 에스테르류

파라옥시안식향산 에스테르(*p*-oxybenzoic acid ester)류로서 식품첨가물로 지정되어 있는 것은 에틸, 부틸, 이소부틸, 프로필, 이소프로필의 5종이다.

이들은 주로 효모나 곰팡이의 발육저지에 이용되는데, 그 작용에 있어서 pH의 영향은 별로 받지 않는다.

항균작용은 에스테르를 구성하고 있는 알코올의 탄소수가 많을수록 커지는 것이 보통이며 파라옥시안식향산부틸(butyl *p*-hydroxy benzoate)이 가장 살균력이 강하여 오늘날 가장 많이 사용되고 있다. 그러나 독성은 이와 반대이어서 알코올의 탄소수가 적을수록 강해지는 경향이 있다.

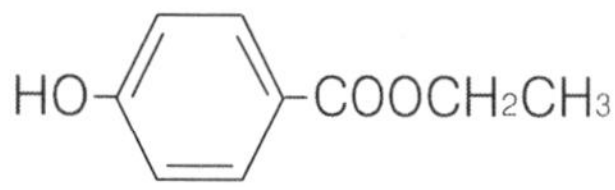

ethyl *p*-hydroxy benzoate

butyl *p*-hydroxy benzoate

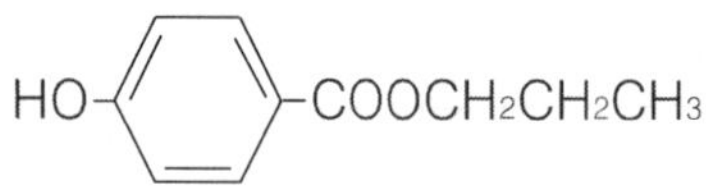

propyl *p*-hydroxy benzoate

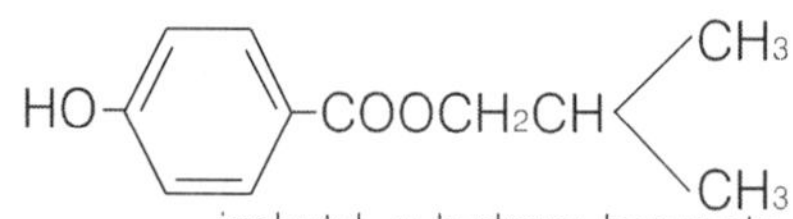

isobutyl *p*-hydroxy benzoate

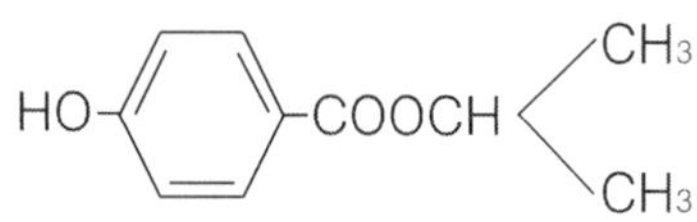

isopropyl *p*-hydroxy benzoate

6) 기타 합성살균제

• 차아염소산나트륨

차아염소산나트륨(sodium hypochlorite, NaClO)은 담황녹색의 맑은 액체로서 염소냄새를 풍기며 유효염소 4% 이상을 함유하도록 되어 있다. 물에 녹으며 수용액은 유리산소를 발생하여 강한 산화, 표백, 살균 작용을 나타낸다.

살균력은 유효염소량과 pH에 의해 크게 영향을 받는데 비해리형의 차아염소산의 양은 pH가 낮을수록 커지므로 pH가 낮을 때 효과가 크다.

차아염소산 이온은 산화작용이 강해서 세균생육에 필요한 산소를 파괴시킨다고 한다. 그리고 살균력은 당분, 단백질, 아미노산 등에 의하여 저하된다.

• 표백분

표백분(bleaching powder, $Ca(OCl)_2$ 또는 $CaOCl_2$)은 백색 또는 유백색의 분말이고 염소냄새가 나며 유효염소의 함량은 25~40%이지만 60% 이상인 것도 있다.

물과 에탄올에 일부 녹으며 차아염소산 및 염화수소산의 칼슘염 혼합물로서 강한 산화작용이 있는데 이 작용은 차아염소산의 함량에 비례한다.

8-3 기타 첨가물에 의한 식품저장

1. 산화방지제

산화를 방지할 목적으로 사용되는 첨가물을 산화방지제 또는 항산화제(antioxidants)라 한다.

산화방지제에는 비타민 C, 에리쏘르빈산 등의 수용성(水溶性)인 것과 몰식자산프로필, 부틸히드록시아니솔, 디부틸히드록시톨루엔, 비타민 E 등의 지용성(脂溶性)인 것이 있다. 전자는 주로 색소의 산화방지에 사용되고 후자는 대개 유지의 산화방지에 사용된다.

우리나라 식품 위생법에서 허용된 항산화제와 그 사용 기준을 보면 표 8-3과 같다.

〈표 8-3〉 항산화제와 그 사용기준 (식품위생법)

<table>
<tr><th>산 화 방 지 제</th><th>사 용 기 준</th></tr>
<tr><td>디부틸히드록시톨루엔
(dibutyl hydroxy toluene)</td><td rowspan="2">유지, 버터, 어패건제품, 어패염장품 ; 0.2g/kg 이하(병용할 때는 그 합계가 0.2g/kg이하)
어패냉동품, 고기냉동품 ; 그 침지액에 1g/kg 이하(병용할 때는 그 합계가 1g/kg이하)
껌 ; 0.75g/kg이하(병용할 때는 그 합계가 0.75g/kg이하)</td></tr>
<tr><td>부틸히드록시아니솔
(butyl hydroxy anisole)</td></tr>
<tr><td>몰식자산프로필
(propyl gallate)</td><td>몰식자산으로서 유지, 버터에 0.1g/kg이하</td></tr>
<tr><td>에리쏘르빈산
(erythorbic acid)
에리쏘르빈산나트륨
(sodium erythorbate)</td><td>산화방지 이외의 목적에 사용해서는 안됨</td></tr>
<tr><td>L-아스코르빈산(L-ascorbic acid) 및 그 나트륨염</td><td>사용기준 없음</td></tr>
<tr><td>DL-α-토코페롤(비타민 E)
(DL-α-tocopherol)</td><td>사용기준 없음</td></tr>
</table>

항산화제는 단독으로 사용하여 그 효과를 볼 수 있지만, 때로는 두 가지 또는 그 이상의 항산화제를 합하여 사용하면 각각의 효과의 합계보다도 더 많은 효과를 볼 수 있는 경우가 있는데 이런 효과를 상승작용(synergism)이라하고, 각각의 물질은 synergist라고 부른다. 어떤 경우는 첨가된 물질 자신이 산소를 소비해서 먼저 산화됨으로써 지방의 산화를 방지하는 물질도 있으며, 또 근원적으로 지방의 산패를 막는 방법으로 지방의 불포화기에 수소를 첨가(hydrogenation)시킴으로써 산화를 예방하는 방법도 있다.

1) 디부틸히드록시톨루엔

디부틸히드록시톨루엔(dibutyl hydroxy toluene, BHT)은 다른 산화방지체에 비하여 안정성이 커서 가열 가공한 다음에도 효력이 저하하지 않으며 BHT와 유기산과 병용하면 산화방지력이 상승적으로 커지므로 이들과 혼합 사용하는 수가 많다.

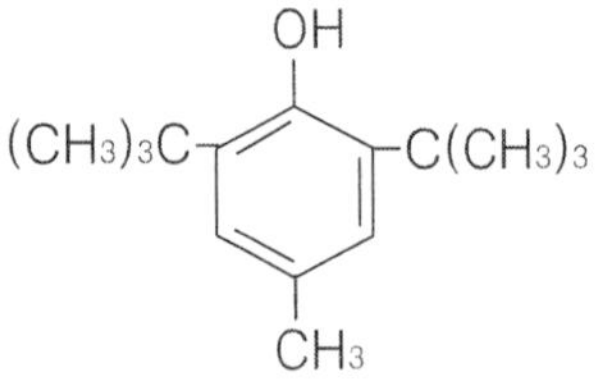

또는 $C_{15}H_{24}O$(220.36)

dibutyl hydroxy toluene(BHT)

2) 부틸히드록시아니솔

부틸히드록시아니솔(butyl hydroxy anisole, BHA)은 2-BHA(2-tert, butyl-4-hydroxy anisole)와 3-BHA(3-tert, butyl-4-hydroxy anisole)의 혼합물이다. 3-BHA는 2-BHA의 1.5~2배의 효력이 있으며 시판품은 3-BHA를 90% 이상 함유하는 것이 많다.

이것도 BHT와 같이 병용하면 효력이 커지는데 사용기준은 BHA가 껌에 사용할 수 없는 것 이외에는 모두 BHT와 같다.

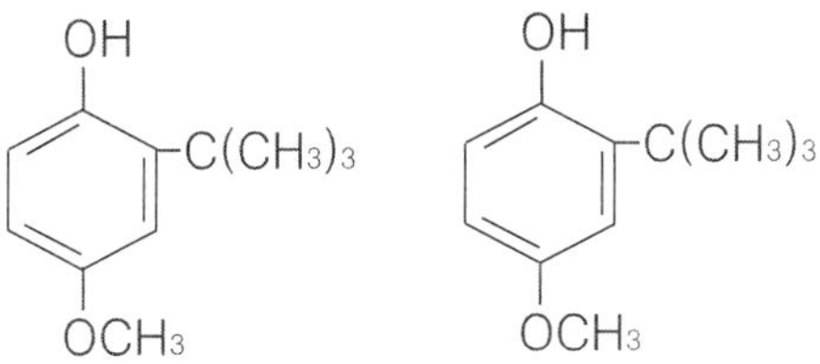
또는 ($C_{11}H_{16}O_2$(180.25)

3-BHA 2-BHA

butyl hydroxy anisole(BHA)

3) 몰식자산프로필

몰식자산프로필(propyl gallate, PG)은 유지에 대한 항산화력은 강하나 철이온에 의해 착색되기 쉽고 유지에 대한 용해도가 낮은 것이 결점이다. 열에는 비교적 강하여 기름에 녹여 227℃로 1시간 가열하여도 거의 분해되지 않는다.

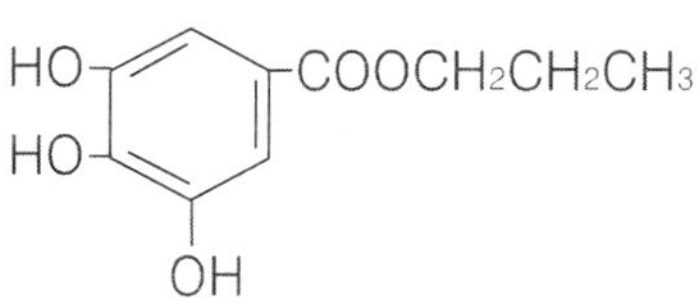
또는 ($C_{10}H_{12}O_5$(212.21)

propylgallate

4) 토코페롤

토코페롤(DL-α-tocopherol)은 흔히 비타민 E로 알려진 물질인 바 천연품인 D-α-tocopherol과는 달리 합성품이며, 비타민 E는 영양강화에도 사용되지만, 주로 유지나 버터 혹은 이들을 사용한 식품의 산화방지에 쓰이는데 보통 식품의 0.01~0.03%를 사용한다. 항산화력은 보통 BHA나 BHT보다 뒤지지만 독성이 낮아 사용제한이 없다. 사용량은 마가린에 0.01~0.05%, 소시지에 0.007~0.01% 정도 첨가하고 식물유나 성게 등에도 사용된다.

5) 에리쏘르빈산

에리쏘르빈산(erythorbic acid)은 L-아스코르빈산의 입체이성체이며, 영양가가 없으므로 산화방지의 목적 이외에는 사용할 수 없다. 산화방지력은 L-아스코르빈산보다 강하다.

채소류를 2% 용액에 담그면 향미유지와 비타민 C가 보호되며 과일 중의 페놀성 물질을 환원하여 carotenoid색소의 갈변 억제효과가 있어서 과일통조림에 75~150 mg/100 mL가 첨가되며, 어류를 냉동 전에 0.1~0.5% 수용액에 수 분간 담그면 퇴색이 방지된다.

맥주의 산화에 의한 혼탁 및 암색화방지에 발효 후 20~27 mg/L, 육류 및 어류에 발색보조제로 100~1,000 mg/kg, 소스에 8~10 mg/100 mL, 어패염장품 및 염장용 소금에 0.5~2%, 과일의 갈변방지를 위해 0.01~0.1% 수용액을 첨가한다. 햄이나 소시지에 0.5~0.8 g/kg 첨가하면 발색보조제로서 색소 고정에 효과가 있고 합성주의 혼탁과 풍미 저하의 방지에 0.01~0.025%를 사용한다. 미국에서는 아이스크림에도 20 ppm을 사용한다. 버터, 치즈 등 지방의 산화방지에도 쓰인다. 빛에 약하므로 차단된 밀폐용기에 보존한다.

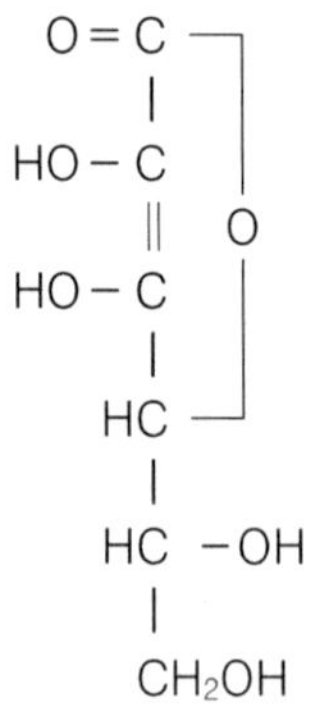

erythorbic acid

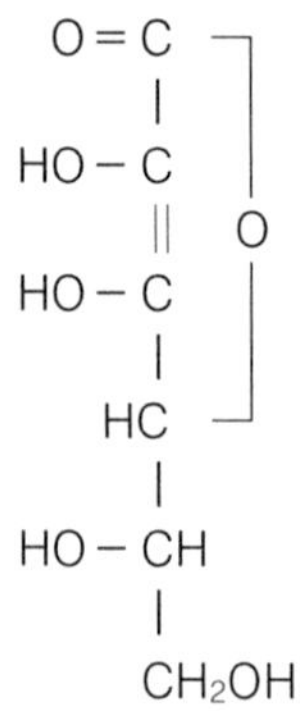

ascorbic acid

6) 아스코르빈산

아스코르빈산(ascorbic acid)은 흔히 알려진 비타민 C인 바 식품의 산화방지, 변색방지, 발색보조제에 효과가 있는데 비타민 C로서 분유에 40 mg/100g정도 쓰이며 과일 주스에 0.02~0.04%, 과일 통조림의 갈변방지를 위하여 0.03%이하가 쓰인다. 또 맥주의 산화방지에 0.003%, 잼에 0.1%, 발색보조제로 쓸 경우 원료육에 대하여 0.02~0.05%를 첨가하는데 변색방지도 된다. 또 과일 통조림, 과일 주스에 비타민 C의 첨가로 산미를 부드럽게 하며 잼이나 사탕에는 산도를 조절한 다음 첨가하여야 한다. 그 외에 과자, 유지, 유제품 등에 사용된다.

7) 구아약지

구아약지(guaiac resin)는 남미의 서인도제도에서 생육하는 유창목(癒瘡木)에서 생긴 수지(樹脂 ; resin)로 천연물이기 때문에 식품 첨가물로 지정되어 있지 않아도 천연계 산화방지제로서 식품에 사용할 수 있다. 이 수지의 성분은 α-guaiaconic acid와 β-guaiaconic acid가 약 70%이고 그 외에 guaicic acid, guaiaretic acid, vanilline등이 들어 있다.

주로 유지나 버터의 산화방지에 사용되는데 가루를 직접 또는 알코올에 녹여서 첨가한다. 식물유보다 동물유에 더 효과가 있다. 우리나라에서는 별로 사용되지 않고 있으나 일본에서는 유지, 버터에 한해 1g/kg이하를 사용하도록 규정하고 있다.

8) 노르디히드로구아야레트산

노르디히드로구아야레트산(nor-dihydro guaiaretic acid, NDGA)은 미국의 서남부에서 자란 creosote bush의 잎이나 줄기에서 추출되는 천연 산화방지제이다.

NDGA는 동물유지의 산화방지에 효력이 있으나 첨가량에는 산화방지 효과를 최대로 발휘하게 하는 최적농도가 있어서 그 한계를 넘으면 오히려 산화가 촉진된다고 한다. 미국에서 흔히 사용되는 산화방지제로 사용량은 대개 0.06~0.1% 정도이며 마아가린, 버터, 소시지 등에 사용된다.

2. 표백제

식품 중에 일어나는 갈변, 착색 등의 변화를 억제하는데 사용되는 식품 첨가물이 표백제(bleaching agents)이다. 표백제는 그 작용에 따라 산화표백제와 환원표백제의 2종류로 나눈다.

환원표백제는 색소, 착색물질을 환원작용에 의하여 무색으로 표백하는데 이는 색소 중의 산소를 빼앗아 표백이 되는 것이다. 그런데 표백제가 존재하는 동안에는 표백효과가 있으나 이것이 소실되면 공기 중의 산소에 의하여 산화되어 다시 복원 착색이 된다.

산화표백제는 산화작용에 의하여 착색물질을 산화 파괴하여 무색 또는 백색으로 표백되며 환원표백제보다 그 효과가 강하고 환원표백제와는 달리 일단 표백이 된 후에는 다시 복원되는 일이 없다. 그러므로 자연적인 환원에 의해 재 착색이 되지 않는다. 그러나 식품의 조직이 부분적으로 파괴되거나 손상될 뿐 아니라 비타민 등의 영양성분이 손실될 우려가 있다.

이 첨가물로는 과산화수소, 과산화벤조일, 과황산암모늄, 차아염소산나트륨, 표백분 등이 있으나 과산화수소만이 표백제, 살균제로 사용되고, 차아염소산나트륨과 표백분은 살균제로 이용되며, 과산화벤조일과 과황산암모늄은 밀가루 개량제로서 사용된다.

사용기준은 사용 후 식품 중에 남은 이산화황(SO_2)의 양으로 규정된다. 현재 허용되어 있는 표백제와 그 사용기준은 표 8-4와 같다.

〈표 8-4〉 허용표백제 및 사용기준

표 백 제 명	사 용 기 준	
	SO_2로서 최대 잔존량	
메타중아황산칼륨(potassium metabisulfite)	당분, 물엿	0.3g/kg 이하
무수아황산(sulfur dioxide)	포 도 주	0.45g/kg 이하
결정아황산나트륨(sodium sulfite)	기타식품	0.03g/kg 이하
무수아황산나트륨(sodium suifite anhydrous)	엿	0.4g/kg 이하
차아황산나트륨(sodium hyposulfite)	천연과즙	0.15g/kg 이하
산성아황산나트륨(sodium bisulfite)		

1) 산성아황산나트륨

이 표백제는 주성분인 산성 아황산 나트륨(sodium bisulfite, $NaHSO_3$)과 메타중아황산나트륨($Na_2S_2O_5$) 90%이상 함유된 혼합물이다.

표백제 이외에 과일 및 채소의 살균제로서도 쓰이는데 효모, 곰팡이에 유효하다. 보통 0.3~0.5%의 수용액에 5~10분간 침지한다.

2) 메타중아황산칼륨

메타중아황산칼륨(피로아황산칼륨, potassium metabisulfite, $K_2S_2O_5$)은 조직침투력이 빠르고 냄새가 비교적 적으나 값이 비싸고 주로 주류에서 사용한다.

3) 무수아황산

무수아황산(아황산가스, sulfur dioxide, SO_2)은 황을 연소시켜 얻으며 무색의 기체로서 자극성 냄새가 있다. 물에 녹아서 아황산(H_2SO_3)이 되는데 산성이며 강한 환원력이 있다. 사과의 건조저장 중에 갈변방지를 위해 사과 1톤에 황 3 kg을 쓰는데 약 30분간 훈증한다. 이 때 실내의 무수아황산의 농도는 약 20%가 적당하다.

4) 아황산나트륨

아황산나트륨(sodium sulfite, Na_2SO_3)은 건조 과일, 포도주, 천연과즙, 물엿 등의 탈색, 표백에 사용되며 보통은 수용액으로서 사용한다. 예를 들면 건조 과일류는 0.2~2%의 용액에 침지 또는 분무한다. 특히 아황산염은 anthocyanin계 색소와 결합하여 이를 무색화시키고 또 polyphenol성 갈색물질, Maillard반응성 물질, 그 외의 갈색 잡색소(雜色素)의 일부를 탈색하므로 과채류의 표백에 널리 이용된다.

또 아황산염은 각종 생채효소와 결합하여 이를 불활성화 하므로 미생물의 증식을 억제하는 효과가 있으며 포도주의 경우에는 옛날부터 표백은 물론 술통의 곰팡이 방지를 겸해서 사용되어 왔다.

5) 차아황산나트륨

차아황산나트륨(sodium hydrosulfite, $Na_2S_2O_4$)은 담즙색소 등에 의해 검은 얼룩의 명란을 0.1%수용액으로 1시간 정도 처리하여 탈색한 다음 착색하면 착색효과가 좋다. 건조한 청어알을 물로 불릴 때 0.05%의 차아황산나트륨 수용액을 사용하여 불리거나, 이미 불린 것을 0.1% 수용액에 1시간 정도 담그면 색깔이 선명해진다.

콩조림이나 된장용 콩의 표백에는 콩을 물로 불릴 때 차아황산나트륨을 콩 무게의 0.1% 정도 첨가하면 갈색화가 되지 않고 원래의 색깔로 된다.

물엿, 잼, 팥앙금, 백옥분 등에는 0.05~0.1%의 차아황산나트륨을 사용하여 표백한다. 밤의 표백에는 삶는 온도가 70℃가 되기 전에 처리물의 0.1%보다 조금 더 되게 차아황산나트륨을 첨가하여 표백한다.

6) 과산화수소

과산화수소수(hydrogen peroxide, H_2O_2)는 과산화수소를 30~35% 함유하는 무색투명한 수용액이고 냄새는 거의 없다. 분해하여 발생기 산소를 만들어 강력한 표백작용과 살균작용을 갖는다.

살균력은 석탄산계수가 약 1로서 3%용액은 0.1% 승홍액과 같은 살균력이 있고 다른 보존료나 살균제와는 반대로 알칼리성에서 살균력이 강하다.

이상과 같이 산화, 표백, 살균, 탈취작용이 강하여 표백제는 물론 살균제, 탈취제 등으로 다양하게 쓰인다.

과산화수소는 사용기준이 없으나 0.05~0.1% 정도를 사용한다.

3. 항생물질

항생물질은 보존료의 범주에 들어갈 수 있으나 섭취 시 장내미생물 균총 변화, 내성균주 발생, 알레르기 증상 등 부작용 때문에 그 사용이 엄격히 제한되어 있다. 이 중 니신(nisin)과 나타마이신(natamycin)이 치즈제품에 허용되어 있다. 니신은 *Lactococcus lactis*가 생산하는 항미생물성 폴리펩타이드로 분자량은 3354이고, Gram 양성균에 효과적이며, 가공치즈에 250 mg/kg 이하로 허용되고 있다.

나타마이신은 *Streptomyces*속이 생산하는 항곰팡이제로서 치즈표면의 곰팡이 발생을 억제한다.

일부 국가에서 항생물질은 상하기 쉬운 가금류, 어패류, 소고기 등의 육류의 저장수명(storage life)을 연장하는데 상업적으로 이용되고 있다. 미국과 캐나다에서는 가금류와 어류 등에 보존료로 사용하고 있으며 영국에서도 어류에 대해 그 사용이 허용되고 있다.

4. 향신료

향신료(spices)는 식품에 보다 고유한 풍미(flavor)를 증가시켜 주기 위하여 각종 향신료를 적절히 선택하여 첨가시키는 것이 주목적이지만 이것 이외도 향신료는 인체 내의 생리작용을 왕성하게 해줄 뿐만 아니라 항균작용도 있다는 사실이 알려져 왔다.

모든 향신료가 전부 항균성을 갖는 것이 아니고 일부의 향신료가 적용되고 있으며 향신료의 사용량은 적절한 첨가가 필요하다. 너무 많은 양을 첨가하면 항균성은 있을지라도 식품의 향미에 저해를 가져오고, 너무 적은 양이면 효과가 거의 없는 상태가 되는 점이 결점이다.

따라서 식품 저장에 사용되는 향신료는 실제로 매우 적은 편이다.

5. 피막제

수확 후 과일이나 채소 및 난류는 호흡이나 증산작용 등을 하므로 이 작용을 적당히 억제시켜 품질을 유지시키기 위하여 피막제를 사용한다.

각종 식품원료에 계면활성제 등으로 도포(coating, glazing)함으로써 수송, 저장 중의 감량이나 외상(外傷)을 방지하고 신선도를 보존함과 동시에 광택을 주어 상품가치를 높일 수 있다. 이와 같이 호흡하는 식품의 가스교환을 억제시키기 위해 피막(도포)을 실시하는 방법을 피막법(도포법, coating method)이라 하고 이 목적에 사용되는 약품을 식품첨가물에서는 피막제(glazing agents, coating agents, film forming agents, glazes)라고 하며 우리나라에서 현재 식품 첨가물로 허가되어 있는 지정품은 2종으로서 몰포린지방산염과 초산비닐수지이다. 이것 이외에 wax 등을 이용한 혼합의 피막제 등과 최근 oxyethylene docosanol등도 사용되고 있다.

그런데 과일과 채소류에서 과피가 천연의 wax물질로 되어 있는 것에는 효과가 적다. 이 효과는 사용되는 피막제의 종류와 농도에 따라 차이가 많으며 이 물질의 성상을 잘 알고 과일과 채소의 종류, 성질에 적합한 처리를 실시해야한다.

1) 몰포린지방산염

몰포린지방산염(morpholine fatty acid salt)은 단독으로 사용하는 일은 거의 없고 보통 함수상태(含水狀態)의 조제품에 왁스를 가한 것이 제품화되고 있다.

이 피막 왁스의 사용 방법에는 피막 왁스액에 담갔다 꺼내서 말리는 침지법이 있고 스프레이 등으로 과일에 분무한 다음 말리는 분무법과 왁스액 중에 공기 등의 기체를 불어 넣어서 거품이 일게 하고 이 거품에 과일을 접촉시켜 도포한 다음 말리는 포립법(泡粒法)이 이용되고 있다. 이 제제(製劑) 5L로 보통 크기의 감귤을 약 7,500kg 처리할 수 있다.

그러나 과일과 채소의 표면피막제 이외의 용도로 사용해서는 안된다.

2) 초산비닐수지

초산비닐수지(polyvinyl acetate)는 과일이나 채소에 사용하며, 한천이나 검류에 물을 가하여 유상으로 한 후 여기에 polyvinyl acetate를 가해 저어서 분무하거나 침지하여 건조시킨다. 그러나 현재 피막제로서 많이 사용되지 않고 있다.

3) OED이용

OED(oxy ethylene docosanol)는 논의 수분증발억제, 수온상승제로 사용되고 있는데 이 유액(乳液)이 식물체의 증산을 억제하므로 최근에는 과일, 채소의 수송과 저장에 응용되고 있다.

4) 왁스의 이용

- Emulsion wax

파라핀, 왁스(wax), 지방산 등을 유화제에 혼합 용해하여 과일 표면에 균일하게 도포할 수 있게 만든 것이다.

• Dry wax

파라핀, 왁스(wax), 수지(樹脂)에 휘발유, 벤젠, 석유에테르 등 용매를 가하여 35~45℃정도로 용해한 혼합물을 50~70℃로 가열 용해하여 분무기 또는 솔을 사용하여 과일에 도포한다.

• Shellac wax

shellac에 스테아르산, 몰포린(triethanol amine), 물을 가하여 교반하면서 가열하여 제조한다. 오렌지를 왁스 처리하여 수송, 저장하면 효과가 큰 것을 볼 수 있다.

8-4 기타 화학물질을 이용한 식품 저장

1. 훈 연

훈연(燻煙 ; smoking)이라 하면 적당한 목재를 불완전 연소시킬 때 나오는 연기 속에서 식품을 그을리게 하여 탈수, 건조와 동시에 훈연성분을 식품에 부여하고 그 저장성과 기호성의 향상을 도모하는 방법이다.

훈연법은 대단히 오래전부터 이용된 저장법이기는 하나 냉장, 냉동 기타 각종의 저장기술이 발달한 오늘날에 있어서는 저장법으로서의 의미는 떨어지고 오히려 식품의 풍미, 외관 등의 개량을 꾀하는 가공법으로서의 성격이 더 강한 느낌이다.

1) 연기의 화학성분과 작용

불완전연소에서 생기는 연기는 수증기, 기체, 미세한 고체입자 등으로 이루어져 있는데 이 중에는 200여종 이상의 화합물이 존재한다.

이들 훈연성분을 염화메틸렌에 흡착시켜 그 화학적 조성을 조사한 것을 보면 formaldehyde, acetaldehyde, furfuraldehyde, 5-methyl furfuraldehyde, acetone, diacetyl, methyl alcohol, ethyl alcohol, phenol 개미산(蟻酸: ; formic acid), 초산(acetic acid), *o*-, *m*-, *p*-cresol, guaiacol (2-methoxy phenol), 수지(resin), 왁스 등이 있으며 이들은 독특한 향미와 보존성을 부여하게 된다. 이것들 이 외에 일산화탄소(CO), 이산화탄소(CO_2) 등도 다량 함유되어 있다. 이들 중에 방부성이 강한 물질이 있는가 하면 육중에 침입하여 일부 육 성분에 흡착되고 또 일부는 육 성분과 화합한다.

경질목(hard wood)에서 얻은 연기의 성분은 표 8-5와 같다.

연기성분의 작용은 여러 가지이나 중요한 것은 방부작용, 항산화작용, 훈연취 부여, 훈연색의 발색 등으로 볼 수 있다.

〈표 8-5〉 경질목의 연기성분

연 기 성 분	함 량(ppm)	연 기 성 분	함 량(ppm)
formaldehyde	25~40	phenol	20~30
고급 aldehyde류	140~180	ketone	190~200
개미산(formic acid)	90~125	수 지	1,000이상
초산 및 기타	460~500		

• 항균작용

훈연제품의 저장성 향상은 미생물의 생육저지작용과 유지의 산패방지에 의한 효과를 제일 중요한 요소라 할 수 있을 것이다.

훈연제품에 항균성을 가지게 하는 주요 원인을 보면 가열, 건조, 농도 증가, 훈연 성분첨가, 표층피막의 형성 등이라 할 수 있다.

가열 : 품온이 40℃ 까지 올라가는 열훈법의 경우는 살균효과가 있다.

건조 : 훈연처리 중의 건조는 일반적으로 저장성향상에 가장 중요한 요소라 보여 진다. 예를 들면 온훈품(溫燻品)에서는 수분함량이 보통 35% 정도까지 감소되어 있으므로 수분활성(A*w*)도 낮고 미생물(곰팡이는 제외)은 생육하기 힘든 상태로 되어 있다.

농도의 증가 : 훈연과정에서 탈수가 진행함에 따라 수분과 수용성성분의 이동 때문에 표면근처에서 염류의 농도는 높아지고 여기에 열까지 가해지면 그 협동작용으로 고농도에 의한 살균효과는 더욱 증대한다.

훈연성분의 첨가 : 훈연연기에 존재하는 대단히 많은 성분 중에서 특

히 살균성에서 중요시되고 있는 것은 formaldehyde, phenol류 및 산류이다. 그러나 이들이 충분한 살균효과를 내기 위해서는 훈연제품 중에 이들 성분이 일정 농도 이상 있어야만 한다. 훈연제품 중에 있는 훈연성분의 분포는 불균일하며 내부는 엷고 외부는 진한 상태가 되므로 내부의 살균효과는 기대하기가 어렵다. 훈재의 수종에 따른 살균효과의 차이는 크게 인정되지 않는 것 같다.

표층피막의 형성 : 훈제품 표층의 단백질은 열과 훈연성분과의 상호작용에 의해서 변성응고됨과 동시에 공존하는 다수의 성분과의 복잡한 상호작용을 거쳐서 단백변성피막(蛋白變性皮膜)을 형성한다.

한편 훈연성분 중 각종 phenol류는 식품 표면에서 formaldehyde 등과의 반응을 거쳐서 중합되어 페놀수지상 피막을 형성한다.

이상 훈연처리 중에 생성된 2가지 표층피막은 제품의 저장에 있어서 미생물의 2차적 내부오염을 저지함과 동시에 육질 내부로부터의 수분, 영양분 등의 침출을 방지하고 미생물의 증식을 억제하는 역할을 하고 있는 것으로 짐작된다.

• 항산화작용

일반적으로 훈제품 중 유지는 상당히 안정하다. 예를 들면 고도불포화산을 많이 함유하는 어류의 경우도 훈연처리 중은 물론 제품의 저장 중에도 안정적이라는 것이 확인되었다.

그 원인은 주로 연기 중에 있는 페놀류를 주로 하는 항산화성 물질이 식품 표층에 흡착, 침투해서 유지의 악변을 막아주기 때문이다. 또한 훈연, 탈수에 따라 성분이 표면으로 이동되어 수용성 성분의 표면농도가 높아지고 여기서 당과 아미노산 및 연기중의 aldehyde류를 중심으로 해서 aminocarbonyl reaction이 일어난다. 이 반응의 생성물은 유지의 항산화성에 도움을 주는 것으로 믿어지고 있다.

또 앞서 설명한 피막들도 내부유지의 안정화에 도움을 주고 있다.

• 풍미의 부여

훈제품의 기호성면에서는 풍미(flavor)의 부여와 착색의 두 가지를 생각하면 될 것이다.

연기성분 중에는 산미, 고미 등의 맛을 내는 성분도 많으므로 제품의 맛에도 당연히 영향을 미치고 있으나 그보다도 향기에 대한 것이 더욱 중요하다고 볼 수 있다.

연기는 독특하고 상당히 강한 냄새를 가지며 이 냄새 성분이 식품에 부착해서 훈제품 특유의 향기를 형성하게 된다. 훈향(燻香)의 형성에 관계하는 화합물의 수는 대단히 많을 것으로 보이지만 그 중에서도 페놀성 성분의 기여는 가장 중요하다고 불 수 있고 여기에 카르보닐 화합물, 비카르보닐 중성 성분, 염기성 성분 등이 가세하여 더욱 복잡하고 깊이가 있는 바람직한 훈향을 형성하게 된다.

① 페놀류 중에서도 4-methylguaiacol 과 2,6-dimetoxyphenol은 좋은 훈향을 낸다.

② 중(中) 또는 고비점(高沸點)의 카르보닐화합물과 lactone류가 있다. 이들은 달콤한 훈향형성에 도움을 준다.

③ 양적으로는 적으나 방향족 케톤류도 훈향형성에 기여한다.

④ 염기성 성분으로서 불쾌취를 내는 아민류외에 좋은 냄새를 내는 pyrazine류도 있으나 양은 적다.

한편 연기성분은 나무의 종류나 태우는 방법에 따라서 상당히 다르고 또한 훈향도 달라진다. 일반적으로 진이 적은 활엽수가 좋고 침엽수는 훈제품에서 수지취(樹脂臭)가 나서 좋지 않다. 동일수종이라 할지라도 태우는 방법 즉 가열온도, 가열시간, 가열속도, 산소공급의 정도, 훈재의 수분함량 등에 따라 연기성분 조성에 영향을 준다.

• 착색작용

훈연에서 볼 수 있는 착색의 주요인으로는 진술한 바와 같이 아미노카르보닐반응이나 제품표면에 흡착된 페놀류의 중합반응 등을 들 수 있다. 훈제품 특유의 광택은 전술한 수지막이 관여하고 있는 것으로 보인다.

• 훈제품의 안전성

식품위생상의 문제점으로서 3,4-benzpyrene과 같은 다환방향족화합물의 함량이 지적되고 있으나 이것만으로 문제를 국한시킬 수는 없을 것이다. 앞으로 연기 성분이나 제품을 더욱 면밀히 분석함과 동시에 동물실험 등을 거쳐서 검토하고 1인당 섭취량도 고려해서 합리적인 안전성 평가를 해야 할 필요가 있다.

2) 훈연실과 훈연재료

• 훈연실

훈연실(燻煙室)의 양식은 훈연되는 원료에 의해 결정된다. 훈연실을 그 형식에 따라 크게 나누면 훈연실 안에서 훈연재에 불을 붙이는 것과 연통을 훈연실에 삽입시킨 것이 있다(그림 8-4).

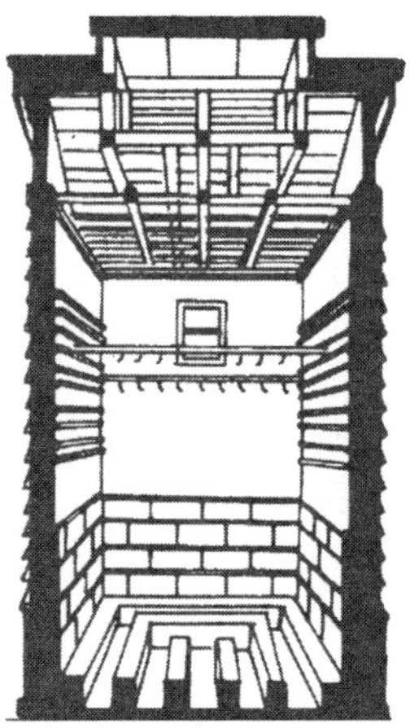

실내연소식

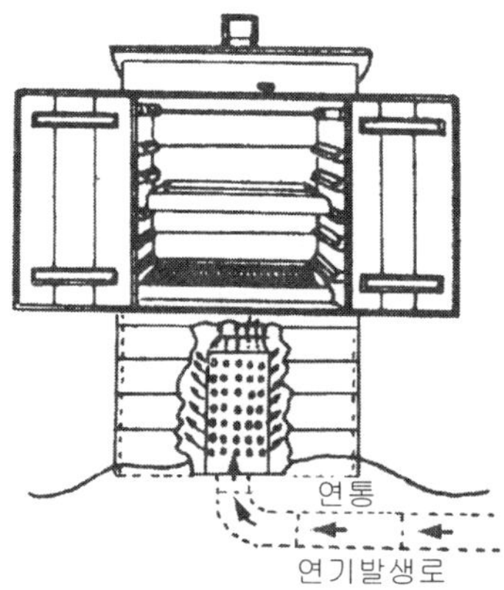

연통삽입식

〈그림 8-4〉 훈 연 실

훈연실에서 훈연재에 불을 붙이는 경우는 불(火床)과 고기 밑 부분과의 거리는 적어도 1m 이상 되도록 설계한다.

연통을 삽입시키는 경우는 최근 연기의 발생량을 자동적으로 조절하는 장치까지 설치 이용하는 예도 있다.

• 훈연재

훈연재(燻煙材)로 쓰이는 나무 중 수지(樹脂)를 다량 함유한 나무는 연기에서 불쾌한 맛을 주기 때문에 연기의 발생에는 주로 수지가 적고 단단한 나무가 쓰인다. 훈연재를 선택할 때에는 서서히 연소하여 다량의 연기를 발생하는 나무를 선택하는 것이 좋다. 실제로 많이 사용되고 있는 나무는 보통 참나무, 떡갈나무, 자작나무, 개암나무, 너도밤나무, 졸참

나무, 상수리나무, 오리나무, 벚나무 등이 쓰인다. 흔히 물에 담근 목재를 쓰기도 하는데 이 경우는 거의 모든 종류의 나무가 쓰인다.

3) 훈연방법

훈연방법에 따라 냉훈법, 온훈법, 속훈법으로 나누고 있으며 냉훈법은 저장을 목적으로, 온훈법은 조미를 목적으로 햄류에 사용하는 것이 일반적이다. 속훈법은 목재건류 농축액을 휘발시켜 식품에 쪼이거나 바른다. 방법에 따라 액훈법, 훈연액법, 전훈법 등이 있다.

- 냉훈법

비교적 낮은 10~30℃의 온도에서 1~3주일간 훈연하여 제품의 수분을 20~45% 까지 감소시켜서 장기간의 저장성을 부여하는 목적으로 훈연시키는 방법을 냉훈법(cold smoking, slow smoking)이라 한다.

이 방법은 주로 dry sausage의 훈연에 많이 이용되고 있으며 regular ham, lacks ham, lose ham, bacon 등의 축육제품에 이용된다. 어육 냉훈품에는 청어, 연어, 방어, 대구, 고등어 등이 이용된다. 지방이 적은 어체는 훈연 건조하면 제품의 살이 빠져 외관이 나쁘고 맛이 없어 냉훈품으로는 적합 치 않다. 지방이 많으면 기름변색(rusting, yellowing)이 일어나 저장성이 떨어진다.

냉훈법은 겨울철에 행하는 것이 좋고 여름철에는 실온이 상승하기 쉽기 때문에 제조에 있어 곤란한 점이 있다. 특히 훈연의 발생량이 적을 경우에는 육의 산패 위험이 있다. 또 훈연 중 건조 때 시간이 많이 걸리므로 제품의 색택이 나쁘고 중량감소가 크다. 예를 들면 육류의 regular ham의 경우 1일 정도면 수분이 2.3% 감소하고, 5일이면 5.3%가 감소되는 것을 볼 수 있어 육의 수분은 약 30~40% 가량이 된다.

- 온훈법

온훈법(hot smoking)조건은 온도와 시간에 따라서 다르다.

30~50℃에서 1~3일 훈연하는 것(regular ham 1~3일, bacon 1~2일, lose ham 1~1.5일)과 50~80℃에서 4~12시간 훈연하는 것(bacon, lose ham 4~6시간, regular ham 6~10시간)으로 전자를 온훈법이라 하고 후

자를 열훈법으로 나누어 정의하는 수도 있다. 또 하나는 50~80℃범위 내에서 2~12시간 정도 훈연하는 법을 온훈법이라 하며 이것을 50℃내외에서 훈연 처리하는 것을 중온법(中溫法 ; warm smoking, middle temp·method), 70℃내외에서 훈연 처리하는 고온법(高溫法 ; rapid smoking, high temp·method)의 두 가지로 나누어 온훈법을 설명하는 수도 있다.

따라서 온훈법은 온도범위가 30~80℃이고 시간은 4시간~3일까지로 광범위하게 다루는 것이 타당하리라 생각된다. 일반적으로 온훈법은 50~80℃에서 2~12시간 정도 훈연하는 것을 통상 개념으로 지칭하고 있으며 온도가 높기 때문에 육의 발색도 좋고 훈연시간도 짧은 이점이 있다. 그러나 이 훈연법을 행할 경우 최초는 저온으로 행하고 서서히 온도를 상승시켜 소정의 온도까지 도달하도록 해야 한다. 만약 급격히 고온으로 하면 육단백질이 변성하여 피막을 형성하고 내부는 변색하여 smoke ring을 발생하는 위험이 있다.

온훈법의 주목적은 독특한 풍미(조미)를 주기 위한 것으로 건조정도가 낮아 육의 수분함량이 50% 이상 되기 때문에 2~3일간에 한하여 저장 가능하므로 장기 저장 시에는 부패되기 쉬워 보존성이 적은 것이 흠이다. 따라서 온훈 처리 제품의 햄, 베이컨과 같은 것은 냉장, 통조림, 포장 및 도말제(塗抹劑)등으로 병용시켜야 한다.

훈제품을 저장할 때에는 곰팡이의 번식과 수분손실을 방지하기 위하여 파라핀종이나 포목(布木)같은 것으로 포장하고 다음 표 8-6과 같은 특수한 도말제를 발라서 저온다습한 곳에 저장하는 것이 좋다.

〈표 8-6〉 도 말 제

	백색도말제(kg)	황색도말제(kg)
$BaSO_4$	1,200	1,200
아교(膠 ; animal glue)	63	35
맥분(麥粉)	90	210
물	40	195
chrome산납	–	114

육류 이외에 어패류에는 청어, 고등어, 정어리, 꽁치, 연어, 송어, 굴, 조개 등이 이용되고 수분함량이 55~65%가 되며 소금 함량은 2.5~3%

가 되므로 저장에 유의하여야 한다. 그러나 고온법은 시간과 노력이 절약되고 수율이 좋아 많이 이용된다.

- 배훈법

95~120℃에서 2~4시간 정도 훈연처리하여 바로 식용할 수 있는 상태의 훈연을 배훈법(roast smoking) 또는 소훈법(燒燻法)이라고도 한다.

이 방법은 독일에서 많이 쓰는 특별한 방법 중의 하나로서 고기가 완전히 익게(roasting)되어 저장성이 없으므로 3~4일 내에 식용해야 한다. 또 베이컨과 같은 것은 지방용출이 심하므로 쓰이지 않는다.

- 액훈법

액훈법(liquid smoking method)은 속훈법(速燻法 : quick smoking process) 중의 하나로서 훈연재료를 사용하는 대신 목재를 건류(乾溜)할 때에 얻어지는 목초액(木醋液 : pyroligneous liquid, wood vineger)을 주로 하여 creosote, 알코올, 붕산, 명반, 두송유(杜松油 ; juniper oil), 초석, 색소 등을 배합하고 필요시에는 조미료, 향신료도 같이 배합하여 염지와 동시에 액체에 고기를 담그어 연기의 성분을 침투시키는 방법이다.

훈연성분은 목재의 종류에 따라서 조성성분이 달라지므로 훈연액의 농도나 침지시간을 결정하기가 어려운 것이 결점이다. 또 목초액 중에는 초산, 메탄올, 아세톤, 유기산 등이 함유되어 있고 5~20%의 산도를 나타내므로 그대로 사용하는 것은 맛뿐만 아니라 상당히 강한 단백질응고력 때문에 감촉이 좋지 못한 제품이 되므로 목초액을 2~3배로 묽게 하여 10~20시간 원료식품을 침지한 후 건조한다. 그러나 인체에 유해한 성분을 갖고 있으므로 일정한 규격에 의해 조제할 필요가 있다.

- 훈연액법

액훈법과 같이 목초액, creosote, 두송유 등의 배합으로 만든 훈연액을 증발되기 쉬운 용기에 넣고 다시 탈지면을 띄워 이것을 훈연실에서 가열하여 증발시켜 식품을 훈연하는 방법을 훈연액법(smoke solution method)이라 한다. 이것도 속훈법의 일종이라 하겠다.

- 전훈법

훈연 재료를 그림 8-5에서와 같이 5cm간격으로 식품과 교대로 배열하고 ⊕, ⊖ 전극에 연결하여 10~30kv의 전압을 걸어 corona방전을 시킨다. 이 때 연기 중의 하전(荷電)된 유효성분들이 반대극의 원료에 흡착하게 된다.

고전압상에서 직류로 할 때는 반응코일로 하며 교류로 할 때는 Ne(neon)변압에 의한다. 이 전압법은 속훈법의 일종으로 일반법에 비해 훈연 시간을 단축시킬 수 있으나 제품에 타 훈연법보다 많은 알데히드와 휘발산을 제공한다. 또 수분증발이 적어 저장성이 약하고 시설비가 많이 들어가는 것이 단점이다.

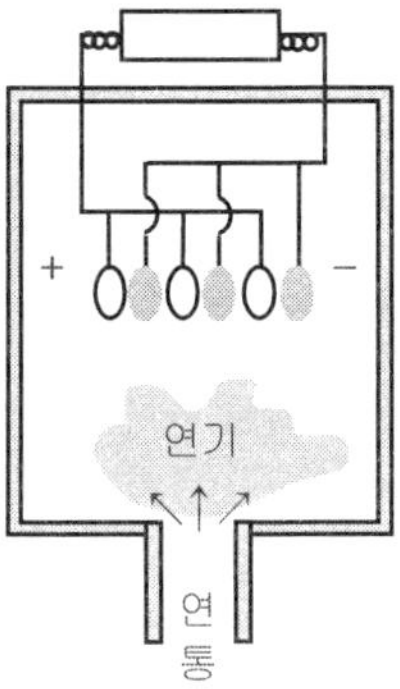

〈그림 8-5〉 전훈법에 의한 훈연

2. 훈증제

곡류 등의 식품을 저장할 때 각종 해충(pest)이나 미생물로부터 보호하기 위하여 창고나 일정한 용기 내에 휘발성 살균제를 기화가스로 하여 해충과 충란을 사멸하는 방법을 훈증(燻蒸 : fumigation)이라 한다.

훈증을 할 때에는 곡물 중에 침투가 잘 되어야 하기 때문에 살균제를 기체형태나 휘발성인 액체로 만들어 사용한다. 또 위생적인 면에서 살균제는 그 종류나 사용량에 따라 인축에게도 유해하므로 적절한 훈증에 유의해야 함은 물론 살포할 때는 방독면 등을 사용하여 인체에 피해가 없도록 하여야 한다.

저장창고가 잘 밀폐되지 않으면 기체가 새어나가므로 완전 밀폐하여 훈증하여야 하고 만약 대량의 곡물이 싸여 있을 때에는 곡물에 잘 침투시키기 위해서 통기통(通氣筒)을 이용한다. 그리고 종자용 곡물인 경우에는 훈증에 의해 발아력이 상실되므로 그 목적에 따라 적절한 사용이 요망된다.

1) 클로로피크린

클로로피크린(CCl_3NO_2)은 1차세계대전시에 최루성(催淚性) 독가스로 이용되었던 것인데 1917년 Moor, W.가 해충의 훈증제로서 효과적임을 발견했다. 인화성이 없고 사용범위 내에서는 곡물에 변패를 주지 않으므로 이전까지 많이 사용되었던 이황화탄소보다 많이 사용하게 되었다. 사용량은 창고 용적에 대해서 16 g/m^{3}가 표준이다. 20℃ 이상의 실온에서 사용한다.

그러나 클로로피크린 훈증은 해충에 거의 100% 살충효과를 나타내고 미생물의 살균효과도 있으나 곰팡이만은 완전히 사멸되지 않는다고 한다. 또 이 약제의 사용으로 종자의 발아력이 상실되므로 종자용 및 맥아용 곡물에는 부적당하다.

2) 취화메틸

취화메틸(CH_3Br)은 프랑스인 Le Goupilus(1923)에 의해서 처음 사용되었다. 화재의 위험이 없으며 병원성세균에 대해서도 효과가 있다. 사용량은 10.5 g/m^{3}이며 온도에 구애됨이 없이 사용할 수 있다.

곡물에 대한 흡착량이 적고 대부분의 유기용매에는 녹지만 물에는 조금 밖에 녹지 않는다(1.44 g/100g, 25℃). 따라서 수분이 많은 청과물이나 식품을 훈증해도 품질을 해치지 않는다.

3) 인화수소

주성분은 인화알루미늄(AlP)이며 대기 중이나 곡류 등의 수분에 의해 인화수소를 발생한다. 인화알루미늄 외에 탄산암몬, 경질파라핀 등을 가해서 인화수소가스를 서서히 발생하게끔 조제되어 있다. 각종 해충의 생육기(알, 유충, 번데기, 성충)에 대해서는 완전한 살충력이 있으며 한번훈증한 후에는 다시 해충이 발생하지 않으므로 방충제로서의 효과도 있다.

사용방법도 간편하여 밀폐한 포장을 뜯고 창고 구석진 곳에 놓기만 하면 된다. 이것은 곰팡이에 대해서도 효과가 있다. 사용량은 곡물 톤당 9~15 g, 1 m^3당 3~6 g이다. 정제가 완전히 가스화하기 위해서는 보통 1일을 요하기 때문에 투약 일을 합해서 약 5일을 요한다.

이것의 결점으로는 약의 양에 의해서 훈증시간을 바꿀 수 없는 점과 훈증일수가 비교적 길다는 점이다.

4) Ethylene oxide

Ethylene oxide(CH_2CH_2O)의 사용량은 창고 1,000 ft^3(29.3 m^3)당 1 lb(454 g)를 훈증하며 약 20시간을 훈증하면 해충을 제거할 수 있다.

1,000 ft^3의 창고에 대하여 ethylene oxide 1 lb와 탄산가스 7.5 lbs을 혼합하면 불연성(不燃性)이 되고 양자는 유사한 증기압을 가지고 있으므로 분리될 염려가 없으며 탄산가스는 살충을 보조하기도 한다. 또 ethylene oxide 2 lbs만 사용한 것도 효과가 같으며 증발도 빠르다.

그리고 ethelene oxide는 식품의 세균수를 감소시키며 고온균(thermophiles)에도 효과가 있다.

5) Ethylene dichloride

Ethylene dichloride($CH_2CH_2Cl_2$)는 정유취가 있는 무색유상물질로 비점이 83.7℃이고 물에 용해되지 않는다. 증기는 공기보다 3.5배가 무겁고 가연성이기 때문에 사염화탄소(CCl_4)를 첨가하여 불연성으로 하여 사용한다.

창고 1,000 ft^3에서 21℃로 혼합물 8 lbs를 훈증하면 24시간 이내에 해충을 완전히 살충할 수 있다. Ethylene dichloride와 사염화탄소를 3:1의 비로 혼합한 것은 폭발성이 없는 무거운 가스로 50 mL로 소맥 1 hL을 훈증할 수 있다. 비교적 증산이 느린 점이 결점이며 얕은 접시에 넣어 증발시킨다.

6) 이황화탄소

살충제로 옛 부터 많이 사용되고 있는 이황화탄소(CS_2)는 가연성이므로 폭발성이 있는 위험한 물질이다. 이황화탄소는 비점이 46.2℃의 액체로 악취, 유독하고 기온이 20℃ 이상일 때에 사용하는 것이 보다 효과적이며 이황화탄소에 사염화탄소를 혼합하면 인화성이 없어진다.

밀폐된 1,000 ft^3의 창고나 상자에 3~5 lbs의 이황화탄소를 접시에 놓고 24~26시간 경과하면 살충이 끝나며 입구를 열어 환기한 후 다시 문을 닫는다.

7) Tritox

Trichloro acetic nitrile의 가스를 독일에서 Tritox라 하여 판매하고 있으며 불연성의 가스로 해충에 유독하고 인체에는 눈에 자극성이 심하므로 유의하여야 한다.

8) 기 타

이외의 훈증제로는 방충에 속효적이나 위험성이 있는 청산가리(KCN), propylene oxide, epoxides(수분과다식품 사용금지, 미국), NO_2, CH_3Cl_3, 황산석회 등과 초콜릿, 코코아도 부분적인 살균제로 효과를 얻었다고 한다.

3. 방충제

곤충류나 진드기류의 해충방제에는 앞에서 언급한 훈증법도 사실은 방충제(insect repellant)의 하나라고 할 수 있다. 다시 말해서 농약의 분제나 유제를 이용해서 식품에 낮은 농도로 혼합하든가 아니면 식품 표면에 분무 살포하여 해충을 방제하는 것을 말한다.

원료식품이나 가공식품을 저장할 때 원료창고나 저장창고 주위에 환경의 미비로 인해 해충이 잠복하며 또 적당한 온도가 되면 해충이 발생하므로 창고 외부나 내부에 적절한 방제가 요망된다. 따라서 정기적으로 방충제를 살포한다.

환경정비 방충제로는 PGP제, kokusomin제가 사용되며 실내에는 piperonyl butoxide, PGP제, γ-BHC 훈연제가 사용된다. 특히 주의할 것은 바로 섭취할 식품에는 방제를 해서는 안된다.

사실은 현재 방충제의 위생관계 때문에 문제가 있으나 가장 무해한 해충방제 방법으로는 10~15℃정도 냉장하는 것이고 다른 하나는 불활성 가스 중에 밀봉하는 것이다. 특별히 해충구제를 위해서는 체계적인 관리로서 PCO(pest control operator)의 활용이 적절하게 이루어져야 하겠다.

1) 피페로닐부톡사이드

현재 우리나라에서 허가되어 있는 방충제로는 피페로닐부톡사이드(piperonyl butoxide)만이 사용되고 있다.

사용기준은 곡류 1 kg에 대하여 0.024 g 이하로 사용하여야 하는데 사용 방법은 0.05~0.2%의 유제(乳劑)로 희석하여 곡물에 분무한다. 독성은 경구투여 시 LD_{50}가 7.5~10 g/kg이다. 잔효성(殘效性)도 있어서 약10개월 정도 효과가 있다.

2) PGP제

PGP(pyrenone grain protectant)제는 분제와 유제의 두 가지가 있다. PGP제의 주성분은 제충국(除蟲菊)의 피레드린이며 방충효과를 증가시키고 지속성을 주기 위해서 piperonyl butoxide를 가하고 또 활석(talc)분말 또는 유화제를 첨가하여 사용한다.

사용량은 분제로서 곡류에 혼입할 경우 0.02%, 표면살포인 경우 $1m^3$당 10g 정도이며 유제는 원액을 물에 20~40배로 희석하여 $1m^3$당 50~100mL를 분무하면 2~6개월은 방충효과가 있다. 이 PGP제는 접촉독제(接觸毒劑)이므로 해충에 약제가 접촉되지 않으면 효과가 없는 점을 고려해야 한다.

3) 마라티온제제

마라티온(malathion)제제인 kokusomin은 정제된 저독성의 유기인제 malathion을 주재로 하여 1% malathion에 증량제 99%를 혼합한 분제이다.

이 방충제는 신경계통의 장해를 일으키는 접촉독제로 PGP제와 같이 직접 접촉되지 않으면 효과가 없으며 살충작용이 완만하므로 발생 후의 사용보다는 활동하기 전에 예방용으로 사용하는 것이 바람직하다.

사용량은 PGP제와 같으며 용도로는 식품의 포장표면 살포용으로 사용한다.

4) γ-BHC 훈연제

6개의 BHC 이성체 가운데 γ-BHC만이 살충력을 가지며 린덴(lindene)이라 부르기도 한다.

γ-BHC 훈연제는 γ-BHC 15~55%를 기제(基劑)로 한 주성분과 발연조제(發煙助劑)를 혼합시킨 제제로 사용하는 경우와 각각 별도로 하여 훈연시켜 사용하는 경우가 있다.

γ-BHC 훈연제는 훈연분무의 미세한 입자를 창고 내의 전면에 쏘이면 부착되어 해충이 이곳에 접촉하면 방충효과가 나타난다.

사용량은 창고 내의 면적 1 m^3당 γ-BHC제 0.5 g의 비율로 하고 이것을 2~3회 분할 사용한다. 이것도 PGP제와 같이 접촉독제이므로 직접 접촉하지 않으면 효과가 없다.

5) DDVP제

가스제에 의한 방충제로 저독성유기인제 DDVP(dimethyl-dichloro vinyl phosphate)를 녹여 합성수지 판상(板狀)에 성형시켜 이것을 창고 내에 달아매어 서서히 가스를 발생시켜 곡물 표층의 해충을 쉽게 사멸시키는 것이다. 창고 내 용적 10 m^3당 1매를 사용한다.

4. 살서제

살서제(殺鼠劑)는 쥐를 사멸시키는데 쓰이는 약품이며 급성독(急性毒)에 의한 것과 만성독(慢性毒)에 의한 것이 있다.

급성독의 살서제는 대부분 24시간 내에 살서가 되므로 단시간에 구서(驅鼠)하는 이점이 있다. 그러나 반면, 농도가 높기 때문에 기피성이 나타날 수도 있고 증상이 너무 심하여 쥐의 무리 사이에 경계심을 고조시킨다는 설도 있다.

이에 반해서 만성독의 살서제는 5~7일간의 연속 섭취로써 효과를 낼 수 있는 약제이며, 먹기가 좋고 효과도 정확하다.

일반적으로 살서제가 갖추어야 할 조건은 맛이나 냄새가 없어야 할 것, 쥐가 먹기 좋아야 할 것, 효과가 정확해야 할 것, 가격이 싸야 할 것 등이다.

살서제로 쓰이는 약제로는 다음과 같은 것들이 있다.

1) 황린제제

이 황린제제는 먹이에 0.2~0.4%를 혼합하여 사용되며 급성독에 속하는 것으로 먹으면 20시간 내에 죽는다. 쥐의 치사량은 10 mg/kg이다. 쥐가 잘 먹는 편이며 가격도 싼 것이 장점이다.

그러나 특이한 냄새가 있고 피부에 닿으면 유독하다.

2) 인화아연

인화아연(Zn_3P_2)은 급성독에 속하고 가격은 싸지만 쥐가 잘 먹지 않는 편이다. 사용 농도는 0.5~1.0%이다. 쓴맛이 있고 사람이 먹으면 토하기 때문에 크게 위험하지는 않다.

3) 비소화합물

무수아비산(As_2O_3)이나 아비산석회($Ca(AsO_2)_2$)를 사용하는데 쥐의 치사량은 20 mg/kg으로 10시간 이내에 사망하는 급성독이며 소맥분 1 g에 아비산 0.03 g이 사용된다.

4) ANTU

ANTU(alpha naphthylthiourea)는 주로 집쥐에 유효한데 폐에 삼출액이 충만 되어 사멸된다. 쥐의 치사량은 집쥐에서 7 mg/kg으로 독성이 강하고 치사시간이 10~24시간이며 곡분의 5~10%로 이용된다.

5) 불화초산소오다

불화초산소오다(sodium monofluoro acetate, fratol, teneithy (1080))는 급성신경독으로 호흡마비를 일으키며 쥐의 치사량은 5~10 mg/kg으로 독성이 아주 강하며 인축에 대한 위험성이 커서 취급은 물론 죽은 쥐의 처리도 중요하다.

6) 쿠마린(cumarin)계의 제제

이것은 만성독 살서제에 속하며 3~4일간 연속 섭취시켜야 한다. 아주 잘 먹으며 효과도 확실하나 가격이 비싼 것이 결점이다. 사용량은 0.025~0.1%이다. 쥐 이외의 동물에게는 안전하다.

주성분은 3-(α-acetonylbenzyl)-4-hydroxy-coumarane이며 무미무취이고 물에도 잘 녹기 때문에 이용하기 좋다.

이 약을 먹은 쥐는 물을 찾아서 밖을 헤매다가 죽기 때문에 집안에 쥐의 사체가 없어서 좋다.

7) 인단(indane)계의 제제

쿠마린계 제제와 마찬가지로 만성독 살서제이다. 무미무취인 백색 분말이며 아주 잘 먹지만 가격이 비싸다.

쥐가 이 약을 수일간 먹으면 혈관 내에서 혈액이 응고해서 죽게 되며 효과가 정확하다.

8) 사이클로 헥시마이드

Cycloheximide는 streptomycin의 부산물로서 쥐의 기피제로 쓰인다. 0.005%용액을 창고에 분무하면 확실한 효과가 있다.

또한 cycloheximide를 침투시켜 기피포장지로 포장하거나 이 약제를 침투시킨 기피테이프를 사용하는 방법이 있다.

제 3 편

주요 식품의 저장법

제1장 곡류의 저장

제2장 청과물의 저장

제3장 우유의 저장

제4장 계란의 저장

제5장 육류의 저장

제6장 어패류의 저장

제1장

곡류의 저장

현재 농가에서 생산된 곡물 중 자가소비용은 각 농가에서 저장하고, 정부에서 매입한 정부미는 정부관리 농업창고(warehouse)와 미곡종합처리장(rice processing center, RPC) 등에서 저장하게 된다. 곡물은 저장하는 동안에 충해, 변질, 그 밖의 원인에 의하여 많은 양이 손실된다. 우리나라에서 미곡(米穀)을 수확한 후부터 소비에 이르기까지의 저장 중의 손실은 약 10% 정도일 것으로 추정하고 있다.

따라서 곡물을 합리적으로 저장하여 저장 중의 손실을 적게 하는 것은 다른 의미의 증산이라고 볼 수 있다.

곡물의 저장은 저장조건 및 시설 등을 적절하게 하면, 저장중의 성분 변화는 물론 그 손실을 최소한도로 줄일 수 있어서 저장 초기의 품질을 비교적 잘 보존할 수 있다.

1-1 곡물의 저장요인

저장된 곡물은 수확 후 생리적으로 비교적 안정한 휴면상태에 있는데, 이 상태에서의 생명력을 잘 보존시키는 것이 중요하다. 그러나 자연조건 하에서는 저장 곡물 자체에서 변화가 일어날 뿐만 아니라, 해충, 미생물 등이 번식하게 되어 피해를 입게 된다.

이와 같은 변화 및 피해에 영향을 주는 여러 가지 요인 중 곡물의 수분 및 저장온도가 가장 중요하다.

1. 수 분

우리나라 현미의 수분은 보통 14% 내외, 보리는 13~14% 정도 함유하고 있다. 곡물의 수분함량은 곡물 주위의 습도와 관계가 크다. 즉 곡물 저장 중 곡립과 주위 공기 사이에서 수증기 형태로 수분의 교환이 일어나게 되어 곡물 중 수분의 수증기압과 공기의 수증기압 사이에 평형상태를 유지하게 되는데, 이것을 평형수분(平衡水分)이라 한다.

우리나라 쌀의 평형수분 함량을 보면 표 1-1과 같이 품종에 따라 약간 다를 뿐 아니라 조정형태별로도 차이가 있어 현미가 가장 높고, 백미가 다음이며, 벼가 가장 낮다.

〈표 1-1〉 우리나라 쌀의 평형수분함량(%)

품종 / 습도	벼		현 미		백 미	
	통 일	진 흥	통 일	진 흥	통 일	진 흥
22.5	6.98	7.85	8.03	8.17	8.01	8.10
43.7	9.39	9.91	10.33	10.66	10.15	10.38
64.4	13.82	14.18	14.84	15.12	15.06	15.16
86.4	16.31	16.56	17.30	17.45	17.01	17.44
92.5	19.82	20.16	21.42	22.46	20.60	20.85

쌀을 저장할 때 수분은 그림 1-1에서 보는 바와 같이 보통 저장 초기에는 그 변화가 심하지만 5일 후부터는 변화가 적고 약 20일이 지나면 평형수분상태에 이르게 된다.

곡물의 관계습도와 곡류의 수분함량과의 관계를 나타낸 곡선을 등온흡습곡선(moisture adsorption isotherm)이라 한다. 쌀의 등온흡습곡선은 그림 1-2와 같다.

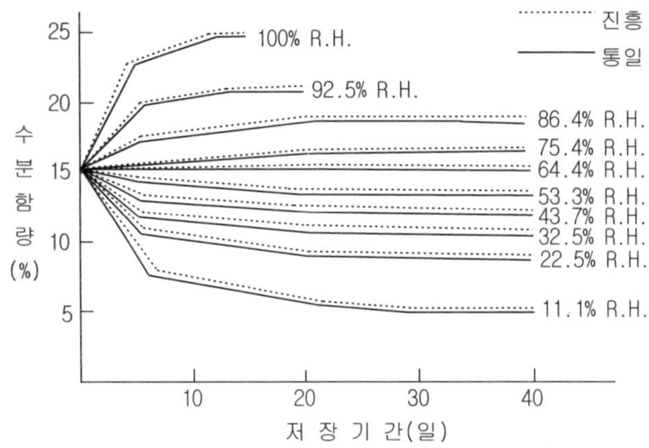

〈그림 1-1〉 여러 가지 습도 하에서 현미의 수분함량 변화

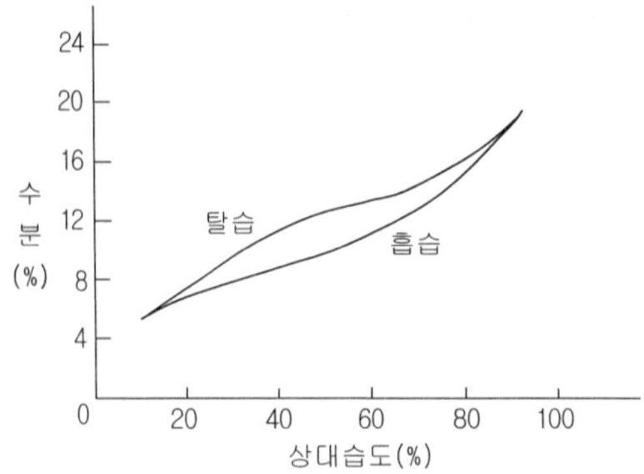

〈그림 1-2〉 현미의 등온 흡습 및 탈습곡선

즉 현미가 어떤 온도에서 평형수분 함량에 이르는데 흡습의 경우와 방습의 경우에 따라 약간 다르다. 이런 현상을 이력현상(履歷現象, hysteresis)이라 부르는데, 벼는 그 품종에 따라 이력현상이 조금씩 다르다. 따라서 곡물을 저장할 때는 주위 공기의 상대습도가 중요한 것이다.

곡물의 수분에는 고정되어 있는 결합수(bound water)와 자유로이 이동할 수 있는 자유수(free water)의 두 가지로 나눌 수 있는데, 곡물 중 수분의 변화와 해충 및 미생물에 이용되고 호흡에 관계있는 것은 자유수 부분으로 알려져 있다.

곡물이 저장 중에 호흡작용을 하여 성분을 소모하면서 탄산가스를 내는데, 그 탄산가스의 발생량과 곡물의 수분과의 관계를 표시하면 그림 1-3과 같다.

이 그림을 보면 충해를 입지 않은 건조한 쌀은 호흡량이 상당히 낮다. 그러나 수분함량이 증가함에 따라서 호흡량이 높아지는데, 상대습도가 75% 되는 평형수분인 17.5% 정도의 수분 함량에서는 호흡량이 현저하게 높아지는 동시에 미생물의 활동이 왕성해진다.

이와 같이 곡물의 호흡이 현저하게 증가하는 것은 곡물 자체보다는 기생하는 미생물에 기인하는 경우가 많고, 해충의 영향은 그다지 크지 않다.

쌀의 수분함량과 곰팡이의 번식상태를 보면 그림 1-4와 같이 15% 이상을 넘으면 여러 가지 미생물이 크게 번식하게 될 가능성이 크다. 따라서 우리나라에서 벼의 수매규격(收買規格)은 수분함량을 15% 이하로 하고 있다.

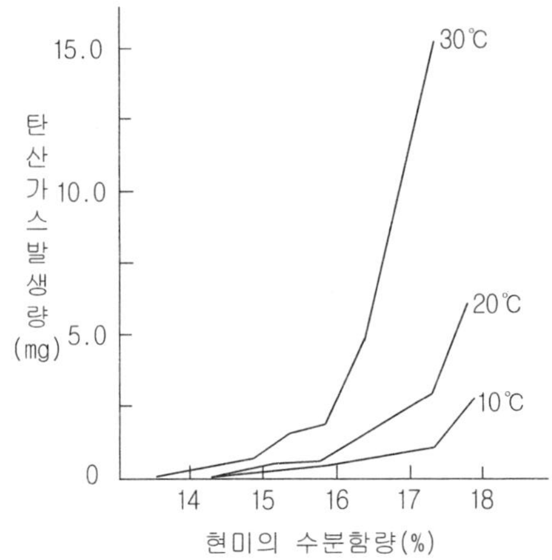

〈그림 1-3〉 현미의 수분함량과 호흡량 (현미 100g, 24시간)

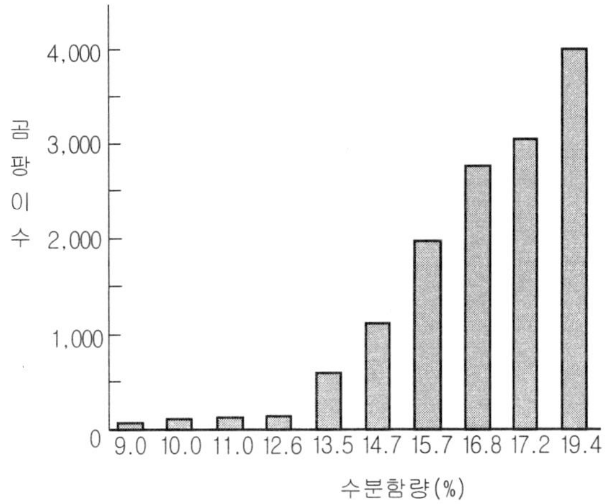

〈그림 1-4〉 쌀의 수분함량과 곰팡이의 번식

2. 온 도

일반적으로 저장 곡물의 온도는 저장고의 공기온도와 대체로 같게 되지만, 이 온도가 곡립의 호흡 및 발열에 영향을 주게 된다. 일반적으로 곡물의 온도가 20℃ 이상이 되면 곡립의 호흡작용과 해충 및 미생물의 번식이 왕성하게 된다. 그리고 그 이하의 저온이 될수록 이들의 번식이 적어져서 유리하게 되어 그림 1-5에서 보는 바와 같이 15℃ 이하가 되면 미생물의 활동이 거의 정지된다.

곡질(穀質)의 저하 특히 실질적으로 소모의 최대요인이 되고 있는 해충도 20℃ 이상이 되면 잘 번식되지만, 15℃에서는 번식률이 대단히 적게 되어, 거의 해가 없을 정도이고, 10℃가 되면 거의 번식하지 못하게 된다.

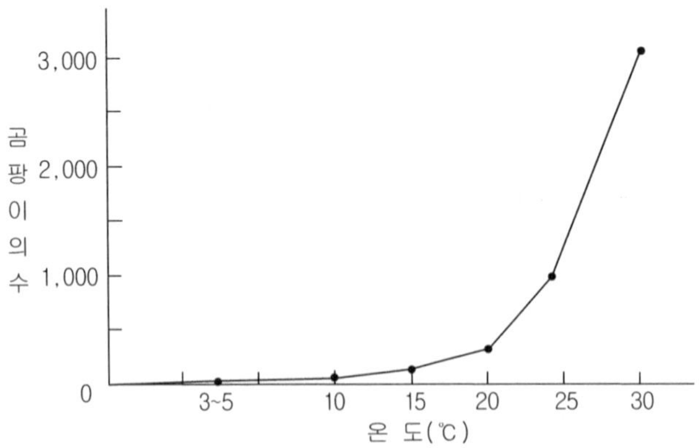

〈그림 1-5〉 쌀의 온도와 곰팡이와의 관계

〈표 1-2〉 저장온도와 바구미의 번식

온도별	2개월후	4개월후	6개월후	8개월후	10개월후	12개월후
30℃	1666	2298	5550	6742	10,736	11,988
20℃	232	625	1929	2396	3824	6502
15℃	0	0	49	122	167	180
10℃	0	0	0	0	0	0

1-2 곡물 저장중의 변화

1. 화학적 변화

곡류저장 중에 일어나는 주요한 화학변화의 내용을 보면 지방이 분해해서 유리지방산이 증가하는 변화가 가장 많고 다음은 전분의 변화가 많다. 단백질의 변화는 비교적 느린 편이다.

지방의 분해는 곰팡이 등의 미생물에 의해서 촉진된다. 미국에서는 벼나 현미의 저장성을 표시하는 지표로서 지방산과 비환원당이 중요시되고 있다. 즉 저장 조건이 나쁘거나 장기저장된 것은 유리지방산이 증가하고, 비환원성 당의 감소를 볼 수 있다. 이때에 환원당은 증가되는데 그 증가 추세보다도 비환원당의 감소추세가 더 심하게 나타난다.

단백질은 저장 중에 묽은 알칼리 용액에 대한 가용성이 감소한다.

현미의 저장 시에 무기성분은 곡립의 겉층에서 배유부로 이동한다. 비타민 B도 저장 중에 감소되는데 특히 여름을 지나는 동안에 심하게 나타난다.

일반적으로 곡물은 저장 중에 적정산도가 증가하지만 pH의 변화는 심하지 않다.

2. 생리적 변화

1) 호흡에 의한 변화

생리적 변화 중에서 호흡과 발열은 가장 중요한 문제이다. 저장 중의 미맥(米麥)은 주로 호흡에 의해서 그 성분을 소모하게 된다. 그런데 호흡작용은 곡립 그 자체와 미생물과 해충의 대사 작용이 서로 함수 관계를 이루고 상당히 복잡하게 작용한다.

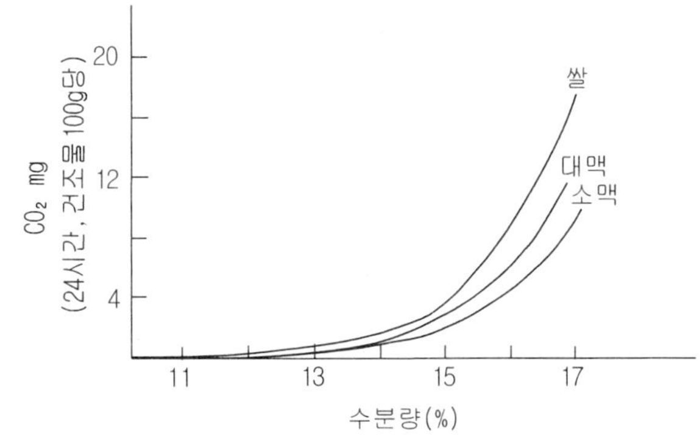

〈그림 1-6〉 쌀, 대맥, 소맥의 호흡

수분과 온도는 호흡의 대소를 결정하는 주요인이며 이 두 조건이 다 같이 낮으면 호흡이 감소되고 따라서 저장성이 좋아진다. 수분이 증가되면 호흡이 증가하고 미생물의 활동이 뒤 따르게 된다. 온도는 이와 같은 대사 작용에 관계되고 온도의 상승은 이 같은 작용을 촉진한다.

곡립은 호기적 호흡과 혐기적 호흡 모두 발생할 수 있는데 수분이 많을 때는 혐기적 호흡이 많아지고 이때에 곡립의 품질 저하가 더 크게 나타난다. 그리고 불건전 곡립은 건전한 것에 비해서 더 많은 호흡을 한다.

2) 발열과 그 영향

저장 중의 미맥(米麥)은 외부로부터의 별다른 원인 없이 자연적으로 발열하는 일이 있다. 이것은 왕성한 호흡과 미생물의 번식이 원인이 되는 일이 많다. 그리고 호흡 자체만으로 35℃ 이상이 되는 것은 드문 일이지만 바구미나 곡식점부채좀나방 등이 심하게 번식하면 발열을 일으켜서 겨울에도 30~35℃ 정도가 된다. 이들 해충은 환경이 적합하면 계절에 관계없이 번식을 되풀이한다.

3) 생물에 의한 피해

• 벌레에 의한 피해

곡물 저장의 실제 문제로는 해충, 미생물, 쥐 등의 생물에 의한 피해가 가장 크다. 세계적으로 저장 곡물의 5%가 해충에 의해서 손실되는 것으로 추정되고 있다.

쥐에 의해서 손실되는 양은 약 50만톤으로 추산되며 해충이나 미생물에 의해서 손실되는 것이 전체의 약 7%에 달할 것으로 추산해 보면 약 50만톤이며 합계 100만톤이 쥐나 해충·미생물에 의해서 손실되고 있는 실정이다. 저장 중의 곡물에 기생하는 해충은 수십 종이 보고되어 있으나 그 중에서 중요한 것들을 보면 딱정벌레류와 나방류 및 거미류에 속하는 것들이다.

• 미생물에 의한 피해

쌀의 변질에 있어서 가장 관계가 깊은 미생물은 곰팡이이다.

해충에 의한 곡물의 피해가 양적 손실이라고 한다면 미생물에 의한 피해는 향기의 변화와 착색 등의 질적 손실이라고 할 수 있다. 미생물은 때로 유독물질을 분비하는 수도 있다.

현재까지 알려진 곡류저장 중 발생하는 유독곰팡이는 다음과 같다.

황변미병균 : 수분함량이 비교적 높은(14~15%) 쌀에는 *Penicillium islandicum* 등의 곰팡이가 생육할 수 있으며, 이 곰팡이가 발생한 쌀을 먹으면 간 경변을 일으키게 되는데 이때의 독성분은 islanditoxin이다. 이 곰팡이는 쌀에 생육할 때 적황색의 색소를 생산하므로 경계해야 한다.

간암을 유발하는 균 : 황국곰팡이 중에서 *Aspergillus flavus* 는 저장곡물 등에 번식해서 aflatoxin을 생산한다. 이것은 곰팡이독 중에서 가장 독성이 강한 물질이며 간암을 유발한다.

이 밖에 간암 유발 물질을 생성하는 곰팡이와 그 독소를 살펴보면 *Penicillium rubrum* 이 생성하는 rubratoxin B, *Penicillium cyclopium* 이 생성하는 cyclopiazonic acid, *Trichoderma viride* 가 생성하는 trichodermin 등이 알려져 있다.

3. 물리적 변화

저장 중에 쌀은 흡수력과 흡수팽창률이 차차 적어지고 강도는 대체로 높아진다. 충해를 받든가 또는 변질되었을 때는 쌀의 수분함량이 적어지므로 용적중(容積重)은 차차 커진다. 그러나 1~2년간은 큰 변화가 없고, 그 후는 약간 변한다.

1-3 곡류의 저장방법

미곡은 벼의 형태로 저장하는 것이 가장 좋다. 세계 각국의 쌀 생산국에서 실시되는 저장방법도 벼의 형태가 원칙이 되어 있으나, 일본은 현미형태로 저장한다.

외피를 벗기지 않은 상태의 벼나 원맥(原麥)은 저장 중 물리적 장해를 받기 어렵고, 잘 건조되어 있으면 해충이나 미생물, 쥐 등의 피해가 비교적 적다. 따라서 가장 적당한 저장형태는 벼나 원맥상태라 하겠다.

그러나 벼의 용적은 현미의 약 2배가 되므로 창고의 용적이나 수송문제를 생각할 때는 현미로 저장하는 것이 유리하다.

우리나라나 일본에서는 곡물을 저장할 때 가마니 등에 소포장을 해서 창고에 저장하는 방법이 주류가 되어 있고, 최근에 들어 사일로(silo) 저장이 미곡종합처리장을 중심으로 확대되고 있다. 앞으로는 저장과 운반의 대기업화에 따라서 사일로 저장이 주류가 될 것이다.

미맥(米麥)을 가공한 백미나 정맥(精麥)은 그 저장이 상당히 어려워진다. 이들은 가공처리에 의해서 물리적 변화를 받고 동시에 생명력을 상실하였기 때문에 해충이나 미생물의 침범이 용이할 뿐 아니라, 온도나 습도의 영향을 받기 쉽게 된다. 식미의 저하도 심하므로 가급적이면 이 방법을 피하는 것이 좋으며, 도정 후에는 신속히 소비하는 것이 바람직하다.

1. 상온저장

자연상태의 온도, 습도로 곡물을 저장하는 일반적인 방법으로, 경제적이기는 하나 고온다습한 곳에선 품질저하가 불가피하므로 환기와 통풍을 잘해서 온도와 습도조절을 꾀해야 한다. 곡류의 저장은 재래식 저장으로 농촌 가정에서 가마니나 자루, 항아리, 나무상자 등에 넣어 방안에 저장하거나 창고에 저장하는 것이 있고 쌀의 경우는 벼 상태로 그림 1-7과 같이 저장하는 정조(벼)저장(正租貯藏)과 정미소에서 정미 후 저장하는 현미저장을 볼 수 있다.

그러나 오늘날 상온저장은 재래식을 개선한 현대식 저장은 철제 또는 콘크리트로 통풍시설, 건조시설, 운반시설, 적재시설 등을 갖추어 그림 1-8과 같이 silo 형태로 저장되고 있다.

〈그림 1-7〉 정조의 야적저장

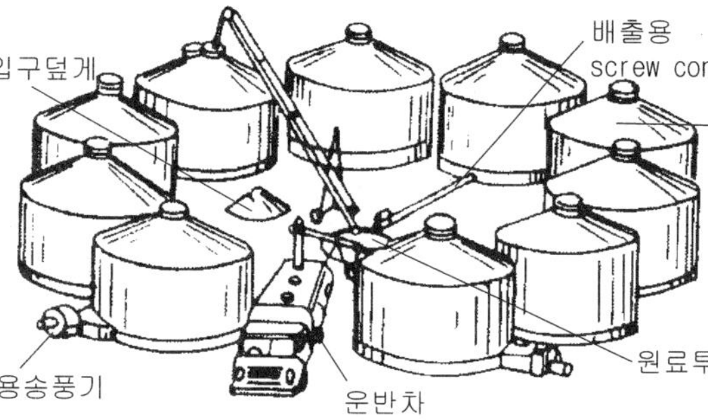

〈그림 1-8〉 강철제 원형의 곡물저장

〈표 1-3〉 건구온도와 노점온도와의 관계 (상대습도 80℃일 때)

건구온도(℃)	10	15	20	25	30	35
노점온도(℃)	6.5	11.5	16.2	21.1	26.0	30.8
차	3.5	3.5	3.8	3.9	4.0	4.2

* 높은 온도와 습도가 많은 하기에 밤낮 사이의 온도차가 심하게 나타나면 대기 중의 습도가 냉각 응결하여 이슬이 형성되므로 곰팡이 발생의 좋은 조건이 된다. 건구온도와 노점온도의 차는 약 4℃이다.

2. 저온저장

일반적으로 곡물저장 중 해충의 피해를 막으려면 15℃ 이하의 저장 온도가 되어야 한다. 따라서 여름철에 창고의 온도를 15℃ 이하로 유지하는 것이 저온저장이며, 저온저장에서는 상대습도를 70~80% 정도로 하는 것이 좋다.

미곡을 저온저장하면 다음과 같은 효과를 얻을 수 있다.

① 해충에 의한 피해가 적다.

② 호흡에 의한 품질저하가 적다.

③ 발아율 저하가 적고 비타민 B의 감소도 적다.

④ 외관이나 식미(食味)가 좋다.

⑤ 수분감소에 의한 중량감소도 적다.

저장창고 내의 온도와 습도를 조절하는 방법은 두 가지 방식이 있다.

1) 냉풍순환식

창고 밖에 있는 냉동장치로 냉각된 공기를 만들어 온도와 습도를 조절하고 창고 내를 강제 순환시키는 방식이다.

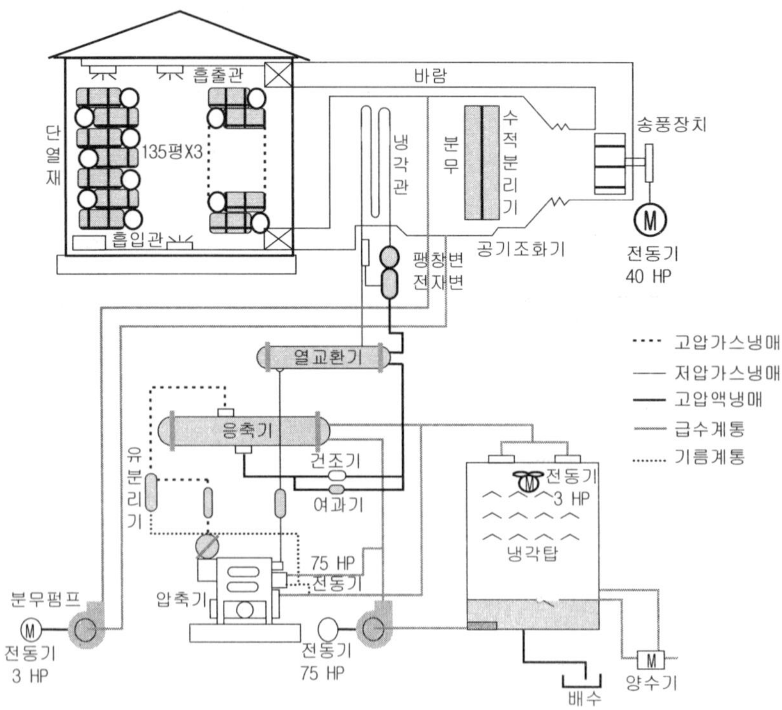

〈그림 1-9〉 냉풍순환식 저온창고

2) 직접냉각식

창고 내에 냉각관을 배치해서 창고내의 공기를 직접 냉각하는 방식이다. 실제에 있어서는 냉풍순환식이 간편해서 좋다.

냉동기의 가동은 온도가 15℃ 이상일 때만 사용하면 된다. 그러므로 우리나라의 기후조건으로 볼 때 냉동기의 가동은 연간 약 6개월 내외가 될 것이다.

3. 무포장저장과 사일로 저장

1) 외국의 곡물저장

미국 등지에서의 미맥저장을 보면 벼나 원맥(原麥)의 상태로 무포장저장(bulk storage)을 하는 것이 통례이다.

미국에서는 수확된 벼는 빈(bin)이라고 불리는 저장조(그림 1-10)에 넣고 건조시킨다. 농장에서 사용하는 빈은 원형인 것, 장방형이며 지붕에 환기통을 갖추고 측벽에서 바닥으로 파이프를 통해서 통풍이 되게 한 것, 또는 온도 조절이 가능하게 되어 있는 것 등이 있으며 대부분 조립식으로 해서 이용하지만 대형의 것은 철근콘크리트조로 하는 것도 있다.

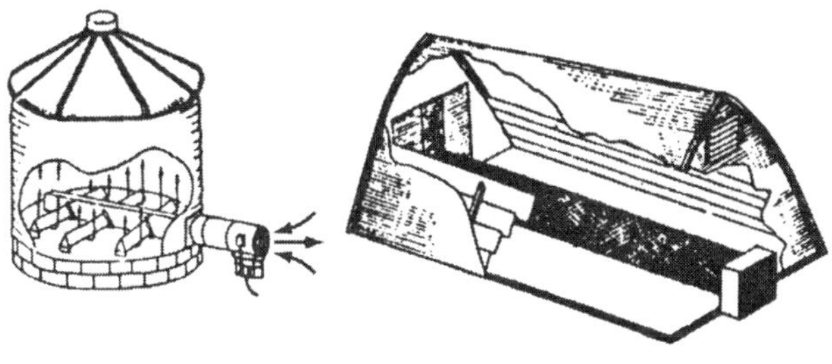

〈그림 1-10〉 곡물의 빈(bin) 저장방법

2) 무포장저장의 조건

미국에서 벼를 무포장저장할 때의 수분은 6개월 저장일 때 13% 이하, 장기저장일 때는 12% 정도라고 되어 있으며, 16% 이상의 수분일 때는 통풍하면 수개월 동안 저장될 수 있다고 한다.

통풍(aeration)이란 곡물에 보통의 공기를 강제 송풍시키는 조작을 말하며 통풍의 효과는 무포장저장의 곡물 품온을 내리고 또한 균일화시키며 국부적으로 발생하는 열을 제거하고 수분의 이동을 막으므로, 무포장저장에 있어서의 통풍은 대단히 중요 하다.

우리나라에는 옛날부터 노적가리라고 하는 무포장저장법이 있다. 탈곡

된 벼를 거적으로 둘러쳐서 거대한 망태기 모양을 만들어 그 속에 무포장으로 벼를 넣고 이엉을 둘러서 빗물을 막는다.

동남아나 일본에서도 이와 비슷한 무포장저장의 형태를 볼 수 있다. 그러나 그것은 차츰 현대식 저장법에 밀려서 그 형태가 점점 사라져가고 있다.

3) 사일로 저장

곡물을 무포장으로 저장하는 입체적인 저장방법이다. 또 이것은 곡물 엘리베이터(grain elevator)라 부르기도 하며, 큰 것은 철근콘크리트 등의 견고한 구조로 되어 있다. 수용능력은 약 3만톤 까지 되는 것이 있고 건조장치가 부설되어 있는 것도 있다.

미국 등지에서는 곡물의 산지에 엘리베이터(country elevator)가 있어서 여기에 모아진 곡물이 곡물집산지에 있는 터미널 엘리베이터(terminal elevator)에 모아진다. 우리나라에서도 벼 저장에 사일로가 사용되기 시작하였고, 수입된 소맥의 제분 대기기간 중의 임시 저장용으로도 사일로가 이용된다.

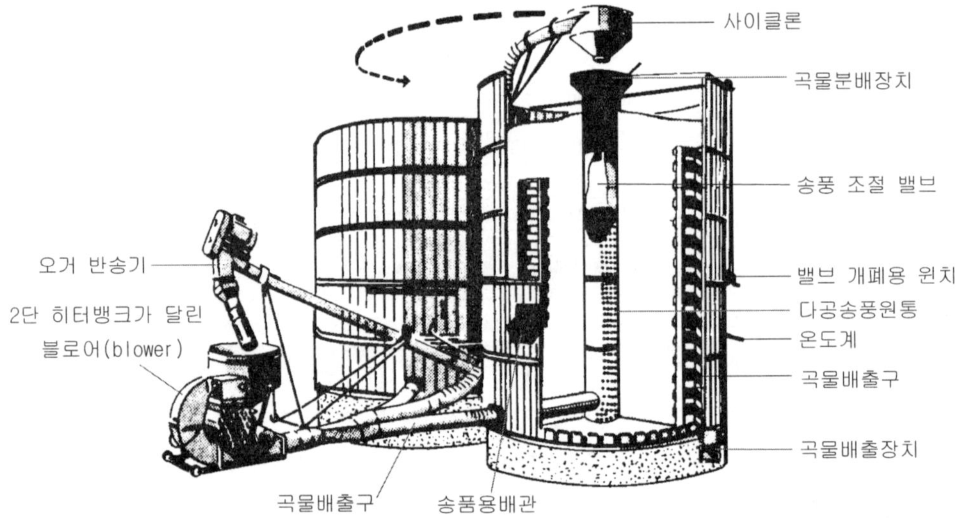

〈그림 1-11〉 사일로

4) 무포장 곡물의 C.A.저장

무포장 곡물을 저장함에 있어 통기가 되지 않는 밀폐상태로 저장하는 방법이 옛날부터 내려오고 있다.

저장 곡물은 호흡에 의해서 밀폐용기 내의 산소를 소비하고 탄산가스를 방출하므로 곡립의 주변은 탄산가스로 충만 되게 된다.

따라서 해충이나 미생물의 생육을 억제하고 곡립의 호흡을 감퇴시켜서 곡물의 성분변화를 적게 한다. 그러나 이런 방법에 있어서는 곡물의 호기적 호흡이 지나치게 억제되어 혐기적 호흡을 영위하게 될 가능성이 있다. 그런데 혐기적 호흡은 곡물성분의 더 많은 변화를 초래하므로 좋지 않다.

따라서 인위적으로 최저량의 산소만을 함유시키고 질소와 탄산가스가 주성분으로 된 기체를 통풍시키는 방법과, 통풍시키는 기체를 냉각해서 저온저장의 효과까지 동시에 기대하는 방법 등이 있다.

4. 기타 저장법

1) 방사선조사에 의한 저장

곡물저장의 방사선조사 목적은 주로 해충, 미생물을 사멸하는 것으로 미국은 1963년, 소련은 1959년에 소맥저장에 방사선 이용이 허가되었다. 방사선의 감수성은 해충의 알이 가장 높고 유충, 번데기, 성충의 순으로 낮은데 성충에는 0.2~2 kGy로서 사멸된다.

미생물은 1 kGy에서 87~96%가 사멸된다. 그리고 미립(米粒)의 발아는 0.5 kGy 이상에서 상당한 저해를 받지만 화학성분에 대한 영향은 적고 비타민 B_1과 B_2는 1 kGy의 조사에서 거의 손실되지 않는다.

식미에 대해서는 0.6 kGy 까지는 쌀의 취반특성(炊飯特性)의 변화를 거의 볼 수 없으며 이는 8개월 후에도 차이가 없는 것으로 보고되었다.

2) 약품에 의한 저장

해충을 구제하기 위해서는 PGP제, 마라타이온제제 등의 방충제와 클로르피크린(chloropicrine), 취화메틸, 인화수소 등의 훈증제가 있다. 또 쥐의 피해를 막기 위해서는 초음파나 cycloheximide 등의 물질을 이용해서 쥐를 기피시키는 방법과 황린·인화아연·cumarin계의 제제와 indane계의 제제를 이용해서 살서하는 방법 등이 있다.

방제약품에 대한 해충의 저항력은 딱정벌레류가 가장 강하고 나방류는 극히 약하다. 또 성충과 알의 시기는 약하고 유충은 그 다음이고 번데기는 가장 저항력이 강하다.

3) 수중저장

곡류의 저온저장방법의 하나로서 자연적인 상태 하에서 한냉장소(cold place)를 이용하는 방법이 연구되고 있다.

즉 호수, 연못, 인공풀장 등의 수중장소(under water locations)와 동굴 등의 지하장소(underground locations)를 이용하는 것인데, 특히 수중장소를 이용하는 수중저장(under water storage)은 새로운 시도로서 주목되고 있다.

• 수중저장을 위한 포장방법

곡물을 수중장소에서 저장하려면 특수한 포장이 요구된다. 곡물의 수중저장이나 지하저장에 있어 적절한 포장재료의 필요조건은 다음과 같다.

① 물의 침투를 방지하기 위한 구조이어야 한다.

② 물리적 강도(physical shock)에 견딜 수 있어야 한다.

③ 공기를 차단(air proof)할 수 있어야 한다.

④ 방습성(moisture proof)이 있어야 한다.

특히 지하저장 중에는 쥐 같은 설치류로 인한 피해에 주의해야 한다.

그러므로 재래식의 주으트(jute)나 종이백은 이들 요구조건에 만족을 주지 못하므로 플라스틱 필름 등이 이용되고 있다. 이들 목적을 위해서는 접합필름(laminated films)이 요구되는데 높은 물리적 강도를 갖는 nylon film에다 기체방습, 방수를 위한 Al-foil 혹은 polyethylene film이 복합된 구조로 사용된다.

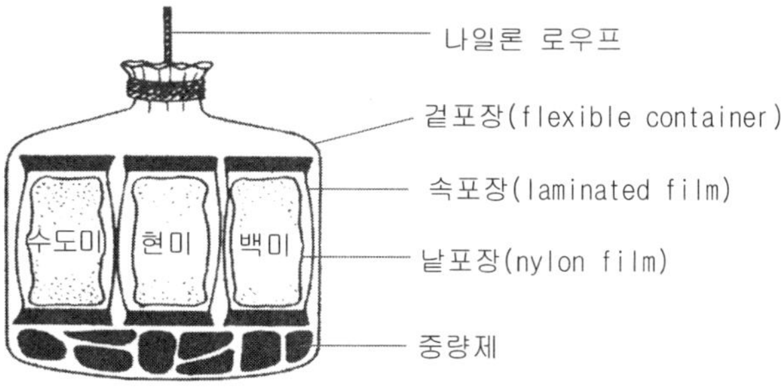

〈그림 1-12〉 곡류의 수중저장을 위한 포장

• 수중저장의 효과

1972년 Mitsuda 등에 의한 쌀의 수중저장과 대기상의 상온저장 하에서의 차이점을 비교해 보면 다음과 같다.

① 수분함량(moisture content) : 수중에서 저장된 쌀의 수분함량은 공기가 있는 상태 하에서 저장된 쌀보다 1년 후에 0.5% 정도로 매우 적게 증가하였다.

② 화학적 조성(chemical composition) : 유리지방산 함량은 대기조건 하에서 저장된 쌀보다 수중저장에서 보관된 쌀이 변화가 적었다. 또 비타민 B_1, 환원당, 수용성 질소 그리고 기타 물질도 수중에서 저장된 쌀이 변화가 적었다. 수중저장의 변화는 온도가 조절된 창고에서의 변화와 거의 비슷한 범위에 있다.

③ 생리학적 활성(biological activity) : 수중저장 수도미(水稻米)의 발아능력(germinative capacity)은 대기저장의 경우와 동일하게 유지되었다. 그러나 대기의 자연조건 하에서보다 수중에서 저장한 곡류에서 catalase나 peroxidase의 활성이 높은 것으로 나타났다.

그림 1-13과 같이 곡류의 원형상태의 신선도는 장기적인 수중저장에서 유지되었다.

④ 기호성(palatability) : flavor의 안정성과 rheology의 특성은 대기조건 하에서 보다 수중에서 저장된 것이 낮은 비율로 노화(deterioration)가 진행되는 것을 볼 수 있다.

수중에서 저장된 곡류를 가지고 조리한 쌀의 외관, 향기, 맛과 모든 품질은 조절된 저온 상태 하에서 저장된 쌀과 비슷하였다. CO_2 가스가 풍부한 환경에서는 화학적 조성 변화를 방지하거나 또는 향기의 손실을 지연하는 등 공기 하에서 보다 효과적이었다.

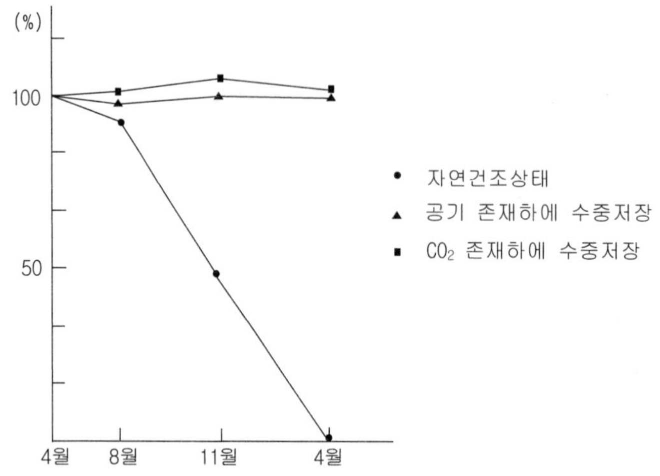

〈그림 1-13〉 수중저장 중 수도미의 발아능력

제2장

청과물의 저장

과일과 채소를 통틀어 청과물이라 부른다. 과일과 채소는 육류, 어패류와는 달리 수확한 후에도 생리작용을 가지고 있는 생체식품(生體食品)이며 수분의 함량이 일반 농산물에 비해 월등히 많고 특유한 맛, 향, 색의 성분을 가지고 있어 신선식품(新鮮食品)이라 하기도 한다.

따라서 청과물의 저장 원리는 그 생리작용을 완만하게 영위시켜 수명을 연장하는 것이며 청과물의 신선도를 최대한 유지시키는 것이라 할 수 있다.

2-1 청과물의 품질저하 요인

청과물의 품질저하를 일으키는 요인으로서는 생리작용에 기인하는 내적요인과 미생물의 증식에 기인하는 외적요인을 들 수 있다.

1. 생리작용에 의한 품질저하

신선한 청과물은 저장중이나 유통과정 중에서도 생리작용을 계속하므로 탄산가스(CO_2)와 열(energy)을 발생하게 되는데 그들은 호흡률과 그 밖의 화학적 변화에 따른 반응으로 신선도와 중량이 변하게 된다. 그러므로 신선한 과일의 판매와 가공할 때까지의 보존기간을 연장하고 생과일를 후숙시켜 품질을 향상시키기 위한 목적으로 저장이 필요하다.

청과물의 생리작용은 호흡작용, 생장작용, 추숙작용, 증산작용 등이 있으며 이들 여러 작용은 과일이나 채소의 품종이 유전적으로 가지고 있는 여러 특성이나, 농장에서 재배할 때의 조건, 수확한 시기 등에 따라서 차이가 있고 수확한 후에는 환경조건, 즉 온도와 환경기체의 조성 등에 따라서 크게 좌우된다. 청과물의 저장이 다른 천연식품의 저장에 비해서 복잡한 이유는 성격이 다른 여러 요인들이 겹쳐 있기 때문이다.

과일이나 채소는 수확하는 시점이 저장의 출발점이라 볼 수 있다. 이때부터의 생리작용은 영양소나 수분의 공급이 없으므로 주로 분해작용이 영위된다. 이 때 물질의 변화가 생기고 생리작용이 점점 쇠퇴해감에 따라 미생물의 작용이 시작되어 식용가치를 상실하게 된다.

그러나 어떤 것은 저장 중에 오히려 품질이 향상되는 것도 있다. 바나나·서양배 등은 미숙할 때에, 즉 아직 먹을 수 없는 시기에 수확하여 저장하면 생리작용의 진행에 의해서 과육은 연화하여 감미(甘味)와 방향(芳香)을 내게 되어 식품적 가치를 향상시켜 준다. 또 감은 저장기간 중에 떫은맛이 없어진다. 이와 같은 현상은 생물학적 견지에서 볼 때 비정상적인 생리작용의 결과에서 온 것이라고 볼 수 있는데, 식품학적으로는 품질향상의 뜻으로 받아들이고 있다.

물론, 과일과 채소의 생리작용에 의한 품질변화는 그 종류에 따라, 또는 수확했을 때의 상태에 따라서 모두 다른데 이것을 원인별로 요약하면 표 2-1과 같다.

수확 직후에 가장 왕성한 호흡작용은 온도와 습도 및 공기 조성 등의 환경조건에 영향을 받게 되는데 대개 0℃ 부근에서 호흡작용이 가장 느리고 10℃로 올라감에 따라 점점 높아져 30~40℃로 되면 가장 활발하게 된다. 따라서 저장의 최적 온도는 미생물이 번식할 수 없는 온도인 0℃ 부근이라 볼 수 있다. 온도에 비해 습도는 물리·화학적 요소가 되는데 80~85%의 습도가 적당하다.

과일은 산소가 상당히 감소해도 정상적인 호흡작용을 유지한다. 그러나 극단으로 부족하면 장해가 발생하므로 저장고 내의 탄소가스와 산소를 적당히 조절(탄산가스농도를 적당히 유지)하여 호흡을 억제해서 신선한 상태를 유지하게 한다. 따라서 이러한 가스저장이 유리하다. 이외에 산화, 분해를 적게 하는 방법으로 왁스처리와 플라스틱 필름 포장 및 생장저해제를 사용하기도 한다.

〈표 2-1〉 청과물의 생리작용과 품질변화

<table>
<tr><th colspan="2">변화의 원인</th><th>변화의 상태</th><th>품질저하</th><th>품질향상</th><th>억 제(촉진)법</th></tr>
<tr><td>호흡작용</td><td rowspan="4">효소의 작용</td><td>성분의 손모(損毛) 발열</td><td>사과의 심부(芯腐), 감의 흑변, 고구마의 경화</td><td>저장된 여름 밀감의 산미 감소
떫은 감의 탈삽(脫澁)</td><td rowspan="3">환경 가스 조절
온도조절
약제처리
방사선 조사</td></tr>
<tr><td>생장작용</td><td>발아, 섬유화</td><td>양파, 고구마의 발아
무의 바람들이
아스파라거스의 섬유화</td><td>대두의 발아(콩나물)</td></tr>
<tr><td>추숙작용</td><td>경화, 착색</td><td>감의 추숙</td><td>바나나, 서양배의 경화 · 착색
사과, 토마토, 레몬의 착색</td></tr>
<tr><td>증산작용</td><td>수분의 손실
변색
육질의 열변</td><td>시들기</td><td></td><td>저온처리
습도조절
피막형성
포 장</td></tr>
</table>

증산작용은 습도가 가장 중요하며 통풍 및 환기의 속도, 광선의 세기, 온도의 변화 등으로 다르게 나타난다. 증산에는 표피증산(表皮蒸散)과 기공증산(氣孔蒸散)이 있으나 과일은 주로 기공증산을 하며 온도에 의한 증산은 과일을 왜소화시키고 방향을 잃게 하여 품질을 저하시킨다.

종류별로 증산 특성을 보면 오렌지, 자두, 복숭아 등은 온도가 저하됨에 따라 증산량이 감소되고 사과, 감, 배, 포도(歐州系), 밀감 등은 온도가 저하됨에 따라 증산량이 극도로 감소되며 어느 온도에서나 증산이 심한 것은 양앵두, 포도 등 이다(단, 품종별 차이는 크다).

숙도(熟度)와의 관계에서 증산량은 사과의 예를 들면 미숙과와 과숙과는 크고 저숙과는 적다.

2. 미생물에 의한 청과물의 병해

청과물은 수분이 대단히 많으므로 생산되어 소비자의 손에 도달할 때까지의 사이 즉 수송·저장 중, 또는 가게의 진열대에 진열되어있는 사이에 병해가 발생하기 쉽다. 이런 것을 청과병(靑果病)이라 하는데, 청과병은 농장의 잡균이 원인이 되는 수가 많으므로 재배 시에 병해의 방제를 철저히 해야 한다.

청과물의 몸에 상처가 생기면 그 곳으로 병균이 침입하게 된다. 외상은 우기(雨期)에 수확한 것에 많고 저장이나 기타 취급중의 부주의로 인해서 타박상과 찰과상 등을 입게 된다.

1) 과일류의 저장병해

과일의 대부분은 유기산을 함유하고 있기 때문에 pH가 낮아서 세균의 피해는 별로 흔하지 않다. 과일 부패의 원인이 되는 균은 주로 곰팡이이며 이것은 청과물의 상처를 통해 감염되어 부패를 일으킨다. 따라서 과일은 과피가 병원균의 침입을 방지하고 있으므로 상처가 없으면 병해의 발생이 어렵게 된다. 저장 밀감의 부패를 병해 별로 보면 표 2-2와 같다.

〈표 2-2〉 저장밀감의 병해별 부패의 비율

푸른곰팡이병	31.7%	흑 반 병	6.7%
녹색곰팡이병	12.0%	회색곰팡이병	0.8%
청녹색곰팡이병	3.7%	흑 옥 병	1.3%
축 부 병	9.0%	호반병(생리병)	10.0%
흑 부 병	22.3%		

〈표 2-3〉 과일의 저장병해

균 명	병 명	피해과일	발육온도한계	발병장소
Pen. expansum	푸른곰팡이병	사과	6~32(℃)	저장 중
Fusarium sp.	심 부 병	사과	2-5~	포장-저장 중
Sclerotinina fructigena	균 핵 병	배, 사과	4~	〃
Physalospora piricola	윤 문 병	배	10~35	〃
Botlytis cinerea	회색곰팡이병	배,포도,사과	1-2~	〃
Aspergillus niger	국 균 병	사과, 밀감	-	저장 중
Pen. italicum	푸른곰팡이병	밀감	6~33	〃
Pen. digitatum	녹색곰팡이병	밀감	8~33	〃
Diaporthe citri	축 부 병	밀감	8~31-33	포장-저장 중
Phoma citricarpa	흑 반 병	밀감	-	〃
Alternaria citri	흑 부 병	밀감	-	〃
Rhizopus nigricans	검은곰팡이병	복숭아, 배	1.8-6.5~31	저장 중
Sclerotinina cinerea	균 핵 병	복숭아	3~	포장-저장 중
Glomerella cingulata	만 부 병	포도	7~35-37	〃
Cladosporium herbarum	클라도스포리움병	포도	9~	저장 중

〈표 2-4〉 채소의 저장병해

균 명	병 명	피 해 채 소	발육온도 한계(℃)
Ceratostomella fimbriata	흑 반 병	고구마	9~41
Rhizopus nigricans	연 부 병	고구마, 딸기	1.8-6.5~31
Phytophthora infestans	역 병	감자, 토마토, 가지	4.6~27-30
Phytophthora melongenae	선 역 병	가지, 토마토	3~38
Phytophthora parasitica	녹색부패병	가지, 토마토	7~36
Colletotrichum atramentarium	탄 저 병	감자	-
Colletotrichum circinans	탄 저 병	양파	4~34
Fusarium coeruleum	건성부패병	근채류	3~30
Botlytis allii	회색부패병	양파	-
Botlytis cincrea	회색곰팡이병	딸기, 기타	2~
Alternaria tomato	흑 반 병	토마토	2~35
Alternaria radicina	흑 반 병	당근, 배추, 토마토	5~
Phoma clestructiva	실 부 병	토마토	6~33
Sclerotinia sclerstiorum	균 핵 병	토마토, 양배추, 상추	0-8~
Bacillus aroideae	연 부 병	감자, 양파	3-8~41
Bacillus carotovora	세균성부패병	당근, 배추, 토마토	2~39
Bacillus solaniperda	습 부 병	감자	-

2) 채소류의 저장병해

채소류의 저장병해를 일으키는 주요 사상균은 푸사리움속(*Fusarium*), 보틀리티이스속(*Botlytis*), 피이토프토라속(*Phytophthora*) 및 알타나리아속(*Alternaria*)에 해당되는 것이 많다.

또 세균에 의한 부패병도 상당량 발생하는 데 이들 병원균은 채소가 재배되는 토양 중에 존재하면서 오염의 근원이 되고 있다.

채소류의 대표적인 병원균은 표 2-4와 같다.

2-2 청과물의 생리작용에 대한 온도와 환경기체의 영향

1. 온도의 영향

청과물의 저장성에 영향을 미치는 여러 환경요인 중에서 온도의 영향력이 가장 크다. 저장성에 영향을 미치는 작용에는 호흡작용, 생장작용, 추숙작용, 증산작용, 미생물 작용 등 여러 요인들이 있는데 온도를 낮게 함으로써 이들 각 작용을 어느 정도 억제할 수가 있다.

온도계수(Q_{10})는 저장온도가 10℃씩 변동했을 때 위와 같은 여러 작용이 어떻게 변하는가를 나타내는 숫자이며, 호흡량, 청과물 육질의 연화정도, 변색의 정도, 미생물의 작용 등의 $Q_{10}=2\sim3$ 정도이다. 즉 온도가 10℃ 상승할 때는 변패 요인의 작용 속도가 2~3배로 증가하고, 10℃ 하강하면 1/2~1/3로 감소된다는 뜻이다.

1) 호흡작용과 온도

재배상태에 있는 청과물은 엽록소와 태양광선으로 탄소동화작용을 하여 탄수화물을 합성하고 한편으로는 합성된 물질을 분해해서 유리된 에너지를 그 생활에 이용하기도 한다. 그런데 식물이 재배되고 있는 사이에는 탄소동화작용이 호흡작용보다도 양적으로 많으므로 비대해지고 성장할 수 있지만 수확 후에는 단순한 호흡작용뿐이므로 유통과정에서 점차 영양분의 소모가 일어난다. 그때 생리작용의 차이는 식물이 선천적으로 보유하고 있는 유전적 형질과 후천적으로 재배 시에 획득한 형질에 의해서 좌우되기도 하지만 유통과정에서의 취급 여하나 환경요인, 즉 온도, 공기의 조성, 습도 등에 의해서도 영향을 받는다.

- 호흡의 온도계수(Q_{10})

몇 가지 청과물에 대하여 Q_{10}을 살펴보면 표 2-5와 같으며 대략 2~3의 범위에 속하고 있다. 따라서 15℃로 5일간 저장할 수 있는 것이라면 5℃로는 10~15일간 저장할 수 있다는 이론이다.

〈표 2-5〉 청과물의 온도와 호흡량

종 류	온도(℃)	호 흡 량		온 도 관 계	
		CO_2 배출량 (mg/kg/h)	비율(%)	온도(℃)	Q_{10}
완 두	1	18.8	100		
	5	27.9	148		
	10	33.7	179	1~10	1.8
	15	50.3	268	5~15	1.8
양배추 (cabbage)	1	14.1	100	1~20	1.9
	20	53.4	379		
셀러리 (celery)	1	13.9	100	1~20	1.9
	20	54.9	395		
파슬리 (parsley)	1	23.0	100	1~20	3.1
	20	202.9	615		

- 호흡열

호흡작용으로 포도당이 연소되었을 때는 674 kcal 가 방출된다.

$$C_6H_{12}O_6 + 6\,O_2 \longrightarrow 6\,CO_2 + 6\,H_2O + 674\,\text{kcal}$$

그런데 여기에서 방출된 에너지 중에서 생리작용에 쓰이는 것은 극히 일부이고 대부분은 체외로 방출된다. 방출된 열을 호흡열이라 부른다.

청과물의 호흡량은 온도에 따라서 상당한 차이가 있다. 그 몇 가지 예를 표 2-6에서 볼 수 있다. 이 표에서 볼 수 있는 바와 같이 어떤 것은 상당한 호흡열을 발생하므로 취급에 주의해야 하며 특히 많은 수량을 쌓아 놓을 때는 중심부에 호흡열이 발생하여 그 결과 호흡작용을 더욱 촉진하는 악순환이 생기게 된다.

청과물의 호흡열은 냉장 또는 냉동할 경우 냉각용량을 계산할 때에도 고려해 주어야 한다. 즉 생리작용이 없는 육류와 같은 경우는 냉장할 때 제거하여야 할 열은 육류가 가지고 있는 열, 즉 현열(sensible heat) 뿐이지만 청과물의 경우에는 온도를 내리는 사이에 또는 필요한 온도까지 내린 후에도 다소의 호흡작용을 계속하므로 제거해야 할 열은 현열+호흡열이 되는 것이다.

〈표 2-6〉 과일과 채소의 호흡열[1)]

품 명	1톤당 24시간에 발생한 kcal		
	32°F(0℃)	40°F(약 4.4℃)	60°F(약 16℃)
사 과(죠나단 또는 와인샵)	75.6~201.6	149~212	572~874
강 남 콩	1,386~1,552	2,308~2,870	8,087~11,121
브록컬리(broccoli)	1,877	2,772~4,435	8,535~12,600
양 배 추(cabbage)	302	421	1,028
당 근(잎이 달린 것)	537	874	2,029
셀 러 리(celery)	408	610	2,087
단옥수수(corn, sweet)	1,653	2,366	9,679
양 파(onion)	162~277	428~499	-
오 렌 지	106~260	328~393	920~1,303
복 숭 아	214~345	287~512	1,830~3,446
배, 바아틀렛(pear, bartlett)	166~222	-	2,218~3,326
청 완 두(peas, green)	2,056	3,331	9,891
감 자	111~222	277~444	554~887
시 금 치	1,068~1,225	1,978~2,825	9,304~9,576
딸 기	688~958	922~1,701	3,896~5,111
고 구 마	300~615	431~844	1,079~1,588
토 마 토(익었으나 아직 녹색인 것)	146	270	1,570
토 마 토(후 숙 된 것)	257	315	1,421

1) 발생열량은 매시간, 매 kg당 이산화탄소의 mg수로 표시된 호흡속도에 220을 곱하여서 얻는다.

• 예 냉

수확 후의 청과물을 방치하면 질적·양적 변화가 일어난다. 따라서 청과물은 가급적이면 수확 직후에 바로 동결점 가까이 냉각시킬 필요가 있다. 이런 작업을 예냉(precooling)이라 한다.

예냉은 냉각장치를 사용하여 기계적인 방법으로 할 수도 있으나 기온이 가장 낮은 이른 아침에 수확 출하하는 것이나 낮에 수확한 것은 밤사이에 성기게 쌓아 두었다가 새벽에 출하하는 것도 일종의 예냉 원리에 해당된다고 볼 수 있다. 또한 상추 등 엽채류는 물을 뿌린 후 감압하여 물을 증발시켜 냉각하는 hydro-cooling을 사용하기도 한다.

2) 생장작용과 온도

청과물을 재배할 때는 성장과 비대가 재배목적의 대부분이 되겠지만 수확 후에 상품으로서 유통되는 과정에서는 성장이 오히려 식품의 품질을 저하시키는 결과를 가져오고 있다. 그 예로서 아스파라거스와 죽순은 육질이 섬유화되고 무는 바람이 들며 고구마나 양파는 발아를 한다. 엄밀한 뜻으로 볼 때에는 청과물이 수확되면 탄소동화작용이 정지되므로 진정한 뜻의 성장은 정지되는 것이라고 보아야 하겠지만 생장 도중에 수확된 것은 생장을 계속하는 방향으로 변화되기 쉽고, 또 다음 대(代)를 위해서 발아, 발근 등의 변화를 나타내는 수가 있다.

이와 같은 작용을 억제하는 방법으로는 저온으로 저장하는 것이 가장 효과적이며, 5℃에서는 생장작용이 거의 정지된다. 아스파라거스는 절단부를 물에 담가서 저온으로 두면 섬유화를 막을 수 있고, 양파는 냉장 개시 시기가 중요하다. 즉 늦어도 7월 중순까지는 냉장을 개시해야 한다.

3) 추숙작용과 온도

과일을 수확할 때는 필요한 정도로 숙성한 것을 골라서 하게 된다. 그러나 수확 후에도 숙성작용은 계속되는데 이와 같은 수확 후의 숙성을 추숙(after ripening)이라 부르고 있다. 어떤 과일은 충분히 숙성한 것을 수확하여 저장 중에는 그 이상의 추숙이 진행되지 않도록 억제해야 할 경우도 있고, 또 어떤 과일은 다소 미숙한 것을 수확하여 적당한 방법으로 추숙을 조장하는 경우도 있다.

예를 들면 밀감, 사과, 포도, 감, 배 등 대부분의 과일은 충분히 식용할 수 있는 상태로 숙성했을 때 수확하게 되며 수확 후의 추숙은 오히려 품질을 저하시키는 결과를 낳게 되므로 저온저장 등의 방법으로 추숙을 억제해야 한다.

그러나 바나나와 서양배 등은 완숙되었을 때 수확하는 것 보다는 다소 미숙한 것을 수확하여 추숙시키는 편이 오히려 빛깔·방향·맛 등에 있어서 더 우수하다. 따라서 이들 과일은 다소 미숙한 것을 수확하여 저장하다가 적당한 방법으로 추숙시켜서 상품화하는 것이 통례로 되어 있다.

4) 증산작용과 온도

청과물이 저장 중에 증산하는 수분량은 그 품질과 밀접한 관계가 있다. 증산에 의해서 약 15%의 중량 감소가 있을 때 청과물의 표면은 광택이 없어지고 주름이 잡히며 육질도 저하되고 청과물의 생명이라고 할 수 있는 신선미가 현저히 감소된다.

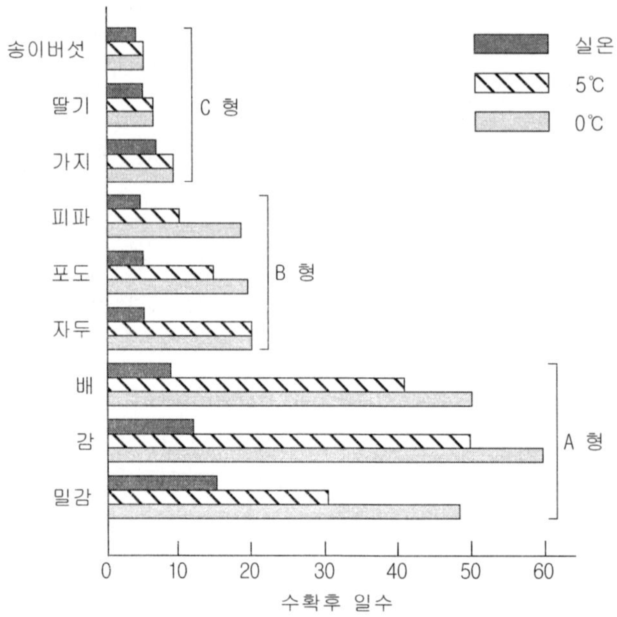

〈그림 2-1〉 저장온도와 증산작용과의 관계(5%의 중량감소가 될 때까지의 일수)

A형 : 온도의 영향을 심하게 받는 것들
B형 : A형보다 온도의 영향을 덜 받는 것들
C형 : 온도의 영향을 별로 받지 않고 어떤 온도에서도 심하게 증산작용을 하는 것들

그림 2-1은 몇 가지 청과물에 대하여 각기 실온 5℃, 0℃로 저장하고 그 중량이 5%로 감소할 때까지의 일수를 나타낸 것인데, 온도에 대한 영향은 청과물의 종류에 따라 차이가 많고 대략 다음과 같은 3가지 유형으로 구분할 수가 있다.

경험으로 보아 저장성이 있는 것은 대개 A형에 속하는 것들이며 C형에 속하는 것들은 냉장을 해도 심한 증산작용을 계속하기 때문에 저장조건이 까다로워진다. 청과물에서 수분 증산을 억제하고 저장성을 향상시켜주기 위해서는 주위 공기의 습도를 높게 해야 한다. 그러나 너무 높으면 미생물의 번식으로 인한 피해가 있으므로 적당한 습도를 유지할 필요가 있다. 대부분의 경우 습도는 85~90%로 하는 것이 좋다.

2. 환경기체의 영향

일반적으로 O_2가 감소하고 CO_2 농도가 증가하면 청과물은 전환기상승(轉換期上昇 ; climacteric rise, CR)의 발현이 늦어진다. 그 예를 바나나에서 보면 그림 2-2와 같고 산소농도를 낮추면 CR의 시기를 지연시킬 수 있으며 따라서 장기저장이 가능하게 된다.

또 에틸렌은 과일의 성숙 및 착색에 밀접한 관계를 갖는 것으로 알려져 있고 과일이 추숙될 때에 에틸렌이 생성된다는 사실도 오래 전부터 알려져 있다.

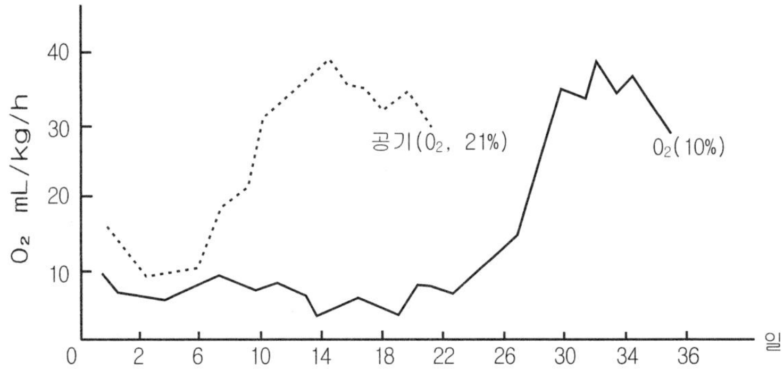

〈그림 2-2〉 산소농도가 바나나의 호흡속도에 미치는 영향

일반적으로 에틸렌으로 처리하면 과일의 호흡량은 증가하고 엽록소가 분해되어 과피의 녹색이 소실된다.

그러나 카로티노이드는 분해하지 않으므로 고농도의 에틸렌가스로 처리함으로써 바나나, 토마토, 서양배 등의 추숙과일은 인공적으로 숙성을 촉진시킬 수 있다.

2-3 청과물의 저장방법

1. 상온저장

상온저장에는 지상식, 반지하식, 지하식이 있다. 딸기와 앵두는 곰팡이가 슬기 전까지 수일간 저장이 가능하고 오렌지는 조심스럽게 취급하여야 하며 시장에 보내기 전에 보통 소독을 한다.

바나나는 미숙한 때에는 상처를 낫게 하는 힘이 있으나 성숙 후에는 다소의 상처로도 급격히 부패된다.

상온저장 중에서 옛날부터 많이 응용되어 오는 방법 중에는 움 저장이 있다. 움 저장은 역사적인 고찰에서도 언급했듯이 옛날 우리 선조들은 채소나 과일의 저장을 이 방법에 의존하여 오랫동안 저장하여 왔다. 오늘날에도 냉장, 냉동시설이 없는 농촌에서는 아직도 이용되고 있다. 그림 2-3에서 보는 바와 같이 이 움 저장은 땅을 깊이 파고 뚜껑은 나무로 엮어 덮은 다음 그 뚜껑 위에 흙을 두텁게 덮고 한 쪽에 숨구멍을 내놓아 호흡하는 식품의 공기유통을 갖도록 하는 것이며 겨울에는 짚으로 막아 보온조치도 취하는 것이다. 이때의 온도는 대략 10℃로 유지되는 것이 좋다.

식품의 종류로는 감자, 고구마, 무, 배추, 당근 등의 채소와 배, 사과, 오렌지 등의 과일을 움 속에 저장하는 것이다.

따라서 오래 전부터 1.5~1.8m 정도의 움을 파서 그 속에 저장하거나 산이나 언덕의 남쪽 비탈에 10m 이상의 굴을 파서 2중문을 하여 저장하기도 하고 온돌방에 넣어 두어 저장하는 것도 있다. 통상 지하 3m 정도 되면 기온에 영향을 받지 않고 1년 내내 13℃ 정도로 유지된다고 한다.

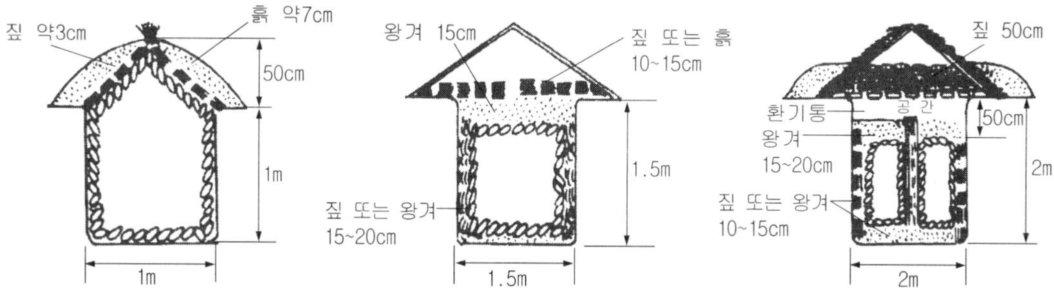

〈그림 2-3〉 움 저장의 종류들(옥외 지하저장고)

2. 저온저장

1) 냉 장

예냉된 청과물은 가급적이면 냉장장치가 구비된 자동차로 수송해서 저장하게 된다. 냉장차의 온도와 습도는 냉장할 청과물의 종류에 따라 적절하게 정하고 실내의 공기는 0.2~0.3m/sec의 속도로 유동시켜 주는 것이 좋다.

청과물의 냉장온도는 육류나 어류와는 달리 생명력을 유지할 수 있도록 최저온도로 해주는 것이 좋다. 따라서 생명력이 없는 육류나 어류는 동결하는 것이 이상적인 저장방법이지만, 청과물은 동결하면 생명을 잃게 된다. 따라서 청과물의 저장목적을 달성하기 위해서는 냉장법이 가장 좋은 저장방법이다. 과일과 채소의 저장조건을 보면 표 2-7과 표 2-8과 같다.

〈표 2-7〉 채소의 평균 빙점과 추천된 저장 온도, 상대 습도, 대략의 저장 수명

식 품 명	저장온도 (℃)	상대 습도 (%)	대략의 저장 수명	평균 빙점 (℃)
아티초우크, 뚱딴지(artichoke, Jerusalem)	0	90~95	2~5달	-2.5
아스파라거스(asparagus)	0	90~95	3~4주	-1.2
콩(beans)				
미숙한 강낭콩(green beans)	23.4	85~90	8~10주일	-1.2
리마콩(lima beans)				
박피 안된 것	0	90~95	2~4주일	-1.0
박피 된 것	0	90~95	15일	-1.0

표 2-7 (계속)

식 품 명	저장온도 (℃)	상대 습도 (%)	대략의 저장 수명	평균 빙점 (℃)
메론, 성숙된 것(melon, ripe)				
수박(watermelon)	2.2~4.4	80~85	1~2주일	1)
머스크 메론(muskmelon)	4.4~10	80~85	10~14일	2)
감로 메론(honeydew melon)	4.4~10	80~85	2~4주일	3)
카사바메론, 페르시안(casaba, persian)	4.4~10	80~85	4~6주일	–
오크라(okra)	10	85~95	2주일	−1.0
올리브(olive)	7.2~10	85~90	4~6주일	−1.9
양파(onions)	0	70~75	6~8달	−1.9
서양방풍나물(parsnips)	0	90~95	2~4달	−1.7
대황(rhubarbs)	0	90~95	2~3주일	−1.9
루우타베이거 순무(rutabaga)	0	90~95	2~4달	−1.4
시금치(spinach)	0	90~95	10~14일	−0.9
호박(squashes)				
여름	4.4~10	85~95	2~3주일	–
겨울	10~12.8	70~75	4~6달	−1.5
고구마(sweet potatoes)	12.7~15.4	80~85	4~6달	−1.9
토마토(tomatoes)				
후숙(ripe)	4.4~9.9	85~90	7~10일	−0.9
성숙 녹색(mature green)	12.7~20.9	80~85	3~5주일	−0.9
사탕무우(beets)				
잎이 달린 것	0	90~95	1~3달	−2.8
잎이 안 달린 것	0	90~95	10~14일	−2.8
브로컬리(broccoli), 이탈리아 토산	0	90~95	7~10일	−1.5
싹눈 양배추(brussel sprouts)	0	90~95	3~4주일	–
양배추(cabbage)	0	90~95	3~4달	−0.4
꽃양배추(cauliflower)	0	90~95	2~3주일	−1.0
셀러리(celery)	−0.6~0	90~95	2~4달	−1.3
당근(carrots)				
잎이 달린 것	0	90~95	4~5달	−1.3
잎이 안 달린 것	0	90~95	10~14일	−1.3
옥수수, 미숙한 것 (corn, green)	−0.6~0	90~95	4~8일	−1.7
오이(cucumber)	7.1~9.9	90~95	10~14일	−0.8
가지(eggplants)	7.1~9.9	90~95	10일	−0.8
꽃상추(endive)	0	90~95	2~3주일	−0.6
마늘(garlic)	0	70~75	6~8달	−3.6
서양매운냉이(horseradish)	0	90~95	10~12달	−3.1

표 2-7 (계속)

식 품 명	저장온도 (℃)	상대 습도 (%)	대략의 저장 수명	평균 빙점 (℃)
부추(leek)	0	85~90	1~3달	-1.5
양상추(lettuce)	0	90~95	2~3달	-0.4
순무(turnips)				
잎이 달린 것	0	90~95	4~5달	-0.9
양송이(mushroom)	0	85~90	5일	-1.0

1) 껍질 -1.8℃, 과육(flesh) -1.5℃
2) 껍질 -2℃, 과육 -1.6℃
3) 껍질 -1.8℃, 과육 -1.4℃

〈표 2-8〉 아주 저온이 아닌 온도에서 저장할 때에도 냉해(cold injury)를 받기 쉬운 식품

식 품	가장 낮은 안전온도 (℃)	0℃와 안전온도(safe temperature) 사이에서 저장할 때 일어나는 냉해의 특징
사과, 일부 품종	1.1~2.2	내부 갈변(internal browning), 수정 분해(soggy breakdown)
아보카도(avocados)	7.1	내부 갈변
바나나, 미숙 또는 성숙한 것 (green or ripe)	13.2	익을 때 색이 칙칙해진다.
깍지 강낭콩(snap beans)	2.1~9.9	냉장을 중지하면 움푹 파진 데가 증가하고 적갈색으로 변색한다.
크랜버리	1.1	저온 분해(low-temperature breakdown)
오이(cucumbers)	7.1	움푹 파진다(pitting). 물에 젖은 듯한 반점이 생긴다. 부패(decay)가 일어난다.
가지(eggplants)	7.1	움푹 파진다. 표면이 청동빛이 된다.
그레이프 프루우트	7.1	변색(scald), 움푹 파진다. 수성분해, 내부갈변
레몬(lemons)	12.7~14.3	내부갈변(internal discoloration), 움푹파진다.
라임(limes)	7.1	움푹 파진다.
망고(mangoes)	9.9	내부 변색
오크라(okra)	4.4	퇴색(discoloration), 물에 젖은 듯한 부분(water- soaked area), 움푹 파진다. 부패
메론(melon)		
칸타루우프(cantaloups)	7.1	움푹 파진다. 표면 부패(surface decay)
감로(honey dew)	4.4~9.9	움푹 파진다. 표면 부패
카사바(cassaba)	4.4~9.9	움푹 파진다. 표면 부패
그랜쇼와 페르시안 (grenshaw and persian)	4.4~9.9	움푹 파진다. 표면 부패

표 2-8 (계속)

식 품	가장 낮은 안전온도 (℃)	0℃와 안전온도(safe temperature) 사이에서 저장할 때 일어나는 냉해의 특징
수박(watermelon)	2.2	움푹파진다. 이상향미(objectionable flavor)
신선한 올리브(olives, fresh)	7.1	내부 갈변
오렌지, 캘리포니아종 (oranges, california)	1.7~2.7	껍질의 분해(rind disorder)
파파야(papayas)	7.1	분해(breakdown)
후추, 단 것(peppers, sweet)	7.1	움푹 파진다. 꽃받침(calyx) 부근이 변색
파인애플(pineapples)		
성숙녹색(mature-green)	7.1	후숙되면 어두운 암녹색이 된다.
감자(potatoes)		
치페와(chippewa) 종	4.4	마호가니색으로 갈변(mahogany browning)
세바고(sebago) 종		
호박 겨울형(squash, winter)	9.9~12.7	부패
고구마(sweet potatoes)	9.9	부패, 움푹 파진다. 내부 변색 후숙한 후 빛깔이 좋지 않다.
토마토(tomatoes)		
성숙녹색(mature green)	9.9	빨리 부패되는 경향이 있다.
후숙(ripe)	9.9	분해

표에서 볼 수 있는 바와 같이 대부분의 청과물 저장의 최적온도는 0℃ 부근에 있으며 빙결점은 －1~－2℃이다. 또한 이보다도 더 낮은 온도에서는 세포사(細胞死)를 일으켜 급격하게 변질 및 부패를 가져온다.

이와 같이 청과물의 최적 저장온도와 위험온도 사이에는 극히 작은 간격이 있을 뿐이므로 온도관리에 세심한 주의가 필요하다.

그런데 위와는 반대로 어떤 청과물은 비교적 높은 온도에서 저장하지 않으면 안되는 것도 있다. 오이는 그 좋은 예이며 그림 2-4에서 보는 바와 같이 13℃일 때에 가장 좋은 저장효과를 볼 수 있고 그보다 높은 온도나 낮은 온도에서는 저장성이 저하함을 알 수 있다.

이와 같은 현상은 열대, 또는 아열대지방을 원산지로 하는 것, 또는 봄과 여름에 걸쳐서 숙성하는 청과물에서 흔히 볼 수 있는데, 이들은 저온저장보다 높은 온도에서도 저온장해를 받는 것으로 알려지고 있다(표 2-9).

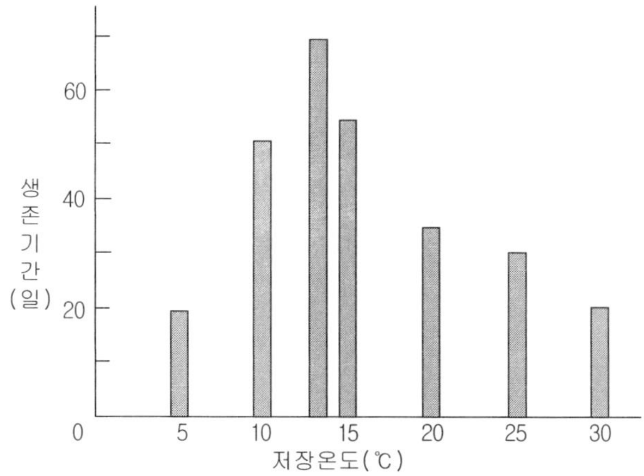

〈그림 2-4〉 오이의 저장온도와 생존기간

〈표 2-9〉 몇 가지 청과물의 저온장해

품 명	품 온	증 상
바나나(녹숙)	13℃ 이하	후숙이 잘 안 됨
바나나(황숙)	12℃ 이하	과피가 갈색으로 변함
토마토(녹숙)	13℃ 이하	적색이 잘 나지 않음
고구마	13℃ 이하	표피가 흑갈변하고 육질도 나빠진다.
가 지	7℃ 이하	과피경화, 갈변

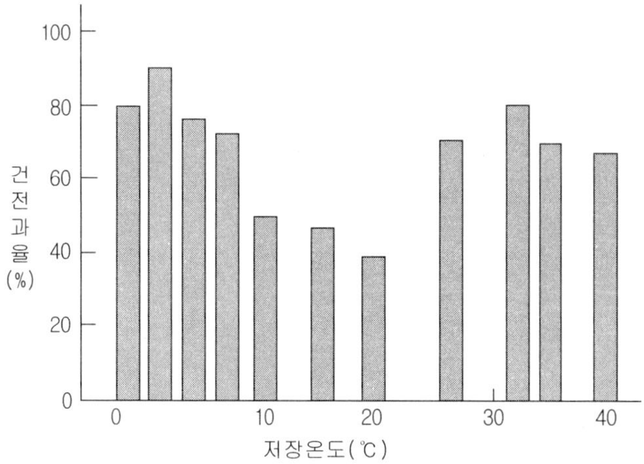

〈그림 2-5〉 양파(white glob종)의 저장성에 미치는 온도의 영향

또 어떤 것은 0℃가 저장적온이라고 할지라도 온도가 상승함에 따라 반드시 저장기간이 단축되는 것은 아니다. 그 예로 양파를 4개월간 저장한 실험에서 보면(그림 2-5) 10~20℃의 온도범위 내에서 저장한 것이 좋지 않았으며, 그 이상의 고온에서는 오히려 저장성이 좋았다는 것을 보여주고 있다.

2) ICF 저장

공기는 저온일수록 적은 수분으로 포화될 수 있으므로 저온으로 저장하면 증산작용이 억제된다.

과일은 완숙하면 당도가 높아지는데 당도의 증가는 빙점의 강하를 가져오게 되므로 0℃나 그 이하에서도 얼지 않게 된다. 청과물을 그 동결점 바로 위의 온도에서 저장하게 되면 동결에 의한 손상을 받지 않을 뿐만 아니라 생명이 살아 있는 그대로 동면(冬眠) 저장하는 상태가 되므로 가장 이상적인 방법이라고 볼 수 있다.

그런데 청과물을 0℃ 이하로 저장하면 건조, 저온 장해 또는 부분동결 등의 문제들이 나타나게 된다. 이런 문제점을 예방하기 위해서 인공서리, 인공얼음, 인공설 등으로 과피표면을 싸게 되는데 이 방법을 ICF 저장법(ice coating film storage)이라 한다. ICF 저장법은 청과물의 표면에 물을 분무해 빙결시켜서 표면을 얼음의 피막으로 덮고 −0.8~−1℃ 이하에서 저장하는 방법이다.

이 방법은 식품을 동결저장 할 때의 빙의(glaze)와 흡사한 점이 있으나 근본적으로는 다르다. 즉, 빙의법은 식품표면의 건조를 막는 것이 목적이지만 ICF 저장법은 주로 청과물을 대상으로 식품의 빙결점 이상 0℃ 이하의 온도범위가 정해지며 완숙해서 저장성이 약한 식품에서 좋은 결과를 낼 수 있는 점이 다르다.

ICF 저장법은 최근에 이론적 근거가 제시된 것으로서 아직 구체적인 자료는 많지 않으나 배(20세기), 양배추, 딸기 등에서 그 가능성을 확인하고 있다.

앞으로 청과물의 내한성(耐寒性)과 내동성(耐凍性)이 충분히 검토되어야 하고 구체적인 온도나 냉각속도 및 가능한 저장기간 등에 대해서 많은 연구가 요망된다.

3) 냉동저장

육류나 어패류에서 발달한 냉동저장의 기술이 최근에는 청과물에도 응용되기에 이르렀다. 예전에는 채소류를 동결시키면 육류 등과는 달리 품질의 심한 저하를 피할 수 없는 것으로 생각하고 있었다. 이렇게 생각된 이유는 아마 겨울에 잘못해서 얼게 된 채소가 품질 상 좋지 않았던 경험에서 연유되었을 것이다.

그런데 코오만(Kohman, 1928)이 채소를 가볍게 열처리해서 동결하면 좋은 효과가 있다는 것을 발견하고, 그 후 급속히 동결채소의 기술이 개발되었다. 이 방법은 오늘날 블랜칭(blanching)이라 부르고 채소의 냉동저장에 널리 이용되고 있다.

블랜칭의 원리는 식물체내에 있는 퍼옥시다아제(peroxydase), 아스코르브산옥시다아제(ascorbic acid oxydase), 폴리페놀옥시다아제(polyphenol oxydase) 등을 실활(失活)시켜서 동결 전, 동결 중 또는 해동 시에 일어날 수 있는 급격한 화학변화에 의한 품질저하를 방지하는 데에 있다. 블랜칭 처리가 없을 때 이들 효소는 −20℃의 저온에서도 다소의 활성이 있고 따라서 냉동 중에도 서서히 품질을 저하시키게 된다.

블랜칭의 방법은 품종이나 크기에 따라서 차이가 있지만 90℃ 전후의 온도로 2~3분간 처리하는 것이 보통이다. 동결 방법에는 공기냉동법·송풍동결법·침지동결법·금속판접촉동결법 등이 있다.

또한 과일은 원칙적으로 블랜칭을 하지 않고 날것 그대로 동결하는 일이 많으며 과일의 형태는 원형, 두 쪽으로 낸 것, 또는 슬라이스(slice)한 것 등이 있다.

냉동저장 중의 갈변(browning)을 방지하기 위해서는 당액침지나 설탕을 뿌려서 하고 있으며 전처리로는 아황산, 소금, 아스코르브산 등의 묽은 용액에 침지한다. 그리고 슬라이스 한 것은 블랜칭해서 갈변을 막기도 한다.

냉동저장에 적합한 청과물은 다음과 같은 것들이 알려져 있다. 과일로서는 밀감, 딸기, 서양배, 파인애플, 사과, 감 등이며 채소로는 시금치, 양배추, 배추, 양파, 당근, 우엉 등이다. 콩류나 옥수수 등은 물리적 변화가 적어 냉동에 가장 적합한 것들이다. 그런데 옥수수는 수확 후 급속히 감칠맛이 소실되기 때문에 수확 후 5시간 이내에 냉동시키는 것이 좋다.

3. 가스저장 및 플라스틱 필름저장

탄산가스의 농도를 높이면 호흡작용의 억제와 과일의 착색을 방지하고 추숙 중에 일어나는 여러 가지 화학변화를 적게 함으로써 저장과일의 신선도를 유지하는 데 효과가 크다.

과일들은 호흡이 저농도(2~5%)의 산소 하에서와 적당한 농도(2~10%)의 탄산가스 하에서도 억제되며 품질의 변화가 방지되는데 이 원리를 응용해서 저장고 내의 가스 조성을 적당히 하고 그 안에서 냉장을 겸하면서 청과물을 저장하는 C.A.저장이 유용하게 이용된다.

C.A.저장고는 전체가 대기와 차단된 기밀실(氣密室)로 대상 과일이 가득 채워지고 밀폐된 직후의 기체조성은 공기와 같은 N_2 79%, O_2 20.9%, CO_2 0.03%가 된다. 이후 산소의 양은 천천히 감소해서 호흡에 필요한 수준 이하로, 즉 보통 3% 정도로 조절되는데 12~18일이 걸린다.

탄산가스의 양은 점점 증가하는데 필요 이상의 탄산가스는 탄산가스흡입장치인 scrubber로 조절한다. 과일 중에 특히 사과는 고무병(soft scald), 액과병(soggy breakdown), 갈심병(brown core), 내부갈변(internal browning) 등의 냉해가 있으므로 이러한 C.A.저장법이 유리하다.

플라스틱 필름 저장법도 C.A.저장법과 같은 효과가 있는 것으로 예를 들면 두께 0.03mm 크기 20×30cm의 고압 폴리에틸렌 필름으로 된 자루에 사과를 3개씩 밀봉해 상온에서 저장하는 것으로 플라스틱 필름은 수증기의 투과성이 매우 낮으나 탄산가스를 잘 통과시키므로 생리적 장해를 일으킬 염려가 없다.

가스저장과 같이 정확한 가스조성을 유지하기 어려워 저장기간에 제한이 있지만 설비, 관리에 비용이 안 들고 매일 2회의 가스분석과 농도를 조절할 필요가 없다.

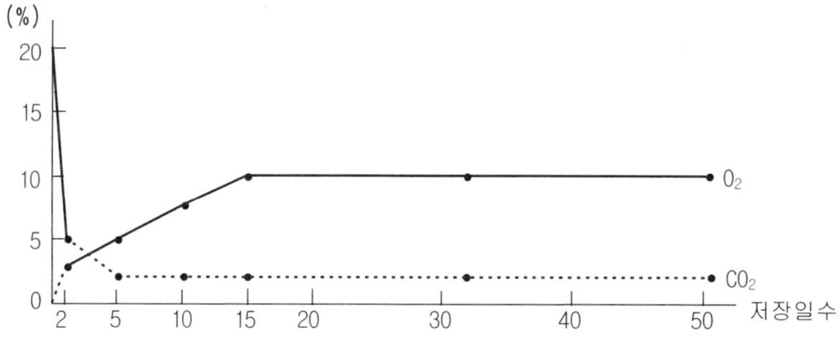

〈그림 2-6〉 폴리에틸렌 자루에 의한 사과(홍옥)의 저장 중 자루내의 가스조성의 변화

4. 피막제의 이용

이 방법은 주로 과일에 응용되고 있는 것인데 과일의 표면에 계면활성제나 합성수지에 속하는 물질을 도포(塗布)해서 과일의 표면에 엷은 피막을 형성시켜 줌으로써 플라스틱 필름 포장저장에 있어서의 효과와 곁들여서 광택을 좋게 하는 등의 상품가치향상에도 도움을 주고 있다.

피막제의 종류로는 모르폴린지방산염(morpholine fatty acid salt), 초산 비닐수지(polyvinyl acetate), 왁스(wax)류 등이 있다.

피막제사용법의 한 예로서 모르폴린지방산염을 보면 이것은 단독으로 사용되는 일은 거의 없고 모르폴린지방산염의 3% 수용액에 왁스 12%를 녹여서 사용하게 되는데 여기에 미량의 향료나 식용색소를 가하기도 한다. 과일을 이 혼합액에 담갔다가 꺼내는 침지법, 분무기로 분무하는 분무법 등이 있다.

또 OED(oxyethylene docosanol)는 원래는 논의 물 표면에서 피막이 되어서 수분발산을 막고 따라서 수온상승제로 이용되는 물질인데 이것을 과일표면의 피막제로 이용할 수 있다.

오렌지는 왁스처리를 하면 수분증발과 부패하는 것이 적으며 저장 3개월까지는 당, 산, 비타민 등의 소비량이 적고 호흡량이 억제되어 품질 유지에 좋다. 농도는 3~5%가 적당하다. 사과는 홍옥을 3~10%의 wax로 처리한 결과 영양성분의 손실이 적고 우수한 품질을 유지할 수가 있다.

5. 방사선 저장

방사선 조사에는 질병이 없고 타박상이 없는 깨끗한 과일만을 사용한다. 방사선 조사 처리는 임시로 정상적인 성숙과정을 멈추게 하므로 완전히 성숙되지 않은 과일도 처리할 수 있다. 과일은 공기 중에서 또는 우발적인 오염으로 인해 재접종(reinoculation)되는 것을 방지할 수 있도록 처리 전에 포장하여야 한다.

과일의 방사선 선택살균(radiation pasteurization)은 과일의 종류와 원하는 수명에 따라 다르지만 1.5~1.8 kGy의 방사선량이 사용된다. 방사선으로 선택 살균된 과일은 아직 그 생명현상을 유지하고 있으므로 자연적인 노숙과정(老熟過程 ; aging processes)을 억제하기 위해 약 4℃ 이하의 온도와 85~90% 정도의 상대습도가 필요하다.

방사선 조사는 식품 중의 해충구제, 기생충, 기생충 알의 사멸 또는 양파, 감자 등의 발아를 억제하는 데에 효과적이다.

감자를 방사선 처리할 때 그 처리 장소는 위생상태를 유지하고 각종 처리 단계에서 조금도 지체함이 없이 처리되어야 하며 규정량 이하의 조사를 받은 감자는 약 5℃ 이상의 온도에서 저장하면 발아하고 과도로 조사받으면 저장 중 품질저하가 심하다.

처리 후의 저장조건은 약 5℃에서 상대습도는 85% 정도가 좋다. 방사선에 의해 처리된 토마토는 상온에서 수개월~1년간은 충분히 가식상태(可食狀態)로 저장할 수 있다.

6. 건조저장

건조법은 과일들의 수분함량을 15~25%로 줄여 영양소의 농도를 증가시키고, 단위 중량당 단백질, 지방, 탄수화물을 더욱 많이 들어있게 하는 데 알맞은 저장법이다. 그러나 원래 식품의 품질보다 품질이 좋을 수는 없다. 과일은 건조하는 동안에 광선을 반사, 산란, 흡수 또는 투과함에 따라 물리·화학적 성질이 변화되고 과일의 색도 달라진다. Carotene 색소는 열처리하는 시간이 길수록 변화가 심하며 안토시아닌(anthocyanin)

색소도 건조처리에 의해 변화한다.

황처리는 안토시아닌색소를 표백하는 경향이 있으며 동시에 산화에 의한 갈색화 반응에 강한 억제작용을 나타낸다. 파괴된 식물 조직의 갈색화는 조직내의 산화효소에 의하며 이 변화는 건조하고자 하는 과일의 품질에 악영향을 주므로 효소를 가열하여 불활성화(블랜칭) 시킨다.

아미노산과 환원당(reducing sugar)의 상호작용에 의한 갈색화반응이 과일의 건조과정 중 일어난다. 과일을 훈증하면 효소에 의한 갈색화가 억제되며, 마이얄 반응(Maillard reaction)도 억제된다. 건조과일의 수분함량이 1% 이하로 될 때, 물론 그와 같이 수분함량이 작으면 식품의 과열(過熱)과 품질 저하를 가져올 것이지만, 갈색화 반응은 급격히 억제된다. 갈색화는 건조식품을 낮은 온도에서 저장함으로써 억제할 수 있다.

포장 내 건조는 저장 중의 건조식품에서 수분을 제거하는 데 효과적으로 사용되어 왔다. 건조식품이 든 진공 밀폐된 용기 내에 염화칼슘이나 실리카겔 등이 든 소포(pocket)를 넣는 것은 수분함량의 수준을 낮게 하는 데 효과적인 방법이다. 통에 든 3%의 수분을 함유하고 있는 오렌지주스 결정(orange juice crystals)은 포장 내 건조제의 사용으로 수분함량을 1% 이내로 줄일 수 있다. 이상과 같은 방법은 다른 방법을 사용할 때 필요한 부가적인 가열처리에 의해 식품의 품질을 저하시킬 위험성이 없이 수분함량을 낮게 하는 데 효과적인 방법이다.

과일을 건조시키는 방법으로는 천일건조와 인공건조로 나눌 수가 있는데 천일건조는 비타민 C와 carotene함량에 있어서 큰 손실이 있고 인공건조 특히 분무건조(spray drying)는 영양소의 큰 손실 없이 건조를 달성할 수 있다.

냉동건조법은 비타민 C와 기타 영양소를 그대로 유지한다. 시판용 규모로 인공건조되고 있는 과일을 살펴보면 다음과 같다.

① 사과 : 잘 골라 씻어서 껍질을 벗기고 끝손질(trimming) 후에 다시 아황산처리(sulfite treatment)를 한 후 킬른식(kilns) 건조기로 건조시킨다.

② 살구, 복숭아와 승도복숭아(nectarines) : 보통 천일건조를 하는데 살구는 3~4시간, 복숭아와 승도복숭아는 4~6시간 황훈증(sulfuring) 처리를 실시한다. 이들 과일들은 보통 건조 전에 수증기 블랜칭(steam blanching)을 한다.

③ 배 : 건조하기 전에 블랜칭하고 황훈증 처리를 한다. 건조에는 보통 24~30 시간이 걸린다.

④ 자두(prunes) : 잘 씻은 다음 터널식 건조기(tunnel drier)에서 18~24시간 건조시킨다.

⑤ 포도 : 건조방법은 부분적으로 포도의 품종에 따라 다르다. 씨가 없는 포도는 알칼리처리(lye-dip)한 후 황훈증하여 천일건조 한다. 건포도도 황훈증 처리를 한 후 터널식 건조기로 건조한다는 점 외에는 같은 처리를 한다.

⑥ 무화과(figs) : 나무에서 상당히 건조가 진행된다. 건조시킬 때에는 수확된 것을 쟁반에 펴서 천일건조하며 잘 씻은 다음 인공건조하기도 한다.

대규모로 건조되는 다른 과일로는 로우건베리(loganberries), 앵두(cherries)가 있다.

7. 절임저장

1) 당조림 저장

가용성 고체성분(soluble solids)이 65% 또는 그 이상으로 농축한 것 또는 상당한 양의 산을 함유하고 있는 식품기질(food substrates)은 공기 중의 오염에서 보호만 되어 있다면 비교적 가벼운 가열처리로도 오랫동안 그 식품을 저장할 수 있다. 당의 함량이 70% 이상인 경우에는 산의 함량이 클 필요가 없다.

과일 젤리(fruits jellies)와 프리저어브(preserves)의 제조는 중요한 과일 부산물 이용 제품이며 이들 식품의 저장은 높은 고형분, 높은 산함량(high solid-high acid)의 원리에 근거한다. 이 때 농축은 과일을 보존하는 중요한 방법일 뿐 아니라 교역에 있어서도 외관상의 볼품이 없다는 점을 제외한다면 훌륭한 품질을 가진 과일의 중요한 이용방법이 된다. 이와 같은 저장과일은 상쾌한 맛 이외에도 상당한 영양가를 가지고 있다.

젤리, 잼, 설탕조림(preserves), 마아머레이드(marmalades), 과일버터

(fruits butter) 등은 과일이나 기타 식물성 식품을 설탕을 가하여 미생물에 의한 부패가 일어날 수 없는 점까지 수분을 증발시키고 농축하여 만든 제품이다. 과일 설탕조림에 있어서 표면의 곰팡이 성장은 산소를 제거함으로써 즉 표면을 파라핀으로 덮어 둠으로써 억제할 수 있다. 현대식 방법에 의하면 파라핀 대신에 진공밀폐용기(vacuum sealed containers)가 사용되며 이렇게 함으로써 곰팡이의 성장, 수분의 손실, 산화 등이 억제된다.

잼은 그 원료가 과즙이 아니라 과일성분(ingredients)이 직접 사용된다는 사실 이외에는 젤리와 비슷하며, 고체성분이 적어도 65%가 되도록 농축해야 한다.

과일버터는 전체 무게의 2/7 이하의 당의 무게에 대해서 5/7 이상의 과일성분이 함유된 혼합물로 만들어진 반고체 저장식품이다.

마아머레이드(marmalade)는 보통 귤류(citrus fruits)로 만들어진 제품으로 귤류의 즙과 껍질과 당으로 적절하게 만든 젤리와 같은 식품이다.

이상적인 젤리를 만들기 위해서는 과일은 충분한 양의 양질의 펙틴과 산을 함유하고 있어야 한다. 이와 같은 과일로는 야생 능금(crab apples), 과숙되어 있지 않은 딸기류, 귤류, 포도, 신맛을 가진 앵두, 넌출월귤(cranberries) 등이 있다.

젤리 제조과정은 펙틴의 추출 및 과즙과 과일의 특유의 향미물질들을 최대한으로 추출하기 위하여 끓이는 과정을 갖는다. 분말로 된 펙틴은 부피의 10배 정도 건조된 당과 천천히 혼합한 후 과즙에 넣어준다. 이렇게 하면 펙틴을 골고루 분포시킬 수 있다.

당은 과즙에 분말형태 또는 시럽(syrup)으로서 첨가된다. 첨가할 때는 잘 교반하고 가열해야 한다. 끓이는 것은 젤리를 제조하는 데 있어 중요한 과정이므로 과즙은 급속도로 농축되어야 한다. 장기간의 농축은 펙틴의 가수분해(hydrolysis)를 일으킬 뿐 아니라 산의 휘발, 향미와 색깔의 손실을 가져온다. 젤리와 설탕조림 제품은 뜨거울 때 용기 속에 충전(약 88℃ 부근)하여 밀봉하지만 가열살균처리는 필요하지 않다.

과일의 프리저어브도 농축에 사용되는 초기의 원료가 과일 pulp와 과일 자체를 함유하고 있다는 점 이외에는 젤리와 매우 비슷한 방법으로 제조된다. 과일 페이스트(fruit paste)는 과일 퓨레(fruit purées)에서 수분을 증발, 제거하여 고체성분의 함량을 높여서 만든 농축제품이다.

과일을 설탕용액 속에서 끓이는 것(candying of fruits)은 농도가 큰 당용액에 담금으로써 과일조직 내의 당농도를 높여서 부패미생물의 성장을 억제하고자 함이다. 과일은 농도가 점차로 증가되는 당용액 속에서 처리함으로써 원하는 당도를 얻을 수 있다.

과일은 당 속에 담근 후 씻어 말려 제품으로 하는데 설탕으로 끓인 과일은 시럽 속에 넣은 후 건조하고 포장하여 시판하게 된다.

설탕에 끓인 과일은 당의 엷은 막(glaze)으로 피복되어 진다. 당으로 피복된 과일을 글라세이 과일(glac'ed fruits)이라 한다. 아황산(sulfurous acid) 속에서 저장된 과일은 뜨거운 물로 씻어 아황산성분을 제거해야 한다. 앵두의 경우에는 아황산성분을 씻어 제거하기 전에 꼭지를 따고 씨를 제거해야 한다.

2) 소금절임 저장

염장법은 소금의 삼투작용(osmosis)에 의한 식품의 탈수로 세균의 생활에 필요한 수분이 줄어들고 미생물도 소금에 의한 높은 삼투압으로 원형질분리가 일어나 생육이 억제된다.

일반적으로 소금의 작용은 다음과 같다.

① 호기성균의 발육억제와 효소의 용해도를 낮추는 작용

② 미생물에 대한 Cl^-이온의 작용

③ 미생물의 CO_2에 대한 감도를 예민하게 하는 작용

④ 단백질 분해효소의 억제작용

Pickling은 소금절임에 의한 것으로 신선한 오이를 소금물용액에 넣으면 24시간 내에 연화(softening)가 일어나고 천천히 발효과정이 시작된다. 소금의 첨가는 자연에 존재하는 lactic acid균의 성장을 허용하여 소금의 작용을 보충할 충분한 양의 산이 급속히 생성된다.

소금의 농도는 첫 주에는 8~10%로 유지되며 그 절임용액의 소금농도가 16%가 될 때까지 매주 1%의 비율로 소금의 양을 증가시킨다.

오이는 약 90%의 수분을 함유하고 있으며 오이조직과 소금용액 사이에 평형이 이루어짐에 따라 소금용액의 농도는 천천히 감소한다. 소금농

도를 유지하며 4~6주일 후 오이의 조직이 특정한 변화를 일으킨 것을 보고 발효의 완결을 확인한 다음 소금 농도를 약 16%까지 올린다. 이 소금절임은 수년 동안 저장할 수 있다.

〈표 2-10〉 세균의 생육을 억제할 수 있는 NaCl의 농도

세 균	젖산균	낙산균	요 소 분해균	단백질 분해균	지 방 분해균	Pectin 분해균	섬유소 분해균
억제 NaCl 농도(%)	15	24	18	30	16	18	16

제3장

우유의 저장

우유는 옛날부터 음·식용으로 이용되어 왔다. 기록에 의하면 인도에서는 우유가 이미 6000년 전에 이미 주요 식품으로 되어 있었다. 바빌로니아에서는 기원전 2000년경에 암소를 숭배하였으며, 이집트에서는 풍요의 여신(hathor)으로 숭배하였다고 한다. 그리스와 로마에서는 우유뿐만 아니라 산양유, 마유도 이용되었다.

아시아에서는 13세기 경 몽고의 칭기즈칸이 아시아를 정복하고 그 영토를 유럽까지 확대하였을 당시 병사들은 건조유를 식품의 일부로서 휴대하였다고 한다. 이와 같이 우유는 고대부터 음식물로 존중되어 왔으며, 고대 중앙아시아 민족들은 가축의 소유두수로서 재산을 평가하였으며 암소를 신성시했다.

우리나라에서는 삼국사기, 고려사, 이조실록 등에 젖을 이용하였다는 기록이 있으나, 그 때는 왕실이나 극히 일부 사람이 우유를 약용 또는 보약으로 이용하였다. 우리나라에서 젖소가 사육되기 시작한 것은 1902년인데, 당시 농상공부 기사로 근무하던 프랑스인 Short 씨가 현재의 신촌역 부근에 모범적인 축사와 시설을 꾸미고, 젖소 20두를 도입하여 사육한 것이 한국 낙농업의 시작이었다.

우리나라에서 낙농의 중요성이 재인식되고, 본격적인 낙농이 시작된 것은 1960년대 초부터이며, 제 1 차 경제개발 5개년 계획에 따라서 외국에서 젖소를 도입하기 시작하여 낙농발전에 박차를 가하게 된 것이다. 이후 낙농업은 급속히 발달하여 왔으며, 우유 및 유제품 생산량도 급격히 증가되었다.

3-1 원료 우유의 특성과 시유의 보존

1. 원료우유의 특성

착유 직후의 우유에는 1 mL당 최고 30만 마리의 세균이 존재한다. 그런데 이것이 우유 처리장에 도착할 때에는 1 mL당 최고 400만 마리 이상으로 늘어나기도 한다.

우유는 착유 직후 일정시간 동안은 세균이 전혀 번식하지 않고 오히려 감소하는 경향이 있는데, 이런 작용을 자가살균작용이라고 부른다. 이와 같은 살균작용은 저온인 4℃에서는 상당히 장시간 지속되며 비교적 고온에 속하는 21℃에서는 처음에 그 성질이 강하게 나타나지만 지속시간이 짧다. 즉 원료유는 저온이 유지되면 상당히 장시간 세균의 번식을 저지시킬 수가 있다(표 3-1 참조).

〈표 3-1〉 착유 후의 우유가 가지는 자가살균작용

온도(%)	착유 직후	2.5시간 후	5시간 후	7.5시간 후	10시간 후
4.4	2,214	2,154	2,020	2,074	2,180
21.1	2,214	2,080	1,874	4,346	142,000
36.1	2,214	2,246	6,240	530,000	1,148,000

자가살균작용을 상실한 우유에는 여러 가지 세균이 번식하기 시작하는데 저온에서는 저온균이 발육한다. 저온균에 속하는 세균 중에는 단백질과 지방을 분해하는 것이 많으므로 우유에 쓴맛을 주고 지방분해취를 내며 응고현상 없이 부패한다.

원료유를 고온에 방치하면 젖산균과 대장균 등의 번식이 왕성해져 산도가 높아진다. 산도가 0.25~0.3%(젖산으로서)되면 산미를 느낄 수 있

고 이런 우유는 가열하면 응고하게 된다. 또 산도가 0.5%정도로 되면 자연응고가 되게 된다. 이와 같은 변화에 요하는 시간은 온도에 따라 달라지는 데 그 한 예를 보면 표 3-2와 같다.

〈표 3-2〉 우유가 응고하게 되는 시간

저 장 온 도	16℃	21℃	27℃	32℃
우유가 가열에 의해 응고하게 되는 시간	47	31	21	14
우유가 자연 응고하게 되는 시간	68	44	30	20

젖산발효가 더욱 진행하여 젖산이 1% 이상이 되면 젖산균은 자신이 생산한 산에 의해서 생육저지를 받고 발효가 정지된다. 그 동안 젖산균에 의해서 발육이 억제되었던 다른 미생물, 즉 산성에서도 생육할 수 있는 곰팡이 등이 젖산균이 쇠퇴한 뒤를 이어 번식하기 시작한다. 곰팡이는 젖산을 자신의 영양소, 즉 탄소원으로 이용·소비하고 단백질도 분해하므로 우유는 알칼리성으로 기울게 된다. 이렇게 되면 부패균이 번식하기 시작하여 단백질을 분해하고 우유를 적변·청변 또는 황변시키게 한다.

이 중에서 우유를 적변 시키는 세균은 *Sarsina rosea, Bacillus prodigiosus*가 관여하고 청변 시키는 것은 *Bacillus cyanogenus*, 황변시키는 것은 젖소의 피부나 유방에서 오는 균이나 *Staphylococcus aureus*(포도상구균) 등이며, 또 우유를 점조한 상태로 만들어 주는 것은 *Bacillus lactis viscosus, Bacillus yummosus*가 관여한다.

2. 시유의 보존

시유처리공장이나 유제품공장에 도착한 원료유는 검사를 하여 합격한 것은 즉시 냉각하고 저유(貯乳)탱크에서 표준규격으로 조정한 후 가열살균 한다.

가열살균한 시유는 바로 냉장, 보존해야 하는데 그것은 시유를 살균처리하였다 할지라도 완전무결한 것이 아니므로 냉장하지 않으면 남아 있는 균들이 번식하여 우유가 산패하기 때문이다. 산패우유는 응고 직후에는 유해하다고 할 수는 없으나 산패 후에는 부패가 따르게 된다.

따라서 5℃ 이하의 저온에서 냉장 보관해야 한다.

포장방법에 있어서 종래에는 유리병을 이용 한 적도 있었으나 근래에는 종이팩 또는 PE병, PET병 등을 이용해 포장하여 시판하고 있다.

〈표 3-3〉 우유 보존온도와 세균 수

온 도	24시간 후	48시간 후	96시간 후	168시간 후
0	2,400	2,100	1,850	1,400
4	2,500	3,600	218,000	4,200,00
5	2,600	3,600	400,000	0
6	3,100	12,000	1,480,000	
10	11,600	540,000		
13	18,800	3,400,000		
16	180,000	28,000,000		
20	450,000	25,000,000,000		
30	1,400,000,000			
35	25,000,000,000			

3-2 우유와 유제품의 변질

우유와 유제품도 다른 식품과 같이 전체의 생산 소비과정을 통하여 여러 가지 미생물에 의하여 끊임없이 오염된다. 따라서 과학적으로 처리하여 보관하지 않으면 부패하여 식품으로서의 가치를 손실할 뿐만 아니라 때로는 식중독 미생물에 의하여 식중독이나 질병을 일으킬 수 있으므로 우유와 유제품의 안전하고 과학적인 보존은 매우 중요하다.

우유와 유제품의 변질은 미생물의 오염으로부터 시작되며, 본격적인 변질은 오염미생물이 성장할 수 있는 환경 조건이 주어 졌을 때부터 시작된다고 할 수 있다.

1. 우유와 유제품의 오염

착유하는 순간부터 우유는 각종의 오염원으로부터 여러 가지 미생물에 의하여 오염될 수 있다. 낙농 농가에서 생산되는 생유의 중요한 오염원을 오염도 순서로 보면 우유를 다루는 각종 기구, 소의 몸과 유방, 목부(牧夫)의 손, 공기 등이다. 따라서 생유의 오염량을 감소시키려면 우유를 다루는 기구의 철저한 세척과 소독 및 건조를 실시하고, 소의 몸을 항상 깨끗이 하며, 유방과 근처 부위를 늘 깨끗이 유지함은 물론 착유 시에는 잘 닦아야 한다.

생유에 많이 오염되는 미생물은 젖산균과 대장균군이 단연 우세하고, 기타 호냉성의 Gram음성 간균과 내열성균, 효모와 곰팡이들도 오염되어 여러 가지 형태의 부패를 일으킨다. 특히 목부와 작업자에 의하여 오염되는 미생물은 양은 많지 않지만 사람에게 병원성 미생물을 전파시킬 수 있는 중요한 오염원이므로 목부는 물론 우유 공장 내에서도 작업자의 철저한 위생관리는 매우 중요하다.

유제품의 제조공정 중에도 각종 가공기계, 세척수, 포장용기, 인부, 공기 등으로부터 미생물이 오염될 수 있으므로 철저한 위생관리에 의하여 제품의 오염을 최대로 낮추어야 한다.

최근에는 HACCP(hazard analysis critical control point, 위해요소중점관리기준)제도를 도입하여 원료부터 제품의 생산·저장·유통 단계에서 최종제품의 위생안전성 확보에 필수적인 관리요소를 설정하여 중점적으로 관리함으로써 식품위해 발생을 예방하고 있다.

2. 우유의 변패

우유와 유제품은 영양분이 풍부한 식품이므로 각종 오염원으로부터 오염된 미생물들은 수분, 온도, 산소, pH 등의 환경조건이 적당하면 성장하게 되며, 우유와 유제품의 성분을 이용하여 변질 및 변패를 유발하게 된다. 가장 보편적인 변패는 생유의 산패를 들 수 있다. 변패형태별로 우유와 유제품의 부패를 살펴보기로 한다.

1) 산　패

우유에 미생물이 성장하여 산을 생성하므로 신 냄새가 나고, 심하면 단백질 응고물이 생성되는 현상을 말한다.

생유를 10~37℃에 저장할 때 발생하는 산패(souring)는 대부분의 경우 각종 젖산균에 의해 일어난다. 다음으로는 coliform 박테리아에 의한 산패가 많은데, 이때에는 가스도 발생되며, 냄새도 젖산균에 의한 산패의 경우와 같이 신 냄새가 아니고 부패취가 난다. 이외에도 산패를 일으키는 미생물에는 *Micrococci, Microbacteria, Bacilli* 등이 있으며, 시판되는 우유의 부패는 살균처리 후 살아남은 미생물들 즉, 내열성 젖산균(*Enterococci, S. thermophilus, Lactobacilli*)과 포자형성균에 의한 경우가 대부분이다.

2) 가스 생성

우유에서 가스가 생성되는 변패로는 주로 coliform 박테리아, *Clostridia,* 가스를 생성하는 *Bacilli* 등에 의하여 발생한다.

Coliform 박테리아는 젖산균과 경쟁적이고 대량으로 오염되기 때문에 종종 산패와 함께 가스 생성형 변패를 유발한다. *Clostridia* 는 젖당을 폭발적으로 이용하면서 가스를 생성하므로 형성된 우유커드를 분쇄시키는 폭발적 발효(stormy fermentation)을 일으킨다.

3) 단백질 분해

미생물에 의하여 우유단백질이 분해되면 고미 펩타이드(bitter peptides)를 생성하여 쓴맛을 내는 경우가 많다. 우유를 저온에 오래 저장하거나, 열처리 전 젖산균에 의해 생성된 산이 효모나 곰팡이에 의하여 이용되었을 경우에 잘 일어난다. *Micrococcus, S. faecealis* var. *liquefaciens, Proteus, Bacilli, Pseudomonas, Achromobacter, Flavobacterium, Clostridium, Serratia* 등이 단백질분해를 유발한다.

4) 끈끈이 젖

끈끈이 젖은 유방염유(乳房炎乳)에서도 생길 수 있으나, 호기성균인 *Alcaligenes viscolactis* 또는 *Micrococci* 에 의해 냉장우유의 표면에 gum이나 mucin 등의 끈끈이 물질이 생성되어 점도가 높아지는 현상을 말한다.

*Enterobacter*에 속하는 젖산균(*S. lactis* var. *hollandicus, L. casei, L. bulgaricus, L. plantarum*)은 우유 전체에 끈끈이 물질을 생성한다. *Leuconostoc*은 다량의 설탕이 든 우유에서 끈끈이 물질을 형성한다.

5) 유지방의 변패

지방분해 효소를 생성하는 미생물은 유지방을 가수분해하여 유리지방산(free fatty acid)을 생성함으로써 지방산패(rancidity)를 유발한다. *Pseudomonas, Proteus, Achromobacter, Bacilli, Alcaligenes, Micrococci, Clostridia* 등이 여기에 속한다.

6) 알칼리 생성

Pseudomonas fluorescens, Alcaligenes viscolactis 등은 우유에서 단백질 분해 없이 암모니아와 같은 알칼리성 물질을 생성한다. 우유를 저온에 저장할 때에 잘 발생한다.

7) 풍미의 변화

미생물은 우유에서 특유의 휘발성 물질을 생성하고 이상풍미(異常風味)를 내며, 산취, 쓴맛, 카라멜 풍미, 비누취, 생선취, 부패취, 토양취, 알코올취 등을 발생하기도 한다. 또한 우유는 소가 먹은 사료의 냄새를 옮겨 받을 수도 있고, 주위의 여러 가지 냄새도 쉽게 흡수하므로 생산, 가공, 포장, 유통 및 저장에 주의하여야 한다.

8) 색의 변화

우유에는 색소를 생성하는 미생물이 자라서 청색(*P. syncyanea*), 황색(*P. synxantha*), 적색(*Serratia marcescens, Brevibacterium erythrogenes*) 등이 나타날 수도 있다.

3. 농축 및 건조유제품의 변패

무당연유는 우유를 농축한 후 제과용 대형포장이나 소비자용 소형관에 포장하여 멸균작업을 거치므로 멸균 처리가 잘못되지 않는 한 미생물에 의한 부패는 일어나지 않는다. 그러나 멸균 처리가 잘못되면 살아남은 몇 종의 *Bacilli* 에 의하여 우유단백질이 응고되거나 단백질 분해에 의해 쓴맛이 생기기도 하며, *Clostridia* 가 살아남았다가 성장하면 가스를 생성하여 관을 팽창시키기도 한다.

가당연유는 60% 내외의 당분을 함유하고 제조도중 예비가열기에서 71~100℃의 열처리를 받고, 농축도중에 49~55℃의 열을 받으므로 대부분의 미생물은 죽고, 높은 당함량에서 자라는 미생물 이외에 일반 미생물은 잘 자라지 못한다. 그러나 포장 관내에 산소가 남아 있으면 곰팡이가 자라서 곰팡이 균락을 형성하고, 때로는 설탕을 발효하는 효모가 자랄 수도 있다.

건조유제품은 건조 상태가 잘 유지되는 한 미생물에 의한 변패는 일어나지 않지만, 일단 건조유제품을 오염시킨 미생물은 상당히 오래 생존할 수 있으므로 오염을 방지하는 데에 유의하여야 한다.

4. 버터의 변패

버터의 결함과 변패는 주로 버터제조에 사용한 원료 크림에 그 원인이 있다. 버터제조에 사용되는 크림은 반드시 살균하여야 하며, 질이 우수한 크림을 선택하여야 우수한 질의 버터를 만들 수 있다.

살균한 크림에 살아남았거나 2차로 오염된 미생물, 오염된 각종의 냄새, 크림에 일어난 각종의 변패는 그대로 버터에 반영되므로 크림의 질이 버터의 질을 좌우한다.

일반적으로 발효한 크림으로 만든 버터보다 살균한 신선크림으로 만든 버터가 저장성이 더 좋은 경향이 있다. 소매점이나 가정에서 버터를 단기간 저장할 때에는 5℃의 냉장고에, 장기간 저장할 때에는 −20℃ 정도의 냉동고에 저장한다.

5. 발효유제품의 변패

발효유와 치즈 등 발효유제품의 변패는 이들 발효유제품 제조에 사용한 젖산균의 활력, 정상적인 젖산발효의 진행여부에 따라 좌우된다.

젖산균의 활력이 약하거나, 젖산균 성장을 저해하는 물질이 원료유에 존재하거나, 젖산균이 bacteriophage에 의하여 침입으로 사멸하였을 때에는 원료유 중에 존재하는 다른 미생물들이 성장하여 각종 변패를 일으킨다. 특히 *Enterobacter aerogenes*가 많이 오염되어 있으면 유당을 분해하여 가스를 생성하고 산을 생성하여 변패시킨다. *Clostridium, Bacilli, Leuconostoc* 등도 문제를 일으킬 수 있다.

치즈제조 시에 가스를 생성하는 미생물에 의하여 변패가 일어나면 치즈조(槽)에서 커드가 뜨는 현상이 나타나고, 제조된 치즈조직 내에 숙성 중 가스가 발생하여 치즈를 변패시킨다.

단백질 분해성의 변패미생물들은 치즈에 쓴맛을 주며, 치즈의 표면이나 내부에 성장하여 각종의 색을 내거나 냄새를 내는 것들도 많다.

발효유의 저장 중에는 곰팡이나 효모가 성장하여 제품을 변패시키므로 이들의 오염을 막아야 하며, 치즈의 숙성 또는 저장 중에 표면에 성장하는 곰팡이는 치즈를 치즈왁스(cheese wax)로 도포하거나, 진공포장 하여서 숙성 또는 저장함으로써 방지할 수 있다.

3-3 우유와 유제품의 보존방법

일반적인 식품과 달리 우유와 유제품은 영양분이 골고루 들어 있는 완전식품이며, 생유와 몇 종의 유제품은 많은 양의 수분을 함유하고 있어서 온도 등의 조건만 맞으면 오염된 미생물이 쉽게 성장하여 이들을 부패시킨다. 우유와 유제품의 보존은 ① 미생물오염의 철저한 방지, ② 오염된 미생물의 물리적 제거(여과 및 청정), ③ 오염된 미생물의 활동 및 성장의 억제(냉장 및 건조), ④ 오염된 미생물의 파괴(살균 및 멸균) 등에 의하여 가능하다.

1. 오염의 방지

우유는 착유 후 가공되기까지의 오염도와 오염균종에 따라 품질이 좌우된다. 오염도와 오염균은 제품의 저장성과 살균 및 멸균효과에 크게 영향을 미치게 되므로 모든 처리과정에서 오염방지에 최대의 노력을 기울여야 한다.

특히 소의 청결과 착유기 등 우유 취급기구의 청결도는 우유의 오염에 절대적인 영향을 미치므로 이 점에 더욱 세심한 주의를 기울여야 한다.

우리나라에서는 특히 여름철에 산패율의 극심한 증가가 나타나는데, 이는 오염된 우유를 즉시 냉각 저장하지 못해서 발생하는 현상으로 막대한 손실을 야기하므로 낙농농가의 냉장시설 설치와 집유차(集乳車)의 냉장설비 설치 및 가동은 매우 중요하다.

즉, 유제품의 미생물학적 품질은 원유의 오염정도와 제품의 제조 또는 유통과정 중에 일어나는 2차 오염에 의해 결정되며 제대로 설계된 포장체계와 포장용기는 2차 오염을 크게 방지할 수 있다. 또한 우유는 살균유라 할지라도 부분 살균된 제품으로서 부패세균 및 호냉성 미생물을 포함하므로 반드시 냉장상태에서 수송, 저장, 소비하여야 한다.

2. 오염된 미생물의 제거

일단 식품에 오염된 미생물을 제거하는 것은 상당히 어려운 작업이다. 우유를 고속 원심분리하는 청정작업(淸靜作業)과 여과에 의해 상당량의 미생물을 제거할 수는 있지만, 이것은 미생물의 제거 목적보다는 우유에 혼입된 이물질과 백혈구 등을 제거함으로써 얻어지는 부수적 효과이다.

우유를 약 10,000×g에서 고속 원심분리하면 99%의 포자와 50% 이상의 생균을 제거할 수는 있지만 많이 이용되고 있지는 않다. 치즈 표면에 자라는 곰팡이는 주기적으로 씻어냄으로써 제거할 수 있다.

3. 오염된 미생물의 파괴

식품 내 오염된 미생물의 파괴방법은 여러 가지가 있으나, 그 중에 열에 의한 방법이 가장 널리 사용되고 있다. 열에 의한 우유의 미생물 파괴방법으로는 저온살균(pasteurization)과 초고온살균(ultrahigh temperature treatment(UHT) sterilization)이 주로 사용된다.

1) 저온살균

저온살균은 100℃ 이하의 열처리를 이용하여 우유에 존재하는 대부분의 미생물을 사멸시키는 방법이다. 저온살균은 ① 심한 열처리를 하면 제품의 질이 손상될 때, ② 우유에서와 같이 존재하는 병원균을 사멸시키려 할 때, ③ 과일주스 내 효모와 같이 주된 부패미생물의 열저항성이 크지 않을 때, ④ 우유의 냉장과 같이 살균 후에 부가적(附加的)인 저장방법이 실시될 때, ⑤ 치즈 제조에서와 같이 젖산균 스타터를 접종 발효하기 전 이상균을 사멸시키기 위한 경우 등에 사용한다.

저온살균한 식품은 냉장, 포장, 다량의 당 첨가, 유기산 첨가 등의 2차적 보존법을 강구하는 것이 일반적이다. 우유를 저온살균하는 목적은 ① 우유영양분의 열에 의한 파괴를 최소로 억제하면서 우유에 존재하거나 존재할 가능성이 있는 모든 병원균을 사멸시키고, ② 대부분의 부패균을 사멸시켜서 제품의 저장성을 증가시키며, ③ 치즈 제조에서와 같이 젖산균발효를 시킬 때 다른 미생물을 사멸시켜 원하는 발효가 되도록 도와주며, ④ 우유를 변질시킬 수 있는 우유 내 효소를 파괴하는 데 있다. 특히 크림을 열처리하면 리파제를 파괴하여 버터지방의 분해를 방지할 수 있다.

우유의 저온살균방법에는 저온장시간살균법(low-temperature long-time pasteurization ; LTLT 살균법)과 고온단시간살균법(high-temperature short-time pasteurization ; HTST 살균법)이 있으며, 전자는 63℃에서 30분간 열처리를 함으로써 살균효과를 얻고, 후자는 72℃에서 15초정도 열처리를 함으로써 살균목적을 달성한다. 살균온도와 시간은 어느 방법이든 우유의 고형분 함량과 제품의 종류에 따라 다소 변화가 있으며, 그 예를 보면 표 3-4와 같다.

〈표 3-4〉 제품별 살균온도와 시간 예

유 제 품	살균 방법	온도 (℃)	시간	유 제 품	살균 방법	온도 (℃)	시간 (초)
우유, 저지방유, 탈지유	LTLT*	62.8	30분	우유, 저지방유, 탈지유	HTST	88.3	1
크림, 초콜릿우유	LTLT	65.6	30분	우유, 저지방유, 탈지유	HTST	90.0	0.5
아이스크림 믹스	LTLT	68.3	30분	우유, 저지방유, 탈지유	HTST	94.0	0.1
우유, 저지방유, 탈지유	HTST**	71.7	15초	우유, 저지방유, 탈지유	HTST	95.5	0.05
크림, 초콜릿우유	HTST	74.4	15초	우유, 저지방유, 탈지유	HTST	100.0	0.01
아이스크림 믹스	HTST	79.4	25초	액 상 제 품 전 반	UHT***	137.8	2

* 저온장시간살균법, ** 고온단시간살균법, *** 초고온멸균법

원유로부터 사람에 전염될 수 있는 즉 소의 질병 중 우유를 통하여 사람에 전달될 수 있는 질병에는 여러 가지가 있지만, 특히 소결핵균(*Mycobacterium bovis*), 부루셀라균(*Brucella abortus*), Q열병균(*Coxiella burnetii*) 등은 우유의 위생 면에서 특히 주의하여야 한다. 우유의 살균온도와 시간은 가장 내열성이 높은 *Coxiella burnetii* 의 사멸효과에 기초로 하여 정한 것이다.

살균의 효과는 내열성균의 종류와 오염량, 우유의 고형분함량 등에 의해 영향을 받으며, 일반적으로 표준 살균처리를 함으로써 우유의 미생물은 90~99%가 사멸된다.

살균처리의 지표로서 살균우유 내의 alkaline phosphatase 검정이 사용되고 있다. 이 효소는 표준 살균처리에 의해 쉽게 파괴되므로 살균유에서 이 효소의 활력이 검정된다면 그 우유는 살균처리가 부적당하였음을 간접적으로 보여준다.

우유의 열처리 조건(살균온도와 시간)이 우유의 미생물과 품질에 미치는 영향은 그림 3-1에 나타나 있다.

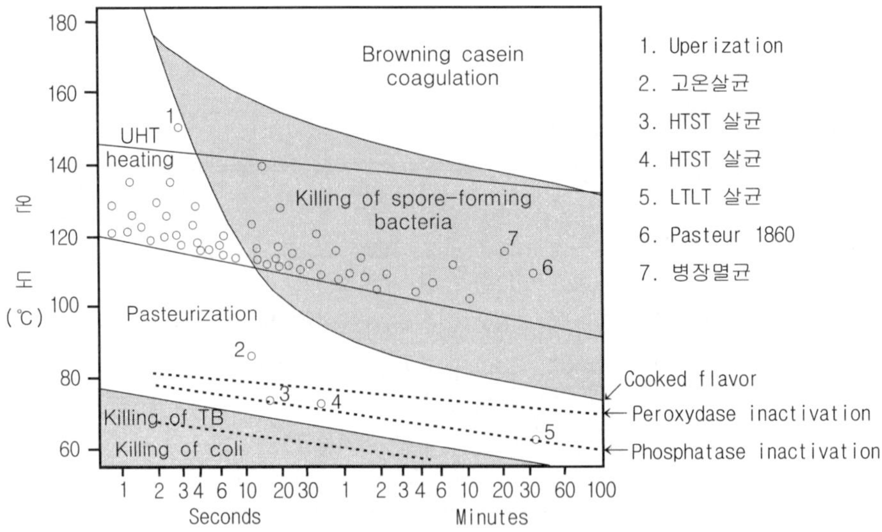

〈그림 3-1〉 열처리가 우유에 미치는 영향

2) 초고온살균법

우유의 UHT 처리는 우유를 130~150℃ 범위에서 최소 1초 이상 열처리함으로써 "상업적으로 멸균된 우유"(commercially sterilized milk)를 생산하는 과정을 말하는 것이다.

살균된 우유는 무균적 충진포장 장치에 의해 살균된 포장용기에 충진포장되므로 살균의 가치를 발휘할 수 있게 된다. 이러한 가공법을 무균가공(aseptic processing) 혹은 무균포장(aseptic packaging)이라 하며, 이렇게 제조된 살균유(UHT processed milk)는 상온에서도 1~3개월간 아무런 품질의 변화없이 보존될 수 있으므로 열대지역, 농촌지역, 전장(戰場) 등지에서 편리하게 사용할 수 있다.

열에 예민한 우유를 품질에 큰 변화 없이 높은 온도에서 살균시킬 수 있는 근본 원리는 온도계수(Q_{10})에 근거하고 있다. 즉 10℃ 증가 당 화학반응속도의 증가(Q_{10})는 2~3배로서 열에 의한 우유성분의 변질속도의 증가율은 일정하지만, 내열성 미생물 및 미생물포자의 사멸속도의 증가율은 10℃증가 당 8~30배라는 사실에 근거하고 있다. 따라서 높은 온도에서 극히 짧은 시간 열처리함으로서 영양분의 파괴나 원하지 않는 화학반응을 최소로 억제하면서 살균의 효과를 최대로 높일 수 있는 것이다.

살균의 효과는

$$살균효과 = \log_{10}\left(\frac{살균\ 전\ 생포자수}{살균\ 후\ 생포자수}\right)$$

로 표시할 수 있다. 1000개의 포장 당 1개 포장 이상의 부패를 허락하지 않는 정도의 살균효과를 올리는 것이 상업적 살균의 목적이라면 일반적으로 살균효과 6~8 이상, 즉 mL당 10^6~10^8 이상의 포자를 사멸시키도록 열처리 하여야 한다.

살균된 우유는 무균충진 포장장치에 의해 살균된 병, 철관 또는 여러 겹으로 된 특수 포장지에 포장된다.

살균유(殺菌乳)는 생육형의 모든 미생물은 사멸되나, 내열성 미생물포자는 간혹 생존할 수 있다. 유통환경에서 자랄 수 없는 내열성 포자, 즉 *Bacillus stearothermophilus*와 같은 것은 생존하더라도 문제를 일으키지 않는다. 간혹 생존하면서 살균유에서 문제를 일으키는 미생물은 *Bacillus subtilis, B. coagulans, B. circulans, B. cereus, B. brevis, B. licheniformis, Clostridium sporogenes* 등의 포자형성 미생물의 포자들이다.

4. 오염된 미생물의 생육억제

우유에 이미 오염되어 생존하는 미생물의 생육을 억제시켜 보존하는 방법으로는 저온저장, 농축, 건조, 보존료 첨가, 방사선 조사 등의 방법이 사용된다.

1) 저온저장법

우유는 착유 즉시 또는 최소한 2시간 내에 5℃ 정도로 냉각하여 가공 전까지의 저장 및 수송 시에 이 온도를 유지해야 한다. 냉장된 우유에서 자랄 수 있는 호냉성 미생물은 *Pseudomonas, Alcaligenes, Achromobacter, Flavobacterium, Enterobacter, Micrococcus, Aeromonas, Bacillus, Clostridium* 등이 있다. 호냉성 미생물의 저온에서의 세대기간

(generation time)을 보면 표 3-5와 같으며, 우유를 냉장함으로써 미생물의 성장속도를 지연하는 것이지 성장을 정지시키는 것이 아님을 알 수 있다.

〈표 3-5〉 수중 호냉성 미생물의 저온에서의 세대기간(시간)

미 생 물 ＼ 온 도	0℃	4~5℃	14~15℃	20℃	30~32℃
Clostridium 61	–	–	9	5	3.5
Bacillus W 25	23	8.5	6	3	2.5
Pseudomonas fluorescens (P-200)	35	–	2	1.5	0.85
Enterobacter aerogenes	37.7	12.2	2.2	1.3	0.8
Achromobacter	–	5.3	1.8	1.4	1.6

살균된 우유도 저온에서 성장할 수 있는 미생물을 함유하고 있으므로 소비되기 전까지는 반드시 냉장하어야 하며, 냉장상태에서도 4~5일을 넘지 않아야 한다. 기타 발효제품도 냉장상태에 보관함으로써 소수의 오염된 미생물의 성장을 억제하고 저장성을 증가시킬 수 있다.

버터, 개봉한 연유 등은 물론 분유라도 냉장함으로써 미생물적 변화는 물론 화학적 변화도 억제하여 저장성을 증가시킬 수 있다.

우유 및 유제품의 냉동저장은 냉동유제품·크림·버터, 경우에 따라 연유 등 이외에는 우유 emulsion이 파괴되거나 치즈에서와 같이 조직이 나빠지므로 실시되고 있지 않다. 버터는 －20℃ 정도에서 냉동저장 함으로써 장기간 저장할 수 있으며, 유제품이 냉동된 상태로 유지되는 한 미생물에 의한 변패 문제는 없다.

2) 농축·건조 저장법

우유 또는 유제품에서 수분을 제거하여 여러 가지 건조제품을 생산한다. 미생물은 수분함량이 낮아지면 성장이 억제 또는 불가능하게 된다. 수분의 제거에 의해 만들어지는 유제품은 연유제품과 분유제품이 대표적이다.

• 농축유제품

연유는 우유를 약 두 배 정도로 농축시킨 제품으로서 유당함량이 약 10% 내외로 농축되고 염류도 우유에 비해 약 2 배로 농축되어 있다. 수분함량은 74% 내외로서 일부 미생물에는 성장 억제효과가 있으나 완전히 억제하지는 못한다. 제과원료로 제조되는 연유는 냉장시켜 공장에 판매되지만, 소비자용 연유는 제관멸균(製罐滅菌)되어 저장 판매되므로 열처리상의 문제가 없으면 상당히 저장성이 높다.

가당연유는 제품에 약 43~45%의 설탕을 첨가하여 제조한다. 제품 중의 수분 내 설탕농도는 62~66%가 되며, 수분함량은 28% 정도에 머물게 되므로 가당연유의 수분활성도는 낮아서 내삼투성 효모나 곰팡이 외에는 거의 가당연유에서 성장하지 못한다.

• 건조유제품

우유 및 유제품은 드럼건조법(상압 또는 진공 하에서) 또는 분무건조법(spray drying)에 의해 건조하여 제조한다. 이 때 액상유제품은 드럼건조 시에는 4~5배로, 분무건조 시에는 2~3배로 미리 농축하여 건조함으로써 건조효율을 높인다.

우유는 건조되기 전의 농축과정과 건조과정에서 상당한 열처리(63~93℃)를 받게 되어 대부분의 미생물은 사멸하게 되지만 포자형성균은 살아남게 된다.

건조유제품에 생존하는 내열성 미생물들은 내열성 *Streptococci, Micrococci* 호기성 및 혐기성 포자형성균 등과 *Microbacterium* 등이다. 우유 및 유제품은 냉동건조법에 의해 건조될 수 있는데, 냉동건조도 다른 건조 과정에서와 마찬가지로 미생물을 사멸시키지 못하므로 건조시킬 제품의 미생물적 품질관리에 더욱 세심한 주의를 기울여야 한다.

3) 기타의 보존방법

• 보존제 첨가

우유 및 유제품에는 원칙적으로 보존료를 사용하지 못하도록 되어 있으나, 사용되는 몇 가지 보존료에는 가공 중에 첨가하는 보존료와 제품에 자연적으로 존재하거나 발생하는 보존료가 있다.

전자에는 첨가되는 소금(NaCl)이 그 예이며, 버터에는 일반적으로 2.35%의 소금이 첨가된다. 이는 버터 내의 수분함량 16.34%에 용해되면 12.6%의 식염수가 되어 오염된 미생물의 성장을 상당히 억제할 수 있으며, 소금은 치즈제조에서도 비슷한 기능을 하고 있다.

이외에 첨가되는 보존제로는 치즈의 훈연이 있으며, 훈연에 의해 치즈에 향취가 발생됨은 물론, 표면의 수분증발이 일어나고, 연기물질 등은 보존제 역할을 하게 된다. 그 외에 치즈포장지에 첨가된 sorbic acid, propionic acid 등은 치즈 표면의 부패를 방지하며, 경우에 따라 우유에 과산화수소(H_2O_2)를 첨가하여 사용할 수 있으나, 이때에는 잔존하는 과산화수소를 catalase로 파괴해야 한다. 탄산가스 충진은 효과적인 보존제 역할을 하지 못한다.

기타 유제품에서 자연적으로 발생하는 보존제에는 발효유제품에서 생긴 젖산(lactic acid)이 있으며, 유제품의 산도를 높임과 동시에 항균력이 있다. Swiss cheese에 생기는 propionic acid는 곰팡이의 좋은 성장억제제로서 Swiss cheese에 표면곰팡이 문제가 적은 것은 이 때문이다. 또 발효유 중에 Kefir, Koumiss 등은 정상발효에 의해 약 1% 정도의 ethanol이 생성되어 보존제 역할을 하며, *Streptococcus lactis*는 항생물질 nisin을 생성하여 제조된 치즈의 보존제 역할을 할 수 있다.

- 방사선 조사

자외선을 조사함으로써 살균효과를 얻을 수 있지만, 일반적으로 우유 및 유제품보존에는 이용되고 있지 않다. 그 이유는 자외선은 우유를 매우 얇은 층으로 흐르게 하여 조사해야 하며, 조사취(照射臭)가 발생되기 때문이다. 그러나 제품의 포장실이나 숙성실 등에 자외선등을 설치하여 공기 중의 오염량을 감소시킬 수 있으며, 사용하는 물의 살균에는 가끔 사용되고 있다. UHT우유의 포장지 멸균에도 부분적으로 사용되고 있다. X-선, 음극선, 감마선 등도 사용될 수 있으나, 이상취(異常臭)의 발생 때문에 사용되고 있지 않다.

- 초음파살균법

사람이 들을 수 없는 소리의 진동수는 20,000 Hz 이상이다. 이 이상의 음파를 초음파(supersonic waves)라 하고 이것을 발생시키려면 수정 발진기가 이용되는데 전기적으로 초음파를 발생시켜 살균하는 것을 초음파살균법(ultrasonic pasteurization)이라 한다.

우유에 1~2 MHz의 초음파를 작용시키면 진동에 의해 균체가 기계적 작용으로 파괴된다.

• 오존살균법 및 과산화수소살균법

오존(O_3)살균법은 산화성인 오존을 발생시켜 살균에 이용하는 것인데 일부 우유나 용기의 소독에 이용될 수 있으나 현재는 별로 사용되지 않고 있다.

과산화수소(H_2O_2)도 강력한 산화작용이 있어 우유 중의 대장균은 온도 37℃, 농도 50ppm에서 5시간 처리하면 사멸된다. 일반세균은 10% H_2O_2 용액에 5초 침지가 유효하다. 과산화수소는 살균 후 catalase 처리에 의해 제거할 수 있으나 이 역시 자주 사용되는 살균법은 아니다.

제4장

계란의 저장

계란은 일종의 생체식품이다. 두류나 종실류 등의 생체식품에 비하여 수분이 매우 많은 편(70%)에 속하므로 저장 중에 온도의 영향을 크게 받는 식품이다. 계란 저장 중의 초기변화는 주로 생활작용에 기인하는 변화이며, 우유, 육류, 어패류 등의 변화가 자가소화나 부패 등의 사후변화인 것과는 대조적이다.

계란은 과일류에 비해 변질 부패의 과정이 비교적 단순하며 저장방법도 비교적 간단한 편이다.

4-1 계란의 구조

계란은 배반(胚盤)과 그 영양물(흰자위와 노른자위) 및 이것들을 보호하는 껍질로 구성되어 있다. 계란은 배반이 성장하여 병아리가 될 때까지의 장소이므로 껍질에는 병아리가 호흡하는 산소를 통과시킬 수 있는 미세한 많은 기공이 있다.

계란의 부패는 껍질에 있는 기공을 통하여 외부에서 미생물이 침입함으로써 일어나는 것이다. 따라서 미생물의 침입을 막는 것이 계란 저장의 중요한 요령이라 할 수 있다.

계란껍질은 두께가 약 0.3 mm 내외이며 여기에는 1 cm^2당 약 60개의 기공이 있다. 산란 직후의 계란은 그 표면이 수란관(輸卵管)에서 분비된 점액으로 둘러싸여 있으나 이것은 산란 후에 바로 건조되어 초자막(硝子膜 : cuticle)이라고 불리는 얇은 막이 형성된다. 계란껍질 내부에는 내외의 두 겹으로 된 계란껍질막이 있고, 그 안에 흰자위와 노른자위가 존재한다.

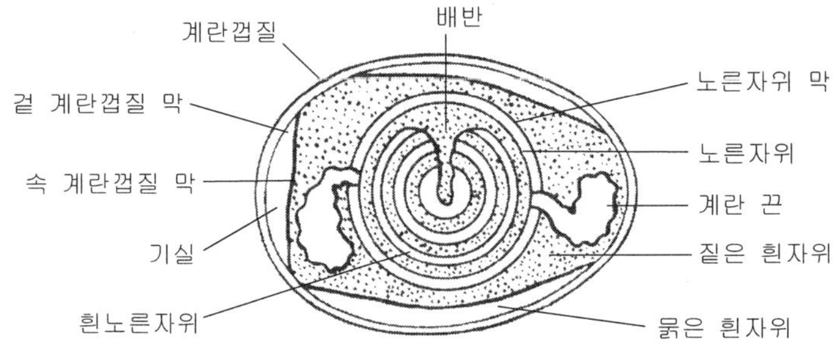

〈그림 4-1〉 계란의 구조

〈표 4-1〉 계란의 저장온도와 A급 계란의 잔존율

저 장 월 수	29°F(약 −1.7℃)	45°F (약 7.2℃)	60°F (약 15.5℃)
0	100 (%)	100	100
3	80	50	0
4	70	0	0

초자막과 계란껍질과 내외 두 겹의 계란껍질막은 서로 협동하여 외부로부터의 기계적 충격이나 미생물의 침입에 대한 안전태세를 갖추며 또한 내부로부터의 수분 발산을 막아 주는 구실을 담당한다. 그러나 계란껍질에 물이 묻거나 장기간의 저장 또는 기계적 마찰이 있었을 때는 기공을 막고 있던 초자막이 벗겨져 기공이 직접 외기에 노출되므로 미생물이 침입하게 된다.

그런데 신선란의 흰자위 속에는 리소짐(lysozyme)이라고 하는 항균성 효소가 존재하여 침입하는 미생물을 강력하게 저지한다.

신선란의 흰자위를 50,000배로 희석해도 리소짐은 세균에 대하여 살균력을 나타낸다. 리소짐의 살균작용은 온도, 습도 등의 영향을 받아 시간이 경과함에 따라 약해진다.

4-2 계란의 품질

1. 계란의 품질 등급 기준

계란의 품질은 소비자의 만족도에 영향을 미치는 계란의 복합적인 성질을 말하는 것이다. 계란의 품질은 외부품질과 내부품질로 나누어 생각할 수 있다. 외부품질은 외관을 관찰함으로써 판단할 수 있으나, 내부품질은 계란을 깨서 여러 가지 검란 방법에 의해 검사함으로써 알 수 있다.

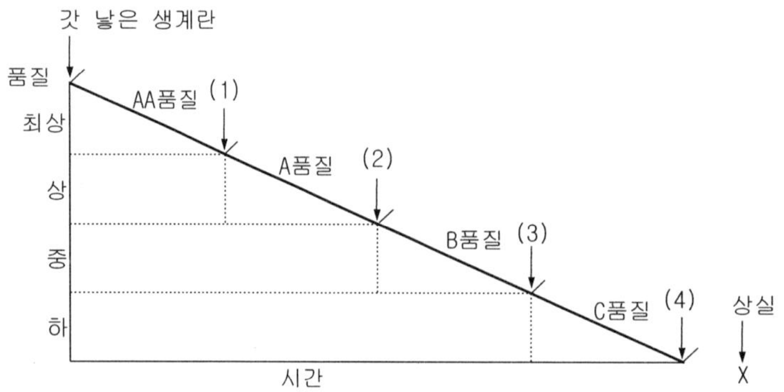

〈그림 4-2〉 시간에 따른 계란의 품질변화

계란의 품질은 그림 4-2에서 보는 바와 같이 시간에 따라 낮아지며, 이는 계란표면의 오염상태, 저장온도, 저장습도 등에 따라 크게 좌우된다. 또한 난각색, 중량, 외부품질, 내부품질 등에 따라 등급을 나누게 된다. 계란 등급기준을 보면 표 4-2와 같다.

계란의 품질을 유지하려면 매일 3~4회 수집하여 계란이 더러워지는 것을 막고, 포장하기 전 후에 10℃ 정도로 냉장하여야 하며, 저장실의 습도는 70~80% RH이어야 한다.

〈표 4-2〉 계란의 품질 등급 기준

품질요인	AA급	A 급	B 급
난 각	청결하고 깨지지 않고 정상임	청결하고 깨지지 않고 정상임	청결 또는 약간 더럽다. 깨지지 않고 비정상임.
기 실	깊이가 1/8" 또는 이하. 자유이동	길이가 3/16" 또는 이하. 자유이동	길이가 3/16" 이상. 자유이동
흰 자	투명하고 견고함.	투명하고 비교적 견고함.	약하고 물과 같다. 작은 혈반 또는 육편이 있다.
노 른 자	윤곽이 약간 보인다. 결점이 없다.	윤곽이 비교적 잘 보인다. 결점이 없다.	윤곽이 잘 보이고 커지거나 납작해 졌거나 배아발생이 보이지만 혈액은 보이지 않는다. 다른 심각한 결점은 없다.

2. 계란의 품질 검사

1) 외관검사

계란껍질의 오염도 및 파손 유무를 조사한다.

2) 투광검사

계란에 광선을 비춰서 노른자위의 위치와 기실의 크기를 알아본다.
투광검사의 방법을 설명하면 다음과 같다.

〈그림 4-3〉 계란의 투광검사

계란을 눈과 광원 사이에 놓고 여광(餘光)을 차단시켜 관찰하면 기실의 크기, 흰자위의 유동상태, 노른자위의 위치, 배반의 유무, 이상 물질의 존재, 계란껍질의 균열 등을 판별할 수 있다. 이 검사법에서 전기검란기를 사용하면 편리하다.

신선한 계란은 흰자위가 밝고 기실이 작으나 오래 된 것은 흰자위가 흐리게 보이고 기실이 크며 노른자위가 빨갛게 보인다. 부패된 계란은 불투명하게 보인다.

3) 할란검사

계란을 깨뜨려서 노른자위와 흰자위의 상태를 조사한다.

• 흰자위 계수

계란 내용물을 평판상(平板上)에 쏟아 놓았을 때에 흰자위의 높이를 평판에 퍼진 직경으로 나눈 숫자이며 이 숫자가 클수록 신선란이라 한다.

흰자위의 높이와 중량으로부터 계산되는 Haugh 단위를 사용하여 품질을 판정하는 방법도 있다. Haugh 단위가 72 이상이면 AA등급, 55~71이면 A등급, 31~54이면 B등급, 30 이하이면 C등급으로 판정한다.

• 노른자위 계수

계란의 내용물을 평판상에 쏟아 놓았을 때(흰자위를 제거하지 않고) 노른자위의 높이를 직경으로 나눈 숫자이며 신선란에서는 0.442~0.361이며 37℃로 3일간, 25℃로 8일간, 2℃로는 100일 이상 저장하면 0.30 이하가 된다. 0.25 이하의 것은 계란을 깨뜨릴 때에 노른자위가 흐트러진다.

• 비중에 의한 판정법

계란은 저장할 때 수분이 증발하여 그 비중이 낮아질 수 있다. 그 정도는 계란껍질의 두께에 따라서 다르므로 비중의 근소한 차이만으로는 정확한 품질판정이 어렵다. 그러나 많은 차이가 나는 것은 이 방법으로 품질판정이 가능하다. 비중이 1.027(소금 60 g을 물 1 L에 용해시킨 농도)의 소금물에 계란을 넣으면 그림 4-4와 같이 신선도에 따라 그 부침(浮沈)의 차가 생긴다.

신선란의 비중은 1.08~1.09이며 비중 1.02 이하의 것은 기실이 증대한 것으로서, 대단히 오래된 것이거나 또는 부패된 것이다.

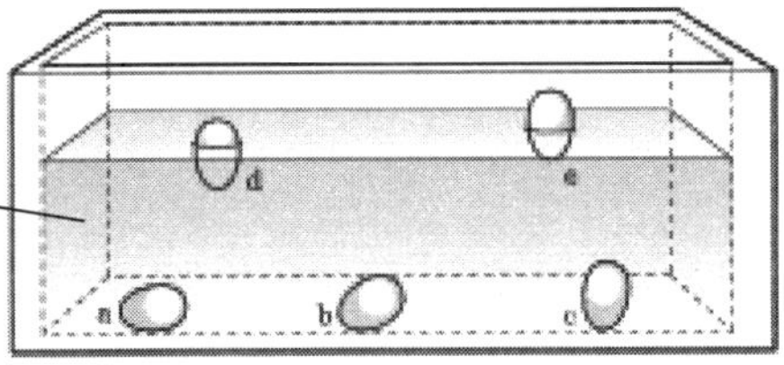

〈그림 4-4〉 계란 저장중의 비중의 변화

4-3 계란의 저장 중 변화

계란은 산란 직후부터 그 내용물이 변화하기 시작한다. 적당한 저장관리를 하면 그 변화속도를 지연시킬 수 있다. 저장 중의 변화는 다음과 같다.

1. 외관의 변화

1) 중량의 감소

주로 흰자위 속에 있는 수분이 증발하여 계란의 무게를 감소시키게 되는데 흰자위 속의 수분은 노른자위로 옮겨가기도 하여 그 결과, 흰자위의 중량은 감소하나 노른자위의 중량과 용적은 커진다. 이런 작용은 계란을 고온저습한 환경에 두었을 때 더욱 심하게 나타난다.

2) 기실의 증대와 비중의 감소

기실이 커지고 내용물에서 수분이 증발하기 때문에 비중(比重)이 줄어든다.

3) 계란 표면의 감촉변화

신선란은 표면이 꺼칠하나 오래된 것은 매끈해 진다. 이것은 신선란에는 초자막(硝子膜)의 피막이 남아 있으나 오래 되면 초자막이 벗겨지기 때문이다.

2. 흰자위의 변화

1) 흰자위의 pH 상승

이것은 흰자위에 녹아 있던 CO_2가 수분 증발과 더불어 계란껍질 밖으로 발산되었기 때문이다. CO_2가 발산됨으로써 pH가 상승하며 그 결과로 리소짐의 살균작용이 약화되고 흰자위의 품질이 떨어진다.

2) 흰자위의 점성저하

흰자위의 점성이 약해져서 물처럼 퍼지기 쉽게(水樣化) 되고 빛깔도 노란 빛을 띠게 된다. 저장 중에 흰자위의 수양화는 단백질이 일부 변성하고 이에 의해서 흰자위 단백질 상호의 관계가 변화하기 때문이며 주원인은 CO_2 발산에 의한 pH의 상승 때문인 것으로 보인다.

3. 노른자위의 변화

1) 노른자위의 흔들림

노른자위는 알끈(chalaza)에 의해서 진한 흰자위에 고정되어 있다. 그런데 흰자위의 수양화로 말미암아 노른자위를 고정하는 힘을 잃어 노른자위가 흔들리게 된다.

2) 노른자위막의 파손

흰자위에서 노른자위로 수분이 이동하여 노른자위의 용적이 커짐으로써 그 막은 터지기 쉽게 된다.

4. 곰팡이와 세균의 번식

계란껍질 표면의 미생물은 계란껍질이 온도의 급변 등으로 습기찬 상태가 되면 용이하게 계란껍질의 기공을 통하여 내부의 계란껍질막에 도달하고 거기서 번식하게 된다.

5. 계란 주변의 냄새 흡수

계란이 놓여진 주변의 냄새(臭氣)를 계란 내부에서 흡수하여 좋지 못한 상태가 된다.

6. 계란의 부패

산란 직후의 계란은 무균적이므로 기공을 통하여 미생물이 침입하지 않는 한 무균상태는 계속된다. 그러나 계란껍질은 산란 후 미생물에 의해서 극도로 오염된다. 미생물은 계란껍질 표면에 부착되어 이것이 기공을 통하여 내부로 침입하면, 계란의 내용물(난황)은 미생물의 좋은 영양 공급원이므로 미생물의 번식은 급속도로 이루어진다.

그런데 신선란의 표면에는 초자막(硝子膜)이 계란껍질의 기공을 막고 있어 상당기간 동안 미생물의 내부 침입을 막아 준다. 계란껍질의 기공을 막고 있는 초자막도 고온이나 습기, 장기간 저장, 기계적 마찰 등으로 벗겨지면 미생물의 방어 작용을 상실하게 된다.

기공을 통하여 내부로 침입하는 미생물의 수는 계란껍질에 오염되어 있는 미생물의 수에 관계가 있으므로 계란의 표면은 가급적 깨끗하게 유지해야 하며 특히 습기가 많은 오물이 묻지 않도록 하고, 저장환경도 깨끗한 곳이어야 한다.

계란에 침입하는 미생물로 알려진 것은 *Salmonella* 및 연쇄상구균 등의 세균과 효모, 곰팡이, 바이러스가 있고, 특히 대장균(*Escherichia coli*)이 침입했을 때는 흰자위와 노른자위가 혼합되어 점성이 없어지고 이취를 내게 된다. 또 토양미생물에 속하는 *Clostridium*은 흰자위와 노른자위를 흑변시키고 함황아미노산을 분해하여 황화수소를 발생시키므로 냄새가 고약하다.

4-4 계란의 저장방법

계란은 봄철에 가장 많이 생산되고 겨울철에는 가장 적게 생산된다. 따라서 연중 균일한 공급을 하기 위해서는 저장이라는 수단을 쓸 수밖에 없다. 그 저장법으로는 냉장법, 냉동법, 가스 저장법, 도포법, 침지법 등이 있다.

이들 저장법 중 냉장법, 가스저장법, 도포법, 침지법 등은 계란을 통째로 저장하는 방법이며, 냉동법에 있어서는 껍질을 제거한 액란(液卵)의 상태인 최소용적으로 하여 냉동하므로 대량 소비에 대비한 방법이라 할 수 있다. 또한 더 적극적인 저장 수단이라고 할 수 있는 건조란을 제조할 수 도 있다.

1. 신선란의 저장법

가공(加工)하지 않은 상태의 신선란을 난각이 있는 상태(intact eggs)로 저장하는 데는 다음과 같은 방법이 있다.

1) 냉장법

신선한 계란을 갑(匣, carton)에 넣고 다시 상자에 포장하여 이것을 먼저 2~3℃로 예비냉각을 한 다음에 -1~1℃, 평균 0℃의 냉장고에 넣어 저장한다. 계란의 동결점은 약 -1℃이며 난각이 있으면 -1.5~-2.0℃에서도 잘 동결되지 않고 견딜 수 있으나, 그 이하의 온도에서는 동결되어 깨진다.

습도는 70~80%가 적당하며 90% 이상이 되면 곰팡이가 발생하기 쉽다. 또 어류(魚類)와 같은 것을 같은 냉장고에 저장하면 냄새가 옮아가므로 주의해야 한다.

제대로 잘 저장한다면 약 1년은 저장할 수도 있으나, 한 번 저장했던 것은 쉽게 변질되므로 되도록 신속히 소비해야 한다. 또 냉장 중의 수분 증발에 의한 감량(減量 ; shrinkage)은 저장기간에 따라 표 4-3과 같다.

〈표 4-3〉 계란의 저장에 의한 감량(%)

저장일수	온 도 (℃)	습 도 (%)	감 량 (%)	포장재료의 증량 (%)
53	-0.9	79.1	1.05	2.23
94	-1.0	80.9	1.83	2.66
122	-0.6	81.4	2.34	3.87
156	-0.9	81.8	2.67	4.33
194	-0.9	81.3	3.36	4.41
231	-0.9	80.1	4.02	4.81
262	-0.9	82.3	4.58	5.17

2) 가스저장법

신선한 계란에는 CO_2가 들어 있으나, 이것이 차차 배출되어 계란 내용물은 알칼리(alkali)로 된다. 따라서 계란의 CO_2량을 신선란과 같이 유지하면 그만큼 오래 저장할 수 있게 된다.

즉 신선란의 저장 상자를 대형의 가압솥 속에 넣고, 그 내부를 감압한 다음 CO_2와 N_2의 혼합가스를 써서 CO_2가 3~5%로 되게 주입한다. 이어서 내부의 압력을 외부보다 30mmHg 높인 다음 1℃에 저장한다. 이 방법으로 저장하면 1년이 되어도 신선란과 별로 차이가 없다고 한다.

3) 도포법

난각표면에 기름(oil), 파라핀(paraffine) 또는 콜로디온(collodion) 등을 칠하여 난각의 기공(氣孔)을 막고 미생물의 침입 또는 수분증발, CO_2의 방출을 억제하여 계란의 부패와 변질을 방지하여 저장하는 방법이다.

보통 기름을 분무하는 방법과 112.8~126.7℃로 가열한 기름에 담가서 칠하는 방법을 쓰고 있으나, 이 도포법은 한 번에 많은 수의 계란을 처리할 수 없는 결점이 있다.

4) 침지법

계란을 3%의 물유리(水硝子 ; Na_2SiO_3) 용액이나 또는 생석회(生石灰 ;

CaO)의 포화용액에 담그는 저장법이다. 물유리는 33~35% 짜리가 판매되고 있으며, 끓는 물에 10배로 희석하여 냉각한 것을 사용한다. 약 3개월은 저장이 되나 일종의 취기(臭氣)가 나고 질도 나빠지므로 요리용 및 제과용으로 쓰일 뿐이다.

2. 액란의 저장

계란의 껍질을 깨어 내용물만을 분리한 것을 액란(液卵)이라 하며 전액란(全額卵), 노른자, 흰자로 구분하여 저장한다.

1) 액란의 살균

계란의 살균은 계란의 성분에 주는 영향을 최소로 저지시키면서 액란에 오염된 유해미생물을 사멸시켜서 위생적으로 안전하고 저장이용률이 높은 액란제품을 만드는 데에 그 목적이 있다.

미국에서는 모든 액란의 살균이 의무화되고 있으며, 대부분의 경우 평판열교환기를 이용하여 61℃에서 3분 이상 열처리하고 있다. 영국에서는 64℃에서 2분30초간 열처리를 하여야 한다. 일반적으로 살균된 액란은 약 5% 정도의 용량감소와 식품성능의 감소가 생기지만 유해한 변화는 없으며, 흰자는 열변성 때문에 어려운 점이 많다.

일반적으로 흰자를 54~60℃로 가열하면 포립성(泡立性; foaming power)이 떨어지며, 57℃ 이상에서 수 분 동안 가열하면 흰자의 성능이 손상된다. 노른자가 섞인 흰자는 가열에 의해 포립성이 개선된다. 흰자의 단백질응고는 pH, 각종 첨가물 등에 따라서도 영향을 받는다. 포립보조제로서 triacetin, triethyl citrate 등은 포립시간을 효과적으로 단축시켜 준다.

Sucrose, glucose, fructose arabinose, mannitol 및 xylose 등은 액란의 열변성을 방지하고, 특히 흰자의 열저항성을 증가시켜 준다. 일반적으로 60~62℃에서 3.5~4분간 전액란을 처리하면 액란제품에서 가장 문제시되고 있는 *Salmonella* 를 사멸하기에 충분하다.

살균된 액란에서 가장 많이 출현하는 미생물은 *Micrococci* 이며, 때로 *Bacillus* 와 기타 미생물이 적은 숫자로 검출되지만 살균액란을 냉장하면 12일 이상(2℃에서) 저장할 수 있다.

2) 액란의 냉동

위생적이며 청결한 액란조제실에서 신선란을 한 개씩 깨어 내용물을 쏟아 혼합기(mixer)로 난백과 난황을 완전히 균일하게 혼합한 액란을 만들어 이것을 저란탱크에 넣어 2~4℃로 예비냉각 한다. 이것을 미리 살균하여 준비한 냉동 관에 넣어 -18~-21℃에서 2일간 동결하거나 또는 -23.3~-28.9℃에서 급속동결(quick freezing)하여 -15℃에 저장한다. 약 2년은 저장할 수 있으나, 1년 이내에 사용하는 것이 좋다. 사용할 때는 7~10℃에서 되도록 짧은 시간에 해동 하여야 한다. 액란은 다음과 같은 것이 있다.

냉동액란(冷凍液卵)
- 냉동전란(冷凍全卵) : frozen whole egg
- 냉동난백(冷凍卵白) : frozen egg white 또는 albumin
- 냉동난황(冷凍卵黃) : frozen egg yolk

3) 액란의 건조

계란의 건조제품에는 다음과 같은 것이 있다.

- 전란분(whole egg powder 또는 dried whole egg)
- 난백분(egg white powder 또는 dried albumin)
- 난황분(egg yolk powder 또는 dried egg yolk)

또 이들 건조제품의 주요한 제조법, 즉 건조법에는 다음과 같은 것이 있다.

건조법
- ① 천반법(pan method) ……………… 난백분
- ② 분무법(spray method) …………… 전란분 및 난황분
- ③ 벨트법(belt method) ……………… 전란분

• 천반법

많이 쓰이지는 않는 방법이나 난백분(卵白粉)은 이 방법으로 제조된

것이 용해도가 높고 좋다. 그런데 신선한 액란백(液卵白)은 50℃ 이하의 낮은 온도에서 건조하면 투명한 황금색으로부터 차차 적갈색으로 변화되고 용해도도 낮아지며 결국은 불용성으로 변화되고 만다. 이것은 알칼리(alkali)에서 단백질과 난백 중의 당분이 결합되어서 일어나는 갈색화반응 때문이다. 이와 같은 악성변화를 방지하기 위하여서는 먼저 당분을 없애야 되며 보통 발효법을 쓴다.

즉 액란백을 용기에 넣고 뚜껑을 덮어 여름에는 2~3일간, 겨울에는 7~10일간, 정치(定置)하여 자연발효 시킨다. 발효되면 pH 6.0~6.6으로 되나 암모니아(ammonia)로 중화하여 pH 6.6~7.0 정도로 되게 한다. 발효된 액란백은 보통 알루미늄(aluminium)으로 만든 2~3 cm 깊이의 천반(淺盤, pan)에 먼저 기름을 약간 칠하고 넣어 45~50℃에서 꾸준히 건조한다. 이 제품은 2~3 mm의 두께로 5 mm^2 이상의 평편한 호박색의 투명한 것이 좋다.

• 분무 건조

전란분(全卵粉)과 난황분(卵黃粉)의 대부분은 이 방법에 의하여 제조된다. 즉 분유제조와 같은 방식으로 공기여과기를 통과하고 약 110℃로 가열된 열풍을 송풍기로 건조실에 보낸다. 여기에 조제된 액란을 2,500~3,000 lb/in^2의 높은 압력으로 분무하는 가압노즐식 또는 높은 속도로 회전하는 원반(原盤)에 액란을 낙하시켜 원심력에 의해서 분무하는 원심식으로 분무되어 순간적으로 건조된다.

이때의 실제 제품의 온도는 62~65℃이며 열에 의한 품질변화가 거의 없다.

배출공기 중의 난분(卵粉)은 Cyclone과 같은 집진장치에 의해서 수집된다. 이 난분은 가압노즐식으로 만든 경우에는 6% 내외, 원심식에 있어서는 2~3%의 수분을 가지고 있으며, 용해도에 있어서도 원심식으로 제조한 것이 좋다. 액란황(液卵黃)은 수분이 적고 너무 농후하므로 물을 타서 희석하여 분무하게 된다.

• 벨트식 건조

액란을 회전하는 알루미늄벨트(aluminium belt)에 도포(塗布)하여 35~40℃의 건조실에서 건조된 것을 칼날로 긁어 떼어 이것을 분쇄하여 가루로 만든다. 따라서 원래의 제품은 박편상(薄片狀)이며, 건조세편전란(flaked whole egg) 및 건조세편난황(flaked yolk) 등이 있다. 이들은 다시 분쇄하여 2~5 mm^2의 크기로 만든다. 수분은 6~10%이며 용해도도 좋다.

4) 액란의 당 제거

액란의 당 제거(desugarization)은 난분(卵粉)의 품질을 좋게 하기 위하여 액란을 건조하기 앞서 함유되어 있는 당분을 제거시키는 공정이다. 그 원리는 다음과 같다.

신선액란으로 만든 난분(dehydrated egg, egg powder)은 저장 중에 용해도의 감소, 식품성능의 감소, 변색, 이취생성 등의 변화가 일어난다. 이러한 품질의 변화는 주로 계란에 있는 glucose와 계란 단백질 및 인지질간의 반응, 즉 glucose－단백질반응(Maillard reaction)과 glucose-cephalin 반응에 기인한다.

Maillard 반응에서는 포도당의 aldehyde기와 단백질의 amine기 사이의 반응에 따라 축합화합물이 생겨 갈색이 발생하며, 결국에는 용해도도 나빠진다. 한편 난분의 변색원인은 일부가 cephalin의 amino기와 glucose의 aldehyde기 사이의 반응에도 기인하며, 이 반응생성물은 난분의 지방성분에 이취발생을 유발한다. 따라서 이를 방지하기 위해서는 액란에서 효모발효 등의 방법으로 일단 glucose를 제거시킨 후 건조시켜야 한다.

3. 계란의 기타 가공저장

1) 피 단

피단은 중국에서 계란을 저장하는 한 방법으로 발달한 것이다. 원래는 오리 알이 이용되었었는데 계란을 이용해서 할 수도 있다. 계란을 소금, 석회, 목회, 탄산소오다 등을 섞어서 물에 갠 것 속에 담가 두면 강한 알칼리 성분 때문에 내용물이 응고함과 동시에 조미성분의 침투로 인해서 독특한 풍미와 암색을 띠게 한 것이다.

피단제조의 예를 들면 홍차 0.65 kg, 석회 2.25 kg, 소금 2.25 kg, 목회 1.5 kg을 물과 혼합하여 반죽을 만들고 여기에 계란 100개를 침지하여 밀봉하고 3~6개월 저장한다.

2) 함 단

피단과 비슷한 중국식 가공란이다. 제조법은 피단과 비슷하며 소금 1.125 g, 홍차 끓인 것 540 mL, 황주(米酒) 1,225 mL, 볏짚 재 2,880 g을 물로 버무려서 여기에 계란 100개를 침지하고 20~30일간 숙성시킨다.

3) 염지란

계란을 포화식염수에 담가둔다. 또 소금물에 향신료를 넣어 두면 독특한 풍미의 제품이 얻어진다. 계란이 가라앉으면 침지 완료의 시기로 한다.

4) 훈제란

계란을 물이나 회석된 염산 등으로 씻고, 건조시킨 것을 소금물에 수일 동안 침지하여 내용물이 응고된 후 2~5시간 훈연(50~55℃)을 하면 독특한 풍미와 보존성이 있는 제품이 얻어진다.

제5장

육류의 저장

육류의 저장은 도살한 순간부터 시작된다고 할 수 있다. 살아 있는 생체 조직은 미생물에 대한 저항력도 강하고, 세포 내의 각종 효소는 합성과 분해의 밸런스를 유지하지만 일단 도살된 것은 세균의 침입을 막을 힘이 없고, 효소의 작용체계도 무너져서 변질과 부패의 방향으로만 진행한다.

육류의 사후변화는 빠른 속도로 진행되며, 변질부패에 의하여 인체에 위험한 유독물질이 생긴다. 따라서 육류를 저장할 때에는 이런 문제점들을 대상으로 생각해야 한다.

5-1 육류의 사후변화

도살된 동물의 근육은 일정기간 동안 굳게 수축되는 경직이 일어나고, 이것이 최고도에 도달된 후에는 차차 수축이 풀리고 연화된 다음 미생물에 의하여 쉽게 부패되고 만다.

1. 사후경직과 자가소화

사후경직(死後硬直 ; rigor mortis)은 근육의 수축이 지속되어 굳어지는 현상을 말한다. 이 경직 중의 고기는 가열조리 하여도 굳기 때문에 이 경직이 풀리고 연화된 다음에 이용하도록 한다.

도살 후 경직이 시작될 때까지의 시간은 도살 전의 동물의 상태와 주위의 온도에 따라서 일정치 않으나, 약살(藥殺)된 것은 15시간, 전살(電殺)된 것은 20시간, 방혈살(放血殺)된 것은 40시간 만에 경직이 시작되며 그 후 24시간 만에 최고에 도달된다.

그 지속시간은 특히 도살 전에 영양상태가 나빴거나 피로해 있었던 것은 짧으며, 이러한 경우에는 경직도 빨리 오고 또 약하다. 기온에 따라 여름철에는 도살 후 약 40시간 만에, 겨울철에는 70~80시간 만에 경직이 일어난 부위의 순서대로 차차 풀리게 된다.

즉 액토마이오신(actomyosin)의 해리(解離), 효소에 의한 단백의 가수분해에 의하여 굳어졌던 것이 연화되기 시작하며, 이어 근육내 단백분해효소인 cathepsin에 의해 단백은 가용성단백으로 분해되고, 계속하여 펩타이드(peptides), amino acid 등으로 분해된다. 이와 같은 분해작용은 무균상태에서도 근육 자체의 효소에 의하여 일어나기 때문에 자가소화(自家消化 ; autolysis)라고 한다.

이 분해에 있어서 단백질이 아미노산까지 분해되는 경우에는 고기가 연한 동시에 풍미도 향상된다. 이와 같은 변화를 인위적으로 진행시키는 것을 숙성(熟成 : aging)이라하며 일종의 연화법이기도 하다. 여기에 미생물이 번식하면 부패가 시작되며 균류는 아미노산과 같은 저급 질소화합물을 이용하여 잘 발육하고, 어느 정도 발육된 후에는 일반 단백질도 분해하게 되어 사실상 자가소화의 말기는 이미 부패의 첫 단계인 것이다.

따라서 경직이 해제되어 연화된 고기는 저장성이 극히 나쁘고 가공원료로서는 적당치 못하다. 다만 아미노산, 기타 정미성분은 풍부하고 연하기 때문에 직접 조리용으로는 적당하다.

2. 근육 pH의 변화

동물근육의 사후경직(rigor mortis)은 근육의 glycogen이 분해되어 젖산(lactic acid)이 발생되기 때문이다. 즉 젖산에 의해 산성이 증가되어 근육섬유는 흡수성이 증가되고 이에 따라서 팽화(膨化)되며, 긴장되어 경직 현상이 일어나게 되는 것이다.

젖산의 발생은 근육 글리코겐이 다 없어지거나 또는 pH가 5.4정도로 낮아져서 분해효소가 작용치 못하게 될 때까지 계속된다. 또 산성증가는 젖산뿐만 아니라 인산크레아틴(creatine phosphate), ATP의 분해에 의한 인산(H_3PO_4) 발생의 원인이며, 이 때 ATP는 pH 6.5 이하가 되어야 그 분해효소(ATPase ; adenosine triphosphatase)는 활성을 띠게 되고 ATP와 열(energy)도 발생된다.

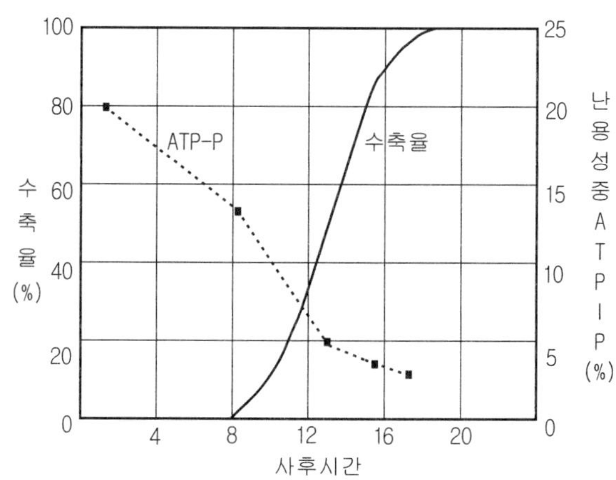

〈그림 5-1〉 ATP의 분해와 근육의 수축

동물이 살아있는 동안은 ADP는 다시 인산과 결합되어 ATP로 되고 발생된 열은 근육수축, 즉 운동열(運動 energy)로 쓰이나, 도체에서는 O_2의 공급이 없어 ATP의 분해만 있을 뿐이고, 또 열은 경직열(animal heat)이라 하여 도살 후 37℃부터 39.5℃로 높아진다. ATP가 분해되면 근장단백(筋漿蛋白 : sarcoplasmic protein)의 myosin과 actin이 결합되어 actomyosin이 되어 근육의 수축, 경직을 일으킨다.

도살 전의 pH는 7.0~7.4이나 도살 후에는 차차 낮아지고 경직이 시작될 때는 pH 6.3~6.5이며 pH 5.4에서 최고의 경직을 나타낸다. 또 대체로 1%의 젖산의 생성에 따라 pH는 1.8씩 변화되어, 보통 글리코겐 함량은 약 1%이므로 약 1.1%의 젖산이 생성되고, 최고의 산도, 즉 젖산의 생성이 중지되거나 끝난 때는 약 pH 5.4로 된다. 이때의 산성은 극한산성(極限酸性 : ultimate acidity)이라 하고, pH는 극한산성의 pH (ultimate pH)라 한다. 근육의 글리코겐량이 적으면 산생성량은 적고 극한산성의 pH는 높아진다.

3. 육색의 변화

식육은 각 동물의 종류 및 부위에 따라서 색이 변화한다. 보통 담홍색 또는 선홍색을 띠며 혹은 암적색인 것도 있다. 이러한 색의 대부분이 hemoglobin의 색이지만 이외에 육 자체의 색으로 myoglobin을 위시하여 carotene, xanthophyll, riboflavin 등이 있다.

헤모글로빈은 육 자체의 색은 아니고 근육 중에 무수하게 분포되어 있는 모세혈관 중에 함유되어 있다. 특히 육의 표면에 있는 것은 쉽게 산화 환원에 의해서 색이 변하며, 이러한 변색은 세균이 관여하게 된다. 따라서 myoglobin(Mb)도 hemoglobin(Hb)도 모두 heme의 철을 함유하고 있지만, 헴의 철은 Fe^{++} 즉 met화해서 비교적 안정한 Met-Mb 또는 Met-Hb이 된다.

육의 발색을 위해서 질산염으로 처리하면 세균에 의해서 아질산염으로 환원하며, 아질산으로부터 nitroso기가 나와 안정한 선홍색을 갖게 되고 nitrosohemoglobin이 나온다.

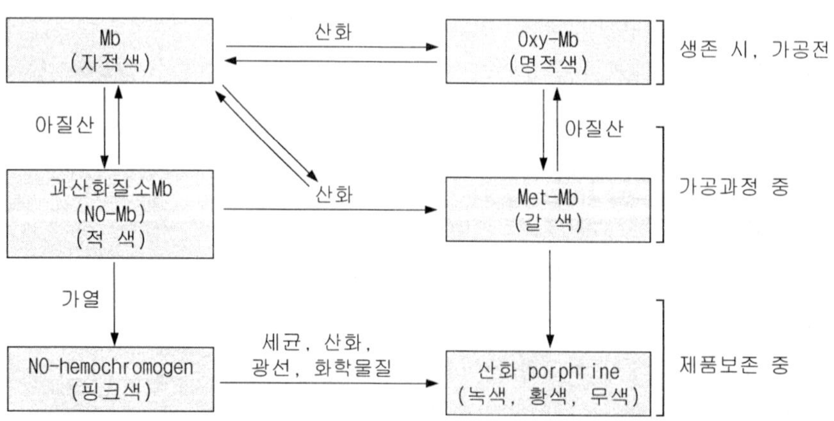

〈그림 5-2〉 가공할 때의 육색변화

혈액은 세균의 좋은 먹이가 되므로 저장을 위해서는 방혈(紡血)을 잘 할 필요가 있다. 가공할 때 육색의 변화를 그림으로 표시하면 그림 5-2와 같다.

변색의 원인은 미생물에 의한 것이 많다. 중요한 변색 현상과 그 원인은 표 5-1과 같다.

〈표 5-1〉 식육의 변색과 원인이 되는 미생물

변 색	관계되는 주미생물
녹 색	H_2S 생산균, 산화효소생성균
황 색	*Flavobacterium, Micrococcus* (우육지방, 근막의 변색)
남 색	*Chromobacterium*
흑 색 반 점	*Cladosporium*
청 색	*Pseudomonas*에 속하는 세균
적색-pink색	pink yeast, *Rhodotorula, Aspergillus, Candidus Serratia*
발 광	*Bacterium, Photobacterium, Bacillus, Acromobacter, Pseudomonas, Vibrio, Micrococcus, Microspira, Caccobacillus*

4. 부 패

건강한 동물은 정상적인 방법으로 도살되었을 때 혈관이나 근육 내는 무균상태라고 볼 수 있다. 그러나 소화관내에는 많은 세균이 있으므로 해체 중에 이런 세균이 조직 속에 침입하게 되고, 또 작업장이나 사용 기구로부터 토양세균이 오염되게 된다.

숙성이나 유통과정에서 만일 고기가 오염균 들의 생육적온에 놓이게 되면 *Proteus*균, 대장균, 구균, *Sarcina* 등의 호기성균이 급격히 번식하고 고기의 내부는 혐기성균인 *Clostridium*이 침입하여 부패과정이 시작된다. 엄격히 말해서 숙성은 보통 단독으로 진행될 수 없으며 상기한 균들에 의한 부패가 어느 정도 따르게 된다.

따라서 숙성의 도가 지나치면 고기의 독특한 신선취가 없어지고 그 대신 부패취가 나기 시작한다. 이것은 자극취로 변하고 드디어는 참기 어려울 정도의 악취로 변한다. 악취가 나기 시작할 때에는 이미 선도는 저하되어 있을 때이며 이런 것은 식용으로 하기가 극히 조심스러운 것이다.

숙성 초기의 변화는 주로 효소에 의한 자가 소화작용이지만 어느 정도 진행하면 세균에 의한 변패가 따르게 된다.

온도 24±1℃에서 저장된 소고기에서 발생된 취기성분은 그림 5-3과 같으며 대체적인 경향으로 볼 때에, 시간 경과와 더불어 산성 물질은 감소하고 염기성 물질은 증가하는 경향이 있다. 여기에서 휘발성 염기성 물질을 보면 암모니아, trimethylamine, piperidine, pyridine 등이고 휘발성 산성 물질은 formic acid, propionic acid, butyric acid, acetic acid, valeric acid, caproic acid, caprylic acid, capric acid 등의 존재가 확인되고 있다.

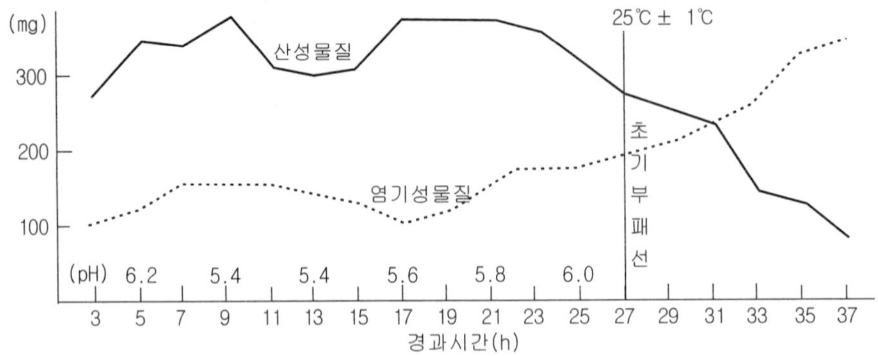

〈그림 5-3〉 쇠고기 저장 시에 발생되는 물질

부패의 최종산물은 아민류, 카르보닐류, 암모니아, 피페리딘, 탄산가스, 황화수소, mercaptane, indol, skatol, 메탄(CH_4) 등이 있다.

부패육에 의한 중독의 염려가 있는 물질로는 아민류의 histamine, putrescin, cadaverin, agmatin, coline이며 이들은 lysine, arginine, histidine 등 아미노산에서 탈탄산반응에 의해 생성된다. 이들 유독 아민들을 ptomaine이라 부르기도 한다.

$$\underset{\text{amino acid}}{R - \underset{\substack{| \\ NH_2}}{CH} - COOH} \rightarrow \underset{\text{amine}}{R - CH_2 - NH_2} + CO_2$$

식육에 생육하여 식중독을 일으키거나 일으킬 염려가 있는 것은 *Botulinum* 균, 포도상구균, 살모넬라균, 병원성 대장균 *E. coli* O157 등이 있으며 이들은 기질에 생육하면서 독소를 분비한다. 일반적으로 고기는 저온으로 저장되고 있으나 이때에는 저온균에 속하는 형광균과 *Achromobacter* 가 주로 번식하여 부패한다. 가정용 냉장고에 저장된 고기에서도 *Bacillus*, 젖산균 등이 분리되고 연쇄상구균, *Leuconostoc*, *Proteus*, 대장균 등이 분리되는 경우도 많다.

가공품인 햄, 소시지 등은 제조될 때에 가열되므로 열에 약한 균은 거의 사멸하고 열에 강한 세균의 포자가 남는다. 제조 후에 저장온도가 높으면 포자가 발아해서 제품을 변패시키고 포장이 불완전할 때는 2차적 오염균과 합세하여 급속도로 부패하게 된다. 고기를 변패시키는 미생물과 온도의 관계를 보면 표 5-2와 같다.

〈표 5-2〉 고기의 부패에 관여하는 미생물과 온도와의 관계

온 도 범 위	미 생 물 의 상 태
140~178°F(60~81℃)	생활세포의 사멸온도
128~140°F(48.9~65.5℃)	고온균의 발육적온
60~115°F(15.5~46.1℃)	식중독균, 예를 들면 포도상구균에 대한 위험범위
47~113°F(8.3~45℃)	세균, 효모, 곰팡이의 대부분이 발육한다.
18~47°F(−8.7~8.3℃)	저온세균, 효모, 곰팡이가 발육한다.
−2~18°F(−18.8~−8.7℃)	세균은 발육 못함

5-2 육류의 저장방법

부패를 방지하고 육을 저장하기 위해서는 미생물의 발육을 저지하는 것만으로는 불충분하므로 그 신진대사 기능을 약화시켜서 추숙작용을 강제적으로 억제하는 것도 필요하며, 가공방법을 가미해서 원료의 성질에 어느 정도 변화를 주어 저장을 쉽게 할 필요성도 있다. 대부분의 식육가공은 저장을 겸한 원리를 활용하는 것에 중요한 의의를 갖는다.

육의 저장법 중 중요한 것은 냉장 냉동법이 있지만 다소 가공적인 방

법을 가미하는 것에 의해서 보존의 목적을 달성하는 방법으로서는 건조법, 염장법, 훈연법 등이 있다. 오늘날에는 밀봉법, 약품법 등도 육의 저장에 이용된다.

1. 냉장 냉동법

1) 냉장법

식품의 냉장은 저장수단으로서 오늘날 매우 합리적인 방법으로 알려져 있다. 식품 냉장의 특성을 간단히 요약하면 다음과 같다.

① 가격의 안정을 도모하며 등급화에 기여한다.
② 시간과 장소를 초월하여 수급의 원활화를 도모한다.
③ 인공적으로 적당한 시기에 사용할 수 있다.
④ 날것상태로 저장되므로 이용가치가 다른 저장품에 비하여 크다.
⑤ 전염병 유행 시에도 안심하고 이용할 수 있다.

일반적으로 동물을 도살하면 체온이 높아지므로 도살 후 빠른 시간 내에 냉각시켜야 한다. 38~40℃의 육온을 그 중심온도가 5℃ 이내로 되게끔 급속히 냉각하는 데, 이것에 이용되는 것을 냉각실(chilling room)이라고 한다.

이 경우 수용조건은 면적 25 m^2에 대하여 소(150~175 kg 정도)는 20~25마리, 돼지(80~100 kg)는 50~72마리 분을 수용할 수 있다. 실온 −2℃ 정도에서 우지육(牛枝肉)은 20~24시간 정도(냉풍식 냉풍유속 2~3 m/s, 습도 85~90%)지나면 도체내부는 3~5℃ 정도로 하강하게 된다.

이상의 냉각은 도살 후 도체의 필수적 예비조작이며, 그 후 시판육은 냉장하고, 장시간 저장하는 것은 동결육을 만든다. 도살육을 가공하여 소비지로 수송하는 경우는 특수한 경우를 제외하고 필수적으로 냉각을 마친 후 처리하지 않으면 안된다.

냉각을 마친 후 고기는 냉장실로 운반되어 목적에 따라 당분간 그 장소에 보관하고, 시판용, 가공용 등의 목적으로 절단, 탈골 등을 한다. 또 어떤 경우는 다시 다른 냉장고로 옮겨진다. 급속동결을 해야 하는 것은 도살 후 냉각한 다음 예냉 및 숙성을 마치기 위해 잠시 일반 냉장고로 옮겨지거나 혹은 동결실로 직송한다.

지육냉장의 일반적 조건은 0~1℃의 실온, 85~90%의 상대습도, 매시간 6~12회의 공기순환이 이상적이다.

2) 냉동법

• 동 결

육류는 동결한 그대로 저장하면 수년간 저장할 수 있다. 동결의 방법에는 여러가지가 있지만, 일반적으로 ① 일반동결법 ② 송풍급속동결법 ③ brine 동결법이 있다.

일반 동결법은 육을 저온(−25~−30℃)의 동결실에서 수십 시간에 걸쳐 동결하는 방법이며, 송풍 급속동결법은 상기 온도의 동결실내에서 강제 송풍하여 비교적 단시간에 동결하는 방법이다.

지육을 그대로 동결하는 경우 −30℃의 송풍 동결실에서 중심 온도를 −18℃정도로 강하시키려면 48시간 정도를 요한다. 육편(fillet)에서는 그 두께에 따라서 동결시간이 달라진다.

일반적으로 도살 후 냉각을 마친 것은 동결실로 들어가는데, 지육의 산도가 높아지면 해동(defrosting) 할 때 육의 보수력이 감소하므로 드립(drip)이 많아지게 된다. 따라서 드립에 의한 감소가 적어지게 하기 위해서는 도살 후 급냉하여 즉시 동결시키지 않고 수일간 숙성시킨 후 동결실로 옮기는 것이 좋다.

pH값이 5.8 이하가 되면 해동 시 드립이 많아지게 된다. 식육의 처리 이용 면에서 보면 뼈가 있는 지육보다 뼈를 제거한 생육의 동결육이 취급하기 쉽다. 그러한 관계로 스테이크(steak)나 소육편(小肉片 ; fillet)과 같이 뼈를 제거하여 일정한 규격으로 조정해서 포장한 것을 동결한 것이 많다.

소육편(fillet) 또는 육괴(고기덩어리) 등의 동결에는 종래에 브라인(brine) 동결법을 이용하였다. 10℃이하의 브라인(염화물용액)을 이용해서 육을 동결하면 동결속도는 공기중 동결에 비하여 수배 정도 빠르다. 그러나 습식 동결법의 결점은 변색하기 쉽고, 염류의 침투에 의해서 맛이 불량하게 된다. 플라스틱 필름으로 포장해서 동결시키면 결점을 방지할 수 있다.

근년에는 contact freezer가 발달되어 이것을 이용하는 것이 많으며, 육편을 모아서 meat steak 등을 만든다. 일반적으로 동결육의 제조 순서는 도살해체－냉각－예냉－동결－냉장－해동－소비로 이루어지며, 동결육은 냉동실로 옮겨져 장기간 냉동저장하게 된다. 이때 냉동실의 온도는 －20~－25℃, 상대습도는 90~95%, 공기 순환량은 2~4배/시간, 환기횟수 1~2회/일, 냉동기간은 우육 6개월, 돈육, 양육은 4개월 이상이다.

• 해 동

동결육은 사용할 때 해동시키지 않으면 안된다. 해동법에는 공기, 액체 중 혹은 전기적 해동법 등이 있다. 동결육은 급하게 해동하면 근육조직이 파괴를 일으켜서 육즙이 다량으로 유출되며, 반대로 완만하게 해동하면 곰팡이류가 번식하거나 부패가 일어나지만 원칙적으로는 완만하게 해동하며 특히 해동실에서 해동시킨다.

해동실은 상대습도 90~95%, 온도 6~8℃ 수용량은 1 m^2에 대하여 소 4분체 4개, 돼지 2분체 6개, 양 5~6 등분이 적당하며, 환기는 잘 되게 한다. 우육의 해동에는 3~4일을 요하며, 육 중심부가 －1℃가 되면 해동이 끝났다고 할 수 있다.

액체 중 해동의 예를 들면 얼음 중에서 해동하는 것도 좋지만, 육의 표피가 노출되는 경우는 폴리에틸렌 필름을 이용해서 밀봉한 다음 해동하면 좋은 결과를 얻을 수 있다.

최근에는 마이크로파가열법이 쓰인다. 즉 동결육에 주파수 900~2,500 MHz의 마이크로파를 작용시키면 동결육 중의 극성분자 중 일부 분자가 전장의 변화에 대응해서 심한 회전운동을 일으킨다. 이 극성분자의 운동이 열로 변화하여 시료를 발열시켜 급속한 온도상승을 일으키며, 수분 간 내에 －20℃정도의 동결 육이 해동되게 된다.

2. 염장법

원시인은 옛날부터 육류 및 어류 등의 식품을 저장하는 수단으로서 건조, 염장, 훈연 등의 방법을 사용하였다. 그 후 그리스인이나 로마사람들에 의해서 이들 방법이 개량되었고, 그 이용도 성행하였다. 오늘날에도 염장법, 훈연법은 단순히 저장만의 의미가 아니고, 그 적용방법에 따라서 특수한 풍미를 갖게 되며, 과학적으로도 충분히 검토되는 많은 발전적 요소를 갖고 있다.

사실상 육류의 가공 및 저장에서 소금의 효과는 매우 중대하며, 또한 이러한 것을 잘 활용하면 앞으로도 식생활을 즐길 수 있는 충분한 가치가 있다고 생각된다.

식육의 염장법에는 다음과 같은 세 가지 방법이 있다.

1) 물간법

물간법(pickle curing)은 미리 적당한 소금물(설탕, 초석, 향료 등을 첨가하지 않고 한번 가열한 것)을 만들며, 그 중에 육을 넣어서 조직 중에 소금을 침투시키므로 일반적으로 Be′ 18~22도의 것을 사용하게 된다. 염지액은 다음 방법이 가장 많이 쓰인다.

육량을 표준으로 하는 경우(원료육 10 kg에 대한 것)

물	7.2 L	100%
소금	1.5 kg	20.8%
초석	100 g	1.4%
설탕	450 g	6.25%
향신료(原葉)	30 g	0.4%

이러한 배합물을 솥에서 잘 교반하면서 20분 정도 끓인 후 여과하여 냉각한다. 또 염지액은 원료육의 중량에 관계없이 항상 만들어 놓는 것이 좋다.

염지액에 담가두는 시간은 20~60일이며 염지가 끝난 것은 맑은 물에 담가둔다. 겨울에는 15~24시간, 여름에는 10~15시간이 좋은데 가능하면 흐르는 물이 좋다.

이러한 조작이 끝나면 육중의 염분이 기호에 가장 적당한 양(약 2.5~3.5%)이 되며, 또한 좋은 풍미도 갖게 된다.

2) 마른간법

마른간법(dry curing)은 소금을 다른 조미료나 향신료와 혼합해서 용해시키지 않은 그대로를 육에 뿌리는 방법이다. 다음의 햄 및 베이컨 제조의 경우를 보면

소금	육량 10 kg에 대하여	700 g
초석	〃	30 g
설탕	〃	100 g
향신료(세이지, 타임분말)	〃	소량

을 준비한다. 마른간법은 지방이 많은 돈육 등에 좋다.

3) 급속염장법

육중에 급속히 염분을 침투시키기 위하여 개량 염장법이 만들어졌는데 그 대표적인 것은 감압법(減壓法)과 주사법(注射法)이다.

감압법은 육류를 밀폐된 용기에 넣어 감압하고, 근육조직 사이의 공기를 제거한 후 소금물을 주입하는 방법인데 용기제작에 비용이 많이 들므로 많이 사용되지 않는다.

주사법은 염장에 오랜 시간이 걸리는 커다란 덩어리, 즉 햄이나 숄더(shoulder) 등에 쓰이며, 염지액은 Be′ 18~22도 정도가 좋다. 주사는 보통 염지 전에 하며, 주사부위는 관절부근에 주사한다.

참고로 육류를 염장할 때 주의할 점은 다음과 같다.

① 염지액의 조건을 될 수 있는 대로 일정하게 보존한다. 가능한 한 끓인 것을 이용하며 −1~5℃로 보존한다.

② 소금 중의 불순물 및 미생물에 대하여 주의하여야 하며, 소금 중의 Ca, Mg 등은 염지육의 품질에 나쁜 영향을 준다. 또한 병원성 호염균에 의한 중독, 색소형성균이 발생하는 경우도 있다.

③ 소금의 방부성을 너무 믿지 말아야 한다. 일반적으로 농도가 높은 소금물 중에서는 세균, 효모균, 곰팡이, 기생충 등의 발육을 저하시키지만 소금에 강한 저항성을 갖는 것, 병원성을 갖는 것도 있다. 소금농도와

미생물 발육저해의 관계는 균의 종류나 균주 기타의 조건에 따라서 작용한계치를 달리 한다.

④ 염장시설에 대한 위생적 주의를 잊지 말아야 하며, 일반 환경위생상의 유의할 점을 그대로 적용시킨다.

3. 훈 연 법

일반적으로 육류의 훈연은 온훈법을 많이 쓴다. domestic sausage류, lachs ham 등이 이것에 적당하다. 온도의 범위는 30~50℃이며 훈연시간은 다음과 같다.

domestic sausage(여름) … 5~10시간　　lachs ham … 5~6시간
bacon ……………………… 7~10시간

그러나 즉석에서 제조한 제품은 거의 열훈법으로 처리한다. 온도는 50~80℃로 이 이상 올라가면 제품이 파열되며, 지방이 용출되어 제품을 손상 시킨다. 훈연시간은 다음과 같다.

domestic sausage(겨울) … 2~5시간　　lachs ham … 4~5시간
regular ham ……………… 6~10시간

한편 dry sausage, bacon 혹은 장기 저장용의 햄류는 냉훈법에 의하여 15~30℃정도의 저온에서 오랜 시간 훈연한다. 훈연시간은 다음과 같다.

dry sausage ………………24~48시간　　bacon… …24~60시간
regular ham(bone ham) … 3~6일간

참고로 훈연할 때 주의할 점은 다음과 같다.

① 훈연하기 전에 원료의 표면을 건조시킬 것.
② 훈연초기는 낮은 온도로부터 서서히 온도를 높일 것.
③ 장기간의 훈연은 감량이 많음으로 주의할 것.
④ 지나친 훈연은 피할 것.
⑤ 훈연의 재료는 어떠한 재료라도 건조시킬 것.

4. 건 조 법

건조에 의해 식육을 저장하는 방법은 옛날부터 실시되어 왔다. 건조에 의해 식육의 수분함량이 감소되며, 그 때문에 고형물의 농도가 높아지고, 미생물의 번식이 불가능하게 된다. 그리고 식육자체의 효소적 변화도 일어나기 어렵게 되며, 저장성이 증대된다.

식육류의 건조에 쓰이는 건조기로는 다음과 같은 것들이 있다.

건조기		용도
열풍건조기	터널형 건조기	일반 건조육 제품
	열풍순환형(cabinet)건조기	일반 건조육 제품
	내부 conveyor 이동형 건조기	일반 건조육 제품
	분무형 건조기	육즙의 건조
감압건조기		일반 건조육 제품
열판건조기		고기 분말류
동결건조기		소육편의 건조

이 중에서 가장 이상적인 것은 감압건조법이며 조직변화도 적고 제품을 복원시켰을 때 원료에 가까운 상태로 되게 된다.

동결 건조법은 조직의 파괴를 적게 하므로 소육편이나 분말제품의 제조에 적당하다.

건조육은 저장성이 높으므로 ① 영양가가 높고 휴대식 또는 비상식으로 좋으며 ② 이용성이 많고 공급이 편리하며 ③ 포장, 수송, 저장이 간편하며 ④ 동결건조육, 가미연화 건조육, sliced meat, meat powder 등의 인스턴트 식품으로 발전할 여지가 많은 점 등의 장점이 있다.

5. 밀 봉 법

미생물에는 각각 열에 대하여 저항하는 최고 한계가 있어서 그 이상의 온도로 올리면 사멸한다. 식품에 부착하는 미생물을 가열 살균하여 멸균상태로 만들고, 그 침입을 방지하기 위하여 견고한 용기로 밀폐하면 오랫동안 식품의 부패를 방지하므로 그 원리를 응용한 통조림, 병조림 등의 밀봉 저장법이 있다.

6. C.A.저장

탄산가스나 질소가스 중에서 저온으로 유지하여 저장하면 세균이나 미생물이 번식할 수 없다. 따라서 냉동육의 원거리 수송 시에는 이 방법이 좋다.

7. 살균제에 의한 저장

닭을 도살할 때 활용되는 방법 중의 하나로서 지육(枝肉)을 수세 시 50~100 ppm의 염소수용액에 씻어내는 방법으로 어느 정도까지는 저장효과가 있다.

8. 방사선 저장

Co^{60}로부터 방사되는 γ선을 고기에 쪼여서(照射) 저장하는 방법이며, 방사선에 의한 살균은 열이 없이 이루어지므로 냉살균(冷殺菌; cold sterilization)이라고도 한다.

제6장

어패류의 저장

어패류는 수분이 많고 조직이 연하여 미생물이 부착하기 쉽고, 취급이 불결하여 육류보다도 더욱 부패하기 쉬운 식품이다. 따라서 식중독의 위험성도 다분히 가지고 있다.

우리나라는 삼면이 바다이고 근해에 좋은 어장들이 있어 비교적 수산물이 풍부한 나라에 속한다. 소비자들은 가급적 신선한 것을 원하지만 어획 후의 취급 부주의나 수송과정, 또는 시장의 판매과정에서 일부가 부패되므로 소금에 절이는 등의 응급책을 취하기도 한다.

6-1 어패류의 선도

어패류의 선도(鮮度)를 표현할 때 일반 소비자들은 "물이 좋다" "물이 갔다" "변했다"의 3단계로 부르고 있다. 어육이 약간 변하기는 했으나 식용하기에 별 지장이 없는 상태를 "물이 갔다" 라고 하고 식용하기가 거북할 정도의 변화를 "변했다" 로 표현하고 있다.

이와 같은 표현과 생리적인 사후변화, 즉 경직·해경·부패와 관련시켜서 설명해 보면 그림 6-1과 같다. 즉 "물이 좋다" 라고 하는 것은 경직전이나 경직중의 상태이며 "물이 갔다" 라고 하는 것은 해경해서 연화된 상태를 가리키는 것이다.

어류가 어획된 후 가급적이면 활어상태(活魚狀態)로 소비자에게 도착될 수 있기를 바라지만 유통 중의 어류는 대부분 죽은 상태의 것이다. 어류는 바다를 떠난 후의 생명 지속시간이 비교적 짧고 어체의 대소, 치사조건, 방치조건에 따라서 사후변화의 상태가 각각 달라지므로 소비자에게 도착된 상태는 변한 상태가 아니라 할지라도 해경 후의 물이 간 상태가 대부분이다.

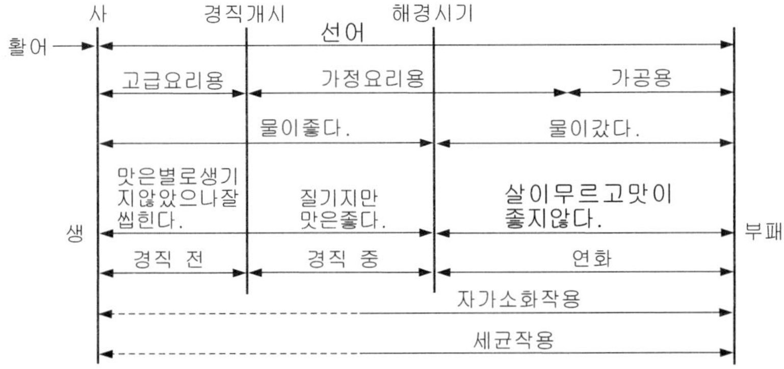

〈그림 6-1〉 어패류의 사후변화

1. 어패류의 선도저하속도에 영향을 주는 요인

1) 어종에 의한 차이

바닷고기보다는 민물고기의 선도 저하가 더 빠르다. 예로부터 잉어나 장어·미꾸라지 등이 활어의 상태로 유통되고 있는 까닭도 그 때문이다. 바닷고기도 회유성(回遊性)인 붉은살 생선은 도미나 저어(低魚)인 흰살 생선보다 물이 가기 쉽다. 예를 들면 고등어나 삼치는 비교적 잘 변하는 편이며 특히 고등어는 바닷고기 중 가장 상하기 쉬운 것 중의 하나로 볼 수 있다.

2) 치사조건

고기가 어획된 후 장시간 시달렸다가 죽은 것과 거의 순간적으로 죽은 것을 보면 육질에 명확한 차이점이 있다.

• 장시간 시달린 고기와 그렇지 않은 고기의 차이

장시간 시달린 것은 고민 중에 근육의 강한 수축이 일어나고 ATP가 급격히 소비됨과 동시에 글리코겐이 분해되어 젖산이 생긴다. 따라서 사후경직이 빨리 시작되고 또한 해경도 빨리 와서 연화가 빨리 시작된다.

한편 순간적으로 죽은 것은 근육 속에 상당량의 ATP(adenosine triphosphate)가 남아 있으므로 그 육편을 물에 넣으면 수축현상을 볼 수 있다. 이런 현상은 물고기가 아직 경직 전임을 증명하는 것이며 경직 후에 ATP가 감소된 것은 그 육편을 물에 넣어도 수축현상을 볼 수 없다. 이와 같이 물고기의 물이 좋고 나쁨은 그 고기가 죽은 후의 경과시간만 가지고는 판단하기 어렵다. 즉 위와 같이 고기를 죽이는 방법에도 깊은 관계가 있는 것이다.

• 어획방법에 의한 차이

어획방법을 크게 나누면 그물로 잡는 방법과 낚시로 잡는 방법이 있는데 그물 어획에 있어서는 그물에 걸린 고기가 요란하게 움직이다가 배 위로 올라오게 되므로 선도를 유지하려면 낚시로 잡아서 즉시 죽이는 것이 좋다.

또 그물도 정치망인 경우와 저인망의 차이점이 있다. 정치망인 경우는 고기가 크게 당황하지 않겠지만 저인망인 경우는 수 시간을 시달리다가 끌어올려지게 되므로 영향이 크다. 특히 초코 그물에 걸린 고기는 몇 시간을 시달리다가 죽기 때문에 선도저하가 빠르다. 정치망에 잡힌 것이라도 가다랭이의 일종인 프리게이트 매케렐(frigate mackerel)은 운동성이 심한 것이므로 잡은 후에 한동안 안정시켜서 휴양시키고 나서 ATP를 충분히 회복시킨 후에 죽이는 것이 좋다.

〈표 6-1〉　물고기가 20℃에서 사후경직이 최고가 되는 시간

어　종	순간적으로 죽인 것	시달리다 죽은 것
잉　어	20	10
고 등 어	9	6
도　미	9	–

어류를 죽이는 방법으로는 물고기의 뇌와 척추골 사이에 있는 연수(延髓)를 갈퀴나 칼로 파괴하면 된다. 물고기가 즉살된 것과 시달리다 죽은 것을 비교하면 표 6-1과 같이 된다.

3) 어획 후의 보관온도

근육내 ATP의 분해속도나 자가소화작용은 온도가 낮을수록 늦어진다. 또 부패세균의 번식도 온도가 낮을수록 더디다. 따라서 경직 중의 기간을 길게 하거나 부패를 늦추기 위해서는 저온으로 보관하는 것이 중요하다.

어획법에 따라서는 어구(漁具)에 걸린 고기를 반드시 즉시 배에 끌어올리게 되는 것은 아니다. 따라서 어장의 수온이 높을 때는 배에 끌어올려지기 이전부터 이미 변질이 시작되는 일도 있다.

2. 어육의 선도와 맛

어육의 정미성분으로는 inosinic acid, succinic acid, glutamic acid, carnosin(β-alanine), trimethylamineoxide 등을 들 수가 있는데 육류의 맛은 이들 화학물질의 맛 외에 치아나 혀에 감촉되는 생리적 성질, 즉 텍스쳐(texture)가 관계하여 상당히 복잡하다.

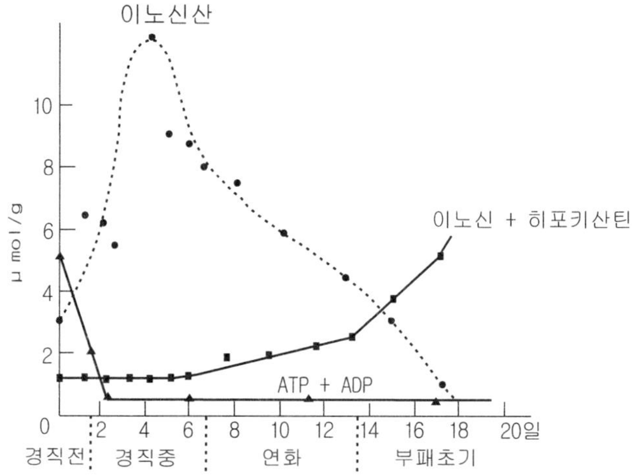

〈그림 6-2〉 가자미 빙장중의 이노신산의 변화

그림 6-2는 가자미를 즉살해서 5℃로 저장했을 때의 이노신산의 변화를 나타낸 것인데 ATP의 양이 어느 정도 감소되면 경직이 시작되고, ATP가 감소되어 거의 0이 되었을 때 경직은 최고가 된다. 그리고 그 후에는 서서히 경직이 풀려서 연화하게 된다.

또 ATP가 최저로 되었을 때 즉 경직이 최고가 되었을 때 이노신산의 양이 최고가 되고 해경해서 연화하게 되면 이노신산은 급격히 감소하여 inosin과 hypoxanthine이 증가한다. 따라서 맛으로 볼 때는 경직전의 것보다 경직중의 것이 가장 좋다고 볼 수 있다. 따라서 경직중의 어류를 가공하는 것이 소비자를 위해서도 좋을 것이다.

또 참다랭이와 같이 비교적 섬유가 단단한 어육을 회로 먹을 때는 경직중의 것은 너무 질기므로 조금 연화된 것이 좋다. 또 도미·복어 등은 경직전의 신선한 것을 찾게 되는데 그것은 맛보다는 텍스추어가 더 중요시되기 때문인 것 같다.

3. 어육의 선도판정법

채소류는 빛깔, 광택, 싱싱한 정도로 보아 쉽게 판정할 수 있지만, 육류, 어패류 및 그 가공품의 선도는 판정하기 어려우므로 상당히 숙련되어야 한다.

1) 관능적 판정법

다음과 같은 것은 선도가 좋은 것이다.

① 사후경직을 일으켜 단단하게 되어 있는 것.

② 아가미의 색이 담적색, 또는 암적색인 것.

③ 눈이 투명한 것.

④ 피부가 습윤한 상태로 보이는 것.

⑤ 복부가 단단하거나 부풀어 있는 것처럼 보이지 않는 것.

⑥ 불쾌한 악취, 자극취, 부패취가 없는 것.

2) 객관적 판정법

• 물리적 측정법

신속한 측정이 가능하기 때문에 물리적 방법이 편리하지만 어종에 따라 측정치에 심한 차이가 있으므로 같은 종류끼리만 비교하게 된다. 그 방법으로는 전기저항을 측정하는 방법, 안방액(眼房液)의 굴절률을 보는 방법, 탄력을 측정하는 방법 등이 있다.

• 부패생산물을 측정하는 방법

trimethylamine, histamine, 휘발성 염기 질소, 휘발성 산, 휘발성 환원물질 등을 측정하는 방법이 있다. 이중에서 트리메틸아민법이 오래전부터 널리 이용되고 있다. 그런데 초기부패시의 트리메틸아민의 양은 어종에 따라 크게 차이가 있으므로 각각 표준을 정해 놓을 필요가 있다.

• 효소적 분해생산물을 측정하는 방법

글리코겐(glycogen)의 분해, 또는 젖산을 측정하는 방법, ATP양을 측정하는 방법, catalase나 peroxydase의 활성을 측정하는 방법이 있으나 ATP법이 더 많이 이용되고 있다. 이 방법은 ATP가 IMP (inosine monophosphate)까지 급속히 분해한 다음 이노신(inosine)이나 히포크산틴까지 천천히 변화하므로 열가용성핵산에 대한 분해물의 생성량 비율을 선도의 지표로 하자는 주장도 있다.

• 세균학적 방법

이 방법은 세균을 직접 검경하는 방법과 간접적으로 측정하는 방법이 있다. 즉 tetrazolium 용액을 적신 여과지를 어체에 밀착시켜 2분간 두었다가 15분간 건조시켜 발색시킨다. 이것을 3% 석탄산에탄올 10 mL에 15분간 용출시켜 용출된 홍색색조를 550 nm으로 비색하는 방법이다. 이 반응은 어피에 $10^6/cm^2$ 정도의 세균이 번식하게 되면 나타나게 되므로 어체를 손상시키지 않고 시장에서도 실시할 수 있는 간단한 방법이다.

이 외에도 우유의 경우와 마찬가지로 methylene blue의 환원속도를 측정하는 방법, 또 시료의 보관 온도를 고의적으로 상승시켜서 변패발생이 될 때까지의 시간을 측정하는 방법(accelerated test)도 연구되고 있다.

6-2 어패류의 사후 변화와 품질관리 요령

어패류의 어획 후에 일어나는 생체변화, 즉 사후변화(post-mortem changes)는 대단히 복잡하다. 이것을 몇 가지 과정으로 나누어 보면 ① 먼저 효소계의 작용에 의한 해당작용(glycolysis)과 같은 생화학적 변화로부터 시작되어 ② 근육의 사후경직(rigor mortis)이 일어나고 ③ 해경(解硬)과 더불어 ④ 육조직 중의 효소작용에 의한 자가소화(autolysis)가 일어나서, 육질이 연화되며 ⑤ 여기에 세균이 증식하여 선도저하가 일어나고 ⑥ 드디어 부패(putrefaction)에 이르게 된다.

육의 실제적인 변질은 ④의 과정부터이다. 그러나 이러한 변화의 과정이 순차적으로 구분되어 일어나는 것이 아니고 몇 과정이 동시에 진행되는 수가 많다.

1. 사후경직과 품질관리

사후경직을 일으킬 때까지의 시간과 그 정도 및 지속시간 등은 여러 가지 조건 즉 어종, 어체의 크기, 어획법 및 어체처리 조건 등에 따라 달라진다. 일반적으로 어류는 포유동물보다 사후경직의 지속시간이 짧아 사후 1~7시간 만에 경직이 시작되어 5~22시간 정도 지속되는 것이 보통이다.

어체의 온도 즉 처리온도가 낮아질수록 경직을 일으키는 시간은 길어지고 지속시간도 길다. 보통 어획 후 즉시 죽이거나 주의 깊게 취급하고 머리·내장을 제거했을 때에도 같은 양상을 나타낸다.

경직중의 어류는 근육 중에 glycogen으로부터 젖산을 다량 생성하며 이 때문에 산성(酸性)이 증가되면 부패균의 발육이 저해되고 육의 보존상 유효하게 된다.

어육을 냉동하는 경우 경직기의 전후 어느 쪽에서 행하는 것이 가장 좋은 효과를 얻을 수 있는가 하는 문제가 있다. 즉 경직기 전에 냉동한 고기는 향미 면에서 좋지 않고, 경직기 중에 냉동하면 가장 좋은 향미를 보존할 수 있으며, 경직기가 지난 것은 자가소화가 일어나 냉동시켜도 해동 후 자가소화가 더욱더 신속히 일어난다. 따라서 냉동은 경직전이나 경직 중에 시키는 것이 가장 이상적이다.

어체를 조리할 때도 어획 후 속히 얼음으로 급냉각 시켜서 이를 처리 장소까지 가능한 한 저온으로 운반하는 것이 바람직하다.

또 어체의 머리 및 내장을 제거하는 것도 경직 개시를 지연시킬 수 있고 또 지속시간을 길게 함과 동시에 다음에 일어나는 자가소화를 길게 연장시킬 수 있어 효과적이다.

2. 자가소화작용과 품질관리

근육 중에 존재하는 단백효소의 작용에 대해서는 온도에 대한 특수성을 보이는데 고등어, 넙치 같은 해수어는 40~45℃, 잉어, 붕어 같은 담수어는 23~27℃가 자가소화 작용의 최적 온도이며 이들이 작용하는 온도범위도 각각 다르다.

따라서 자가소화 작용을 저지하려면 저온 유지가 필요하며 냉장 냉동법은 이 원리를 이용한 식품 저장법이다. 대구육의 경우 1℃에서 9개월 후에야 자가소화가 시작되어 분해가 일어난 것을 확인할 수 있었다.

동결어육의 자가소화는 거의 일어나지 않으나 lipase작용은 완만하게 일어난다. 어종 중 다지방성어류, 예로 고등어를 9개월 냉동시킬 때 수침출액 중의 전질소 및 응고성 단백질소가 증가되고 육단백이 가용성으로 변화되며 수침출액의 산도 및 지방의 산가가 다소 증가된다. 암모니아 및 아민의 증가는 일어나지 않는다.

3. 부패작용과 품질관리

어패육의 부패에 관여하는 세균은 축육의 경우와는 달라서 수중세균이 주가 되며, 어패류의 생존 시부터 부착하여 있던 *Flavobacterium, Pseu-*

*domonas, Achromobacter*속에 속하는 것이 많다. 이 중 *P. fluorescens, P. sckuylkilliensis, A. pellucidum, A. tabificum* 등과 그 외 *Rhodococcus agilis* 및 *Serratia marcescens* 등이 가장 강력한 부패작용을 나타내는 것으로 알려져 있다. 또한 *Escherichia coli, Proteus vulgaris, Bacillus subtilis* 등도 부패에 관여하나 이것들은 어획 후에 부착하여 번식하는 수가 많다. 이들 세균은 어류의 생존 중에 이미 어체 표면의 점질물, 아가미, 소화관 등에 많이 존재하고 사후에 신속히 번식하여 근육을 부패시키는 원인이 된다. 물론 부패 작용이 상당히 진행된 후에 2차적으로 작용하는 세균은 육지의 조수육(鳥獸肉)의 경우와 동일한 세균류라고 생각된다.

갑각류의 부패는 어류와 큰 차이가 없으나 껍질의 구성분인 chitin질을 분해하는 *Myxococcus* 및 *Myxobacteria* 등의 세균이 분리되고 있다. 또 조개류의 부패세균도 어류와 거의 같으나 토양세균이나 대장균이 혼재하는 수가 많다.

따라서 어패류의 품질을 보존하기 위해서는 우선 무엇보다도 위생적인 취급·관리가 필요하며 세균의 오염을 막는 것이 중요하다. 또 일단 오염된 세균에 대해서는 적절한 대응책을 세워 신속히 처리하지 않으면 안된다.

6-3 어패류의 저장 방법

1. 광선이용법

1) 자외선

자외선 살균은 미국에서 "sterile lamp conditioning"이라 부르며 광범위하게 실용화되고 있다. 자외선 살균 등은 형광등과 동일한 원리로서 저압수은등을 사용한다.

이러한 살균등의 자외선 살균효과는 15 W 정도의 광원에서 1분 내외로 대장균을 사멸시킨다. 현재 이러한 살균등은 냉장고 내에 설치되어 고기의 숙성을 촉진하고 장기보존에 활용된다. 원래 이 살균등은 실내의 공기살균에 효과가 큰 것으로서 어육 어장에 대한 연구가 최근에 활발히 진행되어 앞으로 그의 활용이 증대될 것으로 생각된다.

2) X-선

300 MV의 고전압의 X선 및 음극선으로 세균을 사멸시키는 연구가 진행되어 고등어육의 세균을 거의 사멸시킬 수 있었다. 아울러 효소작용을 억제하여 자가소화를 억제할 수도 있으나 효소를 파괴하려면 세균사멸에 비해 10배의 높은 출력이 필요하다.

2. 첨가물 이용법

1) 보존료

현재 어육제품에 허가되어 있는 보존료로는 sorbic acid 및 그 염은 경육, 어육 연제품, 성게젓 등에 2 g/kg이하, 어패건제품 등에 1 g/kg으로 제한하고 다른 식품에는 첨가를 금지하고 있다.

2) 산화방지제

어육제품에 많이 쓰이는 산화방지제는 BHA(butylated hydroxyanisole)과 BHT(butylated hydroxytoluene)으로 어패류의 건제품, 염장품에 대하여는 1kg 중 0.2g 이하, 어패경육의 냉동품에 있어서는 침지액 1kg 중 1g 이하의 사용이 허가되고 있다.

3) 드립방지제

어육의 해동 시 드립(drip)방지제로는 당류, 소금, 축합인산염 등의 처리가 효과적인 것으로 알려져 있다. 축합인산염은 주로 meta 및 poly인산나트륨과 칼륨의 혼합제품이 사용된다.

냉동어는 해동 시 보통 10%전후의 drip loss가 생겨 단백질, 무기질, 기타 수용성 영양분의 손실이 일어난다. 냉동 전에 어류 fillet을 poly인산염에 단시간 침지 처리하면 동결 중 단백질변성 및 빙결정의 성장을 억제시켜 해동 시 drip을 감소(1%전후)시키고 가열 조리할 때 보수성을 유지하고 향미를 개선한다. 인산염의 첨가는 0.5%, 침지는 12.5% 용액이 가장 효과적이다.

〈표 6-2〉 주요 중합 인산염의 성상

명 칭	분 자 식	pH(1%액)	용해도(20℃)
제3인산소다	Na_3PO_4	11.5~21.1	14.1
피로인산소다	$Na_4P_2O_7$	10.0~10.2	6.2
트리포리인산소다	$Na_5P_3O_{10}$	9.5~9.8	13.0
핵사메타인산소다	$(NaPO_3)_6$	6.4~6.6	17.0
산성피로인산소다	$Na_2H_2P_6O_7$	4.2~4.6	12.0

4) 발색제

아질산나트륨, 질산나트륨, 질산칼륨, 황산제1철(건조, 결정) 등이 사용되며 식육제품, 경육제품, 어육소시지, 어육햄에 0.05~0.07 g/kg으로 허용되고 있다. 질산염의 발색은 원료 육중의 육색소인 myoglobin, 혈색소인 hemoglobin과 결합하여 nitroso-myoglobin, nitroso-hemoglobin으로 되어 육제품의 색을 고정시키는 것이다.

3. 저온저장법

1) 빙 장

이 방법은 재료의 온도를 급속히 내리기 위해서 얼음의 장점을 살린 일반적인 방법이며 수송하는 동안이나, 또는 단기간 저장에 이용된다. 동결저장을 하기 위한 예냉법으로도 좋은 방법이 된다.

어획한 후 죽은 것은 가급적 속히 빙장함으로써 사후경직을 늦추고 또 경직이 생기면 이것을 길게 끌어 줌으로써 선도를 오랫동안 유지할 수가 있다. 얼음을 이용하는 방법에는 쇄빙법(碎氷法)과 수빙법(水氷法)이 있다.

• 쇄빙법

얼음조각과 어체를 섞어서 냉각시키는 방법이다. 어체가 납작하고 큰 것은 얼음과 어체를 교대로 한 켜씩 놓기도 한다. 아주 큰 어체는 내장을 제거한 공간이나 아가미에 얼음을 밀어 넣는데 이런 것을 포빙법(抱氷法)이라 한다.

• 수빙법

담수나 해수에 얼음을 섞어서 0℃ 또는 2℃ 이하의 온도로 된 액체에 어체를 넣어 냉각시키는 방법이다. 청색의 생선을 빙장하면 퇴색이 되는데 해수나 염수를 써서 수빙법으로 저장하면 빛깔이 유지된다.

• 약제얼음이용법

신선어의 저장과 수송에 가장 널리 사용되고 있는 빙장법에서 이용되는 얼음의 양을 제한하는 것은 해동 후 물이 어육 내에 침투하여 세균의 좋은 배지가 되기 쉬운 결점 때문이다. 이러한 결점을 보완하기 위하여 종래부터 알려져 온 보존제를 함유시킨 소위 약제빙(藥劑氷)을 사용하여 빙장하는 방법이 연구되어 왔다. 이 방법은 저장 또는 수송 중에 얼음이 해동되어 물이 되어도 그 중에 함유된 각종 보존제의 효력에 의하여 비교적 장시간 선도를 보호할 수 있는 이점이 있다. 그러나 문제가 되는 것은 각종 보존제는 식품위생법에 그 사용량이 규제되고 있어 얼음 중에서는 약제농도를 이에 맞게 고려해야 한다. 일본의 약제얼음에 배합되는 보존제 비율을 보면 표 6-3과 같다.

표 6-3 중에서 benzoic acid, 붕산, 5%염산을 사용하여 제조한 약제얼음이 어패류의 선도유지에 가장 유효한 방법이다. 또 nitrofrazone 얼음이나 DHAS(dehydroacetic acid 의 sulfate) 얼음은 선어의 선도유지에 유효하게 이용된다.

미국에서는 유효염소 0.02~0.06%를 함유한 얼음을 제조하여 선어의 선도 유지에 이용하고 있다. 이 방법에서는 생 정어리 같은 소형어를 30분간 침지한다.

약제얼음은 보통 얼음보다 쉽게 용해되어 어체의 품질을 유지하는데 유효하고 저장 중 약제가 어체에 침투되지 않아 생선 맛에는 영향이 없다. 그러나 결점은 어육의 용해성 물질의 손실이 크게 되고 피부의 색을 변하게 하는 경우도 있다.

〈표 6-3〉 약제얼음의 보존제 비율(일본)

약 품 명		사용량 g(38 kg 물기준)
안식향산(benzoic acid)		22.5
살리실산(salicylic acid)		7.9
p-oxy benzoic ester		28.2
붕산		37.5
표백분		57.5
초석		37.5
염산	2%	75.0
	5%	18.75

2) 냉각저장

어체를 동결시키지 않고 0℃정도로 저장하는 방법은 단기간일 때 흔히 이용한다. 이때는 반드시 미리 쇄빙법이나 수빙법으로 빙장한 것을 냉장하도록 해야 한다. 냉장온도는 얼음이 약간씩 녹을 수 있는 상태, 즉 0℃보다 약간 높은 온도가 좋고, 어종에 따른 특별한 기준온도는 없다.

3) 동결저장

어패류 종류가 많고 제품의 모양도 여러 가지가 있으나 재료를 처리한 형태에 따라 표 6-4와 같은 여러 가지 명칭이 있다.

어체의 크기 또는 다음 과정의 가공을 미리 감안해서 표의 어느 한 방법으로 미리 가공하여 냉동하기도 한다. 예를 들면 고래고기는 스테이크상태로, 멸치·꽁치 등은 라운드상태로 냉동하기도 한다.

큰 새우는 유두(有頭), 유두유족(有頭有足), 무두무족(無頭無足), 박각(剝殼, 생으로 벗기는 방법과 익혀서 벗기는 방법), 발장(拔腸, 등쪽으로 통하는 장관을 핀셋으로 빼냄) 등의 가공을 한 상태로 냉동한다. 게는 소금물로 증숙(蒸熟)한 후 탈각(脫殼)한 고기만으로, 또는 증숙한 통째로 냉동한다. 증숙하는 방법은 처음에 68~70℃로 8~12분간 처리하여 껍질을 벗기고 다시 100℃로 4~5분간 처리하면 된다.

오징어는 통째로 하거나 펴서 냉동하고, 낙지는 소금에 약간 절인 상태, 또는 열탕에 데친 것을 동결시킨다.

바지락이나 굴은 내용물만을 모아서 냉수로 충분히 씻어 세균을 감소시키고 냉동한다. 한편 지방성 어류는 냉동 중에 산패할 우려가 있으므로 산패방지 방법을 이용하여 산패를 막는다. 얼음 층으로 식품을 감싸주는 빙의형성(glaze)법과 비타민 C, ACM(비타민 C와 구연산의 혼합물) 등의 항산화제를 이용하는 방법이 있다. 새우는 흑변하기 쉬우므로 $NaHSO_3$의 1% 수용액에 20~30분간 담갔다가 동결한다.

〈표 6-4〉 어체의 형상과 명칭

모양에 의한 명칭	형 상
라운드(round)	어체 그대로의 모양
세미드레스(semi-dress)	아가미와 내장을 제거한 것
드레스(dress)	세미드레스에서 다시 머리 부분을 제거한 것
팬 드레스(pan dress)	드레스에서 다시 지느러미를 제거한 것
천크(chunk)	도막으로 자른 것
필레(fillet)	척추골을 제거하고 두 쪽으로 쪼개 놓은 것
스테이크(steak)	세이드레스, 드레스, 필레를 일정한 두께(1~2 cm)로 자른 육편
슬라이스(slice)	스테이크보다 얇게 자른 것
다이스(dice)	주사위 모양으로 자른 것
그라인드(grind)	다진고기
슈레딧(shredded)	잘게 썰어 놓은 고기

4) 수산가공품의 저온냉장

수산가공품 중에서 어육 소시지, 어육 햄, 건조된 어포류, 절임류, 조림류, 젓갈류, 훈제품 등은 그대로도 어느 정도 저장성이 있는 것들이다. 그러나 근래에는 어묵이나 어육 소시지, 어육 햄을 제외한 것들은 −10~−20℃로 동결저장하여 품질의 향상을 도모하고 있다.

수산가공품의 냉장표를 살펴보면 표 6-5와 같다.

〈표 6-5〉 수산가공품의 냉장표

제 품 별	냉 장		
	온 도(℃)	습 도(%)	기 간
소건품(오징어)	−2~5	70~75	6~12개월
소건품(멸치, 청어)	−15~−18	70~75	6~12개월
소건품(미역)	−12	70~75	1개월
자건품(멸치, 꽁치, 작은 장어)	−10~−18	70~75	1~6개월
염건품(꽁치, 멸치, 고등어, 삼치, 방어)	−10~−15	70~75	1~6개월
염장품(숭어, 고등어, 청어, 멸치, 꽁치)	−10~−20	75~80	3~6개월
염장어란	−18	75~80	6~12개월
조림류	−10~−15	75	3~6개월
젓갈류(꼴뚜기, 멸치)	−18	75	6개월
훈제품(청어, 오징어, 낙지)	−10~−15	75~80	3~6개월
어묵류	0~2	80~85	1~2개월
튀김류	0~2	80~85	1~2개월
어육 햄, 소시지	2~5	80~85	2~3개월

INDEX

찾아보기

아

자

하

식품저장학

2010년 8월 12일 개정판발행
2020년 8월 20일 3 쇄 발행

저 자 김병묵 목철균 오문헌
지의상 차원섭 황성연

발행인 임종철
발행처 도서출판 **진 로**

주 소 서울 동대문구 고미술로 49
(의증빌딩 3층)
등 록 제305-2003-28호
TEL 02-2215-0203
FAX 02-2216-0208
ISBN 978-89-86877-59-5(93470)

정가 20,000원